高等职业教育本科教材

环境微生物

HUANJING WEISHENGWU

臧玉红　郭立达　主　编
季鸣童　李仁杰　张艳俊　副主编

化学工业出版社
·北京·

内容简介

本书为项目化教材，体现了“教、学、做”一体化的特色。内容包括环境中微生物的认知、微生物的培养、环境中微生物的检验和检测、微生物在环境中的应用技术四个项目，每个项目设计了任务、实训、小结、习题、拓展（以二维码的形式）等内容。全书有14个任务、22个实训、32个拓展，内容编排在重视理论知识的基础上，突出操作技能的训练和培养。项目小结和思考题，指导读者对重点知识进行梳理、掌握和巩固。

本书充分体现了党的二十大精神进教材，贯彻生态文明思想，践行绿水青山就是金山银山的理念，推动绿色发展，促进人与自然和谐共生。

本书可作为高等职业教育本科、专科环境保护类专业的教材，也可作为环境相关专业师生和科研人员的参考用书。

图书在版编目（CIP）数据

环境微生物 / 臧玉红, 郭立达主编. — 北京 : 化学工业出版社, 2024.2

高等职业教育本科教材

ISBN 978-7-122-45097-5

Ⅰ. ①环…　Ⅱ. ①臧…　②郭…　Ⅲ. ①环境微生物学 - 高等职业教育 - 教材　Ⅳ. ①X172

中国国家版本馆CIP数据核字（2024）第037727号

责任编辑：王文峡　　文字编辑：周家羽

责任校对：刘　一　　装帧设计：王晓宇

出版发行：化学工业出版社

（北京市东城区青年湖南街13号　邮政编码100011）

印　　装：三河市延风印装有限公司

787mm×1092mm　1/16　印张18　字数392千字

2024年5月北京第1版第1次印刷

购书咨询：010-64518888　　售后服务：010-64518899

网　　址：http://www.cip.com.cn

凡购买本书，如有缺损质量问题，本社销售中心负责调换。

定　　价：55.00元

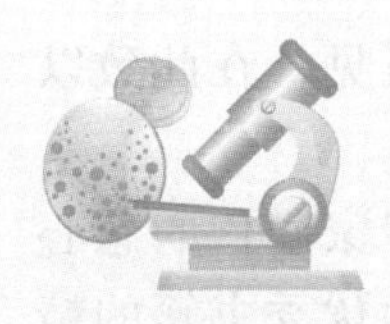

前言

生态文明建设是关系中华民族永续发展的根本大计。党的十八大以来，我国以前所未有的力度开展生态文明建设，践行绿水青山就是金山银山的理念，坚持山水林田湖草沙一体化保护和系统治理，开展了一系列根本性、开创性、长远性工作，我国生态环境保护发生历史性、转折性、全局性变化，创造了举世瞩目的生态奇迹和绿色发展奇迹，我们的祖国天更蓝、山更绿、水更清。

实践证明，微生物在生态环境保护中发挥着不可取代的重要作用。微生物可以分解部分污染物，变废为宝，使污染物资源化。环境微生物就是根据这一特点和规律，并在环境保护、环境工程、环境监测等学科蓬勃发展的基础上应运而生的一门微生物分支学科。它是微生物生态学理论和技术在污染治理、环境净化和环境监测等方面应用过程中逐渐发展起来的一门专业基础课。它在改善人类的生存环境和消除环境污染中起着至关重要的指导作用。

本教材为项目化教材，理论与实践相结合，涵盖了环境中微生物的认知、微生物的培养、环境中微生物的检验和检测及微生物在环境中的应用技术。四个项目包括认识环境微生物学等14个任务和环境中常见酵母菌的形态和结构观察等22个实训。

本教材具有以下几个特点：每个项目包括理论和实训两部分，其中实训部分所占比例较大，在理论与实践“教学做”一体化、产教研深度融合等方面做了积极的探索与尝试，促使学生在理解知识与掌握技能方面相得益彰；每个项目前都有学习指南，有效地指导学生学习；每个任务提出学习目标（知识目标、能力目标和素质目标），不仅培养思维能力、实践能力、知识迁移能力等综合能力，同时思政教育贯穿始终；每个项目编排小结和复习思考题，便于更好地巩固和掌握相关内容；本教材还穿插编排实用性强的拓展材料，以二维码的形式呈现，不仅拓展知识面，还增加了本教材的可读性和趣味性。拓展实训项目给使用本教材的人员更大的选择空间，可根据条件选做实训，进一步提高了教材实训内容的可操作性。

本教材是由校企双方人员共同编写，参加本次编写工作的有：季鸣童（东北石油大学）编写项目一理论与实训；臧玉红、贾明畅（河北石油职业技术大学）编写项目二理论与实训；张艳俊（河北科技工程职业技术大学）编写项目三理论；李仁杰（北京五和博澳药业股份有限公司）编写项目三实训及附录；郭立达（天津渤海职业技术学院）、张素青（河北工业职业技术大学）编写项目四理论与实训。

主审李洁教授（河北民族师范学院）对教材提出了许多宝贵意见，在此致以衷心的感谢。

本次编写承蒙化学工业出版社、兄弟院校邢路军及相关企业专家同仁的悉心指导与通力协助，在此谨致衷心感谢。教材编写过程中参考了其他优秀书籍的精华，在此对各位编者谨致谢意。

鉴于编写水平和时间所限，书中不足之处在所难免，恳切希望各位专家、使用本书的教师和广大读者提出批评和建议。

编者
2023年7月

目 录

拓展知识二维码一览表

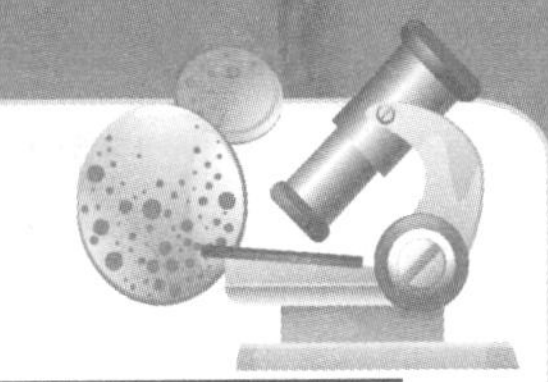

项目一

环境中微生物的认知

学习指南

在人们认识环境污染，揭示环境污染发生机理、环境对污染的自净机制以及污染的工程治理与环境修复过程中，都不可避免地涉及微生物。可以说，环境工程与微生物有着密切的联系，了解微生物的相关知识就非常有必要了。因此，本项目从介绍环境微生物学切入，首先阐述了微生物的概念和共同特点，再介绍了与环境工程密切相关的原核微生物、真核微生物和非细胞结构生物的形态结构、繁殖方式和重要菌种。

任务一　认识环境微生物学

知识目标

1. 掌握微生物的概念和特点。
2. 理解微生物学的研究内容、分类以及发展历史。
3. 理解环境微生物学的内容和任务。
4. 熟悉环境微生物实训技能的相关要求。

能力目标

1. 具有分析微生物独特的生活习性的能力。
2. 能厘清微生物学各分支学科间的区别和联系。
3. 能将微生物学知识与环境工程有机结合在一起。
4. 会规范使用环境微生物实验的相关器材。

笔记

素质目标

1. 培养科学探究知识的习惯。
2. 培养综合不同学科知识去解决问题的能力。

一、微生物概述

（一）微生物的定义

微生物是广泛存在于自然界中肉眼看不见的、必须在电子显微镜或光学显微镜下才能观察到的微小生物的统称。按细胞结构的有或无，可分为非细胞结构微生物（如病毒）和细胞结构微生物；按细胞核膜、细胞器和有丝分裂的有或无，可分为原核微生物、真核微生物。不同微生物分属不同生物类群，在自然界具有不同的作用。

（二）微生物的特点

1. 体积小，比表面积大

（1）体积小　微生物的个体极小，仅几纳米（nm）到几微米（μm），如杆菌的宽度为0.5μm，80个杆菌“并排”也只有一根头发丝的宽度；杆菌的长度约2μm，1500个杆菌头尾衔接起来仅有一粒芝麻长，因此必须借助光学显微镜才能看见。病毒直径小于0.2μm，在光学显微镜可视范围之外，需要通过电子显微镜才可看见。

（2）比表面积大　如果把人的表面积和体积之比，即比表面积值定为1，大肠杆菌的比表面积值则可高达30万。这样一个小体积大面积的系统是微生物与一切大型生物在许多关键生理特征上的区别所在。由于微生物的比表面积大，所以与外界环境的接触面特别大，有利于微生物吸收营养和排泄废物。如大肠杆菌在合适条件下，每小时可以消耗相当于自身重量2000倍的糖类（碳水化合物），而人类若消耗自身体重1000倍的乳糖，需要2.5×10^5h。而且，可供微生物代谢的基质又非常广泛，凡是动、植物能利用的营养，微生物都能利用，大量的动、植物不能利用的物质，甚至剧毒的物质，微生物也有可能代谢。

可以利用微生物这一特性，发挥“微生物工厂”的作用，使大量基质在短时间内转化为大量有用的化工、医药产品或食品，为人类所利用，使有害物质转化为无害，将不能利用的物质转变为植物的肥料。

2. 吸收多，转化快

有资料表明，地鼠每天能消耗与体重等量的粮食；闪绿蜂鸟每日消耗2倍于体重的粮食；发酵乳糖的细菌在1h内可分解其自重1000～10000倍的乳糖。产朊假丝酵母合成蛋白质的能力比大豆高100倍，比公牛高10万倍；一些微生物的呼吸速度比高等动、植物组织也高得多。

微生物的这一特性为其高速生长繁殖和产生大量代谢产物提供了充分的物

质基础。人类对微生物的利用，主要是基于它们的生物化学转化能力。

3. 生长旺，繁殖快

微生物以惊人的速度繁殖后代，在适宜的环境条件下，几十分钟至几小时就可繁殖一代。如大肠杆菌在合适的生长条件下，18～20min便可繁殖一代，每小时可分裂3次，由1个变成8个。从理论上讲，每24h可繁殖72代，由1个细菌变成$4.72236648 \times 10^{21}$个（重约4722t）；经48h后，则可产生$2.23 \times 10^{43}$个后代，其重量相当于几千个地球。

当然，由于营养物质的消耗及代谢产物的积累等种种条件的限制，这样的繁殖速度只能维持几个小时，不可能无限制地繁殖。因而在培养液中繁殖细菌，其数量一般仅能达到$(1 \sim 10) \times 10^{9}$个/mL，最多可达到$10 \times 10^{10}$个/mL。尽管如此，它的繁殖速度仍比高等生物高出千万倍。

微生物的这一特性在发酵工业上具有重要意义，可以提高生产效率，缩短发酵周期。例如，酿酒酵母2h分裂1次，单罐发酵大约每12h即可“收获”1次，每年可“收获”数百次，这是其他任何农作物都不可能达到的；500kg重的食用公牛，每昼夜只能从食物中“浓缩”0.5kg重的蛋白质，而同样重的酵母菌，以糖蜜和氨水等为原料，在24h内即可合成50000kg的优良蛋白质。这对缓和人类面临的人口增长与食物供应矛盾问题有着重大的意义。当然，对于危害人、畜和植物等的病原微生物或使物品发生霉腐的微生物来说，这一特性就会给人类带来极大的麻烦甚至严重的灾害。

4. 分布广，种类多

（1）分布广　高等生物的分布区域常有明显的地理限制，它们分布范围的扩大常靠人类或其他大型生物的散播。而微生物则因其体积小、重量轻，而附着于尘土随风飞扬，到处传播，栖息在各种环境中。同一种微生物世界各地都有，只要生活条件合适，它们就可大量繁殖起来，以致达到“无孔不入”的地步。微生物只怕明火，地球上除了火山的中心区域外，从土壤圈、水圈、大气圈直至岩石圈，到处都有微生物家族的踪迹。可以认为，微生物将永远是生物圈上下限的开拓者和各种记录的保持者。在动物体内外，植物体表面，土壤、河流、空气，平原、高山、深海，冰川、盐湖、沙漠，油井、地层下以及酸性矿水中，都有大量与其相适应的微生物在栖息着。人们正常生产生活的地方，也是微生物生长生活的适宜环境。

微生物聚集最多的地方是土壤。土壤是各种微生物生长繁殖的大本营，在肥沃的土壤中，每克土含有20亿个微生物，即使是贫瘠的土壤，每克土中也含有（3～5）亿个微生物。

空气里悬浮着无数细小的尘埃和水滴，它们是微生物在空气中的藏身之地。一般来说，陆地上空比海洋上空的微生物多，城市上空比农村上空的多，阴霾天气比晴朗天气的多，人口稠密、家畜家禽聚居地方的空气里的微生物最多。

各种水域中也有无数的微生物。居民区附近的河水和浅井水容易受到各种污染，水中的微生物就比较多。大型湖泊和海水中，微生物相对较少。

从人和动、植物的表皮到人和动物的内脏，也都经常栖息着大量的微生

笔记

物。如大肠杆菌在大肠中清理消化不完的食物残渣。一双普通的手上带有细菌4万～40万个，即使是一双刚刚用清水洗过的手，上面也有数百个细菌。人们在握手时把许多细菌传播给对方，所以握手也能传播疾病。

（2）种类多　微生物的种类多主要表现在以下3方面。

① 微生物的生理代谢类型多。自然界物质丰富，品种多样，为微生物提供了丰富食物，微生物的营养类型和代谢途径有多样性，从无机营养到有机营养，能充分利用自然资源。地球上储量最丰富的初级有机物——天然气、石油、纤维素、木质素等，主要由微生物分解；微生物有着多种呼吸类型，在有氧环境、缺氧环境，甚至是无氧环境均有能生存的种类；微生物具有固氮作用，对复杂有机物分子的生物转化能力，分解氰、酚、多氯联苯等有毒物质的能力，抵抗热、冷、酸、碱、高渗、高压等极端环境的能力，以及独特的繁殖方式——病毒、类病毒、朊病毒的复制增殖等。

② 代谢产物种类多。微生物究竟能产生多少种类的代谢产物，至今很难全面统计。现在已知仅大肠杆菌一种细菌即产生2000～3000种不同的蛋白质。常用抗生素有近万种，其中95%以上来自微生物。微生物所产酶的种类也极其丰富，仅“工具酶”中的Ⅱ型限制性内切酶，在各种微生物中就已发现了近2000种。由此可推测微生物代谢产物种类之多。

③ 微生物的种数多。目前已发现的微生物大约有20万种，有人估计这个数目仅占地球上实际存在的微生物数的20%，随着分离、培养方法的改进和研究工作的深入，每年都会有新种、新属甚至新科的发现。这不仅在生理类型独特、进化地位较低的种类中常见，就连最早发现的较大型的微生物——真菌，至今还以每年约1500个新种的速度不断地递增。微生物很可能是地球上物种最多的一类，人类也仅开发利用了已发现微生物中的1%。因此，开发利用微生物的前景是十分广阔的。

5. 适应性强，易变异

（1）适应性强　微生物对环境条件尤其是恶劣的“极端环境”具有惊人的适应力，这是高等生物所无法比拟的。例如，多数细菌能耐−196～0℃（液氮）的低温，甚至在−253℃（液态氢）的条件下仍能保持生命力；在海洋深处的某些硫细菌可在250～300℃的高温条件下正常生长；一些嗜盐细菌甚至能在32%的饱和盐水中正常生活；产芽孢细菌和真菌孢子在干燥条件下能保藏几十年、几百年甚至上千年；一些耐酸菌，如氧化硫杆菌的一些菌株能生长在5%～10%的H_2SO_4中；有些耐碱的微生物，如脱氮硫杆菌的生长最高pH为10.7，有些青霉和曲霉也能在pH 9～11的碱性条件下生长。耐缺氧、耐毒物、抗辐射、抗静水压等特性在微生物中也极为常见。

（2）易变异　微生物的个体一般都为单细胞、简单的多细胞或非细胞结构，其染色体通常都是单倍体，加之它们具有繁殖快、数量多和与外界环境直接接触等特点，即使在变异频率低（10^{-5}～10^{-10}）的情况下，也可在短时间内产生大量的变异后代。最常见的变异形式是基因突变，它可以涉及任何性状，诸如形态结构、代谢途径、生理类型、各种抗性和抗原性以及代谢产物质或量的变异。微生物的变异结果对人类可能是有益的，如利用黄青霉菌生产青霉素时，最初每毫升青霉素发酵液中只产20U（U为一个青霉素效价单位——在50mL肉汤培养基中完全抑制金黄色葡萄球菌标准菌株发育的最小青霉素剂量，记为1U）的青霉素，而患者每天却要注射几十万U，经过菌种的长期诱变及其他条件的改进，目前发酵水平已达到每毫升5万～10万U。利用诱变和育种使产量获得如此大幅度的提高，是动植物无法达到的。因此发酵工业特别重视菌种选育工作。同样，微生物的变异也可能造成有害的后果，如金黄色葡萄球菌对青霉素的耐药性比原始菌株提高了1万倍。青霉素刚问世时，患者每天最多用数十万U的青霉素，而现在最多用到数千万乃至上亿U的青霉素。

二、微生物学简介

（一）研究内容与分类

微生物学是在分子、细胞、个体或群体水平上研究微生物的形态构造、生理代谢、遗传变异、生态分布和分类进化等生命活动的基本规律，并将其应用于工业发酵、农业生产、医疗卫生、生物工程和环境保护等领域的学科。它的根本任务是发掘、改善、利用有益微生物，控制、改造、消灭有害微生物。

经过长期发展，微生物学产生了许多分支学科。依据所研究的生命现象、微生物的应用领域等不同标准，可将微生物学划分出不同的分支学科。其主要的分支学科见图1-1。

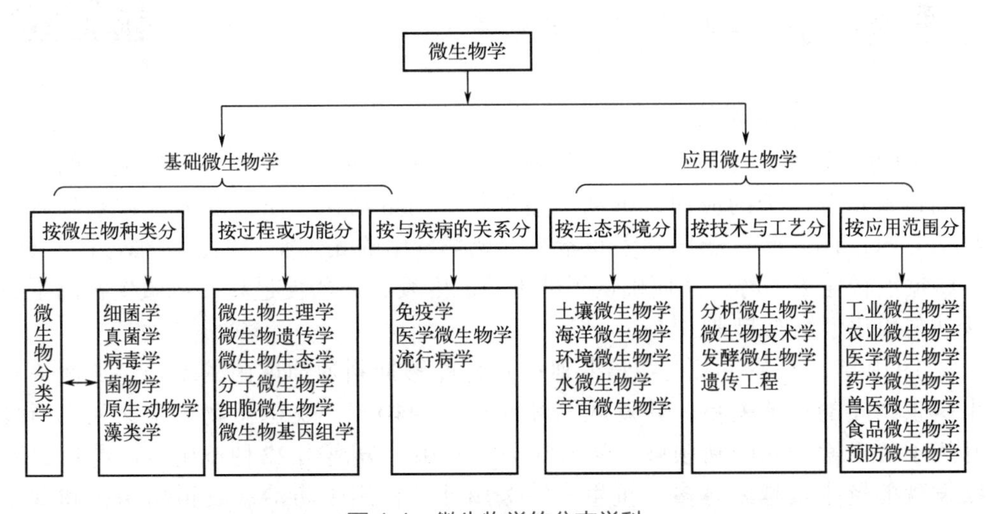

图1-1　微生物学的分支学科

（二）发展简史

微生物学的发展历史可以概括为以下5个阶段。

1. 经验阶段

在人们真正看到微生物之前，实际上已经猜想或感觉到了它们的存在，甚

笔记

至人们已经在不知不觉中应用它们。早在4000多年前的龙山文化时期，人们的祖先已能用谷物酿酒，当时的埃及人也已学会烘制面包和酿制果酒。殷商时代的甲骨文上就有酒、醪糟（甜酒）等的记载，在古希腊的石刻上，也记有酿酒的操作过程。公元6世纪（北魏时期），我国贾思勰的《齐民要术》详细地记载了制曲、酿酒、制酱和酿醋等工艺。

2. 形态学阶段

微生物的形态观察是从17世纪，荷兰人安东·列文虎克发明显微镜开始的。他是真正看见并描述微生物的第一人，他的显微镜在当时被认为是最精巧、最优良的单式显微镜，他利用能放大50 ~ 300倍的显微镜，清楚地看见了细菌和原生动物，而且还把观察结果报告给英国皇家学会，其中有详细的描述，并配有准确的插图。由于他对微生物研究的贡献，他在1680年被选为英国皇家学会会员。1695年，列文虎克把自己积累的大量结果汇集在一本书中，他的发现和描述首次揭示了一个崭新的生物世界——微生物世界，这在微生物学的发展史上具有划时代的意义。

3. 生理学阶段

继列文虎克发现微生物世界以后的200年间，微生物学的研究基本上停留在形态描述和分门别类的阶段。直到19世纪60年代，以法国的巴斯德和德国的科赫为代表的科学家才将微生物学的研究从形态描述推进到生理学研究阶段。

微生物学家

拓展1-1 扫描二维码可查看“微生物学家”。

4. 生物化学阶段

20世纪以来，生物化学和生物物理学的不断渗透，以及电子显微镜的发明和同位素示踪原子的应用，推动了微生物学向生物化学阶段发展。在基础微生物学方面，1897年，德国学者布希纳发现酵母菌的无细胞提取液与酵母菌一样，可将糖液转化为乙醇，从而确认了酵母菌乙醇发酵的酶促过程，将微生物的生命活动与酶化学结合起来。

1929年，弗莱明发现在培养皿中青霉能够抑制葡萄球菌的生长，从而揭示出微生物间的拮抗关系，并发现了青霉素。1940年，美国生物化学家瓦克斯曼开拓了抗生素研究的新领域，从放线菌、真菌中分离出22种抗生素。此后，陆续发现的抗生素越来越多。抗生素除医用外，也用于防治动、植物病害和食品保藏。

5. 分子生物学阶段

1941年，比德尔等用X线和紫外线照射链孢霉，使其发生变异，并获得了营养缺陷型（即不能合成某种物质）菌株。对营养缺陷型菌株的研究，不仅使人们进一步了解了基因的作用和本质，而且为分子遗传学打下了基础。1944年，艾弗里第一次证实引起肺炎双球菌形成荚膜的物质是脱氧核糖核酸（DNA）。

笔记

1953年，沃森和克里克提出了DNA分子的双螺旋结构模型和核酸半保留复制学说。1956年。富兰克尔-康拉特等通过烟草花叶病毒重组试验，证明核糖核酸是遗传信息的载体，为奠定分子生物学基础起了重要作用。近几十年来，随着原核微生物DNA重组技术的出现，人们利用微生物生产出了胰岛素、干扰素等贵重药物，形成了一个崭新的生物技术产业。现代微生物学的研究将继续向分子水平深入，向生产的深度和广度发展。

三、环境微生物学简介

（一）定义

环境微生物学是研究微生物与环境之间的相互关系和作用规律，并将其应用于污染防治的学科。它不仅是微生物学的一个分支，同时也是环境科学的一个分支，它是微生物学与环境科学相互渗透而产生的一门交叉学科。也就是利用微生物学的理论、方法和技术来探讨环境现象，解决环境问题的学科。

虽然对环境微生物的研究可追溯到17世纪荷兰人列文虎克对一些环境样品的微生物观察，对环境微生物的应用也可追溯到19世纪末对城市污水的生物处理实践，但作为一门独立的学科，环境微生物学的发展历史并不长。20世纪60年代末，美国将期刊《应用微生物学》更名为《应用与环境微生物学》，可作为环境微生物学从其母体学科（微生物学）脱颖而出的标志。20世纪70年代以后，环境微生物学得到了迅速发展。

环境微生物学之所以能在短期内异军突起并备受关注，主要是因为以下原因：①污染物剧增。随着工农业生产的发展和人民生活水平的提高，污染物的种类和数量急剧增加，给环境带来了巨大冲击，而这些污染物的降解和转化主要依靠微生物作用。②生物危害显现。微生物中的病原菌、水体富营养化引发的藻类和浮游生物猛长、微生物转化产生的毒性产物等，给环境带来了种种危害，迫切需要深入研究并加以有效控制。③监测方法改进。分子生物学技术的快速发展，为环境微生物的检测和分析提供了高效的工作平台，有力促进了环境微生物学的研究。

（二）研究内容

环境微生物学是研究微生物与人类生存环境之间相互关系与作用规律的科学，主要研究微生物对人类生存环境所产生的有益和有害的影响，防止或消除有害微生物，充分利用有益的微生物资源，阐明微生物、污染物与环境三者之间的相互关系及其作用规律，是环境科学的一个分支学科，具体内容包括如下四个方面。

1．自然环境中微生物的研究

环境微生物学研究自然环境中的微生物群落、结构、功能与动态，研究微生物在不同生态系统中的物质转化和能量流动过程中的作用与机理，同时可以调查自然环境中的微生物资源，为保存和开发有益微生物和控制有害微生物提供科

笔记

学依据，使微生物在生态系统中发挥更好的作用，为人类认识自然，保护自然，与自然和谐共存、和谐发展提供微生物学依据。

2. 微生物对环境污染物的降解和转化

在污（废）水、废气、固体废物的处理方法中，生物处理法占有重要地位。生物处理法强化了自然净化过程，是利用微生物较强的代谢能力使污染物质无害化的过程。生物处理系统是生态系统的一种类型，其中部分环境条件是可以人为控制的，而微生物群体是生物处理的工作主体。环境微生物学者着重研究污染环境下的微生物学，即研究微生物对环境污染物的降解和转化机制，尽可能创造微生物群体净化污染物所需的环境条件，提升微生物净化污染物的能力和效率。通过研究微生物对环境污染物特别是有机污染物的降解和转化条件、代谢途径和微生物的可降解性等，为环境污染物的净化处理提供了充分的生物学理论依据。

环境微生物学在发挥微生物降解和转化污染物质的巨大潜力方面，已经做了大量工作，分离和筛选出一批对污染物具有高效降解能力的菌株。近年来，分离筛选能降解与转化石油、化纤原料、农药、染料和含重金属污染物等的微生物的研究已取得了一些成果。例如，产酸杆菌和不动杆菌转化多氯联苯；假单胞菌属、芽孢杆菌属、产碱杆菌属、黄杆菌属、节杆菌属、诺卡氏菌属、曲霉属等降解农药等。有的成果已经应用于污水生物处理中。

3. 利用微生物进行环境监测和评价

微生物具有生理类型多、世代周期短、适应性强、分布广等特性，因此非常适合作为环境监测指标生物。例如，利用环境中生存的生物的种类、数量、活性等特征，来判断环境状况的好坏；总大肠菌群、细菌总数等粪便污染指示菌的检测，是判断水体污染程度常用的微生物监测方法；多年来又发展了多种利用微生物监测“三致”（致癌、致畸、致突变）物质的环境毒理的新方法。因此，利用微生物监测技术不仅可以通过微生物对环境污染所发出的各种信息来判断环境污染状况，评价人类活动有关环境的优劣，也可评价污染物的生理毒性等。

4. 微生物在环境污染治理中的应用

污水生物处理法的基本原理就是利用微生物群体的氧化分解作用，对污水中的有机污染物进行降解和转化，使其无害化，同时也使污水中含有的重金属适当转化。由于生物处理法具有经济、高效等特点，因而被广泛应用。生物处理法主要包括活性污泥法、生物膜法、自然处理法和厌氧消化法等。在实际处理过程中，可根据被处理的污水性质以及各种处理法的特点来选择较为适宜的处理方法。此外，在受污染的水体的生物修复技术中，微生物也发挥着极其重要的作用。

空气质量直接影响人类的健康。由于空气中缺乏微生物可直接利用的营养物质，微生物不能独立地在空气中生长繁殖，所以空气中没有固定的微生物种群。但在可控条件下利用微生物对污染空气进行净化仍然是比较经济和高效的。

笔记

例如，城市垃圾中转站的恶臭空气，可以通过向空气中喷洒有效菌群的方式使其得以净化；在污水处理、污泥消化等过程中产生的气体及工业恶臭气体等，也可以通过生物处理得以净化。

土壤是人类赖以生存的主要资源之一，是微生物的天然营养基，对环境的变化有高度的敏感性。土壤历来就作为人类活动废弃物的处理场所，垃圾、废渣、污水向大自然倾倒，土壤和水体都是这些废物的归宿。由于水体污染、大气污染、不合理地使用化肥、各种农药广泛喷洒于面积巨大的农田、固体废物的任意堆放等，使大量有机和无机污染物质随即进入土壤，造成土壤环境日益恶化。特别是石油开采、输油管线和储油罐发生漏油和溢油时所造成的土壤石油污染越来越严重，被污染的土壤通过地表水和地下水，形成的二次污染已经危及到人类的健康和生存。因此，土壤生态环境的保护和污染治理已越来越受到人们重视，生态环境部门也出台了相关的治理措施、政策，并且出现了很多的石油污染治理技术和方法。污染土壤的生物修复技术越来越引起人们的关注。例如，利用土壤微生物或筛选驯化的工程菌的代谢活动减少土壤环境中有毒有害物的浓度，使污染土壤恢复到健康状态的污染土壤生物修复技术已经取得了很大进步，并正在逐渐成熟。

四、环境微生物学的实训要求

环境微生物学的实验对象是各种的微生物，其中某些微生物对人体具有危害性，因此要求进入实验室后必须严格遵守以下实验室规则：

① 进入实验室应先穿实验服，离开实验室时要脱下实验服，反折放回原处，不必要的物品不得带入实验室，必须带入的书籍和文具等应放在指定的非操作区，以免受到污染。无菌操作时必须戴口罩，并不得开电风扇。

② 进入实验室进行实验前应先洗手，避免手上的分泌物、食物油、护肤用品和沾染的微生物等对实验造成污染。

③ 实验室内禁止饮食、抽烟，不得高声说笑或乱走乱窜。

④ 各种实验物品应按指定地点存放，用过的器材必须经消毒处理，禁止随意放置。

⑤ 须送恒温生化培养箱培养的物品，应做好标记（标明姓名、编号、日期、培养时间）后送到指定地点。

⑥ 实验过程中如发生意外事故时，禁止隐瞒或自作主张不按规定处理，应立即报告老师进行正确的处理。

⑦ 爱护室内仪器设备，严格按操作规则使用。节约使用实验材料，发生不慎损坏器材等情况时，应主动报告老师进行处理。

⑧ 实验完毕，应物归原处，将台面整理清洁，将实验室打扫干净。最后用肥皂洗手后方可离开实验室。

任务二 认识环境中主要原核微生物

知识目标

1. 掌握细菌、古菌、放线菌和蓝细菌的形态结构特征。
2. 熟悉细菌、古菌、放线菌和蓝细菌的习性特征。
3. 了解细菌、古菌、放线菌和蓝细菌的繁殖方式和常见菌属。

能力目标

1. 依据各种原核微生物的生长机理和繁殖特性，具备培养原核微生物的能力。
2. 学习各种原核微生物的形态结构特征，具备辨别原核微生物的基本能力。
3. 能够根据各种原核微生物的习性，具备利用或防治原核微生物的能力。

素质目标

1. 培养科学探究微生物的习惯。
2. 培养保护生物多样性的意识。

一、细菌

细菌是一类细胞形态细短、结构简单、具有细胞壁、多以二分裂方式繁殖和水生性较强的单细胞原核微生物。在一定的条件下，细菌有相对恒定的形态结构，并可用光学显微镜或电子显微镜观察与识别。

细菌个体微小，测量单位是微米，符号为μm。须用光学显微镜放大数百至上千倍才能看到。各种细菌大小不一，同种细菌也可因菌龄和环境影响而有所差异。多数球菌的直径为1.0μm左右，中等大小的杆菌长2.0～3.0μm，宽0.3～0.5μm。

（一）细菌的形态

细菌的形态结构与其在机体内外的致病、繁殖、免疫、抗药、发酵等特性有关。

细菌的基本形态有球状、杆状和螺旋状三种，分别称为球菌、杆菌和螺旋菌（图1-2）；有的细菌为丝状、三角形、方形、星形等。

1. 球菌

球菌呈球形或近似球形（如豆形、肾形、矛头形等），直径0.8～1.2μm（图1-3）。根据其分裂方向、分裂后细菌分离粘连程度及排列方式的不同，又分

笔记

为以下类别。

（1）双球菌　在一个平面上分裂，分裂后的两个菌体成双排列，如脑膜炎球菌、淋球菌。

（2）链球菌　在一个平面上分裂，分裂后的菌体粘连成链状，如对人有较强致病作用的溶血性链球菌。

（3）葡萄球菌　在多个平面上不规则分裂，分裂后的细菌堆积呈葡萄串形，如金黄色葡萄球菌。

此外，有的球菌在两个相互垂直的平面上分裂，使菌体排列成正方形，称为四联球菌，还有的球菌在三个相互垂直的平面上，沿上下、左右、前后方向分裂，使菌体排列成立方体形，称为八叠球菌。这两种均为非致病菌。

除上述典型排列的球菌外，由于受环境和培养因素的影响，在标本和培养物中还经常能看到单个分散的菌体。

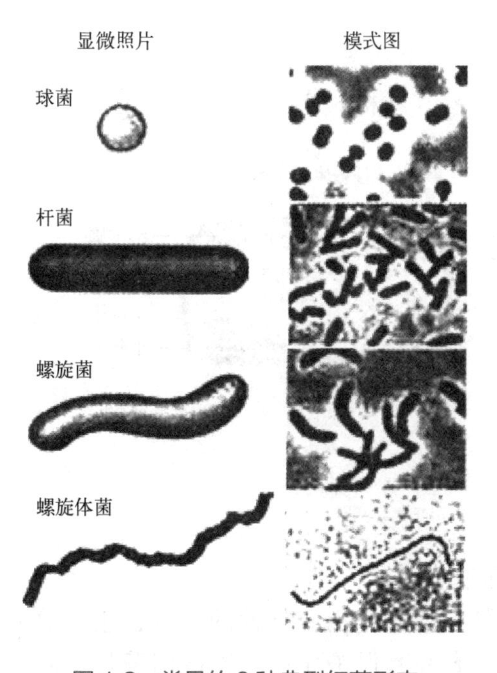

图 1-2　常见的 3 种典型细菌形态

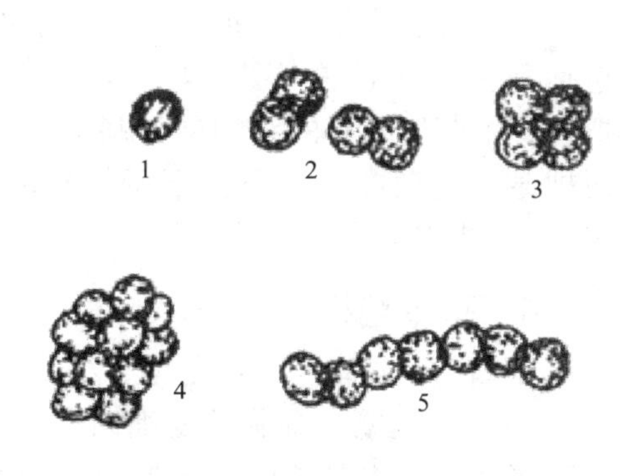

图 1-3　各种球菌

1—单球菌；2—双球菌；3—四联球菌；4—葡萄球菌；5—链球菌

2. 杆菌

杆菌呈杆状或球杆状。在细菌中杆菌种类最多。各种杆菌的长短、大小、弯度、粗细差异较大，一般长 2 ~ 10μm，宽 0.5 ~ 1.5μm。同种杆菌的粗细比较稳定，长短常因环境条件不同而有较大变化。多数杆菌菌体两端呈钝圆形，少数为平齐、尖锐或膨大状。多数杆菌分裂后无特殊排列，呈散状；有的杆菌可排列呈链状，如炭疽杆菌；也有的呈分枝状，如结核杆菌；还有的呈八字或栅栏状，如白喉杆菌。

笔记

3. 螺旋菌

螺旋菌菌体弯曲呈螺形，可分为两类。

（1）弧菌　菌体有一个弯曲，呈弧状或逗点状，如霍乱弧菌。

（2）螺菌　菌体有数个弯曲，如鼠咬热螺菌。

细菌的形态受环境因素的影响很大，培养细菌时的温度、培养基成分和浓度、酸碱度、气体等均可引起细菌形态的变化。一般认为幼龄细菌形体较长，细菌衰老或在陈旧培养物中，或者环境中含有不适于细菌生长的物质时，如含有抗生素、药物、抗体、过高浓度的氯化钠等，细菌可出现不规则形态，或出现梨形、球形、丝状等多种形状。由环境条件改变而引起的多形性是暂时的，细菌如果获得适宜环境，又可恢复原来的形态。一般在适宜生长条件下，细菌经培养8～18h，其形态比较典型，故在观察细菌大小与形态时，须掌握好细菌培养的时间。

（二）细菌的结构

细菌体积微小，用普通显微镜不能观察其结构，必须用超薄切片、电子显微镜、细胞化学等新技术，才能对细菌的超微结构进行辨认。细菌的结构可分为：表层结构，包括荚膜、细胞壁、细胞膜等；内部结构，包括细胞质、核蛋白体、核质、质粒及芽孢等；外部附件，包括菌毛、鞭毛等（图1-4）。习惯上又把各种细菌所共有的结构称为基本结构，而把某些细菌在一定条件下所特有的结构，称为特殊结构。

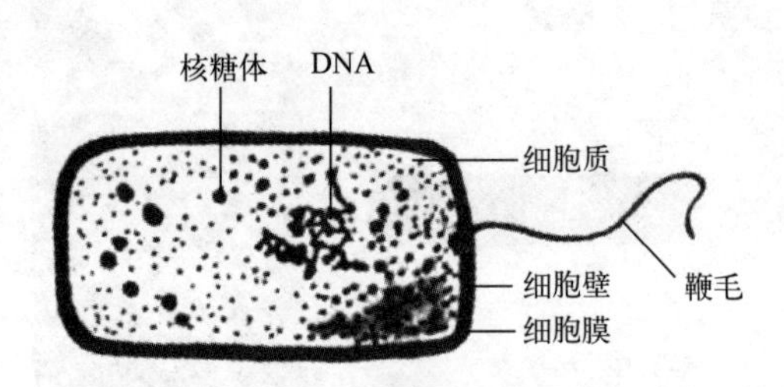

图1-4　细菌结构模式图

1. 基本结构

细菌的基本结构有细胞壁、细胞膜和细胞质。

（1）细胞壁　细胞壁是细菌细胞最外一层坚韧而有弹性的外壁，主要成分为肽聚糖，其主要功能是维持菌体固有形态并起保护作用。厚度因菌种不同而异，平均为15～30nm，占菌体干重的10%～25%。

细胞壁的主要功能包括：支持细胞膜使其能承受胞内强大的渗透压，使细菌避免破裂和变形（正常情况下，细菌细胞内的盐类、糖类、氨基酸和其他小分子物质的浓度要比外界环境中的高得多，由此产生的胞内渗透压也比外界高得多，一般为505～2020kPa）；细胞壁有许多微孔，水和小于1nm的可溶性分子可自由通过，与细胞膜共同参与菌体内外的物质交换。

（2）细胞膜　细胞膜是位于细胞壁内侧紧包在细胞质外面的一层具有半渗透性的生物膜。其厚度为5～10nm，结构与其他生物细胞膜基本相同，是平行的脂质双层，其间镶嵌多种蛋白质。蛋白质结合于膜的表面，或一侧嵌在膜内，也有的穿透脂质双层而露于膜的两侧，并可在一定范围内发生移动变化。蛋白质多数是酶及载体蛋白。

细胞膜的主要功能包括：细胞膜有选择性渗透作用，与细胞壁共同完成菌体内外的物质交换；膜上有多种呼吸酶，如细胞色素酶和脱氢酶，可以转运电子，完成氧化磷酸化作用，参与细胞呼吸过程，所以，又与能量的产生、贮存及利用有关；膜上有多种合成酶，参与细胞的生物合成，如肽聚糖、磷壁酸、磷脂、脂多糖等均可在细胞膜合成。

（3）细胞质　细胞质是细胞膜包围的除核区之外的物质的总称。细菌细胞质由流体部分（细胞溶质）和颗粒部分构成。流体部分主要含可溶性酶类和RNA。颗粒部分主要为质粒、核蛋白体、胞质颗粒以及核质等。

细胞质成分随菌种、菌龄、生长环境而变化，如幼龄菌RNA含量高，老龄菌RNA因被用作氮源、磷源而消耗，故含量减少。细胞质是细菌的内环境，含丰富的酶系统。细胞吸收营养物质后，在细胞质内进行合成、分解代谢，故细胞质是细菌蛋白质和酶类生物合成的重要场所。

2. 特殊结构

细菌的特殊结构有芽孢、荚膜和鞭毛。

（1）芽孢　某些细菌（主要是革兰阳性杆菌）在一定环境条件下，细胞质、核质逐渐脱水浓缩、凝聚，在菌体内形成圆形或椭圆形的小体，称为芽孢。芽孢在菌体内成熟后，菌体崩溃，芽孢游离。芽孢折光性强，用普通染色法不能着染，在普通光学显微镜下只能看到发亮的小体，必须用芽孢染色法才能着染。芽孢具有菌体的酶、核质等各种成分，故能保持细菌的生命活性。但芽孢代谢缓慢，对营养物质需求降低，不能分裂繁殖，是细菌的休眠体，也是细菌维持生命的特殊形式。芽孢多形成于细菌代谢旺盛的末期，与营养物消耗、代谢产物堆积等因素有关。若芽孢遇适宜的环境条件，又可吸水膨大，酶恢复活性，萌发形成新的菌体。产芽孢细菌可形成一个芽孢，一个芽孢也只能生成一个菌体。因此，芽孢不是细菌的繁殖方式。因菌体能分裂繁殖，故通常把菌体称为繁殖体。

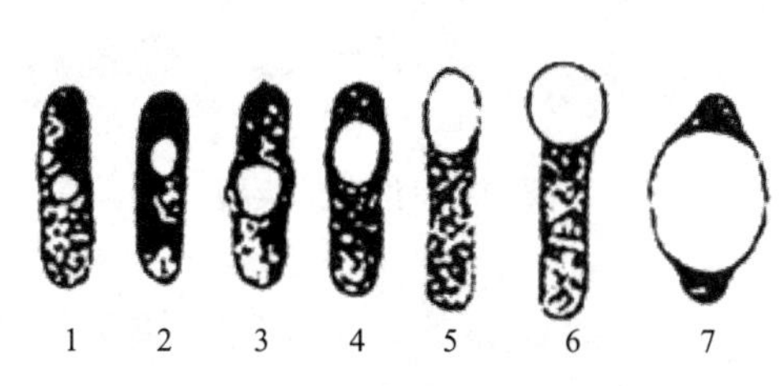

图1-5　各种芽孢形态和位置

1—球形，在菌体中心；2—卵形，偏离中心，不膨大；3—卵形，近中心，膨大；4—卵形，偏离中心，少膨大；5—卵形，在菌体极端，不膨大；6—球形，在极端，膨大；7—球形，在中心，特别膨大

芽孢在菌体中的位置、大小和形状随菌种不同而异，这对产芽孢菌的鉴别有一定意义。如破伤风杆菌的芽孢为正圆形，位于菌体顶端，芽孢比菌体宽，细菌呈鼓槌状，枯草杆菌的芽孢比菌体窄，呈椭圆形，位于菌体中央。各芽孢的形态和位置见图1-5。

芽孢在自然界中分布广泛，如泥土中常有破伤风杆菌的芽孢存在，一旦进入伤口，在一定条件下可萌发成繁殖体，继而产生外毒素引起破伤风，因此要严防芽孢污染伤口和医疗器具。在制药过程中要防止芽孢进入制剂；医疗用具及药物制剂进行灭菌时，应以杀灭芽孢为标准。

（2）荚膜　许多细菌在细胞壁外包裹一层黏液性物质，其厚度超过0.2μm且

笔记

边界明显的，称为荚膜，厚度小于0.2μm的称为微荚膜，两者作用相似。在显微镜下观察，只能发现在菌体周围有发亮的透明圈，只有用墨汁作负染色或作特殊的荚膜染色时，才能看到荚膜（图1-6）。荚膜的化学成分一般为多糖，如肺炎球菌，个别细菌如炭疽杆菌为多肽。不同细菌荚膜的组成不一，甚至同种细菌的不同菌株亦有差异，因此荚膜对于细菌的鉴别和分型具有重要的作用。

荚膜具有保护细菌的作用。它能抵抗人体内吞噬细胞的吞噬作用，还能保护细菌免受人体内溶菌酶和其他杀菌物质的杀伤作用，所以荚膜是构成细菌致病力的重要因素之一，细菌失去荚膜，其致病力亦随之减弱或消失。荚膜还具有抗干燥作用。荚膜中的多糖能贮留水分，在干燥环境中，细菌能从荚膜中取得水分，以维持菌体新陈代谢，使生命得以延续。

（3）鞭毛　鞭毛是从细胞膜长出游离于菌体外的丝状物，其长度随菌种而异，通常超过菌体数倍。弧菌、螺菌以及部分杆菌和个别球菌具有鞭毛。按鞭毛数目和排列方式，可将细菌分为单毛菌、端毛菌、丛毛菌和周毛菌四种（图1-7）。

图1-6　细菌的荚膜

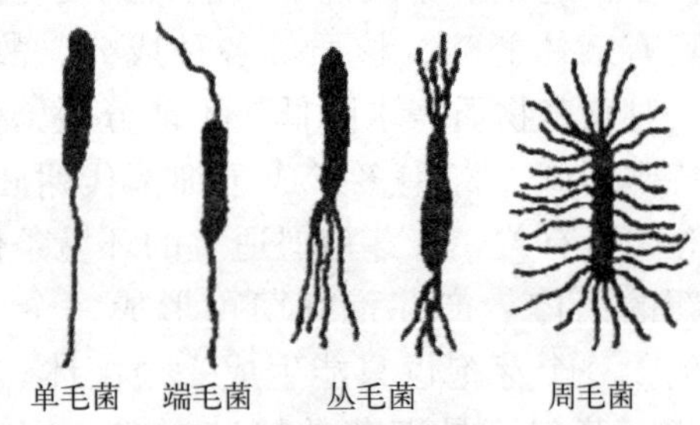

图1-7　细菌的鞭毛

鞭毛是细菌的运动器官。鞭毛呈逆时针方向转动，把菌体推向前进；亦可通过鞭毛蛋白分子的伸缩，产生波浪式运动，使细菌向前移动。鞭毛的运动具有方向性，可使菌体向目标物移动，也可使其改变方向逃离有害物质，以保存自身。

（三）细菌的繁殖方式

细菌的繁殖方式比较简单，一般为无性繁殖，主要方式为裂殖。

细菌的裂殖分三个阶段：核分裂、形成隔膜、子细胞分离（图1-8）。

核分裂是在细菌染色体复制后开始

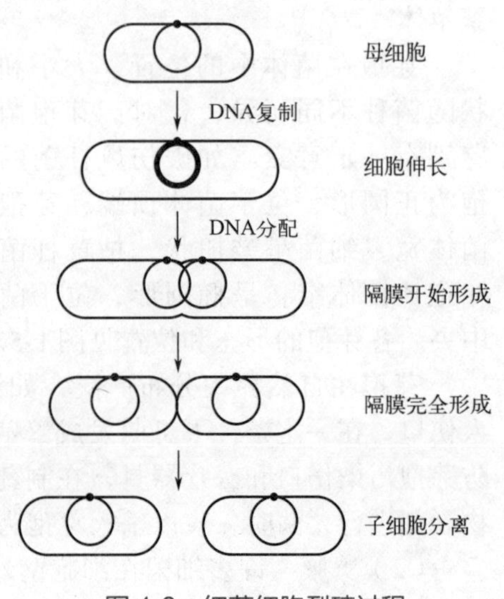

图1-8　细菌细胞裂殖过程

笔记

的，经过复制的核物质随着细胞的生长而向细胞两极移动，与此同时，细胞赤道附近的质膜从外向内环状推进，然后形成一个垂直于长轴的细胞质隔膜，将细胞质和两个“细胞核”分开，形成横隔。随着细胞膜的内陷，母细胞的细胞壁也向内生长，将细胞质隔膜分成两层，每层分别成为新细胞的细胞膜，随后细胞壁也分成两层，这时每个细胞都具有了完整的细胞结构。有些细菌形成完整横隔后不久便相互分离，呈单个菌体游离存在；有些则暂不分离，形成双球菌、双杆菌、链球菌、链杆菌等，有些还形成四联球菌、八叠球菌等。

（四）常见的细菌

1. 醋酸菌

醋酸菌在自然界分布很广，是重要的工业用菌之一。酿醋工业、维生素C和葡萄糖酸的生产都离不开醋酸菌。

醋酸菌的种类很多，酿醋工业中用的主要是能将酒精转化成醋酸的醋酸杆菌。醋酸杆菌为革兰阴性，属于醋酸单胞菌属，细胞形状有椭圆、杆状，单生、成对或成链排列。醋酸菌大小为（0.3～1）μm×（1～2）μm。在固体培养基上醋酸菌菌落特征为：隆起、平滑、呈灰白色；在液体培养基中，呈淡青色的极薄平滑菌膜，液体不太浑浊。

醋酸菌对氧气特别敏感，在高酒精和高醋酸的发酵液中，短暂中断供氧会引起醋酸菌的死亡。醋酸菌繁殖的适宜温度为30℃左右，醋酸发酵的适宜温度为27～33℃，最适pH为3.5～6.5。醋酸菌没有芽孢，对热抵抗力较弱，在60℃下，10min左右便可死亡。酿醋工业中常见的醋酸菌有奥尔兰醋酸杆菌、许氏醋酸杆菌、恶臭醋酸杆菌、攀膜醋酸杆菌、胶膜醋酸杆菌等。

2. 乳酸菌与双歧杆菌

凡可使糖类发酵产生乳酸的细菌，都称乳酸菌，包括乳杆菌、嗜乳链球菌等。它们和双歧杆菌一起控制着人体生态菌群的平衡，不断清除人体内有毒物质，抵御外来致病菌的入侵。对常见致病菌（如痢疾杆菌、伤寒杆菌、致病性大肠杆菌、葡萄球菌等）有拮抗作用。尤其对老人和婴儿，可抑制病原菌和腐败菌的生长，防止便秘、下痢和胃肠障碍等。它们产生大量的乳酸，可促使人体肠壁蠕动，帮助消化，排尽废物，杀灭病原菌，在肠道内合成维生素、氨基酸，可提高人体对钙、磷、铁离子等营养素的吸收。因为乳酸菌群具有抗感染、除毒素、协助营养摄取的独特功能，所以能有效地调节肠道微生态平衡。由于乳酸菌可分解乳糖，产生半乳糖，所以有助于儿童大脑及神经系统的发育。

乳酸菌广义地可分为嗜温菌和嗜热菌。嗜温菌包括乳球菌和明串珠菌，其最适生长温度为30～50℃，它们在乳制品中的应用温度为20～40℃；嗜热菌最适生长温度为40～45℃，实际应用温度为30～50℃，最重要的嗜热菌是保加利亚乳杆菌、瑞士乳杆菌和乳酸乳杆菌。

双歧杆菌对促进人体的发育、维持和提高免疫力、延缓机体衰老等方面起着重要的作用。近百年的研究证明双歧杆菌是人类肠道内的优势菌群。人体在成长过程中，由于疾病、衰老等原因，体内双歧杆菌在数量上和总菌占有率上均逐

笔记

渐下降。因此，有人将体内双歧杆菌的数量作为健康的标志之一。新生儿肠道中双歧杆菌占细菌总数的92%，其随年龄增长而减少，至老年临终前完全消失。双歧杆菌在生长发育过程中随时被消耗，又随时增长，以达到一定的平衡。

3. 大肠埃希氏杆菌

大肠埃希氏杆菌简称为大肠杆菌，是最为典型的原核微生物。大肠杆菌归埃希氏杆菌属，细胞呈杆状，大小0.5μm×（1.0～3.0）μm，有的近球形，有的为长杆状，有的能运动，有的不能运动，能运动者周身鞭毛，为革兰阴性菌。大肠杆菌一般无荚膜，无芽孢，在普通营养培养基上菌落为白色或黄色，边缘圆形或波形，表面光滑，有光泽。

尽管埃希氏属的菌株和大多数大肠杆菌是无害的，但有时，有些大肠杆菌是致病的，会引起腹泻和尿路感染。如O-157型大肠杆菌本身对人体无害，但借助于一种新基因会产生一种叫“贝洛毒素”的有害物质，破坏人体的红细胞、血小板和肾脏组织。在食品行业中经常用“大肠菌群的数量”作为检测食品被粪便污染程度的指标。

工业上利用大肠杆菌制取谷氨酸脱羧酶、天冬氨酸和苏氨酸等产品。在生命科学领域，大肠杆菌常作为重组质粒受体，在这个热门领域中扮演着重要的角色。

4. 黄杆菌

黄杆菌为短肥杆菌，大小为（0.8～1.2）μm×（1.5～4.0）μm，单个或呈链状，形态多变。菌落为黄色、红色及褐色。不具鞭毛，不运动，属革兰阴性菌。该菌为氧化型而非发酵型，能产色素，其色素不溶于培养基。能在接近0℃的条件下生长，为嗜冷细菌，pH4.4以下就不再生长。黄杆菌经常存在于水和土壤中，能污染蔬菜、奶、奶制品。在啤酒厂中，很少有不被此菌污染的厂家，在酵母发酵不旺盛时，此菌生长很快，能使啤酒产生轻微的胡萝卜味。

二、古菌

古菌也称古细菌，过去人们一直认为古菌与真细菌属于同一类微生物。自1977年起，微生物学家们通过对微生物的细胞结构、化学组成及它们的特殊生活环境进行了细致比较，发现细菌中有一类很特殊的微生物。后来又通过DNA G+C（%）含量分析、DNA杂交等技术，对它们有了更多的了解。尤其是用16S rRNA碱基顺序比较后，明显看到这些特殊菌既不同于细菌又不同于真核生物，但又具有细菌和真核生物的结构特点。故现在将这类特殊菌与细菌彻底分开。这类细菌被称为古菌，其他细菌则被叫做真细菌，细菌界也因此划分为古菌和真细菌界，两者都属于原核生物。古菌大多生活在极端环境中，包括极端厌氧的产甲烷菌、极端嗜盐菌以及在高温和高酸度环境中生活的嗜热嗜酸菌。

（一）古菌的细胞结构

除少数菌外（如热原体属），绝大多数古菌都有细胞壁。古菌细胞壁不同于细菌，没有肽聚糖。古菌的细胞壁大致分为两大类：一类由假肽聚糖或酸性杂多糖组成，另一类由蛋白质或糖蛋白亚单位组成。有的古菌的细胞壁则兼有假肽聚糖和蛋白质外层。

1. 细胞壁

（1）假肽聚糖　甲烷杆菌科中的甲烷杆菌属和甲烷短杆菌属的细胞壁中不含肽聚糖所特有的组分（*N*-乙酰胞壁酸，*D*-氨基酸和二氢基庚二酸），而是含有*N*-乙酰氨基葡萄糖或*N*-乙酰氨基半乳糖和*N*-乙酰塔罗糖胺糖醛酸。此外，还有3种氨基酸：*L*-赖氨酸，*L*-谷氨酸，*L*-丙氨酸或*L*-苏氨酸。由这些化合物组成了厚为15～20nm的类似肽聚糖的结构，因此称为假肽聚糖。因此溶菌酶对这类细菌没有效果。那些干扰涉及*D*-丙氨酸反应的抗生素，如*D*-环丝氨酸，青霉素和万古霉素对古菌均不起作用。

（2）酸性杂多糖　有些古菌的细胞壁骨架不是假肽聚糖，而是酸性杂多糖。产甲烷古菌的细胞壁很厚（＞20nm），是由2个*N*-乙酰氨基半乳糖和1个*D*-葡萄糖醛酸所组成的三糖单位重复连接而成的酸性杂多糖。

（3）蛋白和糖蛋白　许多古菌的细胞壁是由六角形规则排列的蛋白质或糖蛋白的亚单位所组成。嗜盐杆菌的细胞壁厚约13nm，由六角形规则排列的糖蛋白亚单位形成一层。经用SDS-聚丙烯酰胺电泳分析，可见有15～20条蛋白带，大多数的带分子量为13万左右，不含糖类，但有一条带（占总蛋白的50%～60%）分子量为20万，经测试含糖量占10%～12%，主要是杂多糖。

真细菌的细胞壁中含有共同成分肽聚糖，而古菌中却没有共同的细胞壁成分。显然古菌的祖先并不具备细胞壁的多聚体，而且在长期演化过程中，为了适应环境而分别产生了不同类型的细胞壁多聚体，用以保护细胞。古菌大多生活在极端环境条件下，而细胞壁又直接暴露在环境中，因此研究古菌细胞壁的组成和结构具有重要意义。

2. 其他细胞结构

古菌的16S rRNA有较强的保守性，其RNA酶切片段的双向层析与碱基的序列分析结果表明，古菌的16S rRNA图谱既不同于其他细菌，与真核生物也有明显的区别。古菌还具有特殊的类似于真核生物的基因转录和翻译系统，它们不为利福平所抑制，其RNA聚合酶由多个亚基组成，核糖体30S亚基的形状、rRNA结构、蛋白质合成的起始氨基酸及对抗生素的敏感性等均与细菌不同，而类似于真核生物。因此，古菌是一类在分子水平上与原核和真核细胞均不同的特殊生物类群。

（二）古菌的特点

1. 形态

古菌的细胞形态有球形、杆状、螺旋形、耳垂形、盘状、不规则形状等多种形态，有的很薄、扁平，有的由精确的方角和垂直的边构成直角几何形态，有

笔记

的以单个细胞存在，有的呈丝状体或团聚体。其直径大小一般为0.1～15μm，丝状体长度有200μm。

2. 代谢

古菌在代谢过程中有许多特殊的辅酶，如绝对厌氧的产甲烷菌有辅酶M、F_{420}、F_{430}等。古菌因有多个类群（产甲烷菌、极端嗜盐菌、热原体、古生硫酸盐还原菌及嗜热嗜酸菌），因此它们的代谢呈多样性。古菌中有异养型、自养型和不完全光合作用3种类型。

3. 呼吸类型

它们多数为严格厌氧、兼性厌氧，还有专性好氧。卡尔·乌斯认为古菌没有严格的好氧型，没有完全的光合型。

4. 繁殖

古菌的繁殖方式有二分裂、芽殖。其繁殖速度较慢，进化速度也比真细菌慢。

5. 生活习性

大多数古菌生活在极端环境，如盐分高的湖泊水中。极热、极酸和绝对厌氧的环境。它有特殊的代谢途径，有的古菌还有热稳定性酶和其他特殊酶。

（三）古菌的分类

按照古菌的生活习性和生理特性，古菌可分为三大类型：产甲烷菌、嗜热嗜酸菌和极端嗜盐菌。

1. 产甲烷菌

人类对产甲烷菌的认识已有150多年的历史。在自然界中产甲烷菌可与水解菌和产酸菌等协同作用，使有机物甲烷化，产生有经济价值的生物能物质——甲烷。

产甲烷菌是一类在形态和生理方面有着极大差异的特殊类群。其共同点在于利用氢气，甲酸或乙酸等还原CO_2并产生甲烷，其反应式如下。

$$CO_2+4H_2 \longrightarrow CH_4+2H_2O$$

$$CH_3COOH \longrightarrow CH_4+CO_2$$

这一过程只能在厌氧条件下进行，所以产甲烷菌都是严格厌氧菌，氧气甚至对它们有致死作用。产甲烷菌细胞中常含有辅酶M（2-巯基乙烷磺酸）和能在低电位条件下传递电子的因子F_{420}，有些类群能同化CO_2。但同化CO_2不经卡尔文循环，而是将它直接固定为乙酸盐加以利用。

产甲烷菌主要分布于有机质厌氧分解的环境中。如沼泽、湖泥、污水和垃圾处理场、动物的胃和消化道及沼气发酵池中，包括自养和异养，形态从球状、杆状、丝状到螺旋状等多种类型。主要有甲烷杆菌属、产甲烷球菌属、产甲烷八叠球菌属和产甲烷螺菌属等。产甲烷菌在沼气发酵和解决我国农村能源方面有重要的应用前景。

笔记

产甲烷菌是专性厌氧菌，它的分离和培养等的操作均需要在厌氧条件下进行。一般可采用在液面加液体石蜡的培养法、抽真空培养法、在封闭培养管中放入焦性没食子酸和碳酸钾除去氧的培养方法等。目前最好的方法是厌氧手套箱，它由4部分组成：附有手套的密闭透明薄膜箱、附有两个可开启的可抽真空的金属空气隔离箱、真空泵、氢和高纯氮的供应系统。利用厌氧手套箱可做许多工作，如分装厌氧培养基，制平板，离心厌氧微生物收集菌体，对氧敏感的酶和辅酶的分离纯化，进行电泳、厌氧性生物化学反应和遗传学研究等。

2. 嗜热嗜酸菌

嗜热嗜酸菌是一类依赖硫，能耐高温（80～100℃）和高酸度（pH=1～3）的特殊类群，包括古生硫酸盐还原菌和极端嗜热古菌。极端嗜热嗜酸细菌在形态和生理上也有较大的变异。主要生活在含硫的温泉、火山口及燃烧后的煤矿等自然环境中。嗜热嗜酸菌包括：金属球菌、硫还原叶菌属、高温浸矿菌。极端嗜热古菌包括：热棒菌属、热变形菌属和热丝菌属。这类菌的特点是专性嗜热、好氧、兼性厌氧、严格厌氧、革兰阴性、杆状、丝状或球状。最适生长温度在70～105℃。嗜酸性和中性，自养或异养生长。大多数种是硫代谢菌。

3. 极端嗜盐菌

极端嗜盐菌对NaCl有特殊的适应性和需要性。它们通常存在于高盐环境，如晒盐场、天然盐湖或高盐脂渍食物（鱼和肉类）中。一般极端嗜盐菌的需盐下限为1.5mol/L（约9%的NaCl），大多数极端嗜盐菌所需要的NaCl为2～4mol/L（为12%～23%），虽然有些种在极低盐度下生长，但实际上有的极端嗜盐菌能在5.5mol/L的NaCl（基本处于32%的饱和状态）下生长。极端嗜盐菌可被分五大群，根据16S rRNA划为8属19种。它们的细胞呈链状、杆状或球状。革兰阴性或阳性、好氧或兼性厌氧、化能异养型，常以蛋白质、氨基酸等为碳源和能源。主要有嗜盐杆菌属和嗜盐球菌属。

嗜盐杆菌属的细胞壁不含二氨基庚二酸和胞壁酸，其成分主要含脂蛋白，其荚膜含20%类脂。极端嗜盐菌要靠钠、氯和镁离子维持细胞结构和硬度。嗜盐球菌属虽然要求高盐生长，但它在较低的盐浓度中仍能维持正常的细胞形态。极端嗜盐菌均含类胡萝卜素，以保护菌体不受强光的损伤。此外还含菌红素，菌体呈红、紫、橘红和黄色。专性好氧菌含有气泡，依靠气泡调节浮力，由深水处上浮到水面吸氧。生长温度范围在30～55℃（最适生长温度37℃）。生长pH为5.5～8.0（最适生长pH为7.2～7.4）。

三、放线菌

放线菌是一类呈分枝状生长的、以孢子繁殖为主的、陆生性强的原核细胞型微生物。因其菌落呈放射状，故称为放线菌。放线菌具有菌丝和孢子结构，革兰染色呈阳性。其细胞壁含有胞壁酸，对抗生素敏感，仅有无性繁殖。放线菌广泛分布于自然界，主要存在于中性或偏碱性的土壤中。大多数放线菌是需氧性腐生菌，只有少数为寄生菌，可使人和动植物致病。

笔记

放线菌是抗生素的主要产生菌，迄今已知的8000多种抗生素中，约80%是由放线菌产生的。此外，放线菌还可用于制造维生素、酶制剂（蛋白酶、淀粉酶、纤维素酶等）及有机酸等。故放线菌与人类有密切关系，在医药工业上有重要意义。

（一）放线菌的基本形态

放线菌由菌丝与孢子组成，是介于细菌与真菌之间而又接近于细菌的单细胞分枝状微生物。其基本结构与细菌相似，细胞壁由肽聚糖组成，并含有二氨基庚二酸，而不含真菌细胞壁所具有的纤维素或几丁质。由于放线菌更接近于细菌，故在进化上现已把它列入广义的细菌中。

1. 菌丝

菌丝是由放线菌孢子在适宜环境下吸收水分，萌发出芽，芽管伸长，呈放射状分枝状的丝状物。大量菌丝交织成团，形成菌丝体。放线菌的菌丝基本为无横隔的多核菌丝，其直径细小，通常为0.2～1.2μm。

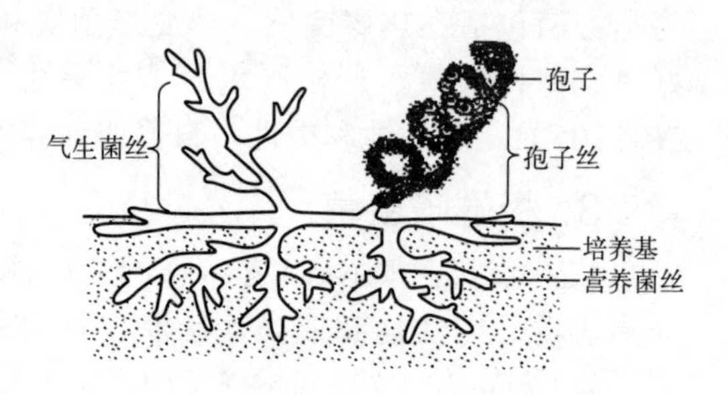

图1-9　放线菌营养菌丝、气生菌丝及孢子丝着生位置示意图

按菌丝着生部位及其功能不同可将菌丝分为营养菌丝、气生菌丝和孢子丝三种（图1-9）。

（1）营养菌丝　是伸入培养基内的菌丝，具有吸收营养的功能。营养菌丝无横隔，直径较细，有的无色，有的产生色素，呈现不同的颜色。如为水溶性色素可向培养基内扩散而使培养基呈现一定颜色。

（2）气生菌丝　是营养菌丝向空间生长的菌丝。直径较营养菌丝粗，呈直线形或弯曲形，产生的色素较深。

（3）孢子丝　气生菌丝发育到一定阶段，其顶端可分化形成孢子。这种形成孢子的菌丝称为孢子丝。孢子成熟后，可从孢子丝中逸出飞散。

孢子丝的形状、着生方式、螺旋的方向（左旋或右旋）、数目、疏密程度以及形态特征是鉴定放线菌的重要依据（图1-10）。

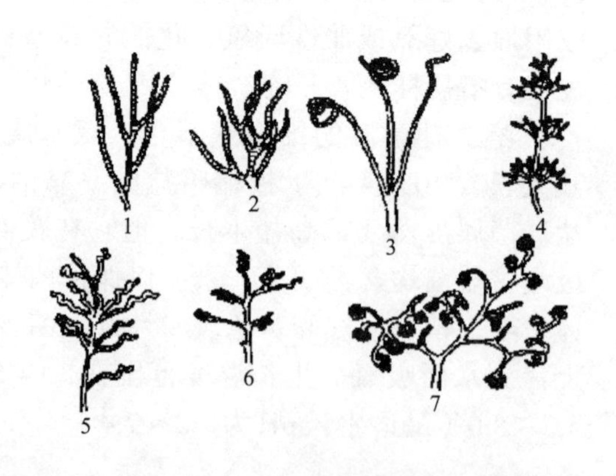

图1-10　不同类型的孢子丝

1—直形孢子丝；2—丛生形孢子丝；3—顶端螺旋形孢子丝；4—轮生形孢子丝；5—螺旋形孢子丝；6—紧螺旋形孢子丝；7—团状紧螺旋形孢子丝

2. 孢子

气生菌丝发育到一定阶段即分化形成孢子。放线菌的孢子属无性孢子，它是放线菌的繁殖器官。孢子的形状不一，有球形、椭圆形、杆形或柱状。排列方

笔记

式不同，有单个、双个、短链或长链状。在电镜下可见孢子表面结构不同，有的表面光滑，有的为鳞片状、刺状或毛发状。孢子的颜色多样，呈白色、灰色、黄色、橙黄色、淡黄色、红色、蓝色等。孢子的形态、排列方式和表面结构以及色素特征是鉴定放线菌的重要依据。

（二）放线菌的繁殖方式

放线菌主要通过无性孢子的方式进行繁殖。在液体培养基中，也可通过菌丝断裂的片段形成新的菌丝体而大量繁殖，在工业发酵生产抗生素时常采用搅拌培养即是以此原理进行的。

现以链霉菌的生活史（图1-11）为例说明放线菌的生活周期：①孢子萌发，长出芽管；②芽管延长，生出分枝，形成营养菌丝；③营养菌丝向培养基外空间生长形成气生菌丝；④气生菌丝顶部分化形成孢子丝；⑤孢子丝发育形成孢子。如此循环反复。孢子是繁殖器官，一个孢子可长成许多菌丝，然后再分化形成许多孢子。

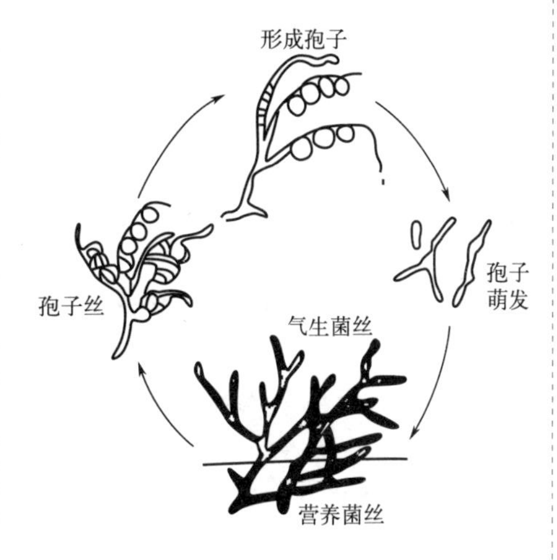

图1-11　链霉菌的生活周期简图

（三）常用常见的放线菌

放线菌在医药上主要用于生产抗生素、维生素和酶类等，少数寄生性的放线菌对人和动植物具有致病性。

放线菌是抗生素的主要产生菌，除产生抗生素最多的链霉菌属外，其他各属中产生抗生素较多的依次为小单孢菌属、游动放线菌属、诺卡菌属和链孢囊菌属等。

由于抗生素在医疗上的应用，许多传染性疾病特别是传播广泛的严重传染病已得到很好的治疗和控制。此外，放线菌也应用于维生素和酶类的生产、皮革脱毛、污水处理、石油脱蜡等方面。

1. 链霉菌属

链霉菌属是放线菌中最大的一个属，该属产生的抗生素种类最多。现有的抗生素约80%由放线菌产生，而其中90%又是由链霉菌属产生的。根据该菌属不同菌的形态和培养特征，特别是根据气生菌丝、孢子和营养菌丝的颜色及孢子丝的形态，可把链霉菌属分为14个类群，其中有许多种类是重要抗生素的产生菌，如灰色链霉菌产生链霉素，龟裂链霉菌产生土霉素，卡那霉素链霉菌产生卡那霉素等。此外，链霉菌还产生氯霉素、四环素、金霉素、新霉素、红霉素、两性霉素、制霉菌素、万古霉素、放线菌素D、博来霉素以及丝裂霉素等。

有的链霉菌能产生一种以上的抗生素，而不同种的链霉菌也可能产生同种

笔记

抗生素。

链霉菌有发育良好的营养菌丝、气生菌丝和孢子丝，菌丝无横隔，孢子丝形状各异，可形成长的孢子链（图1-12）。

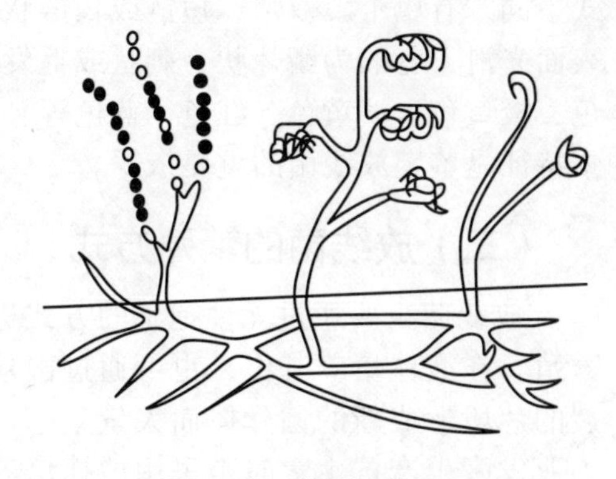

图1-12　链霉菌的形态

2. 诺卡菌属

诺卡菌属的放线菌主要形成营养菌丝，菌丝纤细，一般无气生菌丝（图1-13）。少数菌产生一薄层气生菌丝，成为孢子丝。营养菌丝和孢子丝均有横隔，断裂后形成不同长度的杆形，这是该属菌的重要特征。菌落表面多皱、致密、干燥或湿润，呈黄、黄绿、橙红等色。用接种环一触即碎。

诺卡菌产生30多种抗生素，如治疗结核和麻风的利福霉素，对原虫、病毒有作用的间型霉素以及对革兰阳性菌有作用的瑞斯托菌素等。此外，该菌属还可用于石油脱蜡、烃类发酵及污水处理。

3. 小单孢菌属

小单孢菌属放线菌的营养菌丝纤细，无横隔，不断裂，亦不形成气生菌丝，只在营养菌丝上长出孢子梗，顶端只生成一个球形或椭圆形的孢子，其表面为棘状（图1-14）。菌落凸起，多皱或光滑，常呈橙黄、红、深褐或黑色。本属约有40多种，也是产生抗生素较多的属，可产生庆大霉素、利福霉素、创新霉素、卤霉素等50多种抗生素。

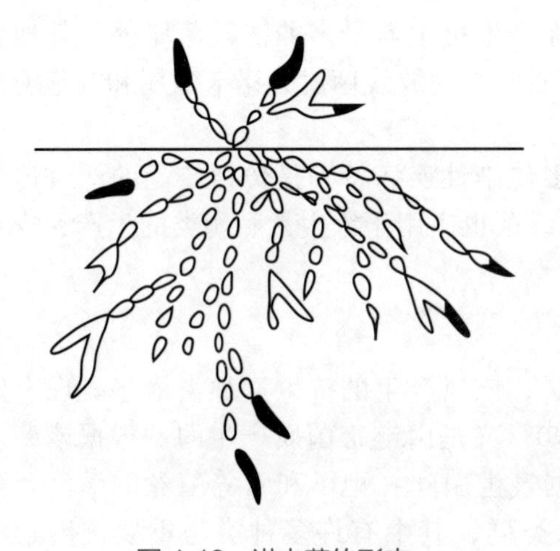

图1-13　诺卡菌的形态

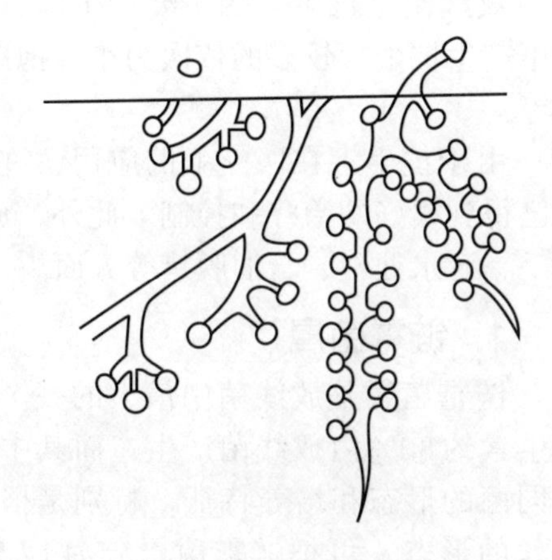

图1-14　小单孢菌的形态

4. 链孢囊菌属

链孢囊菌属的特点是孢囊由气生菌丝上的孢子丝盘卷而成（图1-15）。孢囊孢子无鞭毛，不能运动。有氧环境中生长发育良好。菌落与链霉菌属的相

笔记

似。能产生对革兰阳性菌、革兰阴性菌、病毒和肿瘤有作用的抗生素，如多霉素。

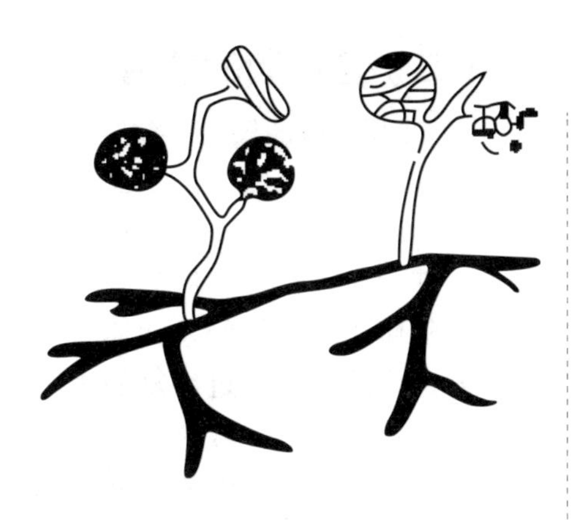

图 1-15　链孢囊菌的形态

四、蓝细菌

蓝细菌已有35亿年的历史，地球由无氧环境转为有氧环境也是由于蓝细菌的出现及产氧所致。蓝细菌在植物学和藻类学中被分类为蓝藻门。由于它的细胞结构简单，只具原始核，没有核膜和核仁，只具叶绿素，没有叶绿体，因此在生物学分类系统中它隶属于原核生物界的蓝色光合菌门，这一门的细菌叫做蓝细菌。蓝细菌对于研究生物进化有重要意义。

蓝细菌与其他细菌（包括紫色硫细菌和绿色硫细菌）不同，它含有一种特殊的蓝色色素，因此又被称为蓝藻。但是蓝藻也不全是蓝色的，不同的蓝藻含有一些不同的色素，有的含叶绿素a（吸收光波波长为680～685nm），有的含有脂环族类胡萝卜素（吸收光波波长为450～550nm），有的含有藻胆素（吸收光波波长为550～650nm），有的含有藻胆蛋白体蓝（含异藻蓝素、藻蓝及藻红素，吸收光波波长为560～630nm）。蓝细菌吸收CO_2，无机盐和水（水作为电子受体）合成有机物供自身营养，并放出O_2。而紫色硫细菌和绿色硫细菌的光合作用不产生O_2。蓝细菌呈现蓝、绿、红等颜色，蓝细菌的颜色随光照条件改变而改变。

（一）蓝细菌的形态特征

蓝细菌不具叶绿体、线粒体、高尔基体、中心体、内质网和液泡等细胞器，唯一的细胞器是核糖体。含叶绿素a，无叶绿素b，含数种叶黄素和胡萝卜素，还含有藻胆素（是藻红素、藻蓝素和别藻蓝素的总称）。一般含叶绿素a和藻蓝素较多的，细胞大多呈蓝绿色。同样，也有少数种类含有较多的藻红素，细胞多呈红色，如生于红海中的一种蓝细菌，名叫红海束毛藻，由于它含的藻红素量多，细胞呈红色，而且繁殖得也快，故使海水呈红色。红海便由此而得名。蓝细菌虽无叶绿体，但在电镜下可见细胞质中有很多光合膜，叫类囊体，各种光合色素均附于其上，光合作用过程在此进行。蓝细菌的细胞壁和真细菌的细胞壁的化学组成类似，主要为肽聚糖；储藏的光合产物主要为淀粉和颗粒体等。细胞壁分内外两层，内层以纤维素为主，外层是胶质衣鞘以果胶质为主，或有少量纤维素。蓝细菌有单细胞体、群体和丝状体。最简单的是单细胞体。有些单细胞体由于细胞分裂后子细胞包埋在胶化的母细胞壁内而成为群体，如若反复分裂，群体中的细胞可以很多，较大的群体可以破裂成数个较小的群体。有些单细胞体由于附着生活，有了基部和顶部的极性分化，丝状体是由于细胞分裂按同一个分裂面反复分裂、子细胞相接而形成的。丝状体也可以达成群体，包在公共的胶质衣鞘中，成为多细胞个体组成的群体。

笔记

（二）蓝细菌的繁殖方式

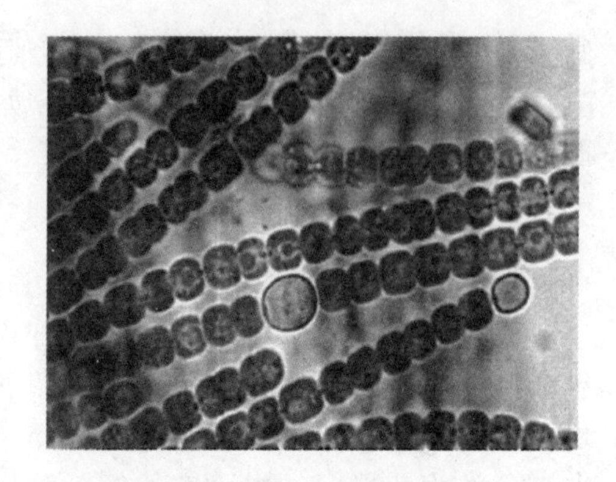
图 1-16　鱼腥藻的营养细胞及异型胞

单细胞类型的繁殖是通过二分裂、多重分裂或从无性繁殖的个体释放一系列顶生细胞（外生细胞）进行繁殖，如宽球蓝细菌属、黏杆菌属。有些是由分枝的丝状体或无分枝的丝状体组成。由丝状体构成的类型通过反复的中间细胞分裂而生长，或通过丝状体无规则地断裂，或通过末端释放能运动的细胞断链进行繁殖，如颤蓝细菌属、念珠蓝细菌属。有些丝状体能产生静止细胞或异形胞囊，在丝状体中静止细胞（休眠体）比营养细胞大。静止细胞萌发释放运动的细胞群，异型胞囊有较厚的外壁，与营养细胞有明显的差异，它是固氮的部位，如鱼腥蓝细菌属（图 1-16 为鱼腥藻的营养细胞及异型胞）。

（三）蓝细菌的分类

已知蓝细菌约有 2000 种，中国已有记录的约 900 种，按其形态和结构的特征，分类为二纲：色球藻纲和藻殖段纲。图 1-17 为几种常见的蓝细菌。

1. 色球藻纲

分泌果胶类物质构成胶质鞘膜，彼此融合形成大的胶团（球形或块状）。本纲包括色球藻属、微囊藻属、腔球藻属、管孢藻属及皮果藻属。其中微囊藻属和腔球藻属可引起水体富营养化，发生水华。

2. 藻殖段纲

藻殖段纲的藻体为丝状体，形成异型胞和殖段体，也叫连锁体。本纲包括颤藻属、念珠藻属、胶须藻属、鱼腥藻属及单歧藻属等。其中鱼腥藻属可引起水体富营养化，发生水华。

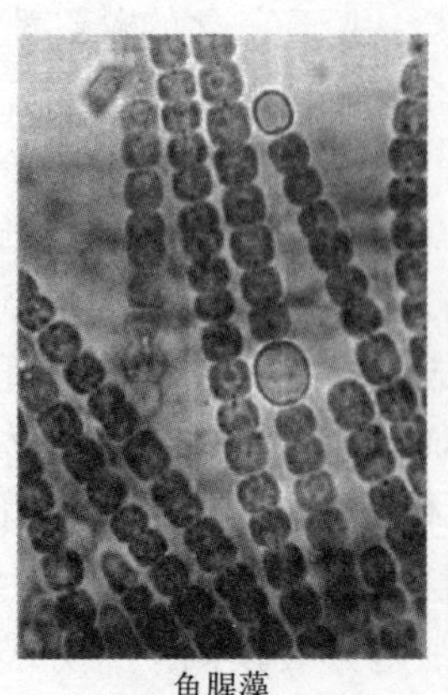
鱼腥藻

颤藻

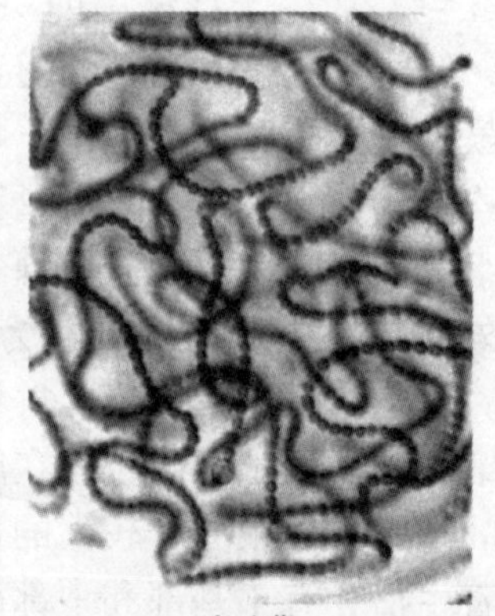
念珠藻

图 1-17　几种常见的蓝细菌

笔记

拓展1-2 扫描二维码可查看“铁细菌”。

拓展1-3 扫描二维码可查看“硫细菌”。

铁细菌

硫细菌

任务三　认识环境中主要真核微生物

知识目标

1. 掌握霉菌、酵母菌、原生动物和后生动物的形态结构特征。
2. 熟悉霉菌、酵母菌、原生动物和后生动物的习性特征。
3. 了解霉菌、酵母菌、原生动物和后生动物的繁殖方式和常见种类。

能力目标

1. 依据各种真核微生物的生长机理和繁殖特性，具备培养真核微生物的能力。
2. 学习各种真核微生物的形态结构特征，具备辨别真核微生物的基本能力。
3. 能够根据各种真核微生物的习性，具备利用或防治真核微生物的能力。

素质目标

1. 培养正确认识生态环境的意识。
2. 增强微生物与人类生活息息相关的科学态度。

一、霉菌

凡在营养基质上形成绒毛状、棉絮状或蜘蛛网形丝状菌体的真菌，统称为霉菌。霉菌包括分类学上许多不同纲或类的真菌，它们分别属于藻状菌纲、子囊菌纲、担子菌纲和半知菌纲。

霉菌在自然界分布极为广泛。它们存在于土壤、空气、水体和生物体内外，与人类关系极为密切。霉菌有腐生和寄生。腐生菌中的根霉、木霉、青霉、镰刀霉、曲霉、交链孢霉等分解有机物能力强，木霉对难降解的纤维素和木质素分解能力强。寄生霉菌常成为人类及动、植物的致病菌。其中的赤霉菌能引起水稻生“恶苗病”，但它的分泌物“赤霉素”可作农作物的生长刺激素，也可用作医药。

霉菌在工业生产中主要用于制备柠檬酸、葡萄糖酸等多种有机酸，淀粉酶、蛋白酶和纤维素酶等多种酶制剂，青霉素和头孢霉素等抗生素，维生素B_2（核黄素）等维生素，麦角碱等生物碱，真菌多糖和植物生长刺激素（赤霉素）等产品的生产，利用某些霉菌对甾体化合物的生物转化生产类固醇激素类药物；在

笔记

食品生产中用于酿造白酒、制酱及酱油等；在环境治理中用于分解无机氰化物（CN^-）、处理含硝基（$—NO_2^-$）化合物的废水；同时也要防止霉菌造成危害，霉菌能引起粮食、水果、蔬菜等农副产品及各种工业原料、产品、电气和光学设备的发霉或变质，也能引起植物和动物疾病，如马铃薯晚疫病、小麦锈病、稻瘟病和皮肤癣症等，有些霉菌产生毒素，使人、畜中毒，严重者引起癌症，如黄曲霉产生的黄曲霉毒素毒害肝脏，易引发肝癌。

（一）霉菌的形态结构

1. 菌丝

霉菌的营养体由菌丝构成。菌丝是一种管状的细丝，直径一般为3～10μm，但比细菌或放线菌的细胞约粗10倍。在显微镜下很像一根透明胶管。霉菌的菌丝可无限伸长和产生分枝，分枝的菌丝相互交错在一起，形成了菌丝体。霉菌的菌丝有2类，一类菌丝中无横隔，整个菌丝体就是一个单细胞，含有多个细胞核。藻状菌纲中的毛霉、根霉、犁头霉等的菌丝属于此种形式。另一类菌丝有横隔，每一段就是一个细胞，整个菌丝体是由多个细胞构成，横隔中央留有极细的小孔，使细胞质和养料互相沟通。子囊菌纲、担子菌纲和半知菌类的菌丝皆有横隔（图1-18）。

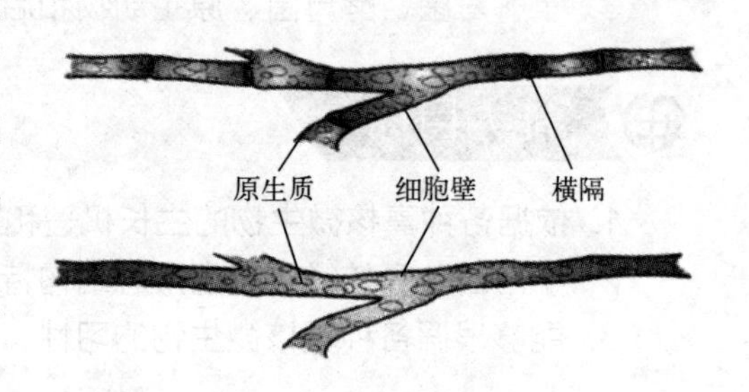

图1-18　霉菌的菌丝

2. 菌丝体及其各种分化形式

菌丝体指霉菌孢子在适宜固体培养基上发芽、伸长、分支及其相互交织而成的菌丝集团。菌丝体有2种类型：密布在营养基质内部，执行营养物质和水分吸收功能的菌丝体称为营养菌丝体；伸展到空气中的菌丝体称为气生菌丝体。不同的霉菌在长期进化中，对各自所处的环境条件产生了高度的适应性，其营养菌丝体和气生菌丝体的形态与功能发生了明显变化，形成了各种特化构造。如营养菌丝可分化出假根、吸器、附着胞、附着枝、菌核及捕捉菌丝等结构；气生菌丝体可特化成各种形态的子实体及子囊果。

3. 霉菌的孢子

霉菌有着极强的繁殖能力，它们能通过无性或有性繁殖的方式产生大量新个体。霉菌菌丝体上任何一段菌丝都能进行繁殖，但在正常自然条件下，霉菌主要通过形形色色的无性或有性孢子进行繁殖。

霉菌的孢子具备小、轻、干、多、休眠期长及抗逆性强等特点。霉菌孢子的形态常有球形、卵形、椭圆形、线形、针形及镰刀形等。每个个体通常产生成千上万个孢子，有时高达几百亿甚至更多。孢子的这些特点有助于霉菌在自然界的广泛传播和繁殖。在生产实践中，霉菌孢子的上述特点有利于接种、扩大培养、菌种选育、保藏和鉴定，但也易于造成污染、霉变和动、植物霉菌病害。

（二）霉菌的繁殖

1. 无性孢子

（1）孢囊孢子　这是一种内生孢子，为藻状菌纲的毛霉、根霉、犁头霉等所具有（图 1-19）。膨大的细胞称为孢子囊，顶端形成孢子囊的菌丝称为孢囊梗，孢囊梗伸入孢子囊内的部分，称为囊轴。孢子囊成熟后破裂，散出孢囊孢子。孢子遇适宜环境发芽，形成菌丝体。孢囊孢子有两种类型：一种为生鞭毛能游动的叫游动孢子，如鞭毛菌亚门中的绵霉属；另一种是不生鞭毛不能游动的叫静孢子，如接合菌亚门中的根霉属。

（2）分生孢子　红曲霉和交链孢霉的分生孢子着生在菌丝或其分支的顶端，单生、成链或成簇，分生孢子梗分化不明显。曲霉和青霉具有明显分化的分生孢子梗，分生孢子着生情况两者亦不相同，曲霉的分生孢子梗顶端膨大形成顶囊，顶囊的四周或上半部着生一排或两排小梗，小梗末端形成分生孢子链（图 1-20）。青霉的分生孢子梗顶端多次分支成帚状。分支顶端着生小梗，小梗上形成串生的分生孢子。

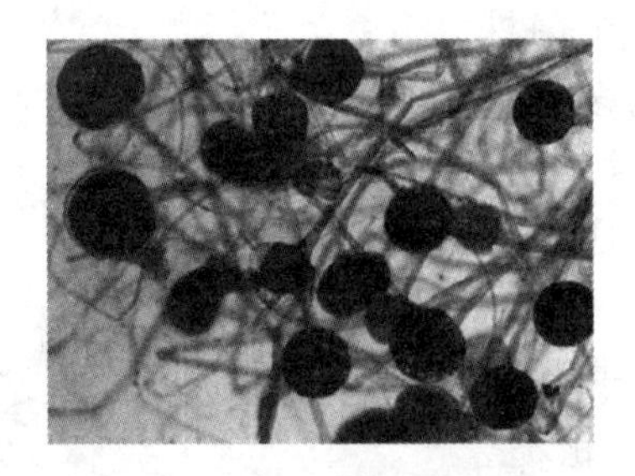

图 1-19　根霉的孢囊孢子

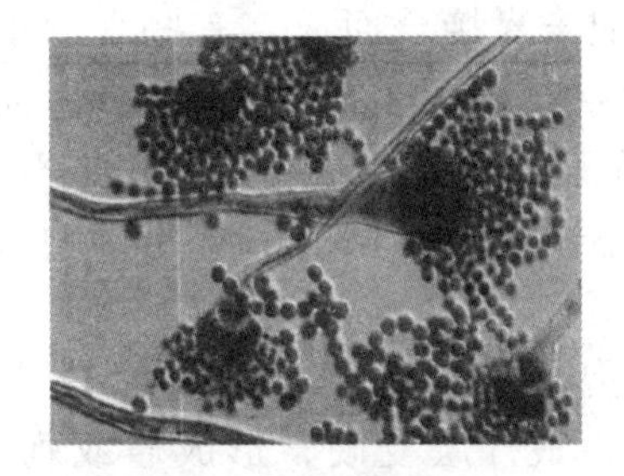

图 1-20　曲霉的分生孢子

（3）节孢子　也称粉孢子，为少数种类所产生的一种外生孢子，如白地霉，当其菌丝生长到一定阶段时出现横膈，然后从隔膜处断裂而形成的细胞称为节孢子。孢子形态多为圆柱形（图 1-21）。

（4）厚垣孢子　又称厚壁孢子，由菌丝顶端或中间的个别细胞膨大，原生质浓缩，变圆，细胞壁加厚形成的球形或纺锤形的休眠体。它对外界环境有较强的抵抗力，菌丝体死亡之后，厚垣孢子仍然存活。总状毛霉通常在菌丝中间形成厚垣孢子（图 1-22）。

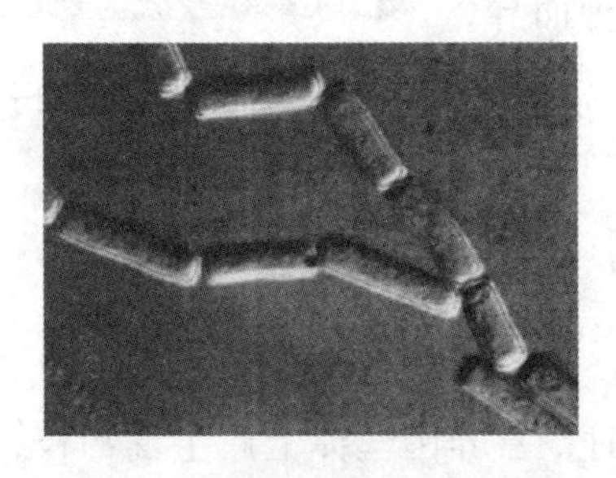

图 1-21　白地霉的节孢子

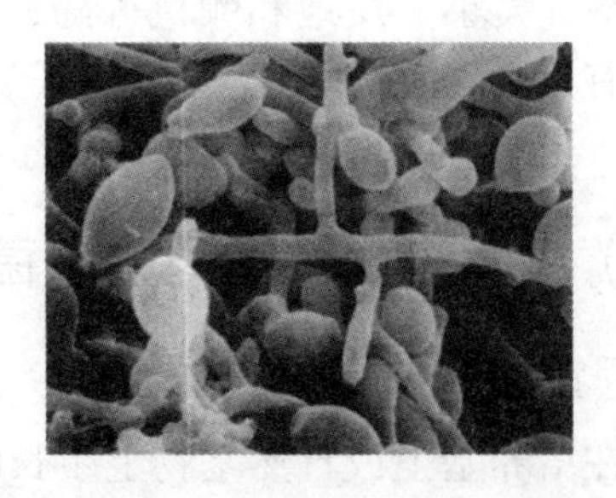

图 1-22　总状毛霉的厚垣孢子

笔记

2. 有性孢子

霉菌有性孢子是经过两性细胞（或菌丝）结合形成的。其形成过程分为质配、核配和减数分裂3个阶段。大多数霉菌的菌体为单倍体，二倍体仅限于接合子。在霉菌中，有性繁殖不及无性繁殖普遍，仅发生于特定条件下，一般培养基上不常出现。

（1）卵孢子　由形状不同的异形配子囊（藏卵器和雄器）结合而产生的有性孢子（图1-23）。受精后的卵球发育为卵孢子。卵孢子外有厚膜包围，成熟过程长达数周或数月，故刚形成的卵孢子无萌发能力，经过一个休眠期才能萌发。

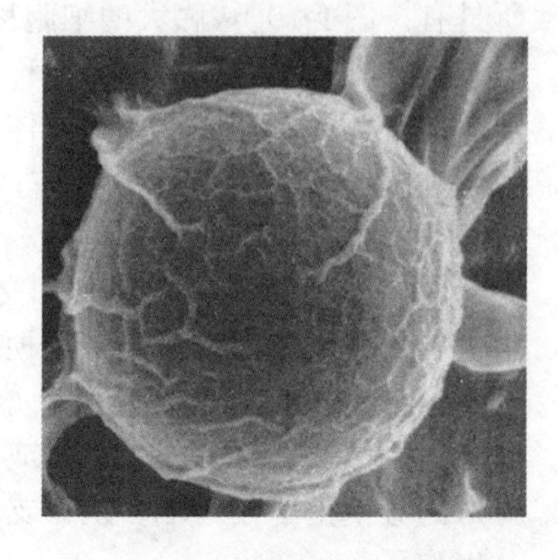

图1-23　霉菌的卵孢子

卵孢子萌发时先生出一个芽管，然后分化形成游动孢子囊和产生游动孢子。卵孢子主要分布在较高等的鞭毛菌中。

（2）接合孢子　由菌丝生出形态相同或略有不同的配子囊接合而成。有些真菌单个菌株就可以完成有性生殖称为同宗配合，而多数真菌为异宗配合，即单个菌株不能完成有性生殖，需要两种不同性别菌系的菌丝相接触形成接合孢子。

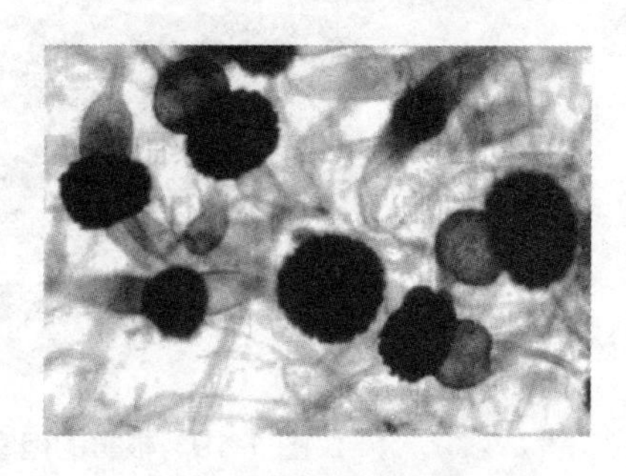

图1-24　霉菌的接合孢子

接合孢子为单细胞，在发育过程中形成3～4层壁，最外层变硬，形成瘤或刺，粗糙，或被短而卷曲的菌丝包围，呈深色（图1-24）。

（3）子囊孢子　子囊孢子产生于子囊中。子囊是一种囊状结构，呈圆球形、棒形或圆筒形。一个子囊内通常含有2～8个孢子（图1-25）。

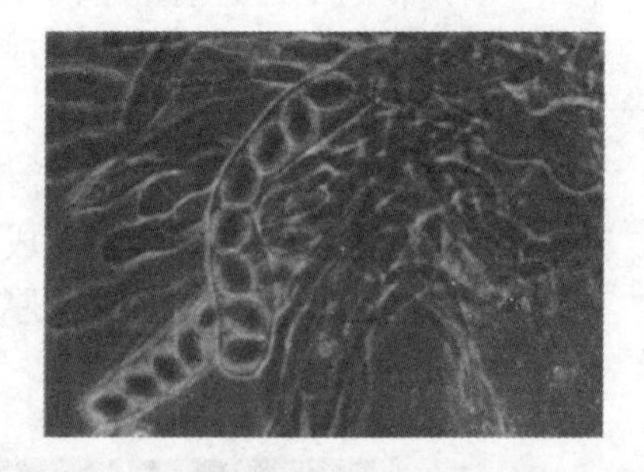

图1-25　霉菌的子囊孢子

子囊孢子成熟后靠子囊吸水增加膨压，强力将子囊和子囊果破裂，或通过子囊上的孔口释放出来。释放出的子囊孢子在合适条件下萌发芽管，长成新菌丝体。子囊孢子、子囊及子囊果的形态、大小、质地和颜色等随菌种而异，在分类上有重要意义。子囊孢子是子囊菌纲的特征。

（三）环境治理中常见的霉菌

1. 根霉属

根霉在培养基上或自然基物上生长时，营养菌丝体上产生匍匐枝，匍匐枝的节间形成特有的假根，在有假根处的匍匐枝上着生成群的孢囊梗，梗的顶端膨大形成孢子囊，囊内产生孢囊孢子，其形状有球形、卵形或不规则形（图1-26）。

根霉的用途很广，其淀粉酶活力很强，酿酒工业上多用来作淀粉质原料酿酒的糖化菌。我国最早利用根霉糖化淀粉（即阿明诺法）生产乙醇。根霉能产生有机酸（反丁烯二酸、乳酸、琥珀酸等），还能产生芳香性的酯类物质。根霉亦是转化类固醇化合物的重要菌类。

在环境治理中，一些根霉可用于降解秸秆、壳聚糖及可降解塑料（淀粉类、纸浆模塑类、植物纤维类）。

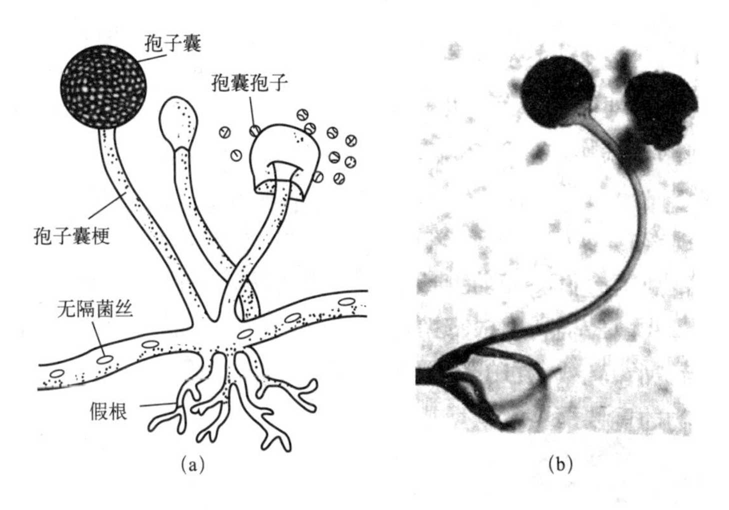

图 1-26　根霉的菌丝与孢囊梗

2. 毛霉属

毛霉的菌丝体在基质上或基质内能广泛蔓延，无假根和匍匐枝，孢囊梗直接由菌丝体生出，一般单生，分枝较少或不分枝。分枝顶端都有膨大的孢子囊，孢子囊呈球形（图1-27）。

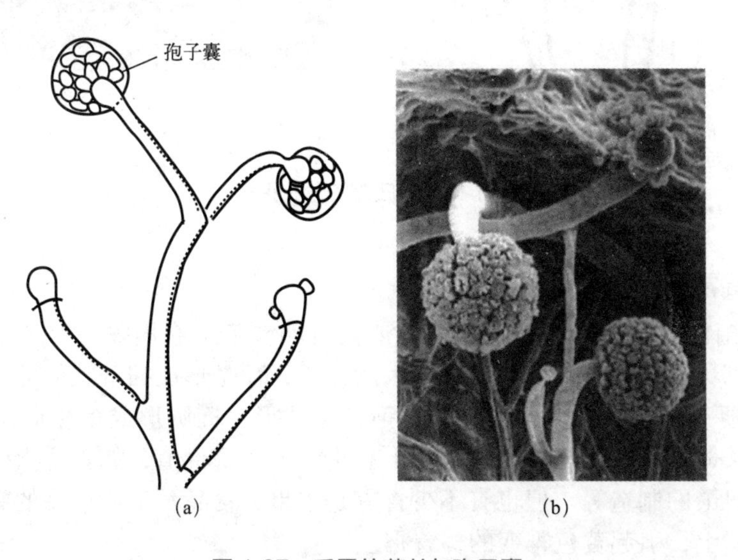

图 1-27　毛霉的菌丝与孢子囊

笔记

毛霉的用途很广，常出现在酒药中，能糖化淀粉并能生成少量乙醇，产生蛋白酶，有分解大豆蛋白的能力，我国多用来做豆腐乳、豆豉。许多毛霉能产生草酸，有些毛霉能产生乳酸、琥珀酸及甘油等，有的毛霉能产生脂肪酶、果胶酶、凝乳酶。对类固醇化合物有转化作用。

在环境治理中有些毛霉可用于分解纤维素，降解油脂废水、苯并芘。

3. 曲霉属

曲霉的菌丝体由具有横隔的分枝菌丝构成，通常无色，老熟时渐变为浅黄色至褐色。从特化了的菌丝细胞上（足细胞）形成分生孢子梗，顶端膨大形成顶囊，顶囊有棒形、椭圆形、半球形或球形。顶囊表面生辐射状小梗，小梗单层或双层，小梗顶端分生孢子串生（图1-28）。由顶囊、小梗以及分生孢子构成分生孢子头，分生孢子头具各种不同颜色和形状，如球形、棒形或圆柱形等。

曲霉菌在发酵工业、医药工业、食品工业及粮食储藏等方面均有重要作用。黄曲霉能产生致癌的黄曲霉毒素，近年来已引起极大的注意。

在环境治理中也有很多利用曲霉降解有机物的报道，如降解纤维素、半纤维素、有机磷农药、石油、塑料，净化毛纺厂废水、油脂厂废水、肉联厂废水、制革厂废水中的油脂，一些曲霉还被用于金属汞的甲基化。

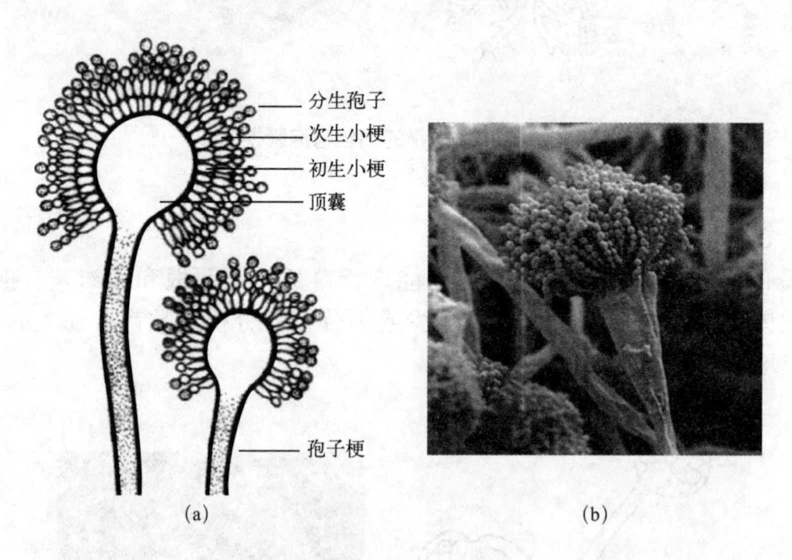

图1-28　曲霉的分生孢子

4. 青霉属

青霉菌的营养菌丝体无色、淡色或具鲜明颜色。有横隔，分生孢子梗亦有横隔，基部无足细胞，顶端不形成膨大的顶囊，而是形成扫帚状的分支，称为帚状枝。小梗顶端串生分生孢子，分生孢子呈球形、椭圆形或短柱形（图1-29）。大部分生长时呈蓝绿色。青霉在工业上有很高的经济价值，如青霉素生产、干酪加工及有机酸的制造等。但也有不少青霉是水果、食品及工业产品的有害菌，如生长在大米上，引起黄色霉变的橘青霉。

在环境治理中，有些菌株可用于分解纤维素、半纤维素及木质素，还有些菌株可降解油脂、酚类、苯胺类及多环芳烃类化合物，此外青霉菌还具有良好的异养硝化和反硝化功能。

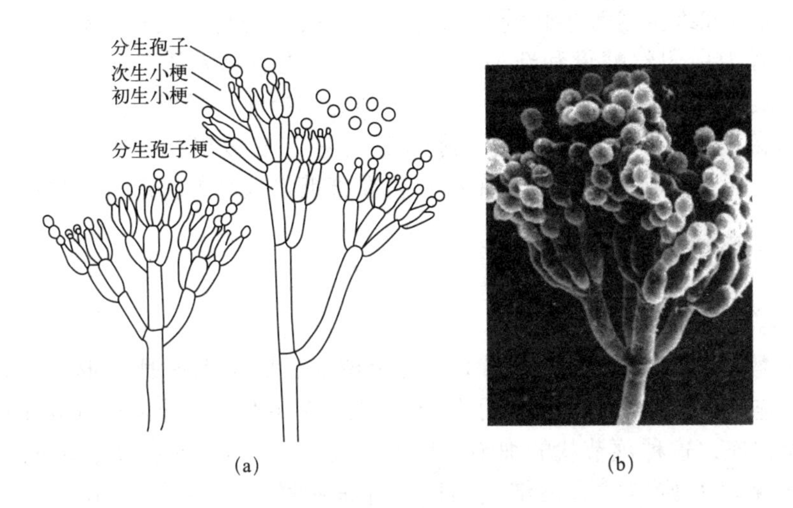

图 1-29　青霉的分生孢子

5. 木霉属

木霉含有多种酶系，尤其是纤维素酶含量很高，是生产纤维素酶的重要菌。木霉能产生柠檬酸，合成维生素 B_2（核黄素），并可用于类固醇转化（图 1-30）。

在环境治理中，木霉可用于含氮有机物的转化（如氰化物、乙腈、丙腈、正丁腈、丙烯腈等腈类化合物及硝基化合物），纤维素的分解，敌敌畏、甲胺磷、多菌灵的生物降解等。

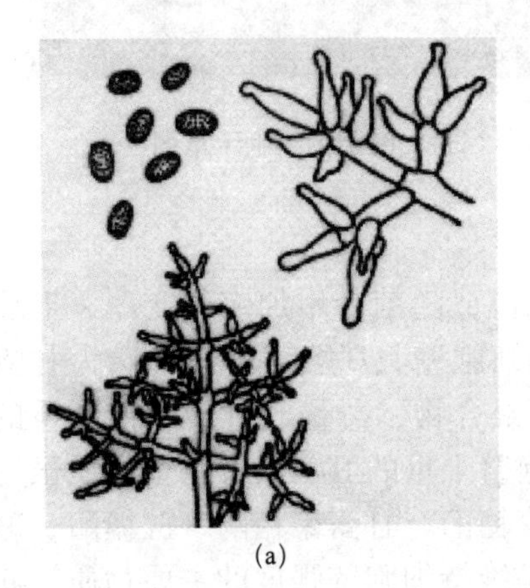

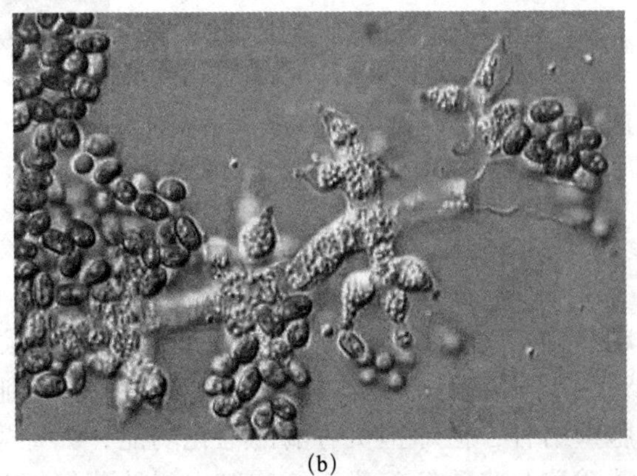

图 1-30　木霉的分生孢子

二、酵母菌

酵母菌在自然界分布很广，主要分布于偏酸性含糖环境中。如水果、蔬菜、

蜜饯的表面及果园土壤中。酵母菌种类很多，为56属500多种。酵母菌是人类利用最早的微生物，可用于各种酒类的生产，面包制造，甘油发酵，饲料、药用及食用单细胞蛋白的生产，从酵母菌体还可提取核酸、麦角甾醇、辅酶A、细胞色素C、凝血质和维生素等生化药物。少数酵母菌能引起人或其他动物的疾病，其中最常见者为白假丝酵母和新型隐球菌。它们能引起人体一些表层（皮肤、黏膜）组织疾病。如鹅口疮、阴道炎、轻度肺炎和慢性脑膜炎等。

酵母菌的特点：个体多以单细胞状态存在；多数出芽生殖，也有裂殖；能发酵糖类产能；细胞壁常含甘露聚糖；喜在含糖量较高的偏酸性环境中生长。

（一）酵母菌的形态结构

1. 酵母菌的形状与大小

大多数酵母菌为单细胞，基本形态为球形、卵圆形或藕节形等。有些酵母菌进行一连串的芽殖后，长大的子细胞与母细胞并不立即分离，其间仅以极狭小的接触面相连，这种藕节状的细胞串称为“假菌丝”，如热带假丝酵母。

酵母菌具有典型的真核细胞结构，即细胞壁、细胞膜、细胞核、细胞质、液泡、线粒体等。酵母菌无鞭毛，不能游动。

酵母菌的菌落形态特征与细菌相似，但比细菌大且厚，湿润，表面光滑，多数不透明，黏稠，菌落颜色单调，多数呈乳白色，少数红色，个别黑色。酵母菌生长在固体培养基表面，容易用针挑起，菌落质地均匀，正、反面及中央与边缘的颜色一致。不产生假菌丝的酵母菌，菌落隆起，边缘十分圆整；形成大量假菌丝的酵母，菌落较平坦，表面和边缘粗糙（图1-31）。

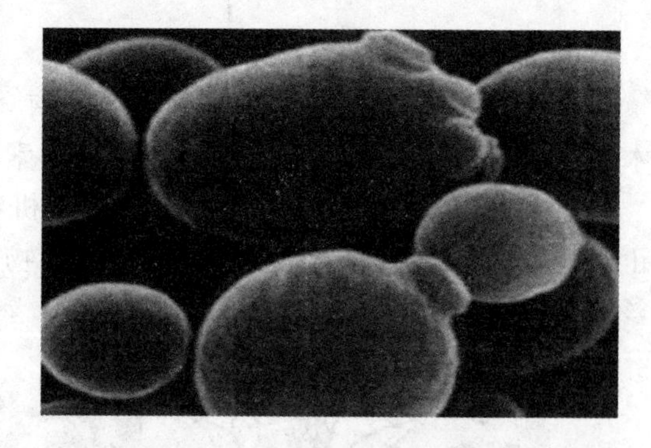

图1-31 酵母菌细胞示意图

2. 酵母菌的细胞结构

（1）细胞壁　在细胞的最外层，幼龄时较薄，随菌龄增加变硬变厚，形成厚25nm的坚韧结构，约占细胞干重的25%。细胞壁具3层结构：外层为甘露聚糖，内层为葡聚糖，它们都是复杂的分枝状聚合物，总量超过细胞壁干重的85%，其间夹有一层蛋白质分子，其量约占细胞壁干重的10%。有些蛋白质虽与细胞壁结合，但却担负着酶的催化功能，如葡聚糖酶、甘露聚糖酶、蔗糖酶、碱性磷酸酶及脂酶等。位于细胞壁内层的葡聚糖是维持细胞壁强度的主要物质。此外，细胞壁上还含有少量类脂和几丁质。

用蜗牛消化酶（内含纤维素酶、甘露聚糖酶、几丁质酶和脂酶等）可水解酵母的细胞壁，制备酵母菌的原生质体，或水解酵母菌的子囊壁，将子囊孢子释放出来。

（2）细胞膜　位于细胞壁内侧，厚约7nm，结构与原核微生物相似。主要成分为蛋白质（约占细胞膜干重的50%）和类脂（约占40%），及少量糖类。酵母细胞膜上的类脂中含有甾醇，其中麦角甾醇居多，经紫外线照射可形成维生素D_2。

（3）细胞核　酵母菌具有真核—多孔核膜包裹起来的定形细胞核。核膜为双层单位膜，其上存在着大量直径为40～70nm的圆形小孔，核内合成的RNA通过核孔转移到细胞质中，为蛋白质合成提供模板，细胞核与细胞质间的物质变换也通过该通道进行。酵母细胞核是其遗传信息的主要储存库。在啤酒酵母的核中存在17条染色体。

（二）酵母菌的繁殖

酵母菌以无性繁殖为主，无性繁殖主要又以芽殖和裂殖为主。繁殖方式对酵母菌鉴定极为重要，酵母菌的几种代表性繁殖方式如下。

1. 无性繁殖

（1）芽殖　在母细胞形成芽体部位，细胞壁的多糖被水解酶分解，细胞壁变薄；大量新细胞物质如核物质和细胞质等在芽体起始部位堆积，芽体逐步长大；芽体达到最大体积时在芽体与母细胞之间形成隔离壁，其成分为葡聚糖、甘露聚糖和几丁质复合物；子细胞与母细胞在隔离壁处分离（图1-32）。分离时在母细胞上留下一个芽痕，在子细胞上相应的留下一个蒂痕。用钙荧光素或樱草灵等荧光染料染色，可在荧光显微镜下看到芽痕、蒂痕。通过扫描电镜可以清晰地看到芽痕和蒂痕的细微结构（图1-33）。芽殖是酵母菌最常见的繁殖方式。在营养丰富的条件下，酵母菌生长迅速，几乎所有细胞上都长有芽体，芽体上还可形成新芽体，最后形成假菌丝状。

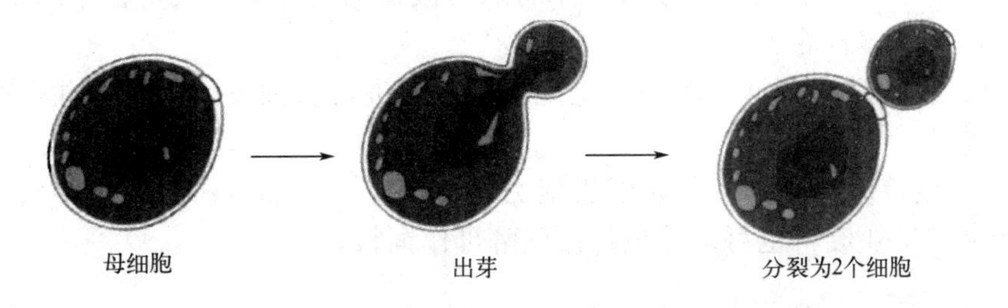

图1-32　酵母的出芽生殖

（2）裂殖　酵母菌的裂殖与细菌裂殖相似，其过程是细胞伸长，核分裂为二，细胞中央出现隔膜，将细胞横分为2个大小相等、各具1个核的子细胞。进行裂殖的酵母种类很少，裂殖酵母属的八孢裂殖酵母就是其中一种。

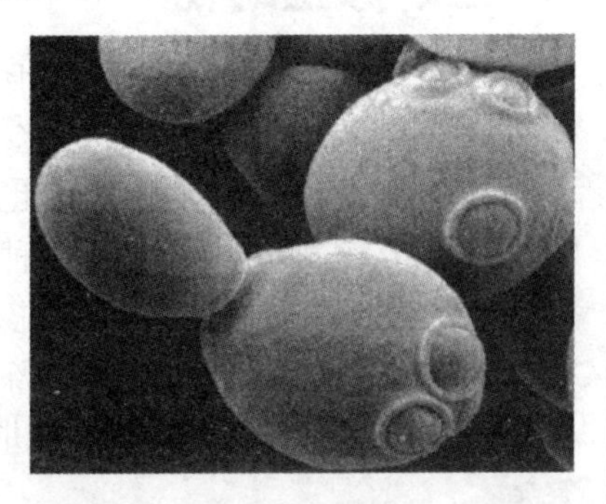

图1-33　酵母的芽痕与蒂痕的结构

（3）节孢子和厚垣孢子　地霉属酵母菌在培养初期菌体为完整的多细胞丝状，在培

笔记

养后期从菌丝内横隔处断裂，形成短柱状或筒状，或两端钝圆的细胞，称为节孢子。

白假丝酵母在菌丝中间或顶端发生局部细胞质浓缩和细胞壁加厚，最后形成一些厚壁休眠体，称为厚垣孢子。厚垣孢子对不良环境有较强的抵抗力。

2. 有性繁殖

酵母菌以形成子囊和子囊孢子的方式进行有性繁殖。其过程是两个邻近的酵母细胞各自伸出一根管状的原生质凸起，随即相互接触、融合，并形成一个通道，两个细胞核在此通道内结合（质配），形成双倍体细胞核（核配），并随即进行减数分裂，形成4个或8个子核，每一个子核和其周围的原生质形成孢子，即为子囊孢子，形成子囊孢子的细胞称为子囊。

（三）常用的酵母菌

1. 啤酒酵母

啤酒酵母是啤酒生产上常用的典型的发酵酵母菌。除了酿造啤酒、酒精及其他的饮料酒外，还可发酵面包。菌体维生素、蛋白质含量高，可作食用、药用和饲料用，亦可提取细胞色素C、核酸、麦角甾醇、谷胱甘肽、凝血质、辅酶A、三磷酸腺苷等。一些啤酒酵母还参与金属的转化，如汞的甲基化。卡尔斯伯酵母是啤酒酿造业中的典型酵母，可以用于发酵生产葡萄糖、蔗糖、半乳糖、麦芽糖及棉子糖，其麦角甾醇含量较高。

2. 假丝酵母属

（1）产朊假丝酵母　既能以尿素和硝酸盐为氮源，以五碳和六碳糖为碳源，也能利用造纸工业的亚硫酸废液、木材水解液及糖蜜等生产人畜食用的蛋白质，甚至能用来降解石油。

（2）解脂假丝酵母　能利用正烷烃为碳源进行石油发酵脱蜡，并生产有价值的产品。

（3）热带假丝酵母　氧化烃类能力强，是生产石油蛋白质的重要菌种。用农副产品和工业废料也可培养热带假丝酵母作饲料。

三、原生动物

原生动物指无细胞壁、能自由活动的一类单细胞真核微生物。原生动物在自然界分布广泛，在海水、河水、湖水、池水及雨后地上的积水中都能找到。土壤、动物粪便和其他生物体内也有分布。它们多以腐生和寄生的方式生活，少数与其他生物共生。原生动物种类很多，形态与生活周期差异很大。有的像动物，有的像植物。大者肉眼可见，小的用显微镜才能看到。原生动物以单细胞为其生命单位，细胞结构复杂。除一般细胞结构外，还有一些特殊结构。它们以吞噬方式吸收养分，少数也可进行光合作用。能运动，有有性和无性两种方式繁殖。

笔记

（一）原生动物的特征

原生动物是动物中最原始、最低等、结构最简单的单细胞动物。在动物学中被列为原生动物门。原生动物形体微小，一般在10～300μm，在光学显微镜下观察才可见，因此微生物学把它归入微生物范畴。原生动物为单细胞，没有细胞壁，有细胞质膜、细胞质，有分化的细胞器，其细胞核具有核膜（较高级类型有两个核）；有独立生活的生命特征和生理功能，如摄食、营养、呼吸、排泄、生长、繁殖、运动及对刺激的反应等。上述的各种功能都由相应的细胞器执行，如胞口、胞咽、食物泡、吸管是摄食、消化、营养的细胞器；收集管、伸缩泡、胞肛是排泄的细胞器；鞭毛、纤毛、刚毛、伪足是运动和捕食的细胞器；眼点是感觉细胞器。有的细胞器执行多种功能，如伪足、鞭毛、纤毛、刚毛既能执行运动功能，又能执行摄食功能，甚至还有感觉功能。

1. 原生动物的一般结构

（1）细胞质膜和皮膜　原生动物的细胞最外层是细胞质膜。细胞质膜的化学组成、结构和功能与其他真核生物膜相同。有些原生动物，如眼虫具有多层膜。由于体表细胞膜的蛋白质增加了厚度及弹性形成了皮膜，使身体保持了一定的形状。有些种类身体没有固定的形态，身体的表面只有一层很薄的原生质膜，因而能使细胞的原生质流动而不断地改变体形，如变形虫。一些原生动物，如衣滴虫的细胞外表是由纤维素及果胶组成，因而形成了和植物一样的细胞壁，体形不能改变。有些种类的原生动物能分泌一些物质形成外壳或骨骼以加固体形，如表壳虫能分泌几丁质形成褐色外壳；砂壳虫能在体表分泌蛋白质胶，再黏着外界的砂粒形成砂质壳；有孔虫可以分泌碳酸钙形成壳室；而放射虫可在细胞质内分泌形成几丁质的中心囊，并有硅质或锶质骨针伸出体外以支持身体等。

（2）细胞核及其他细胞器　除了纤毛虫类之外，原生动物都有一个细胞核。纤毛虫具有两种类型的核，大核与小核。大核是致密核，含有RNA，有表达的功能；小核通常是泡状核，含有DNA，无表达功能，与纤毛虫的表型无关，而与生殖有关，也称生殖核。原生动物细胞中还含有线粒体、质体、高尔基体、溶酶体和中心粒等结构。

2. 原生动物的特有结构

原生动物虽然是单细胞生物，但也是一个完整的有机体，它能完成多细胞动物所具有的生命功能，例如营养、呼吸、排泄、生殖及对外界刺激产生反应，这些功能由细胞或由细胞特化而成的细胞器来执行。不同的细胞器在功能上相当于多细胞动物体内的器官及系统，所以从细胞水平上说，构成原生动物的细胞是分化最复杂的细胞。

（1）胞口　原生动物用于吞入活有机体或各种食物小颗粒的特殊开口称为胞口或口沟。简单胞口长期张开，食物易于落入，复杂的胞口能主动吞入食物。胞口外围的纤维组织控制胞口开关。食物入口后必须经过的通道称为胞咽，胞咽下方连接食物泡。

笔记

（2）食物泡　原生动物取食后形成一个被膜包围的食物泡。食物泡分两种，一种为吞噬食物后形成的，另一种为胞饮后形成。前者常包含较大的食物颗粒和细菌。后者常包含不可见和溶解态的养分。食物泡的膜平滑，内含有酶，pH较低。食物泡形成后轻微振动，杀死活食物并将其消化，食物泡随之增大，周围出现许多小泡囊，以分散被消化的物质。未消化的物质由胞肛排出体外。食物泡在原生动物体内作高度有组织的移动，将营养物质送到细胞内各个部位，它们从形成到消散代表原生动物完成了食物的消化过程。

（3）收缩泡　在原生动物靠近细胞质膜处形成的充满液体且能膨胀和收缩的囊状结构称为收缩泡。膨胀和收缩交替进行。不同种原生动物的收缩泡结构有所不同。变形虫的收缩泡较简单，草履虫则较复杂。

收缩泡的功能为调节渗透压。一般原生动物细胞渗透压高于周围环境，如变形虫收缩泡内液体的渗透浓度为细胞质的1/3，是外界水的4倍。这样，原生动物才能从外界吸水。原生动物可通过控制收缩周期调节对水的需求。收缩特性因原生动物种类和所处环境而异。小的淡水型纤毛虫几秒钟收缩1次，一些大的纤毛虫几十分钟1次。

（4）鞭毛与纤毛　鞭毛与纤毛从结构与功能上没有明显的区别，只是鞭毛更长（5～200μm），一至数根，着生于细胞的一端。纤毛较短（3～20μm），数目很多，分布于整个细胞表面。鞭毛的摆动是对称的，包括几个左右摆动的运动波；纤毛的运动是不对称的，仅包括一个运动波。鞭毛与纤毛的外表是一层外膜，它与细胞的原生质膜相连，膜内共有11条纵行的轴丝，其中9条轴丝从横断面上排成一圈，称为外围纤维；2条轴丝位于中间，称为中心纤维。这就是鞭毛及纤毛轴丝排列的“9+2”模式。不仅原生动物的鞭毛与纤毛有相似的结构，而且所有后生动物的细胞鞭毛与精子鞭毛都有相似的结构，这表明各类动物之间具有一定的亲缘关系。鞭毛与纤毛除了运动功能之外，它们的摆动可以引起水体流动，利于取食，推动物质在体内的流动，另外它们也具有某些感觉的功能。

光合原生动物眼虫体内有一至几个红色眼点，位于叶绿体旁或埋在叶绿体内。眼虫运动与光对眼点的作用有关。

（二）原生动物的营养类型

原生动物包含了生物界的全部营养类型。

1. 动物性营养

动物性营养的原生动物通过伪足、胞口、胞咽等细胞器摄取食物，如细菌、放线菌、酵母菌、霉菌、藻类、比自身小的原生动物及有机颗粒。绝大多数原生动物为动物性营养。

2. 植物性营养

有光合色素的原生动物如眼虫、衣滴虫和植物一样，在有阳光的条件下，吸收CO_2和无机盐进行光合作用，合成有机物供自身营养。

笔记

3. 腐生性营养

孢子虫类及其他一些寄生或自由生活的原生动物，借助体表的原生质膜吸收环境和寄主中的可溶性的有机物为营养。

（三）原生动物的繁殖

原生动物有无性繁殖及有性繁殖两种方式。

1. 无性繁殖

无性繁殖存在于所有的原生动物，在一些种类中它是唯一的生殖方式，例如锥虫。无性繁殖有以下几种形式：

（1）二分裂　二分裂是原生动物最普遍的一种无性繁殖，一般是有丝分裂，分裂时细胞核先由1个分为2个，染色体均等地分布于2个子核中，随后细胞质也分别包围2个细胞核，形成2个大小、形状相等的子体（图1-34）。二分裂可以是纵裂，如眼虫；也可以是横裂，如草履虫；或者是斜分裂，如角藻。

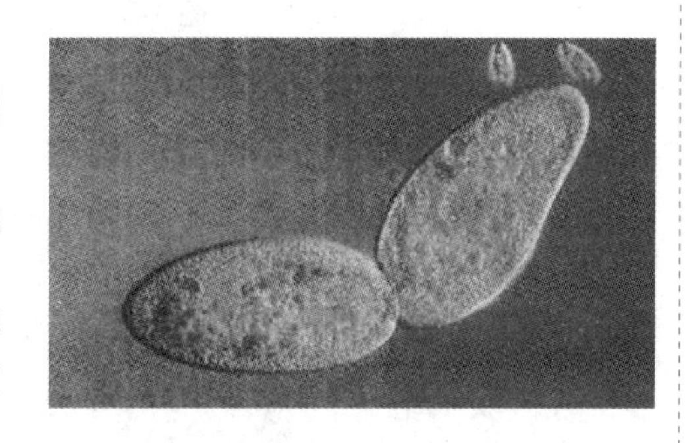

图1-34　原生动物的二分裂繁殖

（2）出芽生殖　出芽生殖实际也是一种二分裂，只是形成的两个子体大小不等，大的子细胞称为母体，小的子细胞称为芽体，如吸管虫。

（3）多分裂　分裂时细胞核先分裂多次，形成许多核之后细胞质再分裂，最后形成许多单核的子体，多分裂也称裂殖生殖，多见于孢子虫纲。

（4）质裂　质裂是一些多核的原生动物，如多核变形虫、蛙片虫所进行的一种无性繁殖，即核先不分裂，而是由细胞质在分裂时直接包围部分细胞核形成几个多核的子体，子体再恢复成多核的新虫体。

2. 有性繁殖

有性繁殖有两种方式。

（1）配子生殖　大多数原生动物的有性繁殖为配子生殖，即经过两个配子的融合或受精形成一个新个体。如果融合的两个配子在大小、形状上相似，仅在生理功能上不同，则称为同形配子，同形配子的生殖称为同配生殖。如果融合的两个配子在大小、形状及功能上均不相同，则称为异形配子，根据其大小不同，分别称为大配子及小配子。大、小配子分别分化到形态与功能完全不同的精子和卵。卵受精后形成受精卵，亦称合子。异形配子所进行的生殖称为异配生殖。

（2）接合生殖　原生动物另一种有性繁殖方式是纤毛虫类所具有的接合生殖（图1-35）。交配时2个二倍体虫体腹面相贴，每个虫体的小核减数分裂，形成4个单倍体的配子核，其中3个退化，留下的1个发生有丝分裂形成2个单倍体核；2个虫体交换1个小核，交换后的单倍体小核与对方的单倍体小核融合，形成1个新的二倍体的结合核；然后2个虫体分开，各自再进行有丝分裂，形成数个二倍体的新个体。

笔记

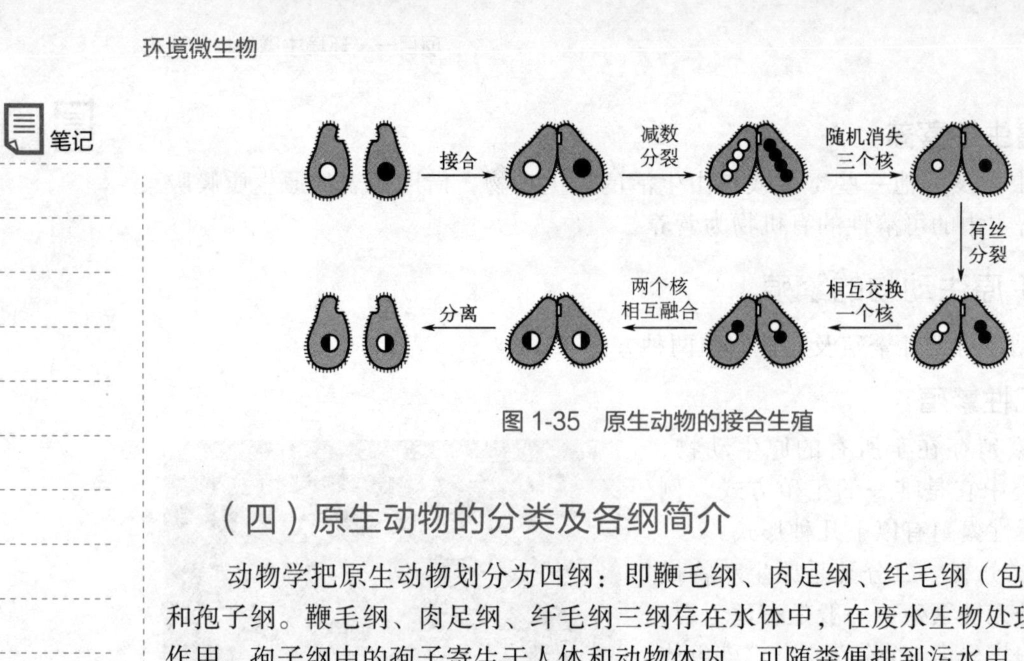

图 1-35 原生动物的接合生殖

（四）原生动物的分类及各纲简介

动物学把原生动物划分为四纲：即鞭毛纲、肉足纲、纤毛纲（包括吸管纲）和孢子纲。鞭毛纲、肉足纲、纤毛纲三纲存在水体中，在废水生物处理中起重要作用。孢子纲中的孢子寄生于人体和动物体内，可随粪便排到污水中。

1. 鞭毛纲

鞭毛纲中的原生动物称为鞭毛虫。单细胞，具有一根或多根鞭毛，如眼虫、屋滴虫、杆囊虫等具有一根鞭毛。粗袋鞭虫、衣滴虫、波多虫和内管虫等具有两根鞭毛。多数鞭毛虫是个体自由生活，也有群体生活的，如聚屋滴虫。鞭毛纲的营养类型兼有动物性营养、植物性营养和腐生性营养3种类型。植物性营养的鞭毛虫，如绿眼虫在有机物浓度增加和环境条件改变，或失去色素体时，改为腐生性营养。若环境条件恢复，则仍为植物性营养。内管虫和波多虫用鞭毛摄食，为动物性营养。部分不具色素体的鞭毛虫专营腐生性营养。鞭毛虫的大小从几微米至几十微米，在显微镜下可依据形态和运动方式加以辨认。

（1）眼虫　眼虫的形体小，一般呈纺锤形，前端钝圆，后端尖，如图1-36。虫体前端凹陷伸入体内的叫胞咽，胞咽末端膨大为储蓄泡，鞭毛由此通过胞咽伸向体外。靠近胞咽处有一个环状的红色眼点，其中含有的血红素能感受光线，是原始的感光细胞器，可调节眼虫的向光运动。在储蓄泡一侧的伸缩泡有排泄、调节渗透压的功能。绿眼虫体内充满放射状排列的绿色素体，有的眼虫体内有黄色素体和褐色素体，它们为植物性营养。不含色素的眼虫为腐生性营养。眼虫是靠一根鞭毛快速摆动并作颤抖式前进。

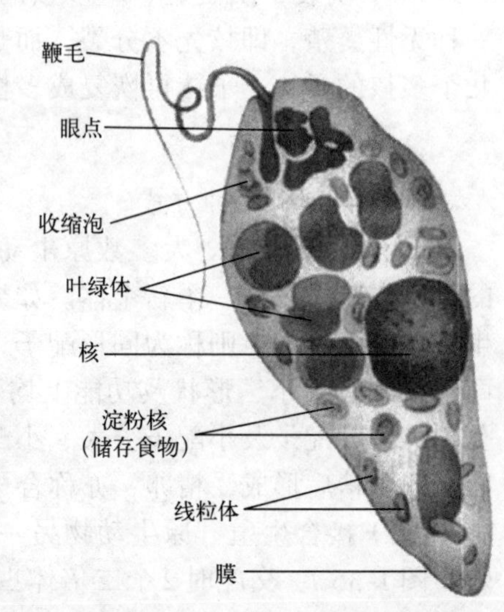

图 1-36 眼虫

（2）粗袋鞭虫　粗袋鞭虫（图1-37）机体柔软，沿纵向伸缩，后端比较宽阔，呈截断状或钝圆，自后向前变细。具两根鞭毛，一根相当粗壮，长度与体长相当，运动时笔直指向前方，尖端部分呈波浪式颤动带动虫体向前运动。另一根鞭毛细而短，向前端伸出后即向后弯转而附着在身体

笔记

表面。粗袋鞭虫为动物性营养，也有腐生性营养。

在自然水体中，鞭毛虫喜在多污带和α-中污带生活。在污水生物处理系统中，活性污泥培养初期或在处理效果差时鞭毛虫大量出现，可作污水处理的指示生物。

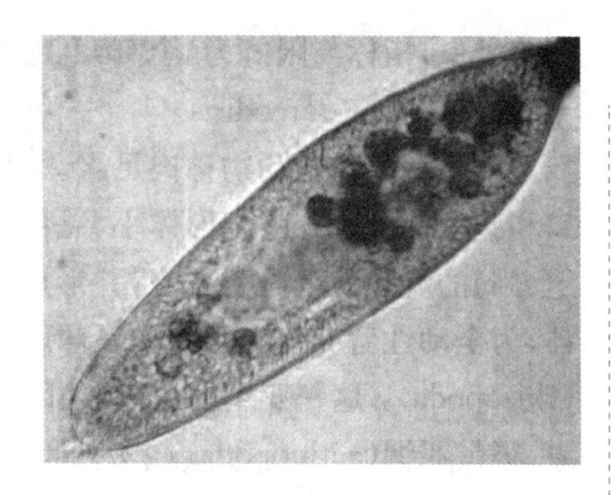

图1-37 粗袋鞭虫

2. 肉足纲

肉足纲的原生动物称肉足虫。机体表面仅有细胞质形成的一层薄膜，没有胞口和胞咽等结构。它们形体小、无色透明，大多数没有固定形态，由于体内细胞质不定方向的流动而呈千姿百态，并形成伪足作为运动和摄食的细胞器，为动物性营养。少数种类呈球形，也有伪足。肉足纲分为两个亚纲，根足亚纲：这一亚纲的特征是可改变形态，故叫变形虫，或称根足变形虫；辐足亚纲：这一亚纲的肉足虫的伪足呈针状，虫体不变而固定为球形，有太阳虫（图1-38）和辐球虫。常见的变形虫有大变形虫、辐射变形虫及蜗足变形虫。变形虫喜在α-中污带或β-中污带的自然水体中生活。在污水生物处理系统中，则在活性污泥培养中期出现。肉足纲大多数为自由生活，分布于海水、淡水、积水、淤泥、池底或土壤中，也有寄生，如痢疾阿米巴。肉足纲以无性繁殖为主，也有多分裂和出芽生殖。

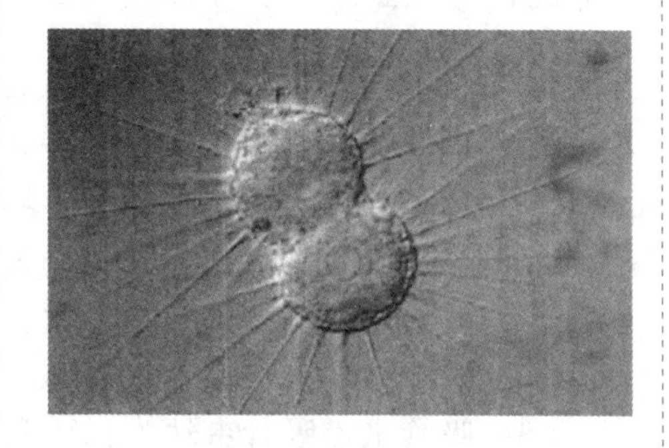

图1-38 太阳虫

3. 纤毛纲

纤毛纲的原生动物叫纤毛虫。有游泳型和固着型2种类型。它们以纤毛作为运动和摄食的细胞器。纤毛虫是原生动物中最高级的一类，它们有固定的、结构细致的摄食细胞器。固着型纤毛虫大多数有肌原纤维，细胞核有大核（营养核）和小核（生殖核）。草履虫有肛门点。纤毛虫的营养为动物性营养，其生殖为分裂生殖和结合生殖。纤毛虫类分布广泛，淡水、海水、净水及污染水域均有分布。

（1）游泳型纤毛虫 游泳型纤毛虫属全毛目。有喇叭虫属、四膜虫属、斜管虫属、豆形虫属、肾形虫属、草履虫属（图1-39为草履虫）、漫游虫属等。

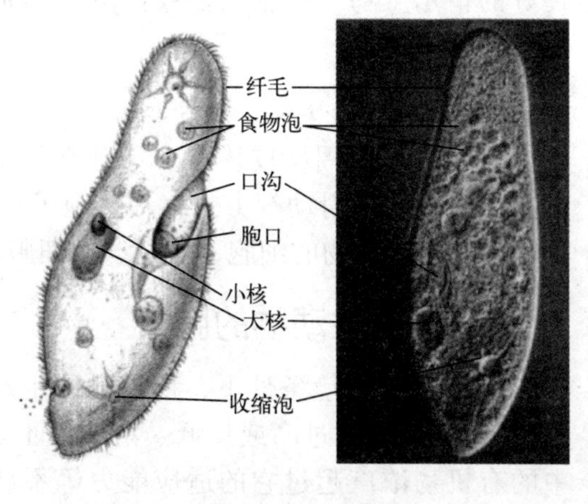

图1-39 草履虫

笔记

（2）固着型纤毛虫　固着型纤毛虫属缘毛目。其虫体的前端口缘有纤毛带（由两圈能波动的纤毛组成）。虫体呈典型的钟罩形，故称钟虫类。它们多数有柄，固着生活。在钟虫的基部和柄内有肌原纤维组成基丝，能收缩。固着型纤毛虫有多种，其中以单个个体固着生活，尾柄内有肌丝的叫钟虫属。群体生活的种类有独缩虫属、聚缩虫属（图1-40）、累枝虫属、盖纤虫属等。独缩虫和聚缩虫的虫体相像，每个虫体的尾柄内都有肌丝，独缩虫的尾柄相连，但肌丝不相连，因此一个虫体收缩时不牵动其他虫体，故名独缩虫。聚缩虫尾柄相连，肌丝也相连。所以当一个虫体收缩时牵动其他虫体一起收缩，故叫聚缩虫。累枝虫和盖纤虫的相同处是：尾柄部分支，尾柄内没有肌丝，不能收缩，但在虫体的基部有肌原纤维，当虫体受到刺激时，其基部收缩，前端胞口闭锁。其不同点是：累枝虫的虫体口缘有两圈纤毛环形成的似波动膜，与钟虫相似，其柄等分支或不等分支；盖纤虫的口缘有两圈纤毛形成的盖形物，或有小柄托住盖形物，能运动，因有盖而得名。

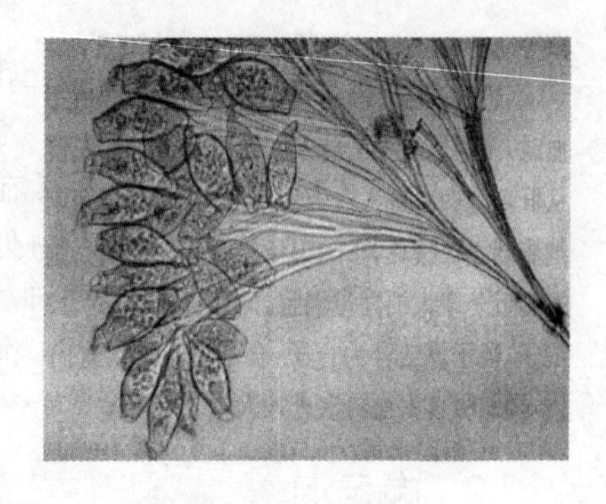
图1-40　聚缩虫

钟虫类的虫体在不良环境中发生变态，运动前进方向由向前运动改为向后运动。

（3）吸管虫　吸管虫幼体有纤毛，成虫纤毛消失，长出长短不一的吸管，靠一根柄固着生活。虫体呈球形、倒圆锥形或三角形等，没有胞口，以吸管为捕食细胞器，为动物性营养。以原生动物和轮虫为食料，这些微小动物一旦碰上吸管虫的吸管立即被粘住，被吸管分泌的毒素麻醉，接着细胞膜被溶化，体液被吮吸干而死亡。吸管虫的生殖为有性生殖和出芽生殖。

纤毛纲中的游泳型纤毛虫多数在α-中污带和β-中污带生活，少数在寡污带生活。在污水生物处理中，于活性污泥培养中期或在处理效果较差时出现。扭头虫、草履虫等在缺氧或厌氧环境中生活，它们耐污力极强，而漫游虫则喜在较清洁水中生活。固着型的纤毛虫，尤其是钟虫，喜在寡污带中生活，钟虫类在β-中污带中也能生活，如累枝虫耐污力较强。它们是水体自净程度高，污水生物处理好的指示生物。吸管虫多数在β-中污带生活，有的也能在α-中污带和多污带生活。

4. 孢子虫纲

孢子虫生活周期较复杂，有孢子虫阶段和配子阶段。无伸缩泡、运动胞器，借身体的屈曲、滑动等方式移动。孢子虫类均为寄生性，寄生于人类、黑猩猩、猴、鸡、鼠等动物的细胞、体液、血细胞及各种器官内。

（五）原生动物的胞囊

在正常的环境条件下，所有的原生动物都各自保持自己的形态特征。在水干枯、水温和pH过高或过低、溶解氧不足、缺乏食物或排泄物积累过多、废水中的有机物浓度超过它的适应能力等不利的条件下，许多原生动物就会形成胞

笔记

囊，即体内积累了营养物质，失去部分水分，身体变圆，外表分泌厚壁，不再活动。孢囊具有抵抗干旱、极端温度、高盐度等各种不良环境的能力，并且可借助于水流，风力，动、植物等进行传播，在恶劣环境下甚至可存活数年不死，而一旦条件适合时，虫体还可破囊而出，甚至在胞囊内还可以进行分裂、出芽及形成配子等生殖活动。所以许多种原生动物在分布上是世界性的，只要有水分的地方就有它的存在。

原生动物在污水生物处理过程中起指示生物的作用。一旦形成胞囊，就可判断污水处理过程是否不正常。

四、后生动物

除原生动物以外的多细胞动物的统称为后生动物。其中个体微小，须借助显微镜或放大镜才能看清的后生动物，称为微型后生动物。如轮虫、线虫、寡毛虫（飘体虫、颤蚓、水丝蚓）、浮游甲壳动物、苔藓动物等。上述微型动物在天然水体、潮湿土壤、水体和底泥中均有存在。一些微型后生动物常见于污水生物处理系统中，可作为生物处理的指示生物。

（一）轮虫

轮虫是担轮动物门轮虫纲的微小动物。因轮虫有初生体腔，新的分类把它归入原腔动物门。轮虫种类很多，目前已观察到的有252种，分别隶属于15科79属。常见的轮虫有旋轮属、猪吻轮属、腔轮属、水轮属、沼轮属和巨冠轮属。

轮虫绝大多数为淡水种类，营浮游生活，有少数种类营固着生活和寄生生活。轮虫形体微小，多数为500μm左右，需在显微镜下观察。身体为长形，分头部、躯干和尾部，头部有一个由1～2圈纤毛组成的能转动的轮盘，形如车轮故叫轮虫（图1-41）。轮盘为轮虫的运动和摄食的器官，咽内有一个几丁质的咀嚼器。躯干呈圆筒形，背腹扁宽，具刺或棘，外面有透明的角质甲膜，尾部末端有分叉的趾，内有腺体分泌的黏液，借以固着在其他物体上。雌雄异体，雄体比雌体小得多，并退化，有性生殖少，多为孤雌生殖。轮虫有的以个体形式存在，如旋轮虫属、猪吻轮属、腔轮属和水轮属；也有的以群体形式存在，如金鱼藻沼轮虫、群栖巨冠轮虫和长柄巨冠轮虫。

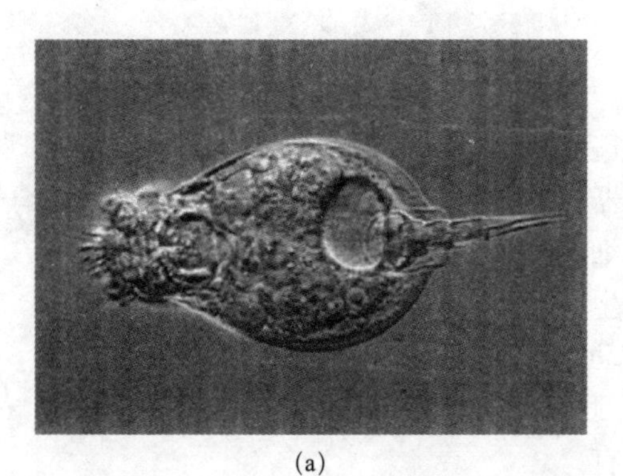
(a)

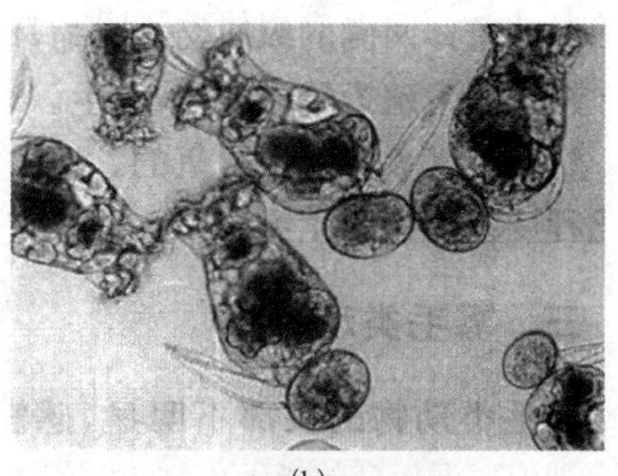
(b)

图1-41　轮虫

笔记

大多数轮虫以细菌、霉菌、藻类、原生动物及有机颗粒为食，因此在废水的生物处理中有一定的净化作用。

轮虫在自然环境中分布很广，是世界性的。轮虫以底栖的种类居多，栖息在沼泽、池塘、浅水湖泊和深水湖的沿岸。大多数的属和种生长在苔藓植物上。适应pH范围广，中性、偏碱性和偏酸性的种均有，然而喜在pH6.8左右生活的种类较多。

在一般的淡水水体中出现的轮虫有旋轮虫属、轮虫属和间盘轮虫属，活性污泥中常见的轮虫有玫瑰旋轮虫、转轮虫等。轮虫要求有较高的溶解氧量，而且对污染物浓度及毒性相对敏感，所以是水体寡污带和污水生物处理效果好的指示生物。但轮虫数量太多时，则是废水污泥膨胀的前兆。

（二）线虫

线虫属于线形动物门的线形纲，线虫（图1-42）为长形，形体微小，多在1mm以下，在显微镜下清晰可见。线虫前端口上有感觉器官，体内有神经系统，消化道为直管，食管由辐射肌组成。线虫的营养类型有3种：腐食性（以动、植物的残体及细菌等为食）、植食性（以绿藻和蓝藻为食）和肉食性（以轮虫和其他线虫为食）。

线虫有寄生和自由生活，污水处理中出现的线虫多是自由生活的，自由生活的线虫体两侧的纵肌交替收缩，作蛇形状的蜷曲运动。线虫的生殖为雌雄异体，卵生。线虫有好氧和兼性厌氧两种类型。在缺氧时，兼性厌氧线虫大量繁殖。线虫是污水净化程度差的指示生物。

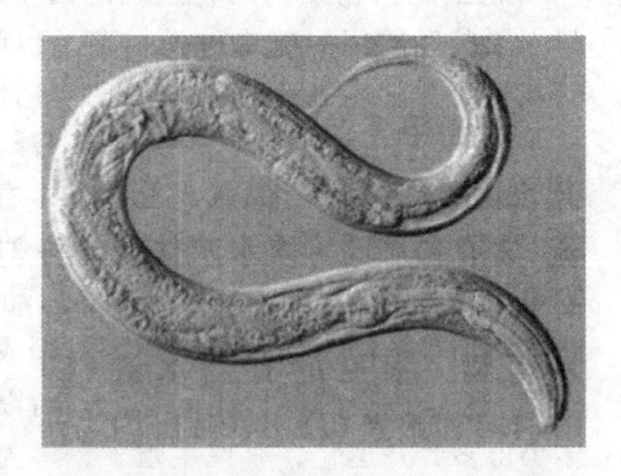

图1-42 线虫

（三）寡毛类动物

寡毛类动物的头部不明显，感官也不发达；身体细长分节，每节两侧长有刚毛，靠刚毛爬行运动。目前发现的寡毛类动物有6700多种。这类动物比轮虫和线虫高级，大多穴居陆地的土壤中，少数生活在淡水中，主要有飘体虫（图1-43）、颤蚓及水丝蚓等。

在污水生物处理中出现的多为红斑飘体虫。它的前叶腹面有纤毛，是捕食器官，杂食性，主要食污泥中有机碎片和细菌。它分布很广，夏、秋两季在水体中生长适宜，生长温度为20℃，6℃以下活动力降低，并形成胞囊。颤蚓和水丝蚓为河流、湖泊底泥污染的指示生物，它们中有厌氧生活的，以土壤为食。

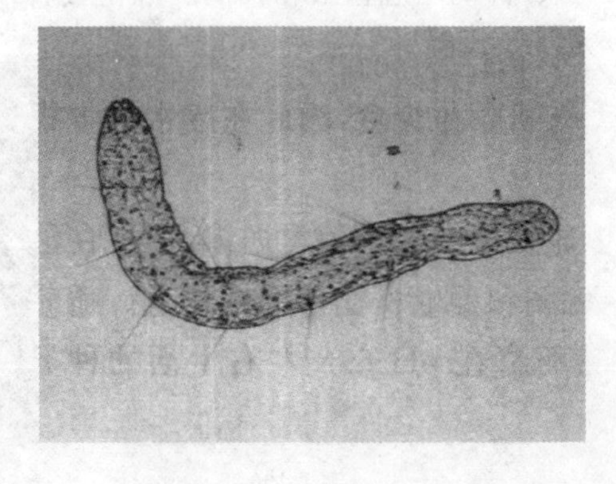

图1-43 飘体虫

笔记

（四）浮游甲壳动物

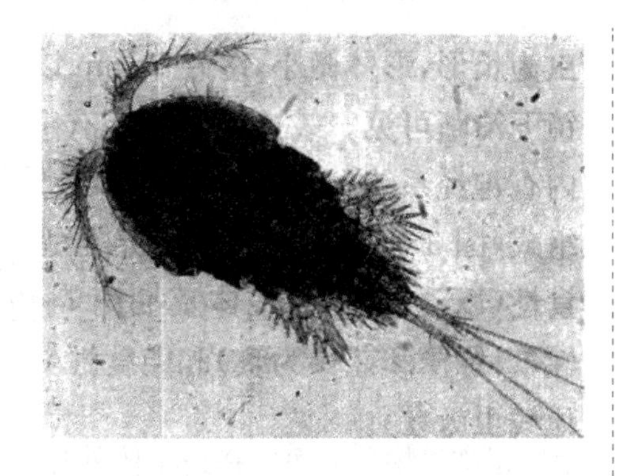

图 1-44　剑水蚤

浮游甲壳动物在浮游动物中占重要地位，数量大，种类多，是鱼类的基本食料，其数量对鱼类影响很大。它们广泛分布于河流、湖泊和水塘等淡水水体及海洋中，以淡水种类为最多。它们是水体污染和水体自净的指示生物。常见的有剑水蚤（图1-44）和水蚤，均为水生，浮游生活。摄食方式有滤食性和肉食性两种。

水蚤的血液含血红素，肌肉、卵巢和肠壁等细胞中也含血红素。血红素的含量常随环境中溶解氧量的高低而变化。水体中含氧量低，水蚤的血红素含量升高；水体中含氧量高，水蚤的血红素含量降低。由于在污染水体中溶解氧含量低，清水中氧的含量高，所以在污染水体中的水蚤颜色比在清水中的红些，这就是水蚤常呈不同颜色的原因，是其适应环境的表现，由此也能判断出水体是否被污染。

任务四　无细胞结构微生物——病毒

知识目标

1. 了解病毒的形态结构和繁殖方式。
2. 掌握影响病毒存活的因素。
3. 了解几种高危病毒的特点和防治措施。

能力目标

1. 能依据病毒的繁殖特性指导对其的灭杀措施，学会各种高效灭杀病毒的方法。

2. 能依据各种病毒的特点采取有针对性的防治措施。

3. 能够正确运用所学习的病毒的理论知识指导实际工作，具备分析、解决问题的能力。

素质目标

1. 培养人与自然和谐共生的意识。
2. 培养尊重自然环境的态度。

笔记

一、病毒的特点及分类

（一）病毒的特点

病毒是没有细胞结构，专性寄生在活的敏感宿主体内，可通过细菌过滤器，大小在0.2μm以下的超微小微生物。

由于其大小在0.2μm以下，故在光学显微镜下看不见，必须在电子显微镜下方可看见。病毒没有合成蛋白质的机构——核糖体，也没有合成细胞物质和繁殖所必备的酶系统，不具独立的代谢能力，必须专性寄生在活的敏感宿主细胞内，依靠宿主细胞合成病毒的化学组成和繁殖新个体。病毒在活的敏感宿主细胞内是具有生命的超微生物，然而，在宿主体外却为不具生命特征的大分子物质，但仍保留感染宿主的潜在能力，一旦重新进入活的宿主细胞内又具有生命特征，重新感染新的宿主。

由于病毒与其他微生物差别很大，具有自身独有的特点，所以，把它单独列为一界——病毒界。

（二）病毒的分类

病毒是根据病毒的宿主、所致疾病、核酸的类型、病毒粒子的大小、病毒的结构、有或无被膜等进行分类。

1. 根据专性宿主分类

有动物病毒、植物病毒、细菌病毒（噬菌体）、放线菌病毒（噬放线菌体）、藻类病毒（噬藻体）、真菌病毒（噬真菌体）。

（1）动物病毒　寄生在人体和动物体内引起人和动物疾病，如人的流行性感冒、水痘、麻疹、腮腺炎、流行性乙型脑炎、脊髓灰质炎、甲型肝炎、乙型肝炎等。引起动物疾病的有家禽、家畜的瘟疫病及昆虫的疾病。

（2）植物病毒　寄生在植物体内引起植物疾病，如烟草花叶病、番茄丛矮病、马铃薯退化病、水稻萎缩病和小麦黑穗病等。

（3）细菌病毒　寄生在细菌体内引起细菌疾病。大肠杆菌噬菌体广泛分布在废水和被粪便污染的水体中。由于它们比其他病毒较易分离和测定，花费少，有人建议用噬菌体作为细菌和病毒污染的指示生物，环境病毒学已使用噬菌体作为模式病毒。噬菌体与动物病毒之间存在相似性和相关性，故已被用于评价水和废水的处理效率。

（4）放线菌病毒　侵染放线菌的病毒，如链霉菌噬菌体、小单孢菌噬菌体等。

（5）藻类病毒　藻类病毒最先是在蓝藻中发现的，研究较多的有聚球藻病毒、念珠藻病毒等。藻类病毒被认为是水体微型生物群落系统中重要的动态因子，病毒直接影响宿主的种群密度乃至存亡。

（6）真菌病毒　是以真菌为宿主的病毒，如产黄青霉病毒、匐枝青霉病毒等。真菌病毒不能以常规的摩擦或混合接种方法侵染菌体。病毒无明显致病力。

笔记

2. 按核酸分类

有DNA病毒（少数DNA病毒是单链DNA，如细小病毒组的成员，大多数DNA病毒是双链DNA）和RNA病毒（RNA病毒可分为双链RNA病毒、正单链RNA病毒、负单链RNA病毒和逆转录病毒）。

（1）DNA病毒　DNA病毒是一大类以脱氧核糖核酸（DNA）为遗传物质的病毒。DNA病毒的宿主遍布从细菌到哺乳动物的各种细胞生物。常见的DNA病毒主要包括乙型肝炎病毒、单纯疱疹病毒、人巨细胞病毒、人乳头瘤病毒、腺病毒和人类细小病毒B19等。DNA病毒主要通过血液、性行为、密切接触、呼吸道、唾液、消化道（粪口）和母婴等途径传播。

（2）RNA病毒　RNA病毒是一大类以核糖核酸（RNA）为遗传物质的病毒。相似地，RNA病毒的宿主遍布从细菌到哺乳动物的各种细胞生物。常见的RNA病毒包括流行性感冒病毒（流感病毒）、冠状病毒（包括新型冠状病毒）、人类免疫缺陷病毒（艾滋病毒）、狂犬病毒、麻疹病毒、呼吸道合胞病毒、腮腺炎病毒、肠道病毒、轮状病毒、诺如病毒、甲型肝炎病毒和丙型肝炎病毒等，这些病毒呈全球分布。还有许多RNA病毒在部分国家或地区流行，如埃博拉病毒、黄热病病毒、登革病毒等。RNA病毒主要通过血液、性行为、密切接触、呼吸道、唾液、消化道（粪口）、动物媒介和母婴等途径传播。

二、病毒的形态结构

（一）病毒的形态和大小

病毒的形态依种类不同而不同。动物病毒的形态有球形、卵圆形、砖形等，植物病毒的形态有杆状、丝状和球状，噬菌体的形态有蝌蚪状和丝状。如图1-45（a）所示。

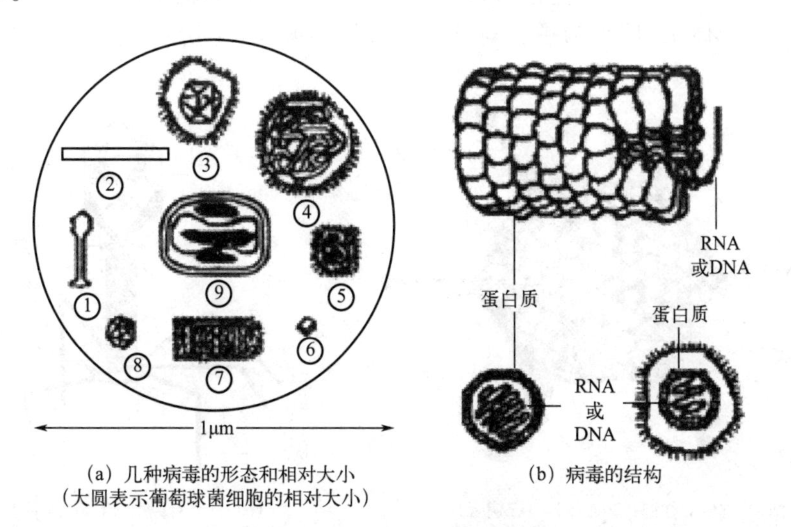

(a) 几种病毒的形态和相对大小
(大圆表示葡萄球菌细胞的相对大小)

(b) 病毒的结构

图1-45　病毒的形态与结构图

① 葡萄球菌噬菌体；②烟草花叶病毒；③疱疹病毒；④腺炎病毒；⑤流感病毒；⑥脊髓灰质炎病毒；⑦狂犬病毒；⑧腺病毒；⑨痘病毒

笔记

病毒没有生长过程，故装配成熟的病毒体大小恒定不变。在描述病毒的线性长度时，单位常用纳米（nm）。不同病毒大小差异甚大，大多数为10～300nm。动物病毒以痘病毒最大，为100nm×200nm×300nm，为砖形；口蹄疫病毒最小，直径为22nm。植物病毒以马铃薯Y病毒最大，为750nm×12nm；南瓜花叶病毒最小，直径为22nm。大肠杆菌噬菌体T_2、T_4、T_6头部为90nm×60nm，尾部为100nm×20nm。大病毒大小等于或大于小细菌，小病毒大小等于或小于大的蛋白质分子。由于测定条件和方法不同，同一种病毒其大小在不同的文献中略有出入，但变动范围不大。

（二）病毒的化学组成和结构

1. 病毒的化学组成

病毒的化学组成有蛋白质和核酸，个体大的病毒如痘病毒，除含蛋白质和核酸外，还含类脂质和多糖。

2. 病毒的结构

病毒没有细胞结构，却有其自身特有的结构。整个病毒体分两部分，蛋白质衣壳和核酸内芯，两者构成核衣壳。完整的具有感染力的病毒体叫病毒粒子。病毒粒子有两种：一种是不具有被膜（亦称包膜、囊膜）的裸露病毒粒子；另一种是在核衣壳外面有被膜包围所构成的病毒粒子，如图1-45（b）所示。寄生在植物体内的类病毒和拟病毒结构更简单，只具RNA，不具蛋白质。

（1）蛋白质衣壳　蛋白质衣壳是由一定数量的衣壳粒（由一种或几种多肽链折叠而成的蛋白质亚单位）按一定的排列组合构成的病毒外壳。

由于衣壳粒的排列组合不同，使病毒有两种对称性构型。第一种是立体对称型，主要为20面体，如腺病毒［图1-46（a）］、疱疹病毒、脊髓灰质炎病毒、呼肠孤病毒等。第二种为复合对称型，如大肠杆菌T系噬菌体，它的头部呈立体对称型（20面体），尾部为螺旋对称型，如图1-46（b）所示。

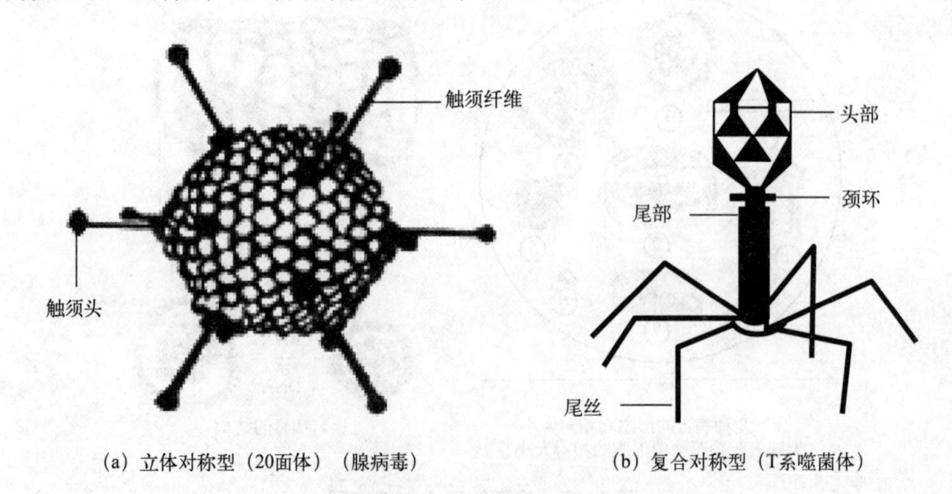

图1-46　病毒的对称结构

笔记

蛋白质有如下功能：保护病毒使其免受环境因素的影响；决定病毒感染的特异性，使病毒与敏感细胞表面特定部位有特异亲和力；使病毒可牢固地附着在敏感细胞上。病毒蛋白质还有致病性、毒力和抗原性。

（2）核酸内芯　核酸内芯有两种，即RNA和DNA。一个病毒粒子不同时含有RNA和DNA，而只含其中一种，或是RNA，或是DNA。动物病毒有的含DNA，有的含RNA。植物病毒大多数含RNA，少数含DNA。噬菌体大多数含DNA，少数含RNA。

病毒核酸的功能是：决定病毒遗传、变异和对敏感宿主细胞的感染力。

（3）被膜（包膜）　被膜是病毒在成熟过程中，穿过宿主细胞以出芽方式向细胞外释放时获得的，故含有宿主细胞膜或核膜成分，包括脂质和少量糖类。被膜表面常有不同形状的凸起，称为包膜籽粒或刺凸。

三、病毒的繁殖

病毒的繁殖方式与细胞型微生物不同。病毒缺乏活细胞所具备的细胞器（如核糖体、线粒体等）以及代谢必需的酶系统和能量，繁殖所需的原料、能量和生物合成的场所均由宿主细胞提供，在病毒核酸的控制下合成病毒的核酸（DNA或RNA）与蛋白质等成分，然后在宿主细胞的细胞质或细胞核内装配为成熟的、具感染性的病毒粒子，再以各种方式释放至细胞外，感染其他细胞。这种繁殖方式称为复制，整个过程称为复制周期。无论是动物病毒、植物病毒或细菌病毒，其繁殖过程虽不完全相同，但基本相似。概括起来可分为吸附、侵入与脱壳、复制、装配以及释放5个连续步骤。每一步骤的结果和时间长短都随病毒种类、病毒的核酸类型、培养温度及宿主细胞种类不同而异。

（一）吸附

吸附是病毒感染宿主细胞的第一步，具有高度的专一性。病毒粒子由于随机碰撞或布朗运动，通过静电引力而与敏感细胞表面接触。这种吸附作用往往是暂时的。在通常情况下，敏感细胞表面具有特异性表面化学组分作为接受部位，病毒也含有与其“互补”的特异性化学组分作为吸附部位，这种吸附作用才是不可逆的。

（二）侵入与脱壳

病毒侵入的方式取决于宿主细胞的性质，尤其是它的表面结构。对植物病毒而言，病毒对具有细胞壁的和不具有细胞壁的细胞侵入方式不一样。就动物病毒来说，侵入敏感细胞至少有4种方式：

① 借吞噬或吞饮作用将整个病毒粒子包入敏感细胞内，这是一个主动过程，如痘病毒；

② 具有脂蛋白被膜的病毒（如流感病毒），其被膜首先与宿主细胞膜融合或相互作用使之脱去被膜，核衣壳直接侵入细胞质中；

③ 某些病毒粒子与宿主细胞膜上的受体相互作用，从而使核衣壳侵入细胞

笔记

质中，如脊髓灰质炎病毒；

④ 有的病毒能以完整的病毒粒子直接通过宿主细胞膜穿入细胞质中，如呼肠孤病毒。植物病毒没有专门的侵入机制，因植物细胞具有坚韧的细胞壁，故一般通过表面伤口或刺吸式昆虫口器插入到植物细胞中去。

脱壳即病毒粒子脱去衣壳和被膜。这是病毒核酸和蛋白质复制的必要前提，其方式因种而异。有些无被膜的病毒，在吸附和侵入细胞时，衣壳已开始破损，核酸便释放至细胞质中；某些有被膜的病毒，在敏感细胞膜表面除去被膜，再以完整的核衣壳侵入细胞质中；以吞饮方式进入宿主细胞的病毒，则在吞噬泡中与溶酶体融合，经溶酶体的作用而脱壳。

（三）复制

包括病毒核酸的复制和蛋白质的合成。病毒侵入敏感细胞后，将核酸释放于细胞中，此时，该病毒粒子已不存在，并失去了原有的感染性，开始了自己的核酸复制与蛋白质合成。与此同时，宿主细胞的代谢也发生了改变：宿主细胞内的生物合成不再由细胞本身支配，而受病毒核酸携带的遗传信息控制。病毒利用宿主细胞的合成机构，如核糖体、*t*-RNA，以及酶与ATP等，使病毒核酸复制，并合成大量病毒蛋白质。

（四）装配

由分别合成好的核酸与蛋白质组合成完整的、新的病毒粒子的过程称为装配。病毒核酸的复制与病毒蛋白质的合成是分开进行的。在动物和植物细胞中，病毒核酸的复制可在细胞质中，也可在细胞核中进行。复制场所主要取决于特定的病毒和宿主。大多数DNA病毒的DNA在细胞核内复制，蛋白质在细胞质中合成。合成好的病毒蛋白质再运到细胞核内装配。大多数RNA病毒的核酸复制与蛋白质合成及其装配，均发生在细胞质中。

总之，真核细胞的病毒，其蛋白质一般都在细胞质中合成，复制好的核酸再被蛋白质衣壳包围，如果是有被膜的种类，最后在核衣壳外再包以被膜。如果装配发生在细胞核中，装配后的核衣壳再进入细胞质中。

（五）释放

成熟的病毒粒子从被感染细胞内转移到外界的过程，称为病毒释放。当宿主细胞内的大量子代病毒成熟后，由于水解细胞膜的脂肪酶和水解细胞壁的溶菌酶的作用，从细胞内部促进细胞裂解，从而实现病毒的释放。动物病毒释放的方式多样，有的通过细胞溶解或局部破裂而释放，裸露的腺病毒和脊髓灰质炎病毒即如此。具有被膜的病毒则通过与吞饮病毒相反的过程——“出芽”作用（或细胞排泄作用）而释放；有的沿核周与内质网相通部位从细胞内逐渐释放出来；大部分病毒则留在细胞内，通过细胞之间的接触而扩散。有些植物病毒，如巨细胞病毒，很少释放到细胞外，而是通过胞间连丝或融合细胞在细胞间传播。不管以何种方式释放出来的病毒粒子，均可再次感染。

笔记

四、影响病毒存活的因素

（一）物理因素

对病毒影响最大的三个物理因素是温度、光及其他辐射和湿度。

1. 温度

在宿主细胞外的病毒大多数在55～65℃不到1h被灭活。而脊髓灰质炎病毒中有抗热变异株，可在75℃温度下生存，并且抗热的病毒在衣壳破裂后释放出有感染性的RNA。一般情况下，高温使病毒的核酸和蛋白质衣壳受损伤，高温对病毒蛋白质的灭活比对病毒核酸的灭活要快。蛋白质的变性作用阻碍了病毒吸附到宿主细胞上，削弱了病毒的感染力。但是，环境中的蛋白质和金属阳离子（如Mg^{2+}）可保护病毒免受热的破坏，黏土、矿物和土壤也有保护病毒免受热的破坏作用。

低温不会灭活病毒，通常在-75℃保存病毒。天花病毒在鸡胚膜中冰冻15年仍存活，经冷冻真空干燥后可保存数月至数年。

2. 光及其他辐射

（1）可见光　在天然水体和氧化塘中，日光对肠道病毒有灭活作用，在低浊度（浊度单位：1.7JTU）的水中，当平均光强2.7J/（cm^2·min）、平均温度26℃时，80%的脊髓灰质炎Ⅰ型病毒在3h内被灭活。在氧气和染料存在的条件下，大多数肠道病毒因对可见光很敏感而被杀死，这叫“光灭活作用”。染料附着在核酸上，催化光氧化过程，也可引起病毒灭活。

（2）紫外辐射　日光中的紫外辐射和人工制造的紫外辐射均具有灭活病毒的作用。其灭活的部位是病毒的核酸，使核酸中的嘧啶环受到影响，形成胸腺嘧啶二聚体（即在相邻的胸腺嘧啶残基之间形成共价键）。尿嘧啶残基的水合作用也会损伤病毒。紫外辐射的致死作用会随培养基的浊度和颜色的增加而降低。

（3）离子辐射 X射线、γ射线也有灭活病毒的作用。

3. 湿度

在医院的环境中，到处都可能存在病毒，如载玻片、陶瓷砖、乙烯地板和不锈钢器具、衣服等表面可长期存留病毒。大气环境中的气溶胶、灰尘、土壤及干污泥中也存在病毒。

干燥是控制环境中病毒的重要因素。如在相对湿度（RH）为7%时，在载玻片上的腺病毒Ⅱ型和Ⅱ型脊髓灰质炎病毒至少存活8周，柯萨奇病毒B3存活2周；当相对湿度为35%时，肠道病毒可在衣物的表面存活达20周。在土壤中，水分含量低于10%时，病毒会迅速灭活。在污泥中，当固体含量大于65%时，病毒量减少。在此情况下病毒被灭活是由于病毒RNA释放出来随后裂解所致。气溶胶化的病毒，如无被膜的细小核糖核酸病毒类和腺病毒类在相对湿度较高时存活最好。而有被膜的病毒如副黏液病毒、森林病毒等则在相对湿度较低时存活最好。

（二）化学因素

病毒的灭活有体内灭活和体外灭活之分。

笔记

体内灭活的化学物质有抗体和干扰素。抗体是病毒侵入有机体后，由机体产生的一种特异蛋白质，用以抵抗入侵的外来病毒。入侵的病毒是抗原，而产生的特异蛋白是抗体。干扰素是宿主抵抗入侵的病毒而产生的一种糖蛋白，它进而诱导宿主产生一种抗病毒蛋白将病毒灭活，干扰素起间接作用。

体外灭活的化学物质有酚、低渗缓冲溶液、甲醛、亚硝酸、氨、醚类、十二烷基硫酸钠、氯仿、去氧胆酸钠、氯（或次氯酸、二氧化氯、漂白粉）、溴、碘、臭氧、乙醇、强酸、强碱及其他氧化剂等。

强酸、强碱除本身可灭活病毒外，还可导致pH值变化，对病毒有影响。病毒一般对酸性环境不敏感，而对强碱性环境敏感。碱性环境可破坏蛋白质衣壳和核酸，当pH值达到11以上会严重破坏病毒。氯（或次氯酸、二氧化氯、漂白粉）和臭氧灭活病毒的效果极好，它们对病毒蛋白质和核酸均有作用。病毒对氯的耐受力比肠道致病菌强，甲型肝炎病毒用氯消毒时，游离氯质量浓度应保持在1mg/L。

1. 破坏病毒蛋白质的化学物质

（1）酚　破坏病毒蛋白质的衣壳，常用于分离有感染性的核酸。

（2）低离子强度（低渗缓冲溶液）的环境　低离子强度的环境能使病毒蛋白质的衣壳发生细微变化，阻止病毒附着在宿主细胞上。柯萨奇病毒AB在低离子强度的环境中，可引起结构多肽VP_4丢失，30～40min内其感染性减低99%。然而，I型脊髓灰质炎病毒和柯萨奇病毒B在低离子强度的环境中不被灭活。

2. 破坏核酸的化学物质

甲醛是有效的消毒剂，常用甲醛消毒器皿和空气。甲醛只破坏病毒的核酸，不改变病毒的抗原特性。亚硝酸与病毒核酸反应导致嘌呤和嘧啶碱基的脱氨基作用。氨可引起病毒颗粒内RNA的裂解。

3. 影响病毒脂类被膜的化学物质

含脂类被膜的病毒对醚、十二烷基硫酸钠、氯仿、去氧胆酸钠等脂溶剂敏感而被破坏（如流感病毒），无被膜的病毒对上述物质不敏感。所以，可用上述物质鉴别病毒有无被膜。凡对醚类等脂溶剂敏感的病毒为有被膜的病毒，对醚类不敏感的病毒为不具被膜的病毒。

（三）影响病毒存活的抗菌物质

链霉菌、青霉菌、藻类等会分泌一些抗菌物质。各种链霉菌产生的抗生素对大多数病毒无灭活作用。藻类产生的抗菌物质如丙烯酸和多酚对病毒有灭活作用。枯草杆菌、大肠杆菌和铜绿假单胞菌三种菌具有抗病毒的活性，病毒的蛋白质衣壳可被用作细菌的生长底物。

【拓展1-4】扫描二维码可查看“高危病毒简介”。

高危病毒简介

笔记

实训

知识目标

1. 熟悉各实训的基础知识。
2. 掌握各实训的操作流程与操作步骤。
3. 了解实验现象的观察及记录方式。

能力目标

1. 依据获得的实验数据，具备分析实验结果的能力。
2. 能够依据相关的基础知识，具备动手操作能力。

素质目标

1. 通过相互配合完成实训，增强沟通能力和团队合作意识。
2. 通过规范操作和认真分析实验结果，形成良好的工作素养和实事求是的作风。

实训一 光学显微镜使用及原核微生物示教片的观察

一、实训目标

1. 学习普通台式显微镜的结构、各部分的功能和使用方法。

2. 观察原核微生物的个体形态，初步学习掌握生物图的画法。

二、基础知识

现代普通光学显微镜利用目镜和物镜两组透镜系统来放大成像，故又被称为复式显微镜，它由机械装置和光学系统两大部分组成，如图1-47所示。

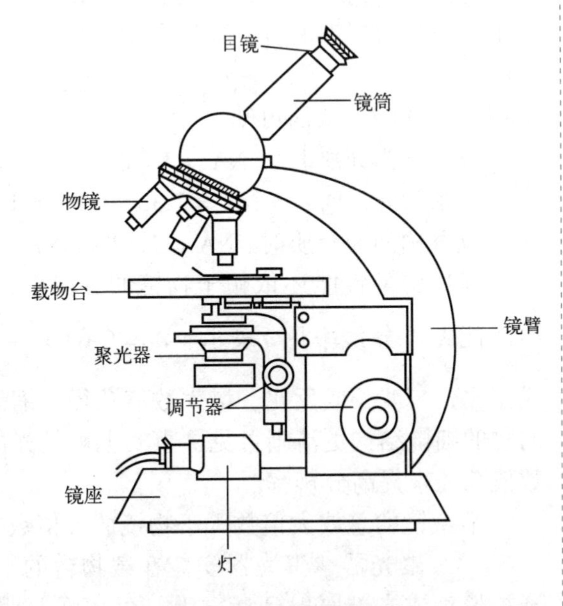

图1-47 显微镜的结构

（一）机械装置

（1）镜筒　镜筒上端装目镜，

笔记

下端接转换器。镜筒有单筒和双筒两种。单筒有直立式（长度为160mm）和后倾斜式（倾斜45°）。双筒全是倾斜式的，其中一个筒有屈光度调节装置，以备两眼视力不同者调节使用。两筒之间可调距离，以适应两眼宽度不同者调节使用。

（2）物镜转换器　物镜转换器装在镜筒的下方，其上有3~5个孔。不同规格的物镜分别安装在各孔上。

（3）载物台　载物台为方形（多数）和圆形的平台，中央有一光孔，孔的两侧各装1个夹片，载物台上还有移动器（其上有刻度标尺），可纵向和横向移动，移动器的作用是夹住和移动标本用。

（4）镜臂　镜臂支撑镜筒、载物台、聚光器和调节器。镜臂有固定式和活动式（可改变倾斜度）两种。

（5）镜座　镜座为马蹄形，支撑整台显微镜，其上有反光镜。

（6）调节器　调节器包括粗、细螺旋调节器（调焦距）各一个。可调节物镜和所需观察的物体之间的距离。调节器有装在镜臂上方或下方的两种，装在镜臂上方的是通过升降镜臂来调焦距，装在镜臂下方的是通过升降载物台来调焦距，新式显微镜多半装在镜臂的下方。

（二）光学系统及其光学原理

（1）目镜　每台显微镜备有3个不同规格的目镜，例如，5倍（5×）、10倍（10×）和15倍（15×），高级显微镜除了上述3种外，还有20倍（20×）的。

（2）物镜　物镜装在转换器的孔上，物镜有低倍（8×、10×）、高倍（40×或45×）及油镜（100×）。物镜的性能由数值孔径（NA）决定，数值孔径$=n\times\sin\dfrac{\alpha}{2}$，其意为玻片和物镜之间的折射率乘光线投射到物镜上的最大夹角的一半的正弦。光线投射到物镜的角度越大，显微镜的效能越大，该角度的大小取决于物镜的直径和焦距。n是影响数值孔径的因素，空气的折射率$n=1$，水的折射率$n=1.33$，香柏油的折射率$n=1.52$。用油镜时光线入射角$\dfrac{\alpha}{2}$为60°，则$\sin60°=0.87$，从而可知：

以空气为介质时：$NA=1\times0.87=0.87$

以水为介质时：$NA=1.33\times0.87\approx1.16$

以香柏油为介质时：$NA=1.52\times0.87\approx1.32$

显微镜的性能还依赖于物镜的分辨率，分辨率即能分辨两点之间的最小距离的能力。分辨率用δ表示，$\delta=0.61\times\dfrac{\lambda}{NA}$（$\lambda$为波长），分辨率与数值孔径成正比，与波长成反比。增大数值孔径，缩短波长可提高显微镜的分辨率，使目的物的细微结构更清晰可见。事实上可见光的波长是不可能缩短的，只能靠增大数值孔径来提高分辨率。

显微镜的总放大倍数等于物镜放大倍数乘以目镜放大倍数。

（3）聚光器　聚光器安装在载物台的下面，反光镜反射来的光线通过聚光器被聚集成光锥照射到标本上，可增强照明度，提高物镜的分辨率。聚光器可

笔记

上、下调节，它中间装有光圈可调节光亮度，在看高倍镜和油镜时需调节聚光器，合理调节聚光器的高度和光圈的大小，可得到适当的光照和清晰的图像。

（4）反光镜　反光镜装在镜座上，有平、凹两面，光源为自然光时用平面镜，光源为灯光时用凹面镜。它可自由转动方向。反光镜可反射光线到聚光器上。

（5）滤光片　自然光由各种波长的光组成，如只需某一波长的光线，可选用合适的滤光片，以提高分辨率，增加反差和清晰度。滤光片有紫、青、蓝、绿、黄、橙、红等颜色。根据标本颜色，在聚光器下加相应的滤光片。

三、实训器材

显微镜、擦镜纸、香柏油、二甲苯、多种原核微生物（如细菌、放线菌、硫细菌、蓝细菌等）的标本示范片。

四、实训流程

调试显微镜→使用显微镜观察（先低倍镜，后高倍镜，最后油镜）→清洁和复原显微镜。

五、操作过程

（一）显微镜的使用

1. 观察前的准备

（1）显微镜的安置　置显微镜于平整的实验台上，镜座距实验台边缘约3～4cm。镜检时姿势要端正。取、放显微镜时应一手握住镜臂，一手托住底座，使显微镜保持直立、平稳。切忌用单手拎提。使用单筒显微镜或双筒显微镜均应双眼同时睁开观察，以减少眼睛疲劳，也便于边观察边绘图或记录。

（2）光源调节　安装在镜座内的光源灯可通过调节电压以获得适当的照明亮度，而使用反光镜采集自然光或灯光作为照明光源时，应根据光源的强度及所用物镜的放大倍数选用凹面或凸面反光镜并调节其角度，使视野内的光线均匀，亮度适宜。

（3）目镜调节　根据使用者的个人情况，调节双筒显微镜的目镜。双筒显微镜的目镜间距可以适当调节，而左目镜上一般还配有屈光度调节环，可以适应眼距不同或者两眼视力有差异的不同观察者。

（4）聚光器数值孔径值的调节　调节聚光器虹彩光圈值与物镜的数值孔径值相符或略低。有些显微镜的聚光器只标有最大数值孔径值，而没有具体的光圈数刻度。使用这种显微镜时可在样品聚焦后取下一目镜，从镜筒中一边看着视野，一边缩放光圈，调整光圈的边缘与物镜边缘黑圈相切或略小于其边缘。因为各物镜的数值孔径值不同，所以每转换一次物镜都应进行这种调节。

笔记

在聚光器的数值孔径值确定后，若需改变光照强度，可通过升降聚光器或改变光源的亮度来实现，原则上不应再通过虹彩光圈的调节。当然，有关虹彩光圈、聚光器高度及照明光源强度的使用原则也不是固定不变的，只要能获得良好的观察效果，有时也可根据不同的具体情况灵活运用，不一定拘泥不变。

2. 显微观察

在目镜保持不变的情况下，使用不同放大倍数的物镜所能达到的分辨率及放大率是不同的。一般情况下，进行显微观察时应遵守从低倍镜到高倍镜再到油镜的观察程序，因为低倍数物镜视野相对大，易发现目标及确定检查的位置。

（1）低倍镜观察　将标本玻片置于载物台上，用标本夹夹住，移动推进器使观察对象处在物镜的正下方。下降至10×物镜，使其接近标本，用粗调节器慢慢升起镜筒，使标本在视野中初步聚焦，再使用细调节器调节使图像清晰。通过玻片夹推进器慢慢移动玻片，认真观察标本各部位，找到合适的目的物，仔细观察并记录所观察到的结果。

在任何时候使用粗调节器聚焦物像时，必须养成先从侧面注视，小心调节物镜靠近标本，然后用目镜观察，慢慢调节物镜离开标本进行准焦的习惯，以免因一时的误操作而损坏镜头及玻片。

（2）高倍镜观察　在低倍镜下找到合适的观察目标并将其移至视野中心后，轻轻转动物镜转换器将高倍镜移至工作位置。对聚光器光圈及视野亮度进行适当调节后微调细调节器使物象清晰，利用推进器移动标本，仔细观察并记录所观察到的结果。

在一般情况下，当物像在一种物镜中已清晰聚焦后，转动物镜转换器将其他物镜转到工作位置进行观察时，物像将保持基本准焦的状态，这种现象称为物镜的同焦。利用这种同焦现象，可以保证在使用高倍镜或油镜等放大倍数高、工作距离短的物镜时仅用细调节器即可对物像清晰聚焦，从而避免由于使用粗调节器时可能导致的误操作而损坏镜头或载玻片。

（3）油镜观察　在高倍镜或低倍镜下找到要观察的样品区域后，用粗调节器将镜筒升高，然后将油镜转到工作位置。在待观察的样品区域加滴香柏油，从侧面注视，用粗调节器将镜筒小心地降下，使油镜浸在镜油中并几乎与标本相接。将聚光器升至最高位置并开足光圈，若所用聚光器的数值孔径值超过1.0，还应在聚光镜与载玻片之间也加滴香柏油，保证其达到最大的效能。调节照明使视野的亮度合适，用粗调节器将镜筒徐徐上升，直至视野中出现物像并用细调节器使其清晰准焦为止。

有时按上述操作还找不到目的物，则可能是由于油镜头下降还未到位，或因油镜上升太快，以致眼睛捕捉不到一闪而过的物像。遇此情况，应重新操作。另外应特别注意不要因在下降镜头时用力过猛，或调焦时误将粗调节器向反方向转动而损坏镜头及载玻片。

3. 显微镜用毕后的处理

① 上升镜筒，取下载玻片。

② 用擦镜纸拭去镜头上的镜油，然后用擦镜纸蘸少许二甲苯（香柏油溶于二甲苯）擦去镜头上残留的油迹，再用干净的擦镜纸擦去残留的二甲苯。切忌用手或其他纸擦拭镜头，以免使镜头沾上污渍或产生划痕，影响观察。

③ 用擦镜纸清洁其他物镜及目镜，用绸布清洁显微镜的金属部件。

④ 将各部分还原，反光镜垂直于镜座，将物镜转成“八”字形，再向下旋。同时把聚光镜降下，以免物镜与聚光镜发生碰撞危险。

（二）观察、绘图

严格按照光学显微镜的操作方法，以低倍、高倍及油镜的次序逐个观察各个示范片，并用铅笔绘出各种原核微生物的形态图。

六、注意事项

① 取用和放置使用时首先从镜箱中取出显微镜，必须一手握持镜臂，一手托住镜座，保持镜身直立，切不可用一只手倾斜提携，防止摔落目镜。要轻取轻放，放置时使镜臂朝向自己，距桌边沿5～10cm处。要求桌子平衡，桌面清洁，避免直射阳光。

② 开启光源打开电源开关。

③ 放置玻片标本将待镜检的玻片标本放置在载物台上，使其中材料正对通光孔中央。再用弹簧压片夹在玻片的两端，防止玻片标本移动。若为玻片移动器，则将玻片标本卡入玻片移动器，然后调节玻片移动器，将材料移至正对通光孔中央的位置。

④ 观察标本时，应先用低倍物镜找到物像。因为低倍物镜观察范围大，较易找到物像，且易能找到需作精细观察的部位。

七、实训记录

分别绘出在低倍镜、高倍镜和油镜下观察到的各个微生物的形态，列于表1-1。包括在3种情况下视野中的变化，同时注明物镜放大倍数和总放大率。

表1-1　微生物观察记录表

示范片	低倍镜	高倍镜	油镜	放大倍数	总放大率
……					

笔记

八、思考题

1. 用油镜观察时应注意哪些问题？在载玻片和镜头之间加滴什么油？起什么作用？

2. 试列表比较低倍镜、高倍镜及油镜各方面的差异。为什么在使用高倍镜及油镜时应特别注意避免粗调节器的误操作？

3. 什么是物镜的同焦现象？它在显微镜观察中有什么意义？

4. 影响显微镜分辨率的因素有哪些？

5. 根据实训体会，谈谈如何根据所观察微生物的大小来选择不同的物镜进行有效的观察。

实训二　细菌的简单染色与细菌的革兰染色

一、实训目标

1. 学习微生物染色的基本技术，掌握细菌的简单染色方法。

2. 巩固显微镜的使用方法和无菌操作技术。

3. 了解革兰染色法的原理及其在细菌分类鉴定中的重要性，并初步掌握革兰染色法。

二、基础知识

1. 简单染色

简单染色法是利用单一染料对细菌进行染色的一种方法，操作简单，适用于菌体一般形状和细菌排列的观察。

常用碱性染料进行简单染色，这是因为：在中性、碱性或弱酸性溶液中，细菌细胞通常带负电荷，而碱性染料在电离时，其分子的染色部分带正电荷（酸性染料电离时，其分子的染色部分带负电荷），因此，碱性染料的染色部分很容易与细菌结合使细菌着色。经染色后的细菌细胞与背景形成鲜明的对比，在显微镜下更易于识别。常用作简单染色的染料有美蓝、结晶紫、碱性品红等。

当细菌分解糖类产酸使培养基pH下降时，细菌所带正电荷增加，此时可用伊红、酸性品红或刚果红等酸性染料染色。

2. 革兰染色

革兰染色法是1884年由丹麦病理学家革兰创立的，而后一些学者在此基础上作了某些改进。革兰染色法是细菌学中最重要的鉴别染色法。

革兰染色法的基本步骤是：先用初染剂结晶紫进行染色，再用碘液媒染，然后用乙醇（或丙酮）脱色，最后用复染剂（如番红）复染。经此方法染色后，细胞保留初染剂蓝紫色的细菌为革兰阳性菌；如果细胞中初染剂被脱色剂洗脱而使细菌染上复染剂的颜色（红色），该菌属于革兰阴性菌。

革兰染色法将细菌分为革兰阳性菌和革兰阴性菌，是由这两类细菌细胞壁的结构和组成不同决定的。实际上，当用结晶紫初染后，像简单染色法一样，所有细菌都被染成初染剂的蓝紫色。碘作为媒染剂，它能与结晶紫结合成结晶紫-碘的复合物，从而增强了染料与细菌的结合力。当用脱色剂处理时，两类细菌的脱色效果是不同的。革兰阳性菌的细胞壁主要由肽聚糖形成的网状结构组成，壁厚、类脂质含量低。用乙醇（或丙酮）脱色时细胞壁脱水，使肽聚糖层的网状结构孔径缩小，透性降低，从而使结晶紫-碘的复合物不易被洗脱而保留在细胞内，经脱色和复染后仍保留初染剂的蓝紫色。革兰阴性菌则不同，由于其细胞壁肽聚糖层较薄、类脂含量高，所以当脱色处理时，类脂质被乙醇（或丙酮）溶解，细胞壁透性增大，使结晶紫-碘的复合物比较容易被洗脱出来，用复染剂复染后，细胞被染上复染剂的红色。

革兰染色反应是细菌重要的鉴别特征，为保证染色结果的正确性，采用规范的染色方法是十分必要的。本实验将介绍被普遍采用的Hucker改良的革兰染色法。

三、实训器材

1. 简单染色

（1）菌种　枯草芽孢杆菌12～18h营养琼脂斜面培养物，藤黄微球菌约24h营养琼脂斜面培养物。

（2）染色剂　吕氏碱性美蓝染液（或草酸铵结晶紫染液）、齐氏石炭酸品红染液。

（3）仪器或其他用具　显微镜、酒精灯、载玻片、接种环、双层瓶（内装香柏油和二甲苯）、擦镜纸、生理盐水等。

2. 革兰染色

（1）菌种　大肠杆菌约24h营养琼脂斜面培养物，金黄色葡萄球菌约24h营养琼脂斜面培养物，蜡样芽孢杆菌12～20h营养琼脂斜面培养物。

（2）染色剂　革兰染色液。

（3）仪器或其他用具　同上。

四、实训流程

1. 简单染色

涂片→干燥→固定→染色→水洗→干燥→镜检。

2. 革兰染色

制片→初染→媒染→脱色→复染→镜检。

五、操作过程

1. 简单染色

（1）涂片　取两块载玻片，各滴一小滴（或用接种环挑取1～2环）生理盐

笔记

水（或蒸馏水）于玻片中央，用接种环以无菌操作分别从枯草芽孢杆菌和藤黄微球菌斜面上挑取少许菌苔于水滴中，混匀并涂成薄膜。若用菌悬液（或液体培养物）涂片，可用接种环挑取2～3环直接涂于载玻片上。载玻片要洁净无油迹；滴生理盐水和取菌不宜过多；涂片要涂抹均匀，不宜过厚。涂片过程如图1-48所示。

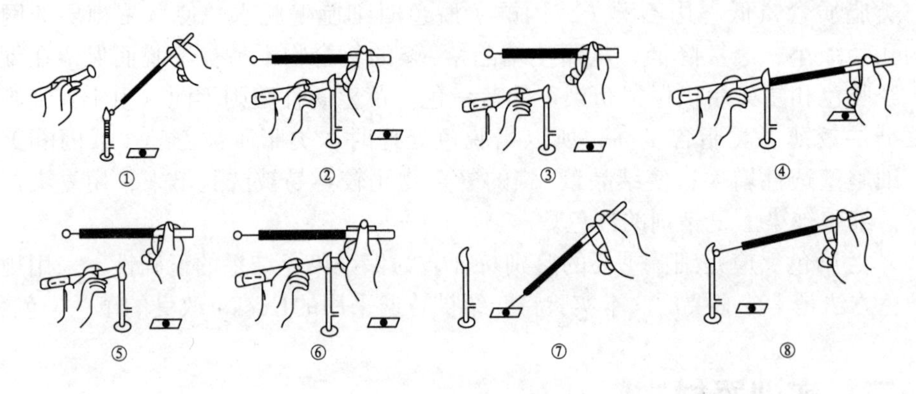

图1-48　细菌涂片过程

（2）干燥　室温自然干燥。

（3）固定　涂面朝上，通过火焰2～3次。此操作过程称热固定，其目的是使细胞质凝固，以固定细胞形态，并使之牢固附着在载玻片上。热固定温度不宜过高（以玻片背面不烫手为宜），否则会改变甚至破坏细胞形态。

（4）染色　将玻片平放于玻片搁架上，滴加染液于涂片上（染液刚好覆盖涂片薄膜为宜）。吕氏碱性美蓝染色1～2min，石炭酸品红（或草酸铵结晶紫）染色约1min。

（5）水洗　倒去染液用自来水冲洗，直至涂片上流下的水无色为止。水洗时，不要直接冲洗涂面，而应使水从载玻片的一端流下。水流不宜过急、过大，以免涂片薄膜脱落。

（6）干燥　自然干燥，或用电吹风吹干，也可用吸水纸吸干。

（7）镜检　涂片干后镜检。涂片必须完全干燥后才能用油镜观察。

2. 革兰染色

（1）制片　取菌种培养物常规涂片、干燥、固定。要用活跃生长期的幼培养物作革兰染色；涂片不宜过厚，以免脱色不完全造成假阳性；火焰固定不宜过热（以玻片不烫手为宜）。

（2）初染　滴加草酸铵结晶紫（以刚好将菌膜覆盖为宜）染色1～2min，水洗。

（3）媒染　用碘液冲去残水，并用碘液覆盖约1min，水洗。

（4）脱色　用滤纸吸去玻片上的残水，将玻片倾斜，在白色背景下，用滴管滴加95%的乙醇脱色，直至流出的乙醇无紫色时，立即水洗。革兰染色结果是否正确的关键环节是乙醇脱色。脱色不足，阴性菌被误染成阳性菌，脱色过度，阳性菌被误染成阴性菌。脱色时间一般约20～30s。

笔记

（5）复染　用番红液复染约2min，水洗。

（6）镜检　干燥后，用油镜观察。菌体被染成蓝紫色的是革兰阳性菌，被染成红色的为革兰阴性菌。

（7）混合涂片染色　按上述方法，在同一载玻片上，以大肠杆菌和蜡样芽孢杆菌或大肠杆菌和金黄色葡萄球菌作混合涂片、染色、镜检进行比较。

六、注意事项

1. 涂片所用载玻片要洁净无油污迹，否则影响涂片。

2. 挑菌量应少些，涂片宜薄，过厚重叠的菌体不易观察清楚。

3. 染色过程中勿使染色液干涸。用水冲洗后，应甩去玻片上的残水以免染色液被稀释而影响染色效果。

4. 革兰染色成败的关键是脱色时间是否合适，如脱色过度，革兰阳性细菌也可被脱色而被误染为革兰阴性细菌。而脱色时间过短，革兰阴性细菌会被误染为革兰阳性细菌。脱色时间的长短还受涂片的厚薄、脱色玻璃片晃动的程度等因素的影响。

七、实训记录

根据观察结果，绘出两种细菌的形态图。

列表简述3株细菌的染色观察结果（说明各菌的形状、颜色和革兰染色反应现象）。观察结果记录到表1-2。

表1-2　染色观察记录表

菌种	形状	颜色	革兰染色反应现象	属性	放大倍数	图片
……						

八、思考题

1. 简单染色

（1）制备细菌染色标本时，特别应该注意哪些环节？

（2）为什么要求制片完全干燥后才能用油镜观察？

（3）如果涂片未经热固定，将会出现什么问题？如果加热温度过高、时间

笔记

太长，又会怎样呢？

2. 革兰染色

（1）哪些环节会影响革兰染色结果的正确性？其中最关键的环节是什么？

（2）现有一株细菌宽度明显大于大肠杆菌的粗壮杆菌，请设计实训鉴定其革兰染色反应。怎样运用大肠杆菌和金黄色葡萄球菌为对照菌株进行涂片染色，以证明实训的染色结果正确？

（3）实训的染色结果是否正确？如果不正确，请分析实训失败的原因。

（4）进行革兰染色时，为什么特别强调菌龄不能太老？用老龄细菌染色会出现什么问题？

（5）革兰染色时，初染前能加碘液吗？乙醇脱色后复染之前，革兰阳性菌和革兰阴性菌应分别是什么颜色？

（6）革兰染色中，哪一个步骤可以省去而不影响最终结果？在什么情况下可以采用？

实训三　环境中常见霉菌的形态和结构观察

一、实训目标

1. 学习并掌握霉菌形态结构的观察方法。
2. 观察霉菌的个体形态及其无性孢子和有性孢子。

二、基础知识

霉菌菌丝较粗大，细胞容易收缩变形，而且孢子很容易飞散，所以制作标本时，不能用水作介质制备，否则菌丝常因渗透作用而膨胀、变形，且孢子在水中容易分散，难以保持其本来形貌，故此，常用乳酸石炭酸棉蓝染色液。其特点是：可使菌丝透明、柔软、不变形和不易折断；具有杀菌防腐作用，且不易干燥，能保持较长时间；溶液本身呈蓝色，有一定染色效果。

此外，为了得到清晰、完整、保持自然状态的霉菌形态，还可利用玻璃纸透析培养法进行观察。此法是利用玻璃纸的半透膜特性及透光性，将霉菌生长在覆盖于琼脂培养基表面的玻璃纸上，然后将长菌的玻璃纸剪取小片，贴放在载破片上用显微镜观察。

三、实训器材

（1）菌种　黄曲霉、产黄青霉、黑根霉、蓝色犁头霉培养物。

（2）试剂　50%酒精，蒸馏水，乳酸石炭酸棉蓝染色液，中性树胶。

（3）仪器及相关用品　显微镜，香柏油，二甲苯（或1∶1的乙醚酒精溶液），擦镜纸。

（4）其他用品　载玻片，盖玻片，吸水纸，酒精灯，火柴，接种环，镊子，解剖针，滴管。

四、实训流程

取样→染色→显微镜观察（先低倍镜，后高倍镜）。

五、操作过程

1. 一般观察法

① 在洁净载玻片中央，滴1滴乳酸石炭酸棉蓝染色液，用接种钩或解剖针从菌落的边缘处挑取少量带有孢子的菌丝于染液中，再用两把解剖针细心地把菌丝挑散开，不致缠绕。然后用盖玻片盖上，注意不要产生气泡。

② 置于显微镜下观察，先用低倍镜观察，必要时再换高倍镜。

2. 玻璃纸透析培养观察法

① 向霉菌斜面试管中加入5mL无菌水，洗下孢子，制成孢子悬液。

② 用无菌镊子将已灭菌的圆形玻璃纸（其直径同培养皿）覆盖于察氏培养基平板上。

③ 用1mL无菌吸管吸取0.2mL孢子悬液于上述玻璃纸平板上，并用无菌玻璃刮棒涂抹均匀。

④ 置于28℃培养箱中培养48h左右，玻璃纸表面产生颜色（说明已长出孢子），取出培养皿，打开皿盖，用镊子将玻璃纸与培养基分开，再用剪刀剪取小片置于载玻片上，用显微镜观察。

六、注意事项

① 挑菌和制片时要细心，尽可能保持霉菌的自然生长状态。

② 加盖玻片时切勿压入气泡。

③ 载玻片上的菌丝勿搅动，否则会成团，难以观察。

七、实训记录

将观察结果记录到表1-3。

表1-3　霉菌观察记录表

菌种	形态	大小	颜色	放大倍数	图片
……					

笔记

八、思考题

1. 霉菌的无性孢子和有性孢子各有几种？它们是怎样形成的？

2. 青霉、黄曲霉、黑根霉的菌丝、无性繁殖方式和有性繁殖方式有何异同？

实训四　环境中常见酵母菌的形态和结构观察

一、实训目标

1. 学习并掌握酵母菌形态结构的观察方法。

2. 加深理解酵母菌的形态特征。

二、基础知识

酵母菌细胞一般呈卵圆形、圆形、圆柱形或柠檬形。酵母菌细胞核与细胞质有明显的分化，含有细胞核、线粒体、核糖体等结构，并含有肝糖粒和脂肪球等内含物。个体直径比细菌大几倍到十几倍。繁殖方式也较复杂，无性繁殖主要是出芽生殖，有些酵母菌能形成假菌丝。有性繁殖形成子囊及子囊孢子。

观察酵母菌个体形态时，应注意细胞形态。对于无性繁殖（芽殖或裂殖），应关注芽体在母体细胞上的位置，有无假菌丝等特征。对于有性繁殖，应关注所形成的子囊和子囊孢子的形态和数目。

三、实训器材

（1）菌种　啤酒酵母液体培养物。

（2）染色液　美蓝染色液，碘液，福尔马林，0.5%苏丹Ⅲ染色液。

（3）仪器及相关用品　显微镜，香柏油，二甲苯（或1∶1的乙醚酒精溶液），擦镜纸。

（4）其他用品　载玻片，盖玻片，吸水纸，酒精灯，火柴，接种环，镊子。

四、实训流程

取样→染色→显微镜观察（先低倍镜，后高倍镜）。

五、实训操作步骤

1. 酵母菌形态和无性孢子的观察

采用无菌操作，用接种环在试管底部取一环啤酒酵母菌液，置于载玻片中央，盖上盖玻片。加盖玻片时，先将其一边接触菌液，再轻轻放下，避免产生气

笔记

泡。用高倍镜观察酵母菌的形态和出芽生殖。若用美蓝染色液制成水浸片，可以区分死细胞和活细胞，死细胞呈蓝色，活细胞无色（活细胞能将美蓝还原为无色）。

2. 酵母菌肝糖染色

在洁净的载玻片上加一小滴碘液，用接种环从试管底部取一环酵母菌液，与载玻片上的碘液混匀，盖上盖玻片，镜检。菌体呈淡黄色，肝糖粒呈红褐色。在高倍镜下观察菌体形态、出芽生殖、芽簇及肝糖粒，并绘图。

3. 酵母菌脂肪粒染色

在洁净的载玻片上加一滴福尔马林，用接种环从试管底部取一环啤酒酵母与福尔马林混匀，静置5min，加一滴美蓝染色液，10min后再加一滴苏丹Ⅲ染色液，盖上盖玻片，镜检，原生质呈蓝色，脂肪粒呈粉红色，而液泡无色。

六、注意事项

① 制作水压片的时候需要尽量减少美蓝染液的滴加量，防止过多染液溢出。

② 制作水压片时挑取少量菌即可，避免菌体数量过多导致难以观察。

③ 观察假菌丝时，可以观察菌苔边缘，假菌丝较多。

七、实训记录

将实训观察结果记录到表1-4。

表1-4　酵母菌观察记录表

菌种	形态	大小	颜色	放大倍数	图片
……					

八、思考题

1. 酵母菌与细菌细胞在形态、结构上有何区别？
2. 假丝酵母生成的菌丝为什么叫假菌丝？与真菌丝有何区别？

小 结

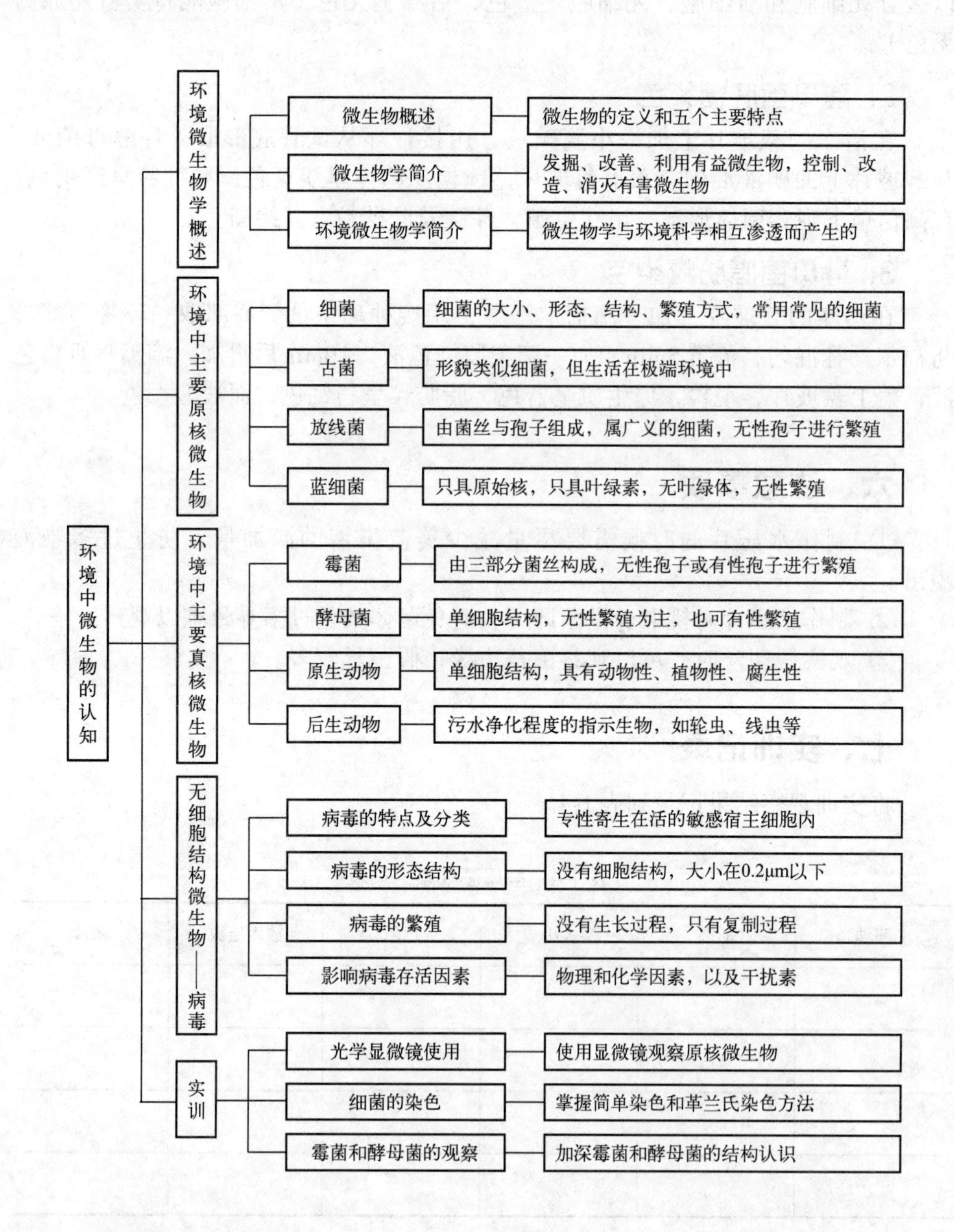

习 题

一、填空题

1. 环境微生物学是微生物学与________相互交叉渗透产生的学科。
2. 利用微生物的________的特点，可以短时间制备大量生物蛋白质。

笔记

3. 原核微生物的特征是________细胞核，主要包括真细菌和古生菌。

4. 古菌中的________菌可以在________氧条件下，产生甲烷气体。

5. 蓝细菌含有________，使其可以在光照条件下产生氧气。

6. 放线菌和霉菌在形态结构上的相似点是________。

7. 真核微生物包括以霉菌和酵母菌为代表的_____、藻类、_____和_____。

8. 原生动物________可作为水环境污染状况的指示生物。

9. 病毒属于_________细胞结构微生物，其繁殖特点是_________生长过程，________复制过程。

10. 观察微生物的形貌，需要借助__________显微镜和__________显微镜的帮助。

二、判断题

1. (　　) 微生物是人类生存环境中必不可少的成员，它们使得物质循环得以顺利进行，如果没有微生物，地球上的所有生命将无法正常地繁衍下去。

2. (　　) 所有的微生物都是肉眼看不见的，必须借助显微镜才能看到。

3. (　　) 微生物的生长繁殖速度远高于高等动植物。

4. (　　) 在自然生态环境中，很容易找到无微生物的区域。

5. (　　) 因为微生物具有个体微小、结构简单、代谢灵活等特性，所以，与动植物相比，微生物非常难用于做实训材料。

6. (　　) 微生物的变异率比高等动植物低。

7. (　　) 充分利用有益微生物资源，防止、控制、消除微生物的有害活动，是环境微生物学的研究方向和具体任务。

8. (　　) 在基因工程的带领下，传统的微生物发酵工业已从多方面发生了质的变化，成为现代生物技术的重要组成部分。

9. (　　) 不同于其他微生物，病毒的繁殖没有生长过程，只有复制过程。

10. (　　) 革兰染色法是一种重要的鉴别染色法。

三、简答题

1. 微生物具有哪些特点？
2. 微生物学的发展可以分为哪几个阶段？
3. 细菌的结构特点是什么？
4. 放线菌的菌体形态是什么样的？和细菌有何不同？
5. 蓝细菌有哪些独特的生理特点？
6. 霉菌菌体结构和菌落形态有什么特点？比较霉菌和放线菌的异同。
7. 酵母菌是如何繁殖的？假丝酵母的结构有什么特点？
8. 原生动物有几个纲？列举各纲的典型代表，并指出其在水处理中的作用。
9. 与水处理关系密切的后生动物有哪些？
10. 环境对病毒的影响如何？人们需要重点防范哪些病毒？

笔记

四、选择题

1. 在微生物学的发展历程中，做出过突出贡献的科学家不包括（　　）。
A. 列文虎克　B. 巴斯德　C. 牛顿　D. 弗莱明
2. 微生物在下列哪些行业中发挥了重要作用（　　）。
A. 制药　B. 食品　C. 电子　D. 环保
3. 细菌在固体培养基上所形成的菌落特征与（　　）的菌落相类似。
A. 放线菌　B. 酵母菌　C. 霉菌　D. 病毒
4. 放线菌的菌落结构与（　　）相类似。
A. 蓝细菌　B. 青霉菌　C. 鞭毛虫　D. 假丝酵母
5. 病毒的生理特点不包括（　　）。
A. 专性寄生　B. 发达的酶系统
C. 复杂的化学组成　D. 完整的细胞结构
6. 能进行有丝分裂的微生物包括（　　）。
A. 霉菌　B. 酵母菌　C. 真细菌　D. 放线菌
7. 能进行有性繁殖的微生物不包括下列的（　　）。
A. 霉菌　B. 酵母菌　C. 真细菌　D. 轮虫
8. 原生动物具有的胞器包括（　　）。
A. 眼点　B. 食物泡　C. 贮藏物　D. 胞肛
9. 下面哪个微生物类群不属于微型后生动物的范畴（　　）。
A. 鞭毛虫　B. 轮虫　C. 纤毛虫　D. 寡毛虫
10. 通过革兰染色法，可以将微生物划分为（　　）。
A. 阳性菌　B. 中性菌　C. 阴性菌　D. 放线菌

五、讨论题

1. 结合有关的污染事件，讨论一下微生物在环境污染治理中的重要作用。
2. 试列表归纳原核微生物与真核微生物的主要区别。
3. 生活污水的净化过程中，能发现哪些微生物的身影。

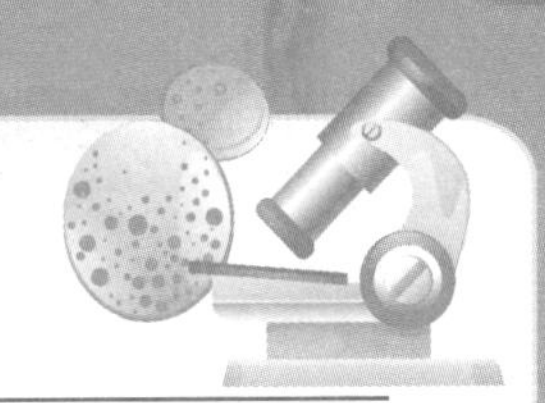

项目二

微生物的培养

学习指南

培养微生物，首先要了解微生物的营养需求（六大营养素）及吸收方式，再把营养物质配制成微生物或生产需要的培养基；其次在培养基上接种、纯化微生物，培养基中的营养物质进入微生物细胞后，经过一系列的反应即新陈代谢，以维持正常细胞的生长和繁殖；在培养过程中受内外因素的影响，微生物有遗传、变异、衰退等现象的发生，故将优良的微生物菌种保藏起来。本项目重点讲授微生物的营养物质、培养基配制、接种纯化、新陈代谢、生长繁殖、遗传变异、复壮保藏等内容。

任务一　配制培养基

知识目标

1. 了解微生物的细胞化学组成及存在形式。
2. 掌握微生物的营养需求种类及其生理功能。
3. 熟悉微生物的营养物质及吸收方式。
4. 明确培养基的概念、配制培养基的原则。
5. 熟悉培养基的类型与作用。
6. 掌握消毒与灭菌的概念。

能力目标

1. 能根据微生物类型分析营养物质需求。
2. 会合理设计符合微生物生理要求的培养基。
3. 会配制不同类型的培养基。

笔记

4. 会对培养基进行消毒和灭菌。

素质目标

1. 培养“以废代好”“以野代家”等的节俭意识。
2. 通过对消毒与灭菌的学习，培养严谨的学习态度。

一、微生物的营养

营养是指微生物从外界环境中摄取和利用营养物质，维持和延续其生命的一种生理过程。营养是一切生命活动的起点，有了营养才能进行代谢、生长和繁殖等其他生理活动。凡是能够满足微生物生长、繁殖等各种生理活动所需的物质统称营养物质，为微生物提供物质、能量及良好的生长环境。

（一）微生物细胞的化学组成

1. 化学元素

微生物和高等生物细胞化学组成成分类似，都含有碳、氢、氧、氮、磷、硫、钾、镁、钙、铁、锌、锰、钠、氯、钼、硒等化学元素，其中碳占绝对的优势比例，约占细菌干重的50%，而氢、氧、氮、磷、硫五种元素约占47%。详细的含量见表2-1。

表2-1 微生物细胞中几种主要化学元素的含量 单位：%（以干重计）

微生物	碳	氢	氧	氮	磷	硫
细菌	50.4	6.78	30.52	15	3	1
霉菌	47.9	6.70	40.2	5.24	—	—
酵母菌	49.8	6.71	31.18	12.4	—	—

2. 存在形式

由这些元素组成细胞的各种成分，主要以有机物、无机物和水的形式存在，其中，水是微生物菌体含量最高的物质，约占菌体鲜重的70% ～90%，除去水分就是干物质，约占鲜重的10% ～25%，其中有机物约占干重的90% ～97%。

不同微生物有机物含量不同，但构成有机物的几种主要元素含量却较稳定，含碳量大约占干重的（50 ± 5）%，氮约占5% ～15%，氢约占10%，氧约占20%。不同微生物的细胞组成成分在质和量上不尽相同，几种微生物的主要成分见表2-2。

笔记

表 2-2 常见几种微生物的主要成分 单位：%

微生物	水分（占鲜重）	干物质						
		总量（占鲜重）	有机物（占干重）				无机物（占干重）
			蛋白质	核酸	碳水化合物	脂肪	无机盐
细菌	75～85	15～25	50～80	10～20	12～28	5～20	1.4～14
酵母菌	70～80	20～30	32～75	6～8	27～63	2～15	7～10
霉菌	85～90	5～15	14～52	1～2	7～40	4～40	6～12

将细胞干物质在高温（550℃）下彻底焚烧，剩余的物质就是各种矿质元素的氧化物，通常称为灰分，占干重的3%～10%。在灰分中，磷的含量最高，约占细胞干重的3%～5%，占灰分总量的50%，其次是钾、镁、钙、硫、钠等，而铁、铜、锌、锰、硼、铝、硅等元素含量甚微，通常称为微量元素。灰分在不同微生物中的含量差异较大，矿质元素在不同微生物中的含量也有很大差异，具体情况见表2-3。

表 2-3 矿质元素在微生物中的含量（占全灰分的质量分数） 单位：%

微生物	P_2O_3	K_2O	Na_2O	MgO	CaO	SO_2	SiO_2	FeO
大肠杆菌	33.99	12.95	2.61	5.92	13.77	—	—	3.35
酵母菌	50.09	38.66	1.82	4.16	1.69	0.57	1.6	0.06
米曲菌	48.55	28.16	11.21	3.88	1.95	0.11	—	1.65

各种元素在微生物细胞中的含量，仅有相对比较的意义。有些特殊的微生物，在细胞内可以积累较多的某种元素，如硫细菌可以积累硫，铁细菌鞘中含大量铁，硅藻外壳主要成分是硅，有些细菌可积累较多的多聚偏磷酸盐。而且同一种微生物在不同生长时期或不同生长条件下，其细胞内各元素的含量也有变化。

拓展2-1 扫描二维码可查看“微量元素的作用”。

微量元素的作用

（二）微生物的营养需求及其生理功能

微生物需要的营养物质有水、碳源、氮源、无机盐、生长因子和能源物质。

1. 水

水作为微生物营养物质中重要的成分，并不是由于水本身是营养物质，是

笔记

因为水在生命活动过程中的重要作用。

水的主要作用是：①微生物细胞的主要组成成分；②营养物质吸收和代谢废物排出的良好溶剂；③细胞内各种生物化学反应得以顺利进行的介质；④原生质胶体的组成成分，并直接参加代谢过程中的许多反应；⑤比热容高，能有效地吸收代谢过程中所放出的热，使温度不致骤然上升；⑥热的良好导体，有利于散热，便于调节细胞温度；⑦有利于生物大分子结构的稳定。

由此可见，水具有多方面的作用，微生物离开水便不能进行生命活动。一般情况下可用自来水、井水、河水等供水，但有特殊要求则必须用蒸馏水。

2. 碳源

凡能提供微生物营养所需碳元素的物质统称为碳源。碳源物质如下表2-4。

表2-4　碳源物质

碳源物质种类	实例
简单的无机碳化合物	如CO_2、碳酸盐等
复杂的有机碳化合物	如糖、醇、酯、有机酸、烃类等
高度不活跃的碳氢化合物	如石蜡、酚、氰等
实验室常用碳源	葡萄糖、果糖、蔗糖、麦芽糖、淀粉、甘油及部分有机酸、醇和酯类，其中葡萄糖和蔗糖最常用
工业发酵中常用碳源	单糖、糖蜜、淀粉、麸皮、米糠、酒糟、饴糖等，其中饴糖和淀粉最常用
生产实践中常用碳源	马铃薯、玉米粉、麸皮、酒糟、山芋粉、废糖蜜等

不同种类微生物利用含碳化合物的能力不同，如洋葱假单胞菌可利用90多种碳素化合物，而甲基营养细菌只能利用甲醇或甲烷等一碳化合物作为碳源。

碳源的主要作用是构成机体中的含碳物质，提供微生物生长、繁殖及运动需要的能量。尤其对异养微生物，既是碳源又是能源，是具有双重功能的营养物。

3. 氮源

凡是能供给微生物氮素的含氮化合物称为氮源。氮源物质见表2-5。

表2-5　氮源物质

氮源物质种类	实例
简单的无机氮	铵盐、硝酸盐、亚硝酸盐等
复杂的有机氮	蛋白质、氨基酸、核酸、尿素、嘌呤、嘧啶等
实验室常用氮源	牛肉膏、蛋白胨、酵母膏、酪素、玉米浆等
工业常用氮源	鱼粉、蚕蛹粉、黄豆饼粉、玉米浆、酵母粉等

笔记

微生物对氮源物质的利用是有选择性的，例如：土霉素产生菌利用玉米浆比利用黄豆饼粉和花生饼粉的速度快，玉米浆为速效氮源，有利于具体生长，而黄豆饼粉和花生饼粉作为迟效氮源，有利于代谢产物的形成，因此，在发酵生产土霉素的过程中，往往将两者按一定比例制成混合氮源，以控制菌体生长时期与代谢产物形成时期的协调，达到提高土霉素产量的目的。

氮源物质主要是用作合成细胞含氮物质的原料，一般不作为能源物质。只有少数自养细菌利用铵盐、硝酸盐既作为氮源，又作为能源。

4. 无机盐

无机盐是微生物生长必不可少的营养物质。微生物所需无机盐包括浓度在10^{-4} ~ 10^{-3}mol/L范围内的大量元素，如P、S、K、Mg、Ca、Na、Fe等；浓度在10^{-8} ~ 10^{-6}mol/L范围内的微量元素，如Ni、Co、Zn、Mo、Cu、Mn等。无机盐一般是金属元素的磷酸盐、硫酸盐或氯化物。

无机盐的主要功能是：①构成微生物细胞的各种组分；②参与并稳定细胞结构；③酶的激活剂；④维护和调节细胞的渗透压、pH、氧化还原电位等；⑤可作为某些微生物的能源物质；⑥可作为呼吸链末端的氢受体。

常见几种元素的生理作用及提供这些元素的相关无机盐见表2-6。

表2-6　常见无机盐及作用

元素	无机盐	作用
P	KH_2PO_4、K_2HPO_4	①是核酸、磷脂、核蛋白等化合物的重要元素；②是辅酶Ⅰ、辅酶Ⅱ、辅酶A及各种磷酸腺苷（AMP、ADP、ATP）等的组成成分；③参与糖代谢磷酸化过程；④磷酸盐是重要的缓冲剂，调节pH值；⑤影响能量贮存和传递；⑥促进巨大芽孢杆菌的芽孢发芽和发育
S	$(NH_4)_2SO_4$、$MgSO_4$	①含硫氨基酸、肽、维生素等的成分；②是好氧硫细菌的能源；③调节细胞内外氧化还原电位
Mg	$MgSO_4$	①某些酶的活性中心或酶的激活剂；②维持核糖体、细胞膜、核酸稳定；③是叶绿体的组成成分
Ca	$CaCl_2$、$Ca(NO_3)_2$	①某些酶的辅助因子；②维持酶的稳定；③某些酶的激活剂；④与芽孢及某些孢子的形成有关；⑤使芽孢具有耐热性；⑥保持细胞壁的稳定
Na	NaCl	①维持细胞渗透压；②维持酶的稳定性；③参与细胞物质运输
K	KH_2PO_4、K_2HPO_4	①维持细胞渗透压；②某些酶的辅助因子；③嗜盐细菌核糖体的稳定因子
Fe	$FeSO_4$	①细胞色素及某些酶的成分；②铁细菌的能源物质；③参与叶绿素、白喉毒素等的合成；④参与氧化还原反应中的电子传递体系；⑤影响某些微生物酶的形成；⑥影响细胞分裂
微量元素	Cu、Zn、Co、Mo、Mn、I、Br等	多为酶的组分或激活剂。微量元素之间有协同作用，也有拮抗作用。如Fe、Zn、Mn可促进Cu的作用，而Mn却抵消Zn的促进作用

笔记

5. 生长因子

在培养微生物时，除了需要碳源、氮源及无机盐外，还必须在培养基中补充微量的有机营养物质，微生物才能生长或生长良好。这些微生物正常生长所不可缺少的微量有机物就是生长因子，又叫生长素。生长因子包括维生素、氨基酸、嘌呤、嘧啶、固醇、胺类等，其中维生素种类最多，有硫胺素（维生素B_1）、核黄素（维生素B_2）、泛酸（维生素B_3）、烟酸（维生素B_5）、吡哆醇（维生素B_6）、叶酸（维生素BC）、生物素（维生素H）和维生素B_{12}等。酵母膏、蛋白胨、麦芽汁、玉米浆、动植物组织浸液等都可以提供生长因子。

生长因子的主要功能是：①提供微生物细胞的重要物质；②是辅因子（辅酶和辅基）的重要组分；③参与代谢活动。

6. 能源物质

能为微生物生命活动提供最初能量来源的是辐射能或化学能。辐射能来自太阳，而化学能来源于还原态的无机物质（如NH_4^+、NO_2、S、H_2S、H_2、Fe^{2+}等）和有机物质。在化能异养微生物中，碳源物质同时充当能源物质。

能源物质的生理作用就是为微生物的各项生命活动提供能量。

（三）微生物的营养类型

按照不同的分类依据，可将微生物划分为不同的营养类型，见表2-7。

表2-7 微生物的营养类型

分类依据	营养类型	分类依据	营养类型
能源	光能型、化能型	生长因子	野生型、缺陷型
供氢体	无机型、有机型	取食方式	渗透型、吞噬型
碳源	自养型、异养型	食物死活	腐生型、寄生型

总体而言，微生物的营养类型是多样的。常用的分类依据是综合微生物所需能源与碳源的不同，将微生物分为4种营养类型：光能自养型、光能异养型、化能自养型、化能异养型，四种类型见表2-8。

表2-8 根据能源与碳源的不同，微生物的营养类型及相关微生物

营养类型	能源	碳源	微生物
光能自养型	光	CO_2或碳酸盐	蓝细菌、绿硫菌、藻类
光能异养型	光	CO_2及简单有机物	红螺菌科的细菌
化能自养型	无机物	CO_2或碳酸盐	硫细菌、铁细菌、硝化细菌、氢细菌
化能异养型	有机物	有机物	多数细菌、全部放线菌、真菌及原生动物

营养类型的划分不是绝对的，不同营养类型之间无截然界线。有的微生物在不同环境条件下采用不同的营养方式，如红螺菌属在有光和厌氧条件下表现为

光能异养，而在黑暗和好氧条件下进行化能异养生活。

（四）营养物质的吸收方式

营养物质能否被微生物利用的一个决定因素是这些营养物质能否进入微生物细胞。微生物只有把营养物质吸收到细胞内才能被逐步分解和利用，进而使微生物正常生长繁殖。营养物质的吸收过程就是其透过细胞膜的过程。营养物质以单纯扩散、促进扩散、主动运输、基团移位等4种方式透过细胞膜，具体特点见表2-9。其中主动运输是最重要的方式。

运输类型
- 不需要载体：单纯扩散
- 需要载体
  - 不消耗能量：促进扩散
  - 消耗能量
    - 运送前后溶质分子不变：主动运输
    - 运送前后溶质分子改变：基团移位

表2-9　营养物质进入细胞的4种方式比较

比较内容	单纯扩散	促进扩散	主动运输	基团移位
载体蛋白	无	有	有	有
运送速度	慢	快	快	快
运送方向	由浓至稀	由浓至稀	由稀至浓	由稀至浓
平衡浓度	内外相等	内外相等	内远大于外	内远大于外
运送分子	无特异性	有特异性	有特异性	有特异性
能量消耗	不需要	不需要	需要	需要
运送前后溶质	分子不变	分子不变	分子不变	分子改变
载体饱和效应	无	有	有	有
与溶质类似物	无竞争性	有竞争性	有竞争性	有竞争性
运送抑制剂	无	有	有	有
运送物质	H_2O、CO_2、O_2、甘油、乙醇、少数氨基酸、盐类、抑制剂、脂肪酸等	一些无机盐如SO_4^{2-}、PO_4^{3-}、糖及维生素	氨基酸、乳糖、半乳糖等；Na^+、Ca^{2+}等无机离子	葡萄糖、果糖、甘露糖、嘌呤、核苷、脂肪酸等

二、培养基的配制原则及类型

根据各种微生物的营养要求，将水、碳源、氮源、无机盐及生长因子等营养物质按一定比例人工配制、适合微生物生长繁殖和各种生理活动的营养基质叫培养基。在废水、废渣等处理中，废物本身或略加调整（如加补N、P等营养物，调节pH值等），就成为微生物生长的培养基。作为微生物的培养基除必须具备微

笔记

生物生长所需要的营养物质和环境条件外，还要彻底灭菌、保持无菌状态，否则就会杂菌丛生，破坏其原有的成分及性质，达不到培养微生物的目的。

（一）配制培养基的原则

配制培养基一般应遵循的原则如下。

1. 选择合适的营养物质

配制培养基首先要明确培养什么微生物（自养型还是异养型），再决定配制不同的培养基。自养型微生物的培养基，完全由简单的无机物组成；而异养型微生物的培养基则至少有一种有机物，不同类型的微生物所需成分相差甚远。举例见表2-10。

表2-10　自养型微生物及异养型微生物培养基成分及含量举例

营养类型	举例	培养基成分及含量	
异养微生物	肠膜状明串珠菌	矿质元素	NH_4Cl 3.0g，KH_2PO_4 0.6g，K_2HPO_4 0.6g，$MgSO_4 \cdot 7H_2O$ 0.7g，$FeSO_4 \cdot 7H_2O$ 0.01g，$MnSO_4 \cdot 4H_2O$ 0.02g，NaCl 0.01g
		能源和碳源	葡萄糖25g，醋酸钠20g
		氨基酸	少量多种氨基酸
		嘌呤和嘧啶	硫酸腺嘌呤10μg，鸟嘌呤$HCl \cdot H_2O$ 10μg，尿嘧啶10μg，黄嘌呤10μg
		维生素	对氨基苯甲酸0.1μg，生物素0.001μg，叶酸0.01μg，烟酸1.0μg，DL-泛酸钙0.5μg，吡哆醛·HCl 0.3μg，吡哆胺·HCl 0.3μg，吡哆醇1.0μg，核黄素0.5μg，维生素B_1 0.5μg
		水	1000ml
	大肠杆菌	K_2HPO_4 7g，KH_2PO_4 3g，$MgSO_4 \cdot 7H_2O$ 0.1g，$(NH_4)_2SO_4$ 1g，柠檬酸钠0.5g，葡萄糖2g	
自养微生物	亚硝酸细菌	$(NH_4)_2SO_4$ 2g，K_2HPO_4 0.7g，KH_2PO_4 0.25g，$FeSO_4$ 0.01g，$MnSO_4$ 0.01g，$MgSO_4 \cdot 7H_2O$ 0.03g，$CaCl_2$ 0.02g，水1000ml	
	氧化硫杆菌	硫磺粉10g，$MgSO_4 \cdot 7H_2O$ 0.5g，$CaCl_2$ 3.0g，$(NH_4)_2SO_4$ 0.2g，$FeSO_4$ 0.01g，水1000ml	
	红硫细菌	NH_4Cl 1.0g，K_2HPO_4 0 5g，$MgCl_2$ 0.2g，Na_2CO_3 1.0g，Na_2SO_4 1.0g，水1000ml	
	小型绿藻	KNO_3 1g，$MgSO_4 \cdot 7H_2O$ 0.253g，KH_2PO_4 1.21g，微量元素混合液（Mn、Fe、Ca、Cu、Zn、Mo），水1000ml	

实验室常用培养基有：培养细菌常用牛肉膏蛋白胨培养基；培养酵母菌常用麦芽汁培养基；而培养放线菌常用含可溶性淀粉的高氏1号培养基；培养霉菌则用含蔗糖的合成培养基。

2. 选择合适的浓度和配比

营养物质的浓度太低，不能满足微生物生长的需要；而浓度太高，则会抑制微生物的生长。如高浓度糖类、无机盐，尤其是高浓度重金属离子等，不仅不能维持和促进微生物的正常生长，反而有抑菌甚至杀菌作用。

不同微生物细胞的元素组成不同，对各营养元素的比例要求也不相同，其中碳氮比（或碳氮磷比）对微生物生长和代谢有很大的影响。不同生存环境、不同微生物种类、同一微生物在不同生长时期对碳氮比的要求亦不同，见表2-11。

表2-11　不同生存环境及种类的微生物所需碳氮比或碳氮磷比

微生物	碳氮比或碳氮磷比
根瘤菌	C：N=11.5：1
固氮菌	C：N=27.6：1
霉菌	C：N=9：1
土壤中微生物混合菌体	C：N=25：1
活性污泥中好氧微生物群	BOD_5：N：P=100：5：1
厌氧消化中厌氧微生物群	BOD_5：N：P=100：6：1
有机固体废物、堆肥发酵中微生物群	C：N=30：1　C：P=（75～100）：1
谷氨酸菌体大量繁殖，谷氨酸产量少	C：N=4：1
谷氨酸菌体繁殖受抑制，谷氨酸产量增加	C：N=3：1

注：BOD_5是微生物5日内利用碳源时所消耗的氧量，可代表碳的量。

3. 控制适宜的条件

（1）控制适宜的pH值　不同微生物生长繁殖或生产代谢产物的最适pH值条件不同。如细菌生长的最适pH值为7～7.5，酵母菌生长最适pH值为3.6～6.0，而霉菌的最适pH值为4.0～5.8。因此，培养基的pH值应控制在一定的范围内，有利于微生物的培养。

一般情况下，培养基的pH值可以通过NaOH和HCl来调节，但值得一提的是，在微生物的生长繁殖和代谢过程中，由于营养物质的分解和代谢产物的形成，可能会产生酸性物质如有机酸、CO_2，或碱性物质如NH_3，它们都会导致培养基pH值的改变，若对培养基的pH值不进行控制，就会影响微生物的生长繁殖速度或导致代谢产物产量的下降。所以，在连续培养时，为了维持培养基的pH值保持在一定的范围内，培养基中应加入缓冲剂。常用的缓冲剂是磷酸氢盐和磷酸二氢盐（如K_2HPO_4和KH_2PO_4）组成的混合物，这种缓冲剂在一定的pH值（6.4～7.2）范围内有较好的效果。对于产生大量酸的微生物，如乳酸菌，常用难溶的$CaCO_3$作为缓冲剂，另外，Na_2CO_3和$NaHCO_3$也可作为缓冲剂。由于氨基酸、肽、蛋白质属于两性电解质，因此，这些物质在培养基中既是营养物质，又是天然的缓冲剂。

笔记

（2）调节好渗透压　渗透压是某水溶液中一个可用压力来表示的物化指标。绝大多数微生物适宜在等渗溶液中生长。高渗溶液会使细胞发生质壁分离，而低渗溶液则会使细胞吸水膨胀，形成很高的膨压，对细胞壁脆弱或各种缺壁细胞（如原生质体、球状体、支原体等）则是致命的。

一般培养基的渗透压都适宜微生物的生长，但为了特殊需要，有时需增大某一营养物质或矿盐的用量。比如：培养嗜盐微生物时需加入NaCl调节渗透压；培养海洋微生物时盐度可高达3.5%；培养嗜渗透微生物时蔗糖浓度可接近饱和。

（3）氧化还原电位　氧化还原电位又称氧化还原势，是量度某氧化还原系统中还原剂释放电子或氧化剂接受电子趋势的一种指标。一般用Eh表示，单位用V（伏）或mV（毫伏）。

各种微生物对培养基的氧化还原电位有不同的要求见表2-12。

表2-12　不同微生物适合的培养基的氧化还原电位

微生物类型	氧化还原电位
好氧菌	+0.3 ~ +0.4
兼性厌氧菌	+0.1V以上好氧呼吸产能
	+0.1V以下发酵产能
厌氧菌	+0.1V以下才能生长

许多因子，如pH值、温度、氧分压等都影响氧化还原电位，在pH值相对稳定的条件下，可通过通气量（如振荡、搅拌等）提高培养基的氧分压，或加入氧化剂以提高Eh值，反之，在培养基中加入适量的还原剂可以降低Eh值，如在培养基中加入铁屑，氧化还原电位可下降到-0.4V。常用的还原剂有巯基乙酸、抗坏血酸、硫化钠、半胱氨酸、铁屑、谷胱甘肽、瘦牛肉粒、巯基乙酸钠等。

4. 经济节约

自然资源日益匮乏，节约势在必行。在配制培养基时应尽量利用廉价且易于获得的原料作为培养基成分，尤其是在发酵工业中，培养基用量很大，利用低成本原料更能体现出经济节约的价值。在实践中，主要表现在“以粗代精”“以废代好”“以野代家”“以简代繁”“以烃代粮”“以纤代糖”“以氮代朊”“以国产代进口”等方面。

（二）培养基的类型及应用

1. 依据培养基成分的来源分类

（1）天然培养基　是指用化学成分还不清楚或化学成分不恒定的天然有机物为主要成分配制而成的培养基。这类培养基的成分既复杂又丰富，难以说出确切的化学组成。培养细菌的牛肉膏蛋白胨培养基、培养酵母菌的麦芽汁培养基等均属于此类。天然培养基的优点是营养丰富、取材容易、配制方便、价格低廉；缺点是成分不清楚、不稳定，难控制，实验结果重复性差。一般自养微生物都不

笔记

能在这类培养基上生长。

配制这类培养基常用的天然有机营养物质有牛肉膏、蛋白胨、酵母膏、豆芽汁、玉米粉、马铃薯、土壤浸液、麸皮、牛奶、血清、稻草浸液、羽毛浸液、胡萝卜汁、椰子汁等。

此类培养基适合于实验室培养菌种及工业上大规模的微生物发酵。

（2）合成培养基 是指由化学成分和含量完全清楚的物质配制而成的培养基。如：培养细菌的葡萄糖铵盐培养基、培养链霉菌的淀粉硝酸盐培养基以及培养真菌的蔗糖硝酸盐培养基等属于此类。合成培养基的优点是成分精确、实验重复性高；缺点是价格贵、成本高、配制麻烦，且微生物在其培养基上生长缓慢。

此类培养基适用于在实验室进行微生物营养、代谢、生理、生化、遗传分析、菌种选育、菌种鉴定、生物量测定等对定量要求较高的研究工作。

（3）半合成培养基 是指在天然培养基的基础上适当加入已知成分的无机盐，或在合成培养基的基础上添加某些天然成分。如培养真菌的马铃薯蔗糖培养基，以及未经特殊处理的各种琼脂培养基均属此类。由于大多数微生物都能在此类培养基上生长，加之配制方便，成本低，故该培养基是生产和实验室中使用最多的培养基类型。

2. 依据培养基的物理状态分类

（1）固体培养基 外观呈固体状态的培养基称固体培养基，常用的有凝固培养基和天然固体培养基。在液体培养基中加入凝固剂成为凝固培养基，常用的凝固剂除琼脂、明胶和硅胶外，还有海藻酸胶、脱乙酰吉兰糖胶等，其中琼脂是最常用、最理想的凝固剂，其在培养基中的添加量为1.5%～2%。用天然固体营养物质直接作实训材料的培养基叫天然固体培养基，工业生产中常用的固体材料有马铃薯块、胡萝卜条、小米、大米、麸皮、麦粒、大豆、米糠、木屑、稻草、动植物组织等。生产酒的酒曲，生产食用菌的棉籽壳、麸皮培养基均属于此类。

该培养基主要用于微生物分类、鉴定、菌落计数、检测杂菌、选种、育种、菌种保藏、生物活性物质的生物测定、获取大量孢子，以及用于真菌的大规模生产等。

（2）半固体培养基 是指在液体培养基中加入0.5%左右的凝固剂，配制成半固体状态的培养基。此培养基在小型容器倒置时不会流出，但在剧烈振荡后则呈破散状态。半固体培养基可放入试管中形成“直立柱”，因此，它常用于穿刺培养，观察细菌运行，趋化性研究，厌氧菌培养、分离和计数以及菌种保藏等。

（3）液体培养基 是指将各种培养基组分溶于水，不加任何凝固剂的培养基。在用液体培养基培养微生物时，通过振荡或搅拌可以增加培养基的通气量，同时使营养物质分布均匀。此培养基在实验室中主要用于生理、代谢研究和获得大量菌体；在工业上常用于大规模的发酵生产。

3. 依据常规用途分类

（1）基础培养基 是指根据某种或某类群微生物的共同营养需要而配制的培养基。尽管不同微生物的营养需求各不相同，但大多数微生物所需要的基本营养物质是相同的。由于基础培养基含有一般微生物生长繁殖所需要的基本营养物质，因此，它可作为一些特殊培养基的基础成分，再根据某种微生物的特殊需要，在基础培养基中加入所需营养物质。牛肉膏蛋白胨培养基是最常用的基础培养基，一般用于野生型菌种的培养。

（2）加富培养基　是指在基础培养基中加入某些特殊营养物质，以促使一些营养要求苛刻的微生物快速生长的培养基。这些特殊营养物质包括血清、血液、酵母浸膏、动植物浸提液、土壤浸出液等。此类培养基主要用于培养某种或某类营养要求苛刻的异养型微生物。如培养百日咳博德特氏菌就需要含有血液的加富培养基。

（3）选择培养基　是用来将某种或某类微生物从混杂的微生物群体中分离出来的培养基。利用微生物对各种化学物质敏感程度的差异，在培养基中加入染料、胆汁酸盐、金属盐类、酸、碱或抗生素等其中的一种，以抑制非目的微生物的生长，而促进目标微生物的生长繁殖。例如：在培养基中加入青霉素、四环素可抑制细菌、放线菌的生长，从而把酵母菌和霉菌分离出来；在培养基中加入10%的酚试剂，可以抑制细菌和霉菌的生长，而将放线菌分离出来；在培养基中加入胆汁酸盐，可抑制革兰阳性菌的生长，却有利于革兰阴性菌的生长。

加富培养基与选择培养基的区别在于：加富培养基是用来增加所要分离微生物的数量，使其形成生长优势，从而分离得到微生物；选择培养基则是抑制不需要的微生物的生长，使所需要的微生物增殖，从而达到分离所需微生物的目的。

（4）鉴别培养基　是指在基础培养基中加入某种指示剂而鉴别某种微生物的培养基。微生物在生长过程中，产生某种代谢物，可与加入培养基中的特定试剂或药品反应，产生明显的特征性变化。根据这种特征，可将该种微生物与其他微生物区分开，达到快速鉴别的目的。伊红美蓝乳糖培养基（EMB）就是最常见的鉴别培养基，在饮用水、牛乳的细菌学检查以及遗传学研究工作中有着重要的用途。鉴别培养基主要用于微生物的分类鉴定、分离筛选。

4. 依据工业用途分类

（1）种子培养基　是指微生物能大量繁殖，产生足够菌体的培养基。为了在较短的时间内获得数量较多的强壮而整齐的种子细胞，一般培养基要求营养丰富、全面，氮源、维生素的比例较高，碳源比例较低，含水量适宜。

（2）孢子培养基　是指供菌种繁殖孢子的一种常用固体培养基，该培养基能够使菌体迅速生长，并产生较多的优质孢子，不易引起菌种变异。该培养基要求营养不能太丰富，尤其是有机氮源，否则不易产生孢子；无机盐浓度适当，否则会影响形成孢子的数量和颜色。生产中常用的孢子培养基有麸皮培养基、小米培养基等。

（3）发酵培养基　是指用于菌种生长繁殖并积累发酵产物的培养基。该培养基既要使种子接种后能够迅速生长，又要使菌体能够发酵产生大量的目的代谢产物，因此，该类培养基一般具有用量大、成本低廉、配料较粗、营养成分高、碳氮比例大等特点。

（4）菌种保藏培养基　是指使菌种处于休眠状态，以利于长期保藏的培养

笔记

基。根据微生物的种类和营养要求而选定培养基，如细菌常用营养琼脂培养基，酵母菌常用麦芽汁琼脂培养基，霉菌常用察氏培养基，放线菌则用高氏1号培养基。

（三）消毒和灭菌

要想获得微生物纯培养，避免杂菌污染，就必须对所用仪器设备、玻璃器皿及工作环境进行消毒与灭菌。消毒和灭菌都是控制有害微生物的主要措施，但意义有所不同，简单说消毒是指消灭病原菌和有害微生物的营养体，而灭菌则是指杀灭一切微生物的营养体、芽孢和孢子。

1. 消毒

消毒就是消除毒害，毒害一般是指传染源或致病菌等。也就是说，消毒是一种采用较温和的理化因素，仅仅杀死物体表面或内部一部分对人体有害的病原菌，而对被消毒的物体基本无害的措施。例如一些对皮肤、水果、饮用水进行药剂消毒的方法，对啤酒、牛奶、果汁及酱油等进行的巴氏消毒法等。在实验室采用煮沸消毒的一般时间控制在10～15min，就可以杀死细菌所有营养细胞和部分芽孢，如果想达到更好的效果，可以适当延长煮沸时间，或在水中加入1%碳酸氢钠或2%～5%的石碳酸。

2. 灭菌

灭菌是指采用强烈的理化因素使任何物体内外部的一切微生物永远丧失其生长繁殖能力的措施。常用的方法有干热灭菌、高压蒸汽灭菌、滤膜过滤灭菌、紫外线灭菌等。

（1）干热灭菌　通常所说的干热灭菌是指将金属制品或清洁玻璃器皿放入电热烘箱内，在150℃～170℃下维持1～2h而进行的彻底灭菌过程。在这种条件下，可使细胞膜破坏、蛋白质变性、原生质干燥及各种细胞成分发生氧化，而达到彻底灭菌的目的。分火焰灼烧灭菌和热空气灭菌两种形式，火焰灼烧灭菌主要用于接种环、接种针和金属用具如镊子等，无菌操作时的试管口和瓶口也在火焰上作短暂灼烧灭菌，另外，涂布平板用的玻璃棒也可沾有乙醇后进行灼烧灭菌。热空气灭菌适用于玻璃器皿如吸管、烧杯、培养皿等的灭菌，而培养基、橡胶制品、塑料制品则不能用这种方法。

（2）湿热灭菌　湿热灭菌比干热灭菌法更有效。常见的湿热灭菌方式有常压法（巴氏消毒法、煮沸消毒法、间歇灭菌法等）、加压法（常规加压灭菌法、连续加压灭菌法等）、超高温杀菌（是指在135℃～150℃的高温条件下持续2～8s，对牛乳或其他液态食品如果汁、果汁饮料、豆乳、茶、酒、矿泉水等物质进行灭菌的处理方法，其特点是既能杀死产品中的微生物，又能较好地保持食品品质与营养价值）。

另外，还有过滤除菌、辐射灭菌、化学药品灭菌等，详情见“任务二　影响微生物生长的因素中物理及化学因素的影响”部分。

任务二 微生物的接种、代谢、生长及繁殖

知识目标

1. 掌握微生物纯种分离的方法及接种方式。
2. 理解微生物的培养条件分类。
3. 理解微生物的分解代谢过程。
4. 了解微生物合成代谢及代谢调节。
5. 掌握微生物生长测量方式、生长曲线的阶段特点。

能力目标

1. 具有微生物的分离接种、纯化和培养的能力。
2. 具有计算分解代谢过程中产生ATP的能力。
3. 具有测量微生物的生长等操作能力。
4. 具有生长曲线在污水处理中的应用能力。

素质目标

1. 培养严谨的学习态度。
2. 提高理论联系实践的综合素养。

一、微生物的分离纯化

在自然界中微生物都是以混合的形式存在，若要研究或利用某一微生物就要进行分离与纯化。从混杂的微生物群体中获得某一种或某一株微生物的过程就是分离和纯化。

微生物的分离纯化方法有如下几种。

（一）稀释倒平板分离法

将待分离的材料用无菌水做一系列的稀释（如1：10、1：100、1：1000、1：10000、…），然后分别取不同稀释液少许，与已溶化并冷却至45℃左右的琼脂培养基混合，摇匀后，倾入灭菌过的培养皿中，制成可能含菌的琼脂平板，保温培养即可出现分散的单个菌落。随后挑取该单菌落培养，或重复以上操作数次，以便得到纯菌种，如图2-1。

（二）平板画线法

用接种环蘸取少许待分离的材料，在无菌平板表面进行平行画线、扇形画

笔记

线、连续画线或交叉画线等，如图2-2。微生物细胞数量将随着划线的移动减少，经过培养在画线的尾部常可以见到单个菌落。

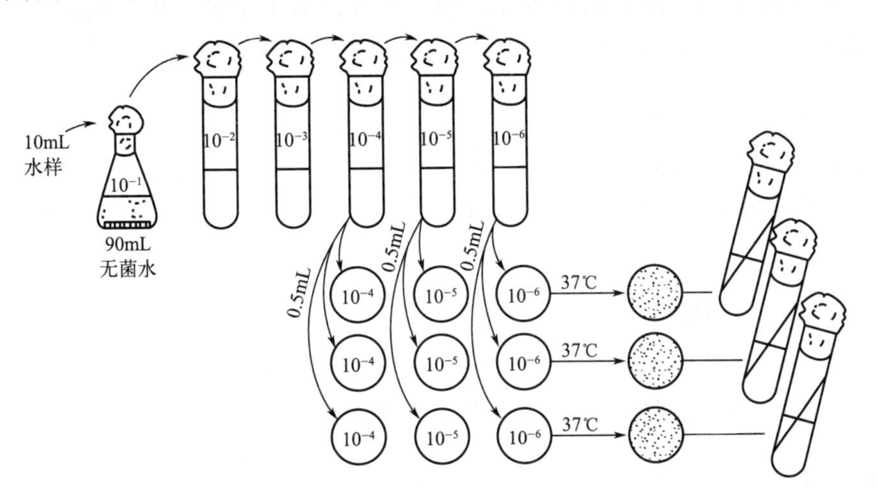

图 2-1　稀释倒平板法

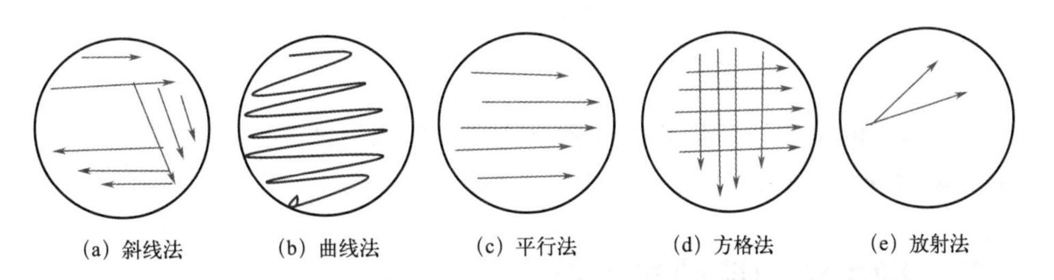

图 2-2　平板画线法示意图

（三）稀释涂布平板法

将少许不同稀释度的样品材料加到培养皿的平板表面，用无菌玻璃棒涂布均匀，培养后挑取单个菌落，如图2-3。此法多用于分离好氧微生物。

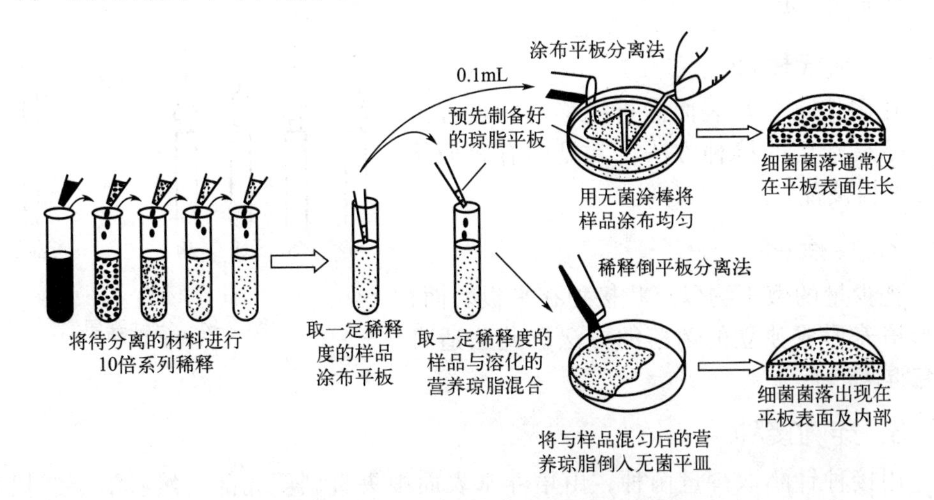

图 2-3　稀释后用平板分离细菌单菌落

笔记

（四）单细胞（单孢子）挑取法

在显微镜下用毛细管或显微针、钩、环等挑取单个微生物细胞或孢子，再将其放到培养基上培养，即获得纯菌种。此法限于高度专业化的科研。

（五）选择培养法

利用不同微生物对化学试剂、染料、抗生素等抵抗力的不同，采用选择性高的培养基抑制某些微生物生长已达到纯种分离的目的。此法适合生理特殊的微生物。

（六）富集培养法

把待分离的材料接种到适合某微生物生长的加富培养基上，使所需的微生物能有效地与其他微生物进行竞争，形成优势菌而得以分离。

（七）菌丝尖端切割法

用解剖刀切割菌落边缘的菌丝尖端，移种到合适的培养基上进行培养即可得纯种。此法适合于长菌丝的霉菌纯化。

（八）组织分离法

将较幼嫩的子实体活细胞接种到合适的培养基上培养，获得没有组织分化的菌丝体，以获得纯菌种。此法适用于分离食用菌。

二、微生物的接种与培养

（一）微生物的接种方式

将微生物接到适合其生长繁殖的人工培养基上或活体的生物体内的过程叫接种。接种器具如图2-4。

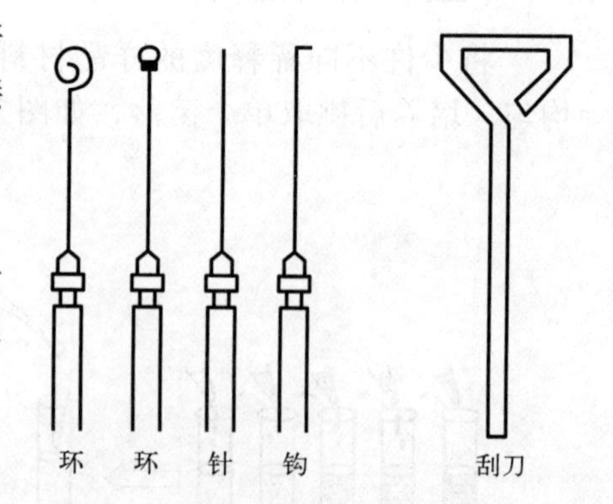

图2-4 接种器具

1. 画线接种

在固体培养基表面做折线移动的接种方式。是最常用的接种方法，常见的有斜面接种和平板接种。

2. 点接种

把少量的微生物以点状接种在平板表面，适当培养形成独立的菌落的方法。此法适合研究霉菌形态。

3. 穿刺接种

用接种针蘸取少量菌种，由培养基表面中央直刺至底部，然后沿穿线拔出接种针。此法常用于培养厌氧菌、检查细菌运动性及菌种保藏等。若某菌有鞭毛

笔记

且能运动，则生长线粗且边缘不整齐；若接种菌无鞭毛、不能运动，则生长线细而整齐。

4．浇混接种

是将待接的微生物先放入培养皿中，再倒入冷却至45℃左右的固体培养基，迅速摇匀，待凝固后在适合条件下培养即可。

5．涂布接种

先将培养基倒入培养皿制成平板，再将菌液倒入平板表面，用涂布棒将菌液涂布均匀即可进行培养。

6．液体接种

将固体培养基上的菌种或液体菌种接种到液体培养基中的方法。

7．注射接种

是用注射的方法将待接的微生物转接至活的生物体内（如人或动物中）的一种方法。如预防接种等。

8．活体接种

活体接种是专门用于培养病毒或其他病原微生物的一种方法。因为病毒属于活性寄生。所用活体可以是整个动物，或离体活组织，如猴肾、鸡胚等。接种方式可以是注射，也可以是拌料喂养。

（二）微生物的培养

微生物的生长除本身遗传特性外，还受培养条件的影响，如营养物（种类、浓度等）、温度、水分、氧气、pH等因素。微生物种类不同，培养方式、培养条件各不相同。

1．根据培养过程中对氧气的需要分类

（1）好氧培养　也称“好气培养”，就是说在微生物培养过程中，需要有氧不断加入，否则就会影响微生物的生长。在实验室中，用试管斜面培养、锥形瓶液体培养时，空气通过棉塞源源不断地进入容器中，补充氧气。在工业上，发酵微生物的培养可以暴露在空气中，以获得氧气，如豆浆、醋、酱油的酿造等。对于发酵罐的好氧培养，通常通过搅拌以增加氧量。

（2）微需氧培养　微需氧菌在大气中及绝对无氧环境中均不能生长，只有在含有5%～6%的氧气、5%～10%的二氧化碳和85%的氮气左右的气体环境中才能生长良好，接种此类微生物后放到适合的条件下培养，即为微需氧培养。

（3）厌氧培养　也称“厌气培养”。这类微生物的培养不需要氧的参与，氧的存在对它们生长有害，所以在厌氧培养过程中采用各种方法去氧尤为重要。常见去氧方式如下。

① 降低培养基中的氧化还原电位。常将还原剂如谷胱甘肽、硫基醋酸盐等，或将动物组织如牛心、羊脑等加入到培养基中，便可达到厌氧菌生长的目的。

② 化合去氧。化合去氧的方法很多，常用的有焦性没食子酸吸收氧、磷

笔记

氧、好氧菌与厌氧菌混合培养吸收氧、植物组织如发芽种子吸收氧、产生氢气除氧等。

③ 隔绝阻氧。与空气隔绝进行培养，如深层液体培养、石蜡油封存培养、半固体穿刺培养、厌氧发酵罐培养等。

④ 替代驱氧。是将某些微生物置于二氧化碳、氮气、氢气或混合气体环境中进行培养的方法。

2. 根据所用培养基的物理特性分类

（1）固体培养方法　实验室中是将菌种接种在含有凝固剂（如琼脂）的固体培养基表面，使微生物生长，因所用器皿不同而分为试管斜面、培养皿平板及茄瓶斜面等平板培养方法。工业生产中则利用麦麸或米糠等为主要原料，加水搅拌成含水量适度的半固体物料作为培养基，接种微生物进行培养发酵，在豆酱、醋酱及醋油等酿造食品工业中广泛应用。食用菌生产中通常将棉籽壳等原料装入塑料袋中或隔架上铺成一定厚度的培养料，接上菌种进行培养。

（2）液体培养方法　实验室中主要采用摇瓶培养法，将菌种接到装有液体培养基的锥形瓶中，在往复式或旋转式摇床上震荡培养，使空气中的氧气不断溶解于液体培养基中；也有采用试管液体培养法和锥形瓶浅层培养法，但因液体中的溶氧速度较慢，通常只适用于兼性厌氧菌的培养。有时实验室也采用小型台式发酵罐，可模拟发酵条件进行研究。工业上主要采用深层液体通气法，向培养液中强制供应空气，并设法将气泡微小化，使它尽可能滞留于培养液中以促进氧的溶解。最常见的是通用型搅拌发酵罐，如图2-5。此外还有不用搅拌的气泡塔型发酵罐及其他多种形式的发酵罐。

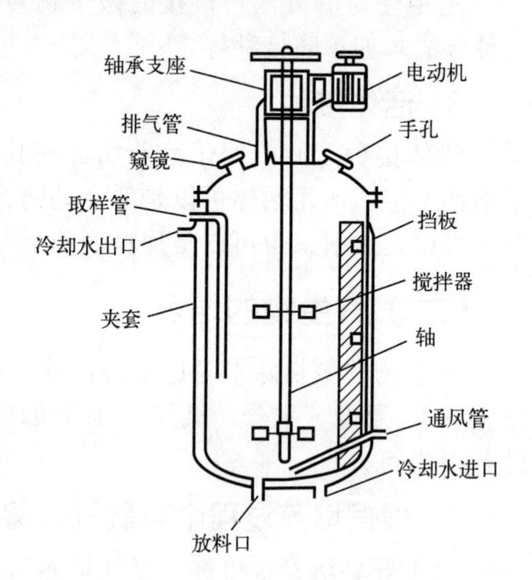

图2-5　典型发酵罐的构造

三、微生物的代谢

微生物通过新陈代谢，把吸收来的营养物质转变成自身细胞的组分，维持微生物细胞的正常生理活动。新陈代谢（简称代谢）是活细胞中进行的所有化学反应的总和，包括合成代谢（同化作用）和分解代谢（异化作用）。合成代谢是指微生物把从外界摄取的营养物质，在合成酶系的催化下，经一系列生化反应转变成自身物质并贮存能量的过程；分解代谢是指微生物将自身的或外来的各种复杂有机物通过分解酶系的催化，分解为简单化合物并释放能量的过程。新陈代谢的类型及作用见下图2-6。

笔记

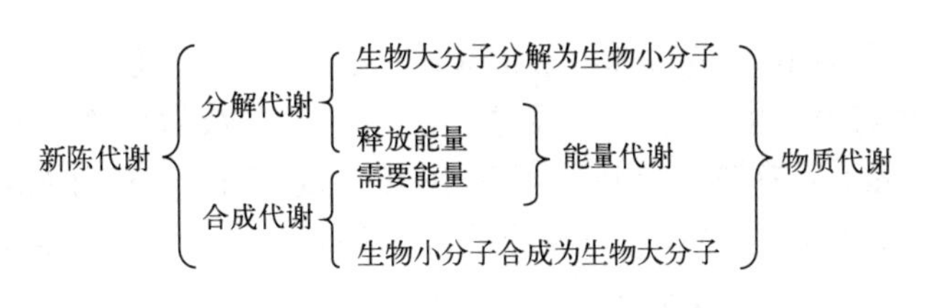

图 2-6　新陈代谢的类型及作用

微生物的代谢是建立在合成代谢与分解代谢、耗能代谢与产能代谢对立统一的基础上的，同化作用是异化作用的基础，异化作用为同化作用提供能量及原料，彼此之间既相互联系、相互依存、又相互制约，在细胞中偶联进行，相互对立而又统一。

（一）微生物的分解代谢

微生物的分解作用主要是指异养微生物对有机物逐步降解的过程。主要是强调一个分子分解成两个或多个分子的过程，包括细胞外分解（如淀粉→葡萄糖）和细胞内分解（葡萄糖→二氧化碳＋水）。其中发生在活细胞内一系列产能性氧化反应的总称叫生物氧化。生物氧化的功能是产能（ATP）、产还原力[H]和产小分子中间代谢物三种。生物分解的过程可分脱氢（或电子）、递氢（或电子）和受氢（或电子）三个阶段。底物脱氢的途径及其与递氢、受氢阶段联系的概貌如图 2-7。

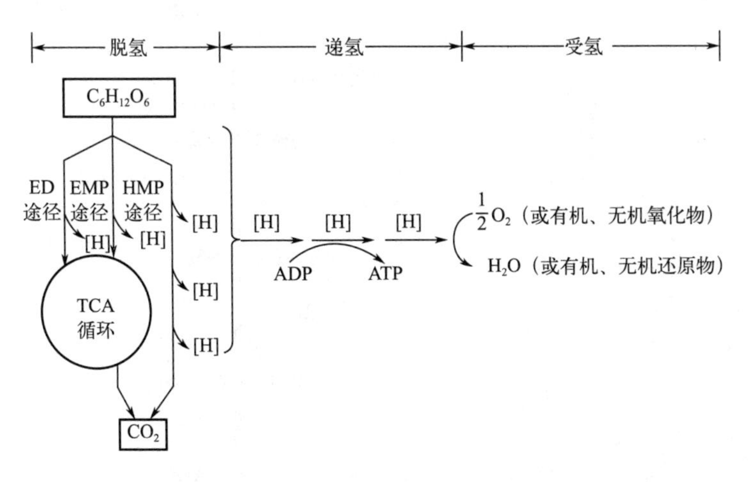

图 2-7　底物脱氢的途径及其与递氢、受氢阶段的联系

有机物分解代谢的基本途径主要是指葡萄糖的降解，下面以葡萄糖为例讲解生物氧化过程。

1. 底物脱氢途径

底物脱氢主要途径有：EMP途径、HMP途径、ED途径、TCA，另外还有PK途径和HK途径。EMP途径、HMP途径、ED途径在有氧和无氧条件下都能够发生，而TCA循环则只能在有氧条件下进行，PK途径只能在无氧条件下进行。

笔记

（1）EMP（embden-meyerhof pathway）途径　即糖酵解途径，又称己糖二磷酸途径，是葡萄糖分解的主要途径之一，是绝大多数微生物共有的基本代谢途径。具体是指1mol葡萄糖为底物，经过10步反应产生2mol丙酮酸、2mol ATP、2mol NADH和2mol H^+的过程，总反应式及具体过程（图2-8）如下：

$$C_6H_{12}O_6 + 2ADP + 2Pi + 2NAD^+ \longrightarrow 2CH_3COCOOH + 2ATP + 2NADH + 2H^+$$

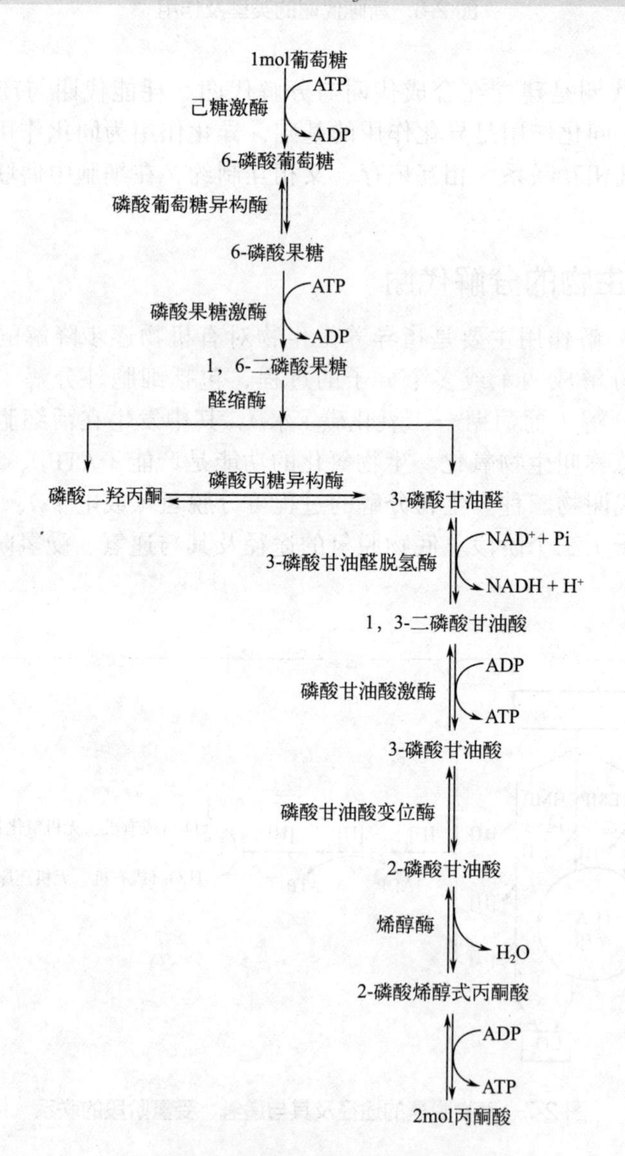

图2-8　糖酵解反应生成丙酮酸

EMP途径不需要氧的参与，在有氧或无氧条件下均可以发生，整个过程可概括成两个阶段：一是耗能阶段，1分子葡萄糖生成2分子中间代谢产物——2-磷酸甘油醛，消耗2分子的ATP用于糖的磷酸化；二是产能阶段，形成2分子丙酮酸并合成4分子的ATP，每氧化1分子的葡萄糖净得2分子ATP。

（2）HMP（hexose monophosphate pathway）途径　是在单磷酸己糖（6-磷

笔记

酸葡萄糖）基础上开始降解的，所以又称己糖一磷酸途径。又因为该途径中的2-磷酸甘油醛可以进入EMP途径，故又称为磷酸戊糖途径。HMP途径总的反应式及具体过程如图2-9。

$$6葡萄糖\text{-}6\text{-}磷酸+12NADP^++6H_2O \longrightarrow 5葡萄糖\text{-}6\text{-}磷酸+12NADPH+12H^++6CO_2+Pi$$

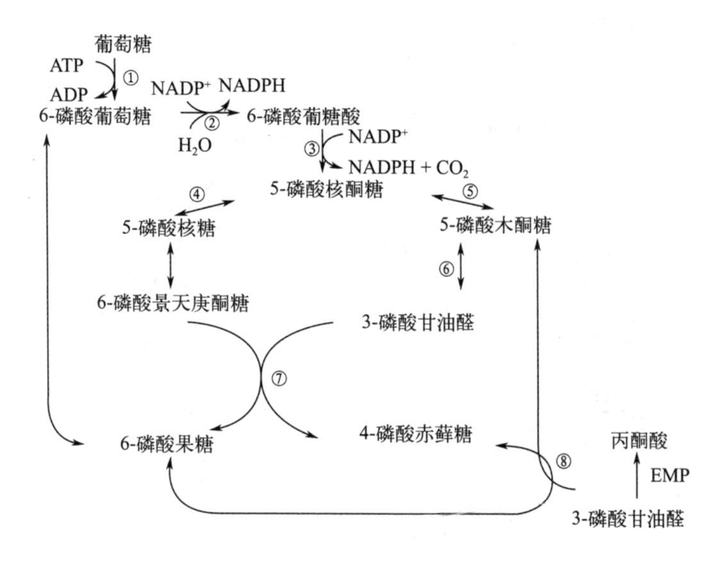

图 2-9　HMP 途径示意图

HMP途径概况为三个阶段：

① 葡萄糖→5-磷酸核酮糖+CO_2。

② 5-磷酸核酮糖→5-磷酸核糖+5-磷酸木酮糖。

③ 5-磷酸核酮糖→6-磷酸果糖+3-磷酸甘油醛（进入EMP）。

HMP途径一般认为不是产能途径，而是为生物合成提供大量的还原力（NADPH）和中间代谢产物。大多数好氧和兼性厌氧微生物中都有HMP途径，并与EMP同时存在，而单独具有HMP途径的微生物较少见。

（3）TCA（tricarboxylic acid cycle）循环　即三羧酸循环，也叫柠檬酸循环。具体步骤如图2-10。

葡萄糖经EMP途径降解为丙酮酸（见图2-8），丙酮酸经氧化脱羧生成乙酰辅酶A，乙酰辅酶A经TCA途径（三羧酸循环）被彻底氧化生成CO_2和H_2O。每分子丙酮酸经过TCA循环降解总共产生4分子NADH（在细菌中产生3分子NADH和1分子NADPH）、1分子$FADH_2$和1分子ATP（或GTP），放出3分子CO_2。从能力的角度看，NADH、$FADH_2$经过电子传递链形成大量的ATP，故TCA循环在绝大多数异养微生物的呼吸代谢中起关键作用。从物质代谢中的地位看，TCA循环可产生大量发酵产物，如柠檬酸、苹果酸、延胡索酸、谷氨酸等，可见TCA循环在微生物分解代谢和合成代谢中占有枢纽的地位。

（4）ED（entner-doudoroff pathway）途径　即2-酮-3-脱氧-6-磷酸葡萄糖酸（KDPG）裂解途径（图2-11）。此途径是少数缺乏完整EMP途径的微生物所具有的一种替代途径，其特点是葡萄糖只经过4步反应即可快速获得由EMP途

笔记

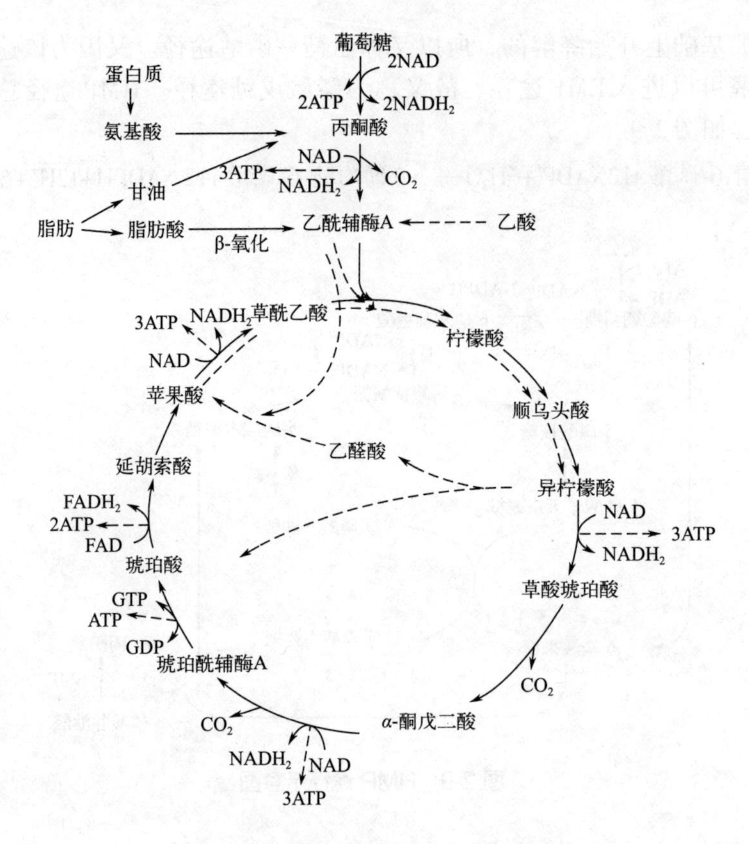

图 2-10　糖、蛋白质和脂肪水解及三羧酸循环

径需经10步才能获得的丙酮酸，每分子葡萄糖经ED途径可生成2分子丙酮酸、1分子ATP、1分子NADPH和NADH，总反应式及过程（图2-11）如下：

$$C_6H_{12}O_6 + ADP + Pi + NAD^+ + NADP^+ \longrightarrow 2CH_3COCOOH + ATP + NADH + 2H^+ + NADPH$$

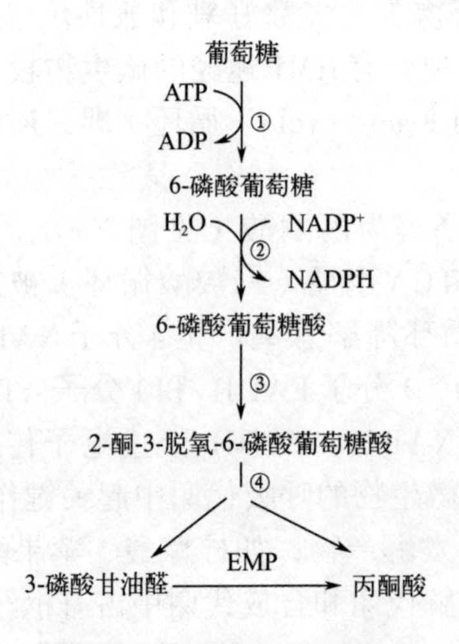

图 2-11　ED途径示意图

①己糖激酶；②磷酸葡萄糖脱氢酶和内酯酶；③磷酸葡萄糖脱水酶；④KDPG醛缩酶

笔记

ED途径的四个步骤为：

① 葡萄糖$\xrightarrow{\text{己糖激酶}}$6-磷酸葡萄糖。

② 6-磷酸葡萄糖$\xrightarrow{\text{磷酸葡萄糖脱氢酶和内酯酶}}$6-磷酸葡萄糖酸。

③ 6-磷酸葡萄糖酸$\xrightarrow{\text{磷酸葡萄糖脱水酶}}$2-酮-3-脱氧-6-磷酸葡萄糖酸（KDPG）。

④ 2-酮-3-脱氧-6-磷酸葡萄糖酸（KDPG）$\xrightarrow{\text{KDPG醛缩酶}}$3-磷酸甘油醛+丙酮酸。

ED途径可与HMP途径和TCA循环等各种代谢途径相连，通过相互协调以满足微生物对能量、还原力及不同代谢中间产物的需要。

（5）PK途径（phosphoketolase pathway）　又称磷酸酮解途径，它主要存在于肠膜明串珠菌属和双歧杆菌属中的一些种。其特点是6-磷酸葡萄糖氧化成6-磷酸葡萄糖酸后，脱水（而不是脱氢）生成KDPG，根据降解的单糖不同，又分为磷酸戊糖酮解途径（PPK)和磷酸己糖酮解途径（PHK）两种。利用PK途径分解葡萄糖的微生物缺少醛缩酶，所以它不能将磷酸己糖分裂成两个三碳糖，说明该菌无EMP、HMP和ED途径。该途径分解1分子葡萄糖产生1分子ATP，相当于EMP途径的一半，产生等量的乳酸、乙醇和CO_2。

2. 递氢与受氢

生物体中贮存在葡萄糖等有机物中的化学能，经上述的多种途径脱氢后，形成的还原型NADH（NADPH）、$FADH_2$等电子载体，要经过完整的呼吸链（或称电子传递链）等方式进行递氢，最终与氢受体（氧、无机或有机物）结合，以释放其化学潜能。根据呼吸链递氢方式的不同可分为呼吸作用和发酵两种类型。呼吸作用是指微生物在降解过程中，将释放的电子交给电子载体，再经呼吸链的传递将电子传给外源电子受体，从而生成水或其他还原型产物并释放能量的过程。而发酵则是指微生物细胞将有机物氧化释放的电子直接交给底物本身未完全氧化的某种中间产物，产生各种不同的代谢产物并释放能量的过程。呼吸作用与发酵本质区别在于，呼吸作用通过呼吸链传递氢，逐级释放能量后再交给最终电子受体，而发酵则不经过呼吸链传递氢，把氢直接交给某些中间产物。有氧呼吸、无氧呼吸和发酵过程如下图2-12。

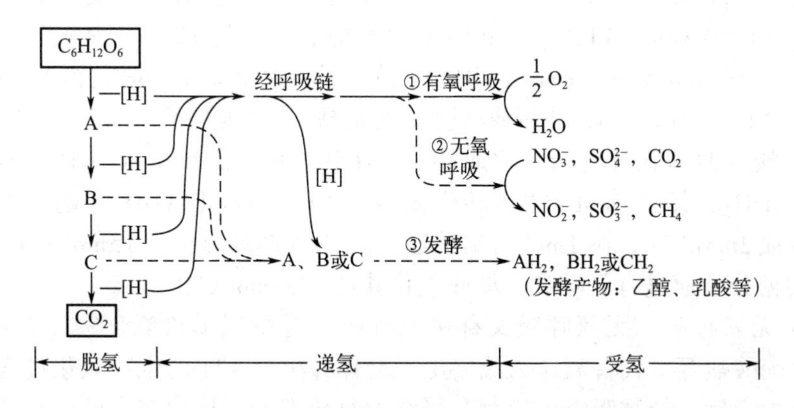

图2-12　有氧呼吸、无氧呼吸和发酵示意图

笔记

呼吸作用是多数微生物氧化和产能的重要方式，经过呼吸链递氢，又根据最终氢受体的不同，呼吸作用又分为有氧呼吸和无氧呼吸。以分子氧作为最终电子受体的称为有氧呼吸，以氧化型化合物作为最终电子受体的称为无氧呼吸。

（1）有氧呼吸　有氧呼吸是好氧微生物或兼性厌氧微生物在有氧条件下，对底物进行氧化，以分子氧为最终电子受体，生成CO_2和水，并产生ATP的过程。其特点是底物脱下的氢交给呼吸链（又称电子传递链），经逐步释放出能量后再交给最终氢受体（最终电子受体）分子氧，因为有氧呼吸的产能效率最高，所以有氧呼吸是最普遍、最重要的生物氧化方式。

呼吸链是指位于原核生物细胞膜上或真核生物线粒体膜上的一系列氧化还原势不同的氢传递体（或电子传递体）组成链状传递顺序，它能把氢或电子从低氧化还原势的化合物处传递给高氧化还原势的分子氧或其他无机、有机化合物，并使它们还原。在氢或电子的传递过程中，通过氧化磷酸化反应发生偶联，即可产生ATP。

呼吸链是由一系列氢和电子传递体组成的多酶体系，主要包括NAD或NADP、FAD或FMN、辅酶Q、铁硫蛋白、细胞色素等。

有氧呼吸的传递过程如图2-13。因为氧分子为最终氢受体，所以，有氧呼吸能否进行取决于氧的浓度，当氧浓度低于0.2%（大气氧浓度的1%）时，有氧呼吸不能进行。

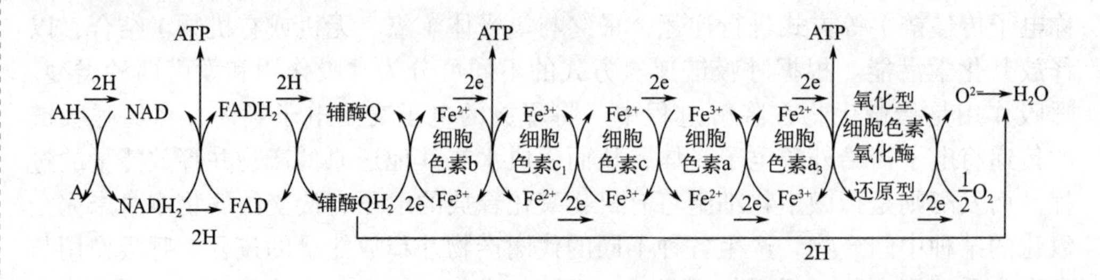

图2-13　有氧呼吸中的电子传递体系

有氧呼吸产能较多，1mol葡萄糖分子通过脱氢、递氢、受氢，产生CO_2和H_2O，并产生38molATP。首先1mol葡萄糖分子裂解成2mol丙酮酸，并产生2mol$NADH_2$和2molATP，1mol$NADH_2$通过电子传递体系重新氧化为NAD时，可生成3molATP，所以，1mol葡萄糖分子裂解成2mol丙酮酸，可产生8molATP。1mol丙酮酸经TCA循环完全氧化成CO_2和H_2O，可生成4mol $NADH_2$、1molGTP和1mol$FADH_2$。其中1molGTP可转变成1molATP，1mol$FADH_2$经电子传递体系被氧化生成2molATP，则1mol丙酮酸经一次TCA循环可生成15molATP。可见，1mol葡萄糖分子通过有氧呼吸，彻底氧化共产生38molATP。

（2）无氧呼吸　无氧呼吸又称厌氧呼吸，是指以无机氧化物（如硝酸盐、硫酸盐、碳酸盐等）代替氧作为最终电子受体并生成ATP的生物氧化过程。其特点是底物脱氢后，经呼吸链传递氢，最终由氧化态的无机物或有机物受氢，并完成氧化磷酸化产能反应，最终的氢受体不是氧。根据呼吸链末端氢受体的不同，可把无氧呼吸分成以下几种类型如图2-14。无氧呼吸类型的氢受体、还原产物及

笔记

相关微生物见表2-13。

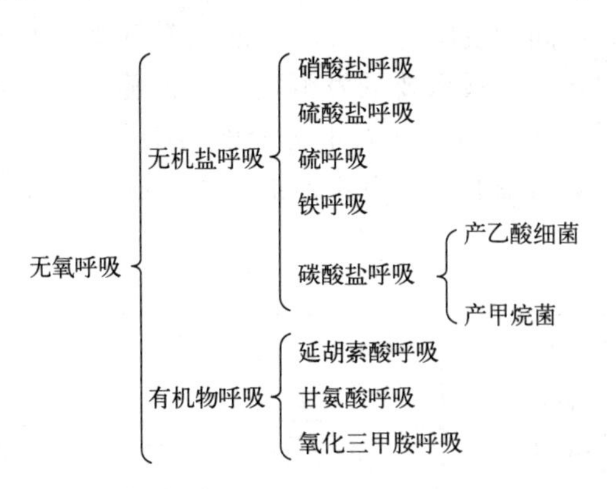

图2-14　无氧呼吸类型

表2-13　无氧呼吸类型的氢受体、还原产物及相关微生物

无氧呼吸类型	最终氢受体	还原产物	相关微生物
硝酸盐呼吸	NO_3^-	NO_2^-、NO、N_2O、N_2	脱氮假单胞菌、脱氮微球菌等
硫酸盐呼吸	SO_4^{2-}	SO_3^{2-}、$S_3O_6^{2-}$、$S_2O_3^{2-}$、H_2S	脱硫弧菌、脱硫假单胞菌
硫呼吸	S	HS^-、S^{2-}	氧化乙酸脱硫单胞菌
铁呼吸	Fe^{3+}	Fe^{2+}	某些化能细菌
碳酸盐呼吸	CO_2、$HCOO^-$	CH_4、CH_3COOH	产甲烷菌、产乙酸菌
延胡索酸呼吸	延胡索酸	琥珀酸	肠杆菌、产琥珀酸弧菌
甘氨酸呼吸	甘氨酸	乙酸	斯氏梭菌
氧化三甲胺呼吸	氧化三甲胺	三甲胺	若干紫色非硫细菌

注：硝酸盐的NO_3^-在接受电子后变成NO_2^-、N_2的过程，被称为脱氮作用或反硝化作用。

在无氧呼吸中，由于电子受体的氧化还原电势低于氧，并存在高低不同，因而电子只经过部分传递即达到最终电子受体，释放的能量也因为电子受体不同而异，所以在无氧呼吸中产生的ATP数目随生物体和代谢途径的不同而变化，一般其产能效率介于好氧呼吸和发酵之间。

（3）发酵　在工业上，发酵是指利用好氧或厌氧微生物来生产有用代谢产物的一类生产方式。但在生物氧化中，发酵仅指在厌氧条件下，底物脱氢后所产生的H^+不经过呼吸链而直接交给中间代谢产物的一类低效产能反应。发酵的特点是：底物氧化不彻底，最终氢受体一般为有机物。由于有机物仅部分被氧化，所以只释放出部分能量，其余能量保留在最终产物中。

发酵是将有机物氧化释放的电子直接交给底物本身未完全氧化的某种中间

笔记

产物，由于微生物细胞内不同酶系和所处环境不同，使接受电子的最终电子受体各种各样，从而形成不同的发酵途径。发酵底物有糖类、有机酸、氨基酸等，但葡萄糖是微生物最常利用、最重要的发酵基质。葡萄糖经过各种脱氢途径形成重要的中间产物——丙酮酸，不同的微生物分解丙酮酸后会积累不同的代谢产物，根据发酵产物不同，从丙酮酸出发有不同的发酵途径，现归纳如图2-15。

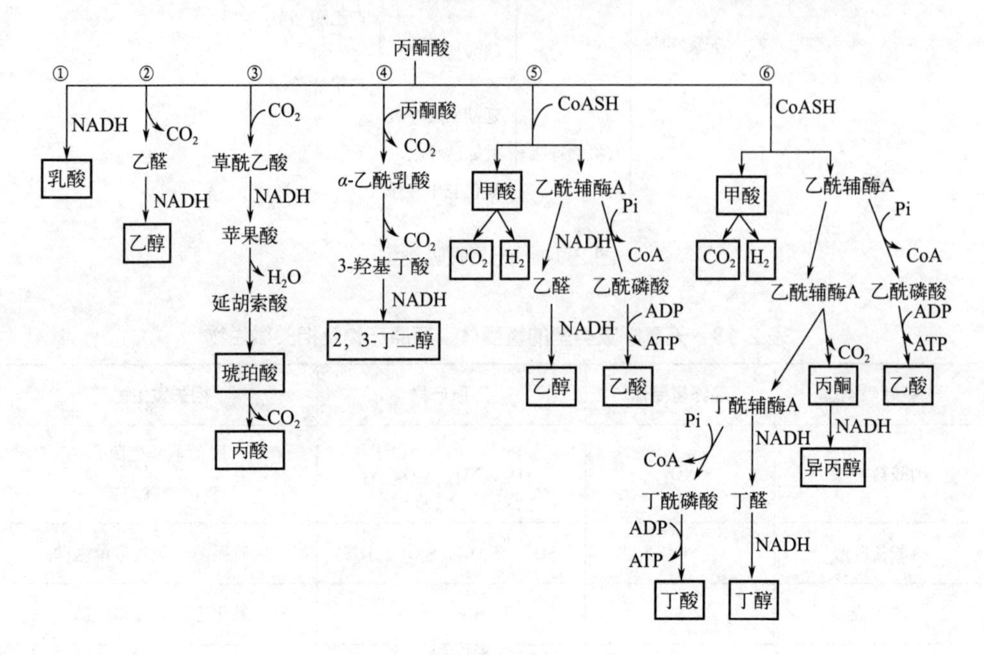

图 2-15 常见的微生物发酵途径

发酵过程中电子载体没有经过传递而是直接将电子交给了最终电子受体——高氧化还原电位的中间代谢产物并使其还原，实现氧化还原的平衡，即在生物氧化的后两个阶段，无能量的释放，因此在发酵过程中，脱氢过程中的底物水平磷酸化是产生能量的唯一方式。

（二）微生物的合成代谢及代谢调控（选学内容）

1. 微生物独特的合成代谢举例

微生物的合成代谢，即包括一切生物都共有的重要物质的合成代谢，如糖类、蛋白质、核酸、维生素等的合成代谢；还具有微生物所特有的合成代谢，如自养微生物的CO_2固定、生物固氮、细胞壁多聚糖以及微生物次生代谢物的合成等。这里仅以微生物最具有代表性的合成代谢——生物固氮为例加以介绍。

生物固氮是指大气中的分子氮通过微生物固氮酶的催化而还原成氨的过程。生物固氮是地球上仅次于光合作用的第二个重要的生物合成反应。

（1）固氮微生物　目前所知道的固氮菌都属原核生物和古生菌类。从生态类型可分为三类，如图2-16所示。

笔记

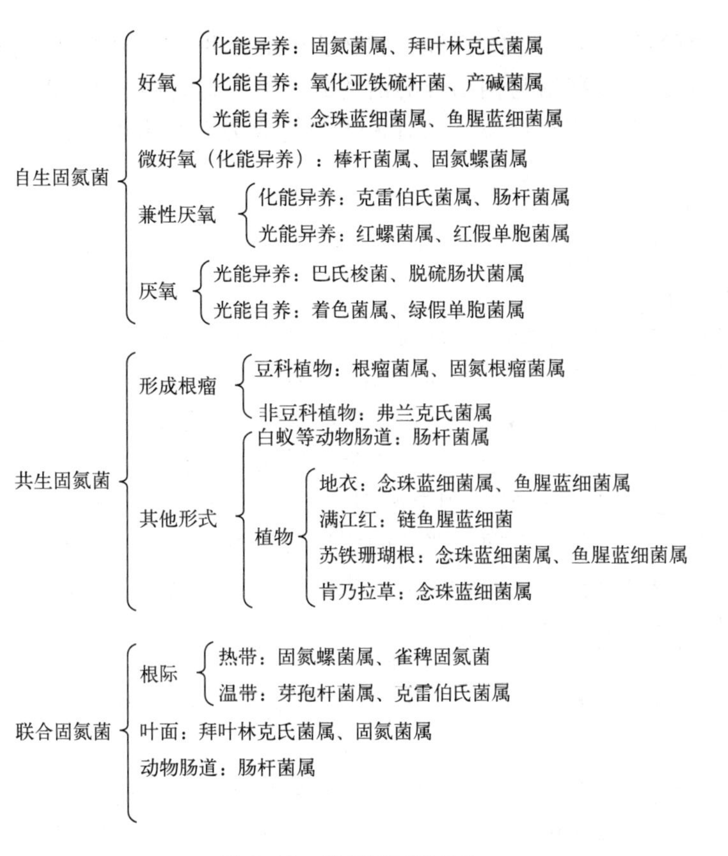

图 2-16　常见固氮微生物

（2）固氮机制　生物固氮总反应式是：

$$N_2+8H^++8e^-+(18\sim24)ATP\xrightarrow{酶}2NH_3+H_2\uparrow+(18\sim24)ADP+(18\sim24)Pi$$

生物固氮反应有以下几个方面的要素：

① ATP的供应。由于N_2（$N\equiv N$）分子中存在3个共价键，要想把这种极其稳定的分子打开就必须耗费巨大的能量。固定1mol/L分子氮需耗费18～24mol/L的ATP，这些ATP是由有氧呼吸、无氧呼吸、发酵或光合磷酸化作用提供的。

② 还原力（H^+）及其传递载体。固氮反应需消耗大量的还原力，固定1mol/L分子氮需耗费8mol/L的还原力（H^+）。还原力由核苷酸[NAD（P）H + H^+]的形式提供，由低电位势的电子载体铁氧还蛋白或黄素氧还蛋白传递到固氮酶上。

③ 固氮酶及其形成。固氮酶是由固二氮酶（又称组分Ⅰ）和固二氮酶还原酶（又称组分Ⅱ）两种相互分离的物质所构成的一种复合蛋白。固二氮酶是一种含铁和钼的蛋白，它是还原N_2的活性中心，而固二氮酶还原酶则是一种仅含有铁的蛋白，在极度缺钼的条件下，还具有生物固氮的能力。还原型吡啶核苷酸的电子经载体传递到组分Ⅱ的铁原子上形成还原型组分Ⅱ，先与ATP-Mg结合生成变构的Ⅱ-Mg-ATP复合物，再与此时已与分子氮结合的组分Ⅰ形成1∶1的复合物，即固氮酶。

笔记

④ 固氮阶段。固氮酶分子的一个电子从组分Ⅱ-Mg-ATP复合物转移到组分Ⅰ的铁原子上，再转移给与钼结合的活化分子氮。这时组分Ⅱ-Mg-ATP复合物转移掉电子后重新恢复成氧化态，同时ATP水解成为ADP和Pi。经过这样的6次电子转移，1分子氮被还原成2分子氨。

另外，需要注意的是：

① 还原1分子氮，理论上需要6个电子，实际过程中有8个电子的转移，其中2个电子用于氢气的产生上。

② 固氮反应都必须受活细胞中各种“氧障”的严密保护，防止固氮酶失活。

固氮作用的初产物NH_3与相应的α-酮酸结合，形成各种氨基酸。如：与丙酮酸结合生成丙氨酸，与α-酮戊二酸结合生成谷氨酸，与草酰乙酸结合形成天冬氨酸等。由各种氨基酸再进一步合成蛋白质及其他相关化合物。

（3）好氧菌的避氧机制　固氮酶对氧极其敏感，一旦遇氧就会导致不可逆的失活，所以，固氮作用必须在严格的厌氧条件下进行。可大多数固氮微生物都是好氧菌，它们只有在有氧的条件下才能生活。采用以下几种好氧菌固氮酶免受氧危害的机制可以解决这个矛盾。

① 好氧固氮菌保护固氮酶的机制。

a. 呼吸保护：固氮菌属的许多细菌以其较强的呼吸强度迅速将周围的氧消耗掉，使固氮菌处于无氧的微环境中而免受氧的危害。

b. 构象保护：褐球固氮菌等有一种特殊蛋白质，在氧分压增高时，它与固氮酶结合，使固氮酶构象发生改变并丧失固氮活力；一旦氧浓度降低，该蛋白质与固氮酶分离，使固氮酶恢复原来的构象和固氮能力。

② 蓝细菌保护固氮酶的机制。

a. 异形胞保护：异形胞是部分蓝细菌分化形成的特殊细胞。它的体积较大，细胞壁厚，有利于阻止氧气进入细胞；缺乏氧光合系统Ⅱ（光合系统分为两部分，其中光合系统Ⅱ是指反应中心为少数特化的叶绿素a分子，吸收高峰位于680），并有高活性的脱氢酶和氢化酶，从而使异形胞维持了很强的无氧或还原态。另外，异形胞内的超氧化物歧化酶有解除氧毒害的功能。异形胞的呼吸强度也高于邻近的营养细胞。

b. 其他保护：把固氮作用和光合作用分开进行，光照下进行光合作用，黑暗下进行固氮作用，如织线蓝细菌属；有的在束状群体中央失去光合系统Ⅱ的细胞中进行固氮作用，如束毛蓝细菌属。

③ 根瘤菌保护固氮酶的机制。与豆科共生的根瘤菌以类菌体形式生活在根瘤中，类菌体周膜上存在一种被称为豆血红蛋白的物质，它具有调节类菌体内氧浓度的功能。氧浓度高时与氧结合，氧浓度低时释放氧，既保证了类菌体生长对氧的需要，又保护了固氮酶免受氧的危害。

2. 新陈代谢的调控——酶

酶是活细胞所产生的生物催化剂，除少数核酸外，绝大多数酶都是蛋白质。生物的代谢活动能否顺利进行受酶的调控，生物的一切高级活动，如吸收、代谢、生长、繁殖等，都离不开酶的作用，可以说没有酶就没有生命。

笔记

（1）酶的特性　酶作为生物催化剂和一般催化剂相比有以下特性：

① 高效性。酶催化反应的速率比非催化反应的速率高$10^7 \sim 10^{20}$倍，比一般催化剂催化反应的速率高$10^7 \sim 10^{13}$倍。如在同等条件下，用过氧化氢酶催化H_2O_2分解是铁离子催化效率的10^{10}倍；用脲酶水解尿素的速度比酸水解尿素高7×10^{12}倍。

② 专一性。一种酶只能催化一种或一类反应。根据专一程度不同可分3类：a.绝对专一性，一种酶只能催化某一种物质的反应，如脲酶只能催化脲的分解反应，过氧化氢酶只能催化过氧化氢的分解；b.相对专一性，一种酶催化一类具有相同化学键或基团的物质进行的反应，如酯酶水解不同酯酸与醇所合成的酯键，二肽酶可水解由不同氨基酸所构成的二肽的肽键；c.立体构型专一性，一种酶只对某一定构型的化合物起催化作用，而对其相应的异构体则无作用，如*L*-精氨酸氧化酶对*L*-精氨酸起催化作用，对*D*-精氨酸则无作用。

③ 敏感性。酶与其他催化剂相比更加脆弱，高温、高压、强酸、强碱、重金属等作用都能使酶钝化或完全失去活性。如Cu^{2+}、Hg^{2+}、Ag^{2+}等重金属就可以使酶失活。所以，酶一般在常温、常压、接近中性的酸碱度等温和条件下发挥其最大的催化作用。

④ 可控性。酶的量和酶的活性是可调节控制的。酶活性由激活与抑制两个方面决定。酶不同，调控方式不同，主要包括抑制调节、共价修饰调节、反馈调节、酶原激活及激素控制等。

（2）酶的分类　酶的种类很多，按不同的分类方法，可把酶分为不同的类型。

① 按催化的反应类型分为5类，见表2-14。

表2-14　酶按反应性质分为5种类型的特点

酶的种类	概述	反应通式	实例
氧化还原酶类	催化氧化还原反应的酶	$AH_2+B=A+BH_2$	琥珀酸脱氢酶等
转移酶类	催化底物基团转移的酶	A—R+B=A+B—R	胆碱转乙酰酶等
水解酶类	催化大分子水解的酶	$AB+H_2O=AOH+BH$	蛋白酶、淀粉酶等
裂解酶类	催化有机物裂解的酶	A=B+C	醛缩酶等
合成酶系	催化底物发生合成反应的酶	$A+B+ATP \longrightarrow AB+ADP+Pi$	丙酮酸羧化酶、天冬氨酰合成酶等

② 按酶的组成不同，酶可分为单成分酶和全酶，单成分酶只含有蛋白质，全酶除含蛋白质外，还有辅基或辅酶。

③ 按酶在细胞的不同部位，可把酶分为胞外酶、胞内酶和表面酶。

④ 按酶作用底物的不同，可把酶分为淀粉酶、蛋白酶、脂肪酶、核酸酶等。

⑤ 按酶在细胞中的固有情况不同，可把酶分为结构酶和诱导酶。

笔记

（3）影响酶促反应的因素　凡是在酶参与下发生的化学反应都称为酶促反应。酶促反应速率取决于酶和底物的浓度，同时也受温度、pH值、激活剂、抑制剂等因素的影响。

① 酶浓度。在底物足够过量而其他条件都适合，并且反应系统中不含有抑制酶活性的物质及其他不利于酶发挥作用的因素时，酶促反应的速率和酶浓度成正比。但当酶浓度很高时，酶促反应速率不随酶浓度的增大而增大，而是趋于平稳（见图2-17）。

② 底物浓度。在酶浓度、温度等条件固定不变的情况下，当底物浓度较低时，反应速率与底物浓度几乎成正比关系；当底物浓度较高时，反应速率随底物浓度增加而升高，但不明显；当底物浓度很高时，反应速率达到极值，增加底物浓度，反应速率几乎不变（见图2-18）。

③ 温度。每种酶都有一个最适合的温度。在达到最适温度之前，温度升高，酶促反应速率加快，一般温度每升高10℃，酶促反应速率相应提高1～2倍；在最适温度范围内，酶促反应速率达到最大值，酶活性最强，酶促反应速率最快，过高或过低的温度都会降低酶促反应速率；当超过最高温度时，继续提高温度，酶变性失活，酶促反应速率反而下降。

④ pH值。每种酶都有其最适的pH值，环境酸碱度大于或小于最适pH值，都会降低酶的活性，偏离最适pH值越远，酶促反应速率就越低。一般微生物体内酶的最适pH值在4.5～6.5之间。

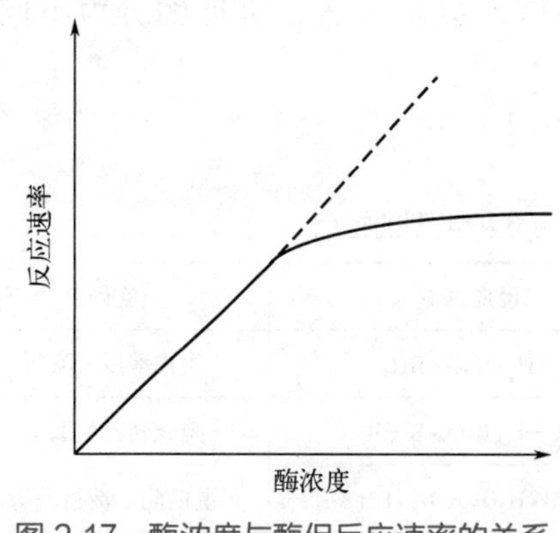

图2-17　酶浓度与酶促反应速率的关系

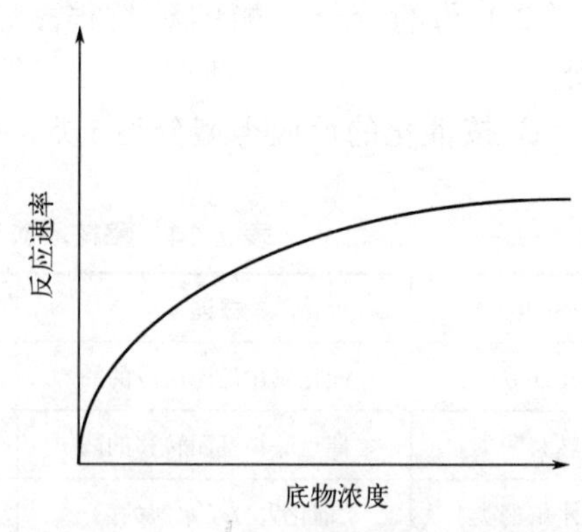

图2-18　底物浓度与酶促反应的关系

⑤ 激活剂。凡是能提高酶活性的物质，都称为激活剂。酶的激活剂大部分是离子或简单有机物（见表2-15）。

表2-15　酶的激活剂

分类	例子
无机阳离子	Na^+、K^+、Rb^+、Cs^+、NH_4^+、Mg^{2+}、Fe^{2+}、Cd^{2+}、Cu^{2+}、Mn^{2+}、Co^{2+}、Al^{3+}、Ni^{2+}、Cr^{3+}等
无机阴离子	Cl^-、Br^-、I^-、CN^-、NO_3^-、S^{2-}、SO_4^{2-}、AsO_4^{3-}等
有机化合物	蛋白质、谷胱甘肽、半胱氨酸、EDTA、维生素C、维生素B_1、维生素B_2、维生素B_6的磷酸酯酶等

笔记

⑥ 抑制剂。凡能减弱、抑制甚至破坏酶活性的物质，均称为酶的抑制剂。它能降低酶促反应速率。酶的抑制剂种类很多，主要包括重金属离子（如Ag^{+}、Cu^{2+}、Hg^{2+}等）、一氧化碳、硫化氢、氢氰酸、氟化物、碘乙酸、有机磷、生物碱、染料、对氯汞苯甲酸、表面活性剂等。需要说明的是，某种物质是一种酶的抑制剂，同时可能是另一种酶的激活剂。

四、微生物的生长繁殖

微生物细胞在适宜的环境条件下，不断地吸收营养物质进行新陈代谢。当合成代谢超过分解代谢时，细胞原生质总量不断增加，体积不断增大，这就是生长。单细胞微生物生长到一定程度时，母细胞分裂形成两个基本相同的子细胞，导致生物个体数目的增加，就是繁殖；多细胞微生物则通过形成孢子而使个体数目增加，也称为繁殖。若仅有细胞数量增加，个体数目不增加则属于生长。生长是基础，繁殖是生长的结果。由于微生物个体太小，所以微生物的生长一般是指微生物的群体生长，且群体生长=个体生长+个体繁殖。

（一）微生物生长、繁殖的测定方法

测定生长都直接或间接地以原生质含量的增加为依据，而测定繁殖则以细胞数量的增加为依据。

1. 测生长量

（1）直接法

① 测体积。把待测培养液放在刻度离心管中作自然沉降或进行一定时间的离心，然后观察其体积。

② 称重法。通过离心或过滤，收集菌体，然后称湿重，或将得到的菌体，在100℃左右烘干，或用40℃或80℃真空干燥，测出干重。干重一般是湿重的20%左右。

（2）间接法

① 比浊法。由于菌体的生长可使培养液产生浑浊现象，因此，可用比浊计、比色计、分光光度计测定培养液的浊度，用透光率或光密度表示菌悬液的浓度，再对照标准曲线，即可求出菌数。

② 含碳测定法。将少量生物材料加入1mL水或无机缓冲液中，用2mL的2%重铬酸钾溶液在100℃下加热30min，冷却后加水稀释至5mL，然后在580nm波长下读取光密度值，与标准曲线对照，即可推算出生长量。

③ 含氮测定法。通过测定微生物细胞的含氮量，确定微生物的量。一般细菌的含氮量为其干重的12.5%，酵母菌为7.5%，霉菌为6.5%，丝状真菌为5%，含氮量乘6.25即为粗蛋白含量。

④ DNA测定法。DNA与3,5-二氨基苯甲酸-盐酸溶液能显示特殊的荧光反应，一般容积的菌悬液，通过荧光反应强度，求得DNA量，每个细菌平均含DNA8.4×10^{-5}ng，进而计算出细菌的数量。

⑤ 其他测定法。磷、RNA、ATP、DAP（二氨基庚二酸）、几丁质等的含量测定，以及产酸量、产气量、产CO_2量、耗氧量、酶活性、生物热等指标，都可

笔记

用于测生长量。

2. 计繁殖数

（1）测微生物总数

① 显微镜直接计数法。用细菌计数器或血球计数板在显微镜下直接计数。此法简便、快速、直观，因为测定结果既包括活菌又包括死菌，所以又称为全菌计数法，常用于酵母菌的计数。

② Coulter计数法。Coulter计数器是一种电子仪器，它利用细胞通过微孔时引起电流脉冲自动计数。

③ 膜过滤法。对细胞总数小于10^6个/mL的情况，可采用膜过滤法，取一定体积含菌数较少的水样，使其通过一个膜过滤器，此膜干燥后，对其上面的细胞染色，与膜背景对比，在显微镜下对一定膜面积的细胞进行计数。

（2）测定活细菌数

① 平板计数法。将待测样品适当稀释后，接种到平板培养基上培养，一个菌落通常由一个细胞长成，用平板上出现的菌落数乘以菌液的稀释度，就可计算出原菌液的活菌数。此法较准确，但需时间较长。

② 薄膜过滤计数法。用微孔薄膜过滤定量的空气或水样，菌体便被截留在滤膜上，取下滤膜进行培养，计数滤膜上的菌落，从而求出样品中所含的菌数。此法多用于含菌量很少的液态样品。

③ 最近似数法（MPN法）。是对细菌数目统计性的估算法。根据对样品细菌数的初步估计，进行适当的稀释，将稀释液作为接种物进行试管接种，根据有和没有细菌生长的试管的数目，查统计表可以得到细胞数的近似值。此法常用于食品和水的卫生检测。

（二）微生物群体生长规律——生长曲线

微生物的生长可分为个体生长和群体生长。由于微生物个体很小，个体生长很难测定且没有实际应用价值，所以一般情况下都研究群体生长。尽管不同微生物生长速度不同，但它们在分批培养中的生长繁殖规律却类似。下面以细菌纯种培养为例，介绍微生物群体生长规律。

将少量细菌接种到一定的新鲜液体培养基中，在适宜条件下进行培养，定时取样测定细菌数目。以培养时间为横坐标，以细菌数目的对数为纵坐标，绘制出一条反应细菌从开始生长到死亡的动态过程的曲线，即为细菌的生长曲线，如图2-19。曲线各点的斜率称为生长速率。根据生长速率的不同，

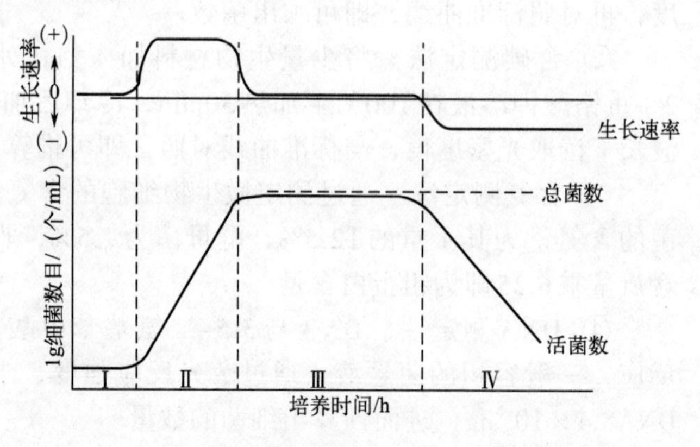

图2-19　细菌的生长曲线

Ⅰ—延迟期；Ⅱ—指数期；Ⅲ—稳定期；Ⅳ—衰亡期

细菌的生长曲线分为以下几个阶段。各阶段的特点见表2-16。

表2-16　细菌生长曲线的分期及特点

时期	别名	特点	影响原因
延迟期	迟滞期 延滞期 迟缓期 适应期 停滞期	① 细胞数目可能减少，代谢速率趋于0 ② 有些细菌产生适应酶，细胞物质开始增加，促使细胞生长，个体增大 ③ 细胞内RNA尤其是rRNA含量增加 ④ 合成代谢活跃，核糖体、酶类和ATP、蛋白质的合成加速 ⑤ 对外界不良环境的抵抗能力有所下降	① 接种龄对数期最短 ② 接种量多采用1/10的大比例接种 ③ 培养基成分要尽量接近
指数期	对数期	① 生长速率最大，细胞分裂最快，倍增时间最短 ② 酶系活跃，代谢作用最旺盛，细胞健壮 ③ 细胞进行平衡生长，细胞个体整齐 ④ 细胞数量呈几何级数增加，细胞数量的对数值和培养时间呈直线关系	① 菌种 ② 营养成分 ③ 营养物浓度 ④ 培养温度
稳定期	恒定期 静止期	① 生长速率为0，生长率和死亡率处于动态平衡 ② 细菌开始积累贮存物质，如糖原、异染颗粒、脂肪、β-羟基丁酸等 ③ 菌体产量、细菌总数达到最大值且恒定不变 ④ 有些微生物形成荚膜，芽孢等 ⑤ 有的微生物开始合成抗生素等对人类有用的各种次生代谢物	① 营养物质缺乏 ② 营养物质的比例失调，如C/N比例不适宜等 ③ 有害代谢物如酸、醇、毒素积累 ④ 理化条件如pH值等变得不适宜
衰亡期	衰老期 对数死亡期	① 活菌数急剧下降，细胞死亡率增加 ② 细胞形态多样，如畸形或不规则形 ③ 细胞进行内源呼吸，有的微生物开始自溶 ④ 有的微生物产生并释放有毒物质 ⑤ 芽孢杆菌开始释放芽孢 ⑥ 有的微生物合成或释放有益的抗生素等	① 营养物质缺乏 ② 有毒物质积累 ③ 分解代谢远远超过合成代谢，从而导致菌体的大量死亡

注：细胞每分裂一次所需的时间称为代时（又称世代时间或增代时间）。

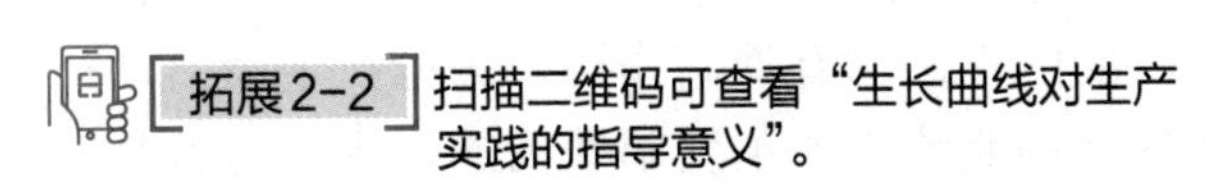

生长曲线对生产实践的指导意义

细菌生长曲线在废水处理中的应用

（三）影响微生物生长的因素

1. 生物因子的影响

在自然界中，微生物极少单独存在，总是较多种群聚集在一起。当微生物的不同种类或微生物与其他生物出现在一个限定的空间内，它们之间互为环境，相互影响，既有相互依赖又有相互排斥，表现出相互间复杂的关系。一般认为，生物间的相互关系有共生关系、互生关系、拮抗关系、竞争关系、捕食关系、寄生关系等。

（1）共生关系　两种生物共同生活在一起，相互依赖，在生理代谢中相互分工协作，不能独立生存，这种关系称为共生关系，其特征是具有共生体。

例如，地衣就是微生物间共生的典型代表。地衣是真菌和藻类的共生体。地衣中的真菌一般都属于子囊菌，而藻类则为绿藻或蓝细菌。藻类或蓝细菌进行光合作用，为真菌提供有机营养；而真菌则以其产生的有机酸去分解岩石中的某些成分，为藻类或蓝细菌提供所必需的矿质元素。根瘤菌与豆科植物共生形成根瘤共生体。根瘤菌固定大气中的氮气，为植物提供氮素养料；而豆科植物根的分泌物能刺激根瘤菌的生长，同时，还为根瘤菌提供稳定的生长条件。微生物与动物共生的例子也很多，如牛、羊、鹿、骆驼和长颈鹿等反刍动物与瘤胃微生物的共生。

（2）互生关系　两种可以单独生活的生物，当它们生活在一起时，一方为另一方提供有利的生活条件或双方互为有利。因此，这是一种“可分可合，合比分好”的相互关系。

例如，在土壤中，纤维素分解菌与好氧性自生固氮菌生活在一起时，后者可将固定的有机氮化物供给前者，而前者分解纤维素产生的有机酸可作为后者的碳源和能源，两者相互为对方创造有利的条件，促进了各自的生长繁殖。在废水生物处理过程中，普遍存在着互生关系。氧化塘系统就是利用细菌和藻类的互生关系处理污水、废水的系统，细菌将有机物分解为CO_2、NH_3、H_2O、PO_4^{3-}、SO_4^{2-}，为藻类提供碳源、氮源、磷源和硫源等，藻类利用上述营养通过光合作用生长繁殖，释放的氧气供给细菌。

（3）拮抗关系　拮抗关系是指一种微生物在其生命活动过程中，产生某种代谢产物或改变环境条件，从而抑制另一种（或一类）微生物的生长繁殖，甚至杀死其他微生物的现象。根据拮抗作用的选择性，可将微生物间的拮抗关系分为非特异性拮抗关系和特异性拮抗关系两种。

例如，在制造泡菜、青贮饲料过程中，乳酸杆菌能产生大量乳酸，导致环境pH下降，从而抑制了其他微生物的生长发育，这是一种非特异拮抗关系，这种抑制作用没有特定专一性，对不耐酸的细菌均有抑制作用。青霉在生命活动过程中，能产生青霉素，它具有选择性地抑制或杀死革兰阳性菌的作用，这就是一种特异性拮抗关系。

（4）捕食关系　捕食又称猎食，一般指一种大型的生物直接捕捉、吞食另一种小型生物以满足其营养需要的相互关系。

例如，在废水生物处理系统中，原生动物捕食细菌、真菌和藻类，大原生动物吞食小原生动物，微型后生动物又以原生动物、细菌、真菌、藻类等为食。原生动物、微型后生动物的捕食作用使出水中的游离菌数量大大降低，这对提高出水水质很有益。

（5）寄生关系　寄生关系一般是指一种小型生物生活在另一种较大型生物的体内或体表，从中摄取营养得以生长繁殖，同时使后者蒙受损害甚至被杀死的

笔记

现象。前者称为寄生物，后者称为寄主或宿主。有些寄生物一旦离开寄主就不能生长繁殖，这类寄生物称为专性寄生物。有些寄生物在脱离寄主以后营腐生生活，这些寄生物称为兼性寄生物。

在微生物中，噬菌体寄生于细菌是常见的寄生现象。此外，细菌与真菌，真菌与真菌之间也存在着寄生关系。土壤中有些细菌侵入真菌体内生长繁殖，最终杀死寄主真菌，造成真菌菌丝溶解。微生物寄生于植物之中，常引起植物病害，其中以真菌病害最为普遍（约占95%），受侵染的植物会发生腐烂、溃疡、根腐、叶腐、叶斑、萎蔫、过度生长等症状。

（6）竞争关系　当两种微生物对某种生态因子有相同的要求时，就会发生争先摄取该种因子，以满足生长代谢需要的现象，这种关系称为竞争关系。

微生物群体密度大，代谢强度大，竞争十分激烈。在一个小环境内，不同的时间会出现不同的优势种群，优势微生物在某种环境下能最有效地适应当时的环境，但环境一旦改变，就可能被另外的微生物替代，形成新的优势种群。微生物种群的交替改变，对于土壤和水体中各种物质的分解具有重要的作用。

微生物所需要的共同营养越缺乏，竞争就越激烈。竞争的结果使某些微生物处于局部优势，另外的微生物处于劣势。但处于劣势的微生物并未完全死亡，仍有少数细胞存活，当环境变得适合于劣势微生物生长时，劣势微生物繁殖加快，它有可能变成优势菌。

2. 物理因素的影响

在人类的生活环境中，生活着大量各种各样的微生物，其中有些微生物对人类和人类的生活环境带来危害，这类微生物称为有害微生物，对这类有害微生物必须采取有效的措施加以控制。

控制微生物的物理因素主要有温度、辐射、过滤、渗透压、干燥、超声波等，它们对微生物的生长具有抑制或杀灭作用。

（1）温度　低温和高温对微生物的生长繁殖都有影响，这里仅对高温消毒灭菌展开陈述，当环境温度超过微生物的最高生长温度时，将引起微生物死亡，高温致死微生物主要是引起蛋白质和核酸不可逆变性，热熔解细胞膜上的脂质成分形成极小的孔，使细胞内容物泄漏致死。

利用高温杀死微生物，有两个指标。一是致死温度，即在一定时间内（一般为10min）杀死微生物所需的最低温度；二是致死时间，即在某一温度下杀死微生物所需的最短时间。利用高温来杀死微生物的方法有干热法和湿热法两大类。

① 干热法。是通过灼烧或烘烤等方法杀死微生物，包括烘箱热空气法和火焰灼烧法。

a. 烘箱热空气法。将金属制品或清洁玻璃、陶瓷器皿放入电热烘箱内，在150～170℃下维持1～2h后，即可达到彻底灭菌的目的。

b. 火焰灼烧法。利用火焰直接焚烧或灼烧待灭菌的物品，它是一种最为彻底和迅速的灭菌方法，在实验室内常用酒精灯火焰或煤气灯火焰来灼烧接种环、接种针、试管口、瓶口及镊子等无菌操作中需用的工具或物品，确保纯培养物免受污染。

c．烘箱热空气法。将灭菌物品置于鼓风干燥箱内，在160～170℃下，维持2～3h即可以达到彻底灭菌的目的。干热可使细胞膜、蛋白质变性和原生质干燥，并使各种细胞成分发生氧化变质。此法适用于培养皿、玻璃、陶瓷器皿、金属用具等耐高温物品的灭菌，优点是灭菌后物品是干燥的。

② 湿热法。在相同温度下，湿热灭菌效果比干热灭菌好。一方面是由于湿热易于传递热量，湿热蒸汽的穿透力比干热大；另一方面是由于湿热易破坏保持蛋白质稳定性的氢键等结构，从而加速其变性；此外在灭菌过程中蒸汽在被灭菌物体表面凝结，同时放出大量汽化潜热，这种潜热能迅速提高灭菌物体的温度，缩短灭菌过程。多数细菌和真菌的营养细胞在60℃左右处理5～10min后即可被杀死，酵母菌和真菌的孢子耐热能力较强，要用80℃以上的温度处理才能杀死，而细菌的芽孢最耐热，一般要在120℃下处理15min才能杀死。因湿度、处理时间及方式不同，湿热法又可分为以下几种方式。

a．巴氏消毒法。是一种低温常压消毒法，具体的处理方法有两种。一种是在63℃下保持30min，称为低温维持消毒法；另一种是在75℃下处理15s，称为高温瞬时消毒法。此方法主要用于牛奶、啤酒、果酒和酱油等不宜进行高温灭菌液体的消毒，其主要目的是杀死其中无芽孢的病原菌（如牛奶中的结核杆菌或沙门氏菌），而又不影响它们的风味和营养价值。

b．煮沸消毒法。是将物品在水中煮沸，保持15min以上，杀死所有致病菌的营养细胞和一部分芽孢。一般用于饮用水消毒。若延长煮沸时间并在水中加入1%碳酸钠或2%～5%石炭酸，效果更好。

c．间歇灭菌法。又称丁达尔灭菌法或分段灭菌法。操作步骤为：将待灭菌的培养基在80～100℃下蒸煮15～60min，杀死其中所有微生物的营养细胞，然后放置室温或37℃下保温过夜，诱导残留的芽孢发芽，第二天再以同法蒸煮和保温过夜，如此连续重复3d，即可在较低温度下达到彻底灭菌的效果。适用于不耐热培养基的灭菌。例如，培养硫细菌的含硫培养基就采用间歇灭菌法灭菌，因为其中的元素硫经常规加压灭菌（121℃）后会发生熔化，而在99～100℃的温度下则呈结晶形。

d．常规加压蒸汽灭菌法。一种应用最为广泛的灭菌方法。其原理是通过加热增加密封锅内水蒸气压力，提高锅体内蒸汽温度，达到对物品灭菌的目的。其过程是将待灭菌的物品放置在盛有适量水的加压蒸汽灭菌锅内，把锅内的水加热煮沸，并把其中原有的空气彻底放尽后将锅密闭，再继续加热就会使锅内的蒸气压逐渐上升，从而使温度上升到100℃以上。为达到良好的灭菌效果，一般要求温度应达到121℃（压力为98kPa），时间维持20～30min，也可采用在较低的温度（115℃，68.6kPa）下维持35min的方法。适于常规加压蒸汽灭菌法的物品有培养基、生理盐水、各种缓冲液、玻璃器皿和工作服等。灭菌所需时间和温度取决于被灭菌培养基中营养物的耐热性、容器体积的大小和装物量等因素，对于沙土、液体石蜡或含菌量大的物品，应适当延长灭菌时间。

e．连续加压灭菌法。发酵行业也称“连消法”。此法在大规模的发酵工厂用作培养基的灭菌。主要操作为：将培养基在发酵罐外连续不断地进行加热、维持和冷却，然后才进入发酵罐。此法一般采用135～140℃下处理5～15s，故又

笔记

称高温瞬时灭菌。这种灭菌方法既可杀灭微生物，又可最大限度减少营养成分的破坏，提高了原料的利用率，同时缩短了发酵罐的占用周期，提高了锅炉的利用率，适宜于自动化操作，降低了操作人员的劳动强度。

（2）辐射　辐射是能量通过空间传播或传递的一种物理现象。能量借助于波动传播称为电磁辐射，借助于原子及亚原子粒子的高速行动传播称为微粒辐射。与微生物有关的电磁辐射主要有可见光和紫外线，与微生物有关的微粒辐射主要为X射线和 γ 射线。

① 可见光。波长在400～760nm的电磁辐射波称为可见光，主要可作为进行光合作用细菌的能源。对于大多数利用化能进行新陈代谢的微生物，强的可见光或可见光连续长时间照射（如果有氧存在）可以使微生物致死。可见光对真菌的作用主要在孢子的形成阶段，而不是在生长阶段。

② 紫外线。紫外线是波长在200～390nm的电磁辐射波，其中波长为265～266nm的紫外线对微生物的作用最强，因为核酸（DNA和RNA）对紫外线的吸收高峰在265～266nm之间，因此紫外线对核酸有特异性作用。此外，紫外线还可使空气中的分子氧变为臭氧或使水氧化生成过氧化氢，由臭氧和过氧化氢发挥杀菌作用。

不同的微生物和处于不同生长阶段的微生物对紫外线的抵抗能力不同。一般而言，革兰阴性菌比革兰阳性菌对紫外线更敏感；干燥细胞比湿细胞对紫外线的抗性强；孢子（或芽孢）比营养细胞对紫外线的抗性强，在紫外线照射下，一般细菌5min死亡，而芽孢需10min。

紫外线的杀菌能力虽强，但穿透性很差，甚至不能透过一张纸，因此只有表面杀菌能力，可用于空气和器具表面的消毒，另外，也可用于微生物的诱变育种。

③ 电离辐射。X射线和 γ 射线均能使被照射的物品产生电离作用，故称为电离辐射。X射线和 γ 射线的穿透力很强，它们都对微生物的生命活动有显著的影响，一般而言，低剂量照射可能有促进微生物生长的作用或使微生物发生突变，高剂量照射则会使微生物死亡。

电离辐射对微生物的作用不是靠辐射直接对细胞成分的作用，而是间接地通过在培养基中诱发能起反应的化学基团（游离基团）与细胞中的某些大分子反应而实现的。一般认为电离辐射引起水分解，产生游离的氢离子，进而与溶解氧生成过氧化氢等强氧化剂，使酶蛋白—SH基氧化，从而导致细胞的各种病理变化。

（3）其他物理方法

① 微波。微波是指频率在300 M～300GHz之间的电磁波，它可通过热效应杀灭微生物，其原理是在微波作用下，微生物体内的极性分子发生极高频率振动，因摩擦产生高热量，高热可导致微生物死亡，此外，微波还可加速分子运动，形成冲击性破坏而杀灭微生物。微波常用于食品的灭菌，灭菌效果与微波的功率和处理时间有关。

② 超声波。超声波是指频率在20000Hz以上的声波，几乎所有微生物细胞都能被超声波破坏，只是敏感程度有所不同。一般情况下，杆菌比球菌易被杀

笔记

死，病毒和噬菌体较难被破坏。其作用原理为：在超声波作用下，细胞内含物受到强烈振荡，胶体发生絮状沉淀，凝胶液化或乳化，失去活性，同时溶液受超声波作用产生空化作用，液体中形成的空穴崩溃，引起压力变化使细胞破裂，原生质溢出而死亡。

③ 渗透作用。细胞质膜是一种半透明的膜，它将细胞内的原生质与环境中的溶液（培养基等）分开，环境的渗透压对微生物的生长有很大的影响，当微生物处于高渗环境时，水从细胞中流出，使细胞脱水发生质壁分离，导致生长停止。如盐腌制咸肉、咸鱼，糖浸果脯、蜜饯等均是利用此法防止腐败变质保护食品的。

④ 过滤作用。过滤除菌是用机械的方法除去液体或空气中细菌的方法，主要用于一些不耐高温灭菌的血清、毒素、抗毒素、酶、抗生素、维生素的液体、细胞培养液以及空气等的除菌。主要有三种类型。

a. 简易过滤器。最早使用的是在一个容器的两层滤板中填充棉花、玻璃纤维或石棉，后来改进为放入多层滤纸，灭菌后空气通过它就可以达到除菌的目的，此法多用于工业发酵。如试管、烧瓶、锥形瓶等的棉塞以及空气过滤器就起到过滤除菌通气的作用。

b. 膜过滤器。它是由醋酸纤维素或硝酸纤维素制成较坚韧且具有微孔（0.22～0.45μm）的膜，灭菌后使用，液体培养基通过它就可以将细菌除去，这种滤器处理量比较小，主要用于科研。如超滤膜可用于病毒、大分子有机物蛋白质等的分离截留，纳滤膜可截留小分子有机物、重金属离子等，反渗透膜可截留无机盐等。

c. 核孔滤器。它是由核辐射处理很薄的聚碳酸胶片（厚10μm）再经化学蚀刻而制成，辐射使胶片局部破坏，化学蚀刻使破坏的地方成孔，而孔的大小由蚀刻溶液的强度和蚀刻的时间来控制。溶液通过这种滤器就可以将微生物除去，主要用于科研。

⑤ 干燥法。干燥的主要作用是抑菌，使细胞失水，代谢停止，也可以引起某些微生物死亡。干果、稻谷、奶粉等食品通常采用干燥法保存，防止腐败。不同微生物对干燥的敏感度不同，革兰阴性菌如淋病球菌对干燥特别敏感，失水几个小时就死亡；链球菌用干燥法保存几年也不会丧失其致病性。金黄色葡萄球菌、结核分枝杆菌、酵母菌、休眠孢子、芽孢等抗干燥能力很强，在干燥条件下可长期不死，可用于保存菌种。飞沫或痰液中的微生物由于有机物的保护，可以增强其抵抗干燥的能力，这与结核病及其他呼吸道感染的传染有密切关系。

⑥ 沉积法。是通过人工或自然方式使悬浮物颗粒沉积到底部的方法。大的颗粒或悬浮的微生物沉入湖泊、溪流的底部，使水净化。此法在人工净化居民用水、净化空气等方面起了很大的作用。

3. 化学因素的影响

化学方法是指使用化学药品来杀死微生物或抑制微生物生长与繁殖的方法，包括用于消毒和防腐的化学消毒剂和防腐剂，用于治疗的化学疗剂等。抑制或杀死微生物的化学物质种类很多，主要有重金属盐类、卤素及其化合物、氧化剂、

笔记

醇类、酚类、醛类、酸类、碱类和表面活性剂等。化学物质处于不同浓度时，对微生物的影响不同。某些化学物质在极低浓度时可能刺激微生物生长发育，浓度略高时可能抑菌，浓度极高时可能杀菌。不同的微生物种类对化学物质的敏感性也不同。化学物质抑菌或杀菌，主要是造成微生物大分子结构变化，包括损伤细胞壁，使蛋白质变性失活，诱发核酸改变。常用的消毒剂和防腐剂的作用原理及其应用见表2-17。

表2-17　常见消毒剂和防腐剂的作用原理及应用

类型	名称及使用浓度	作用原理	应用范围
重金属盐类	0.05%～0.1%升汞	与蛋白质的巯基结合，使其失活	非金属物品，器皿
	2%红汞	同上	皮肤，黏膜，小伤口
	0.01%～0.1%硫柳汞	同上	皮肤，手术部位，生物制品防腐
	0.1%～1% $AgNO_3$	沉淀蛋白质，使其变性	皮肤，滴新生儿眼睛
	0.1%～0.5% $CuSO_4$	与蛋白质的巯基结合，使其失活	杀灭植物真菌与藻类
酚类	3%~5%石炭酸	蛋白质变性，损伤细胞膜	地面，家具，器皿
	2%煤酚皂（甲酚）	同上	皮肤
醇类	70%~75%乙醇	蛋白质变性，损伤细胞膜，脱水，溶解类脂	皮肤，器械
酸类	5~10mL醋酸/m^3（熏蒸）	破坏细胞膜和蛋白质	房间消毒（预防呼吸道传染）
	0.33～1.0mol/L乳酸	同上	空气消毒
碱类	1%~3%石灰水	破坏蛋白质和核酸	粪便或地面消毒
醛类	0.5%～10%甲醛	破坏蛋白质氢键或氨基	物品消毒，接种箱、接种室消毒
	10%福尔马林	同上	厂房熏蒸，接种箱、接种室消毒
	2%戊二醛（pH=8）	破坏蛋白质氢键或氨基	精密仪器等的消毒
气体	600mg/L环氧乙烷	有机物烷化，酶失活	手术器械，毛皮，食品，药物
氧化剂	0.1% $KMnO_4$	氧化蛋白质的活性基团	皮肤，尿道，水果，蔬菜
	3% H_2O_2	同上	污染物件的表面
	0.2%～0.5%过氧乙酸	同上	皮肤，塑料，玻璃，人造纤维
	2mg/L臭氧	同上	食品
卤素及其化合物	0.2～0.5mg/L氯气	破坏细胞膜、酶、蛋白质	饮水，游泳池水
	10%~20%漂白粉	同上	地面，厕所
	0.5%～1%漂白粉	同上	饮水，空气（喷雾），体表
	0.2%～0.5%氯氨	同上	室内空气（喷雾），表面消毒

笔记

续表

类型	名称及使用浓度	作用原理	应用范围
卤素及其化合物	4mg/L二氯异氰尿酸钠	同上	饮水
	3%二氯异氰尿酸钠	同上	空气（喷雾），排泄物，分泌物
	2.5%碘酒	酪氨酸卤化，酶失活	皮肤
表面活性剂	0.05%～0.1%新洁尔灭	蛋白质变性，破坏细胞膜	皮肤，黏膜，手术器械
	0.05%～0.1%杜灭芬	同上	皮肤，金属，棉制品，塑料
染料	2%~4%龙胆紫	与蛋白质的羧基结合	皮肤，伤口
其他	6%~20%食盐	高渗使细胞脱水	食品
	50%~80%蔗糖	同上	食品

拓展2-4 扫描二维码可查看“理想的消毒剂应具备的条件”。

理想的消毒剂应具备的条件

任务三　微生物的遗传、变异与保藏

知识目标

1. 了解微生物遗传变异的物质基础。
2. 掌握遗传物质的存在方式。
3. 掌握微生物变异的类型。
4. 理解微生物遗传变异的应用。
5. 了解菌种的衰退、复壮和保藏的基本知识。
6. 掌握菌种保藏的原则及常用的保藏方法。

能力目标

1. 具有微生物变异的应用能力。
2. 具有微生物衰退的判断能力。
3. 培养微生物保藏方法的设计能力。

笔记

素质目标

1. 培养对抽象科学的探究精神。
2. 培养学以致用的综合素养。

一、微生物的遗传与变异

遗传是指上一代生物将自身的一整套基因稳定地传递给下一代，产生与自己相似后代的现象。变异是指生物体在某种外因或内因的作用下所引起的遗传物质结构或数量的改变，使亲代与子代之间，或子代各个体之间，在形态结构或生理功能方面存在差异的现象。微生物的遗传是稳定的，变异是普遍的；遗传是相对的，变异是绝对的。

（一）遗传变异的物质基础

1. 遗传物质必须具备的三种基本功能

（1）复制功能　遗传物质贮存遗传信息，并能复制，且精确地传递下去。

（2）表达功能　遗传物质能控制生物体性状的发育和表达。

（3）变异功能　遗传物质为了适应外界环境的变化，能发生变异。通过细菌培养实验、噬菌体感染实验、植物病毒重组实验等经典实验的验证，微生物中具备以上三条基本功能的遗传物质除少数病毒为RNA外，主要是DNA，DNA的结构如图2-20。

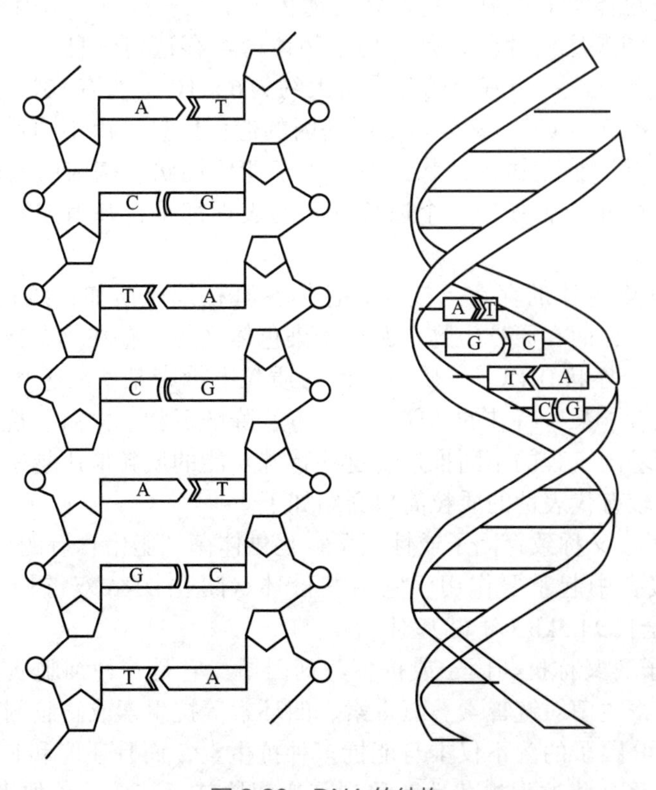

图2-20　DNA的结构

笔记

2. 遗传物质的存在方式

无论真核微生物还是原核微生物，细胞中的遗传物质大部分集中于细胞核或核区，但除核区基因组外，很多微生物还具有核外能自我复制的遗传物质，广义地讲，这些物质统称质粒。现将微生物核外遗传物质的类型归纳如图2-21。

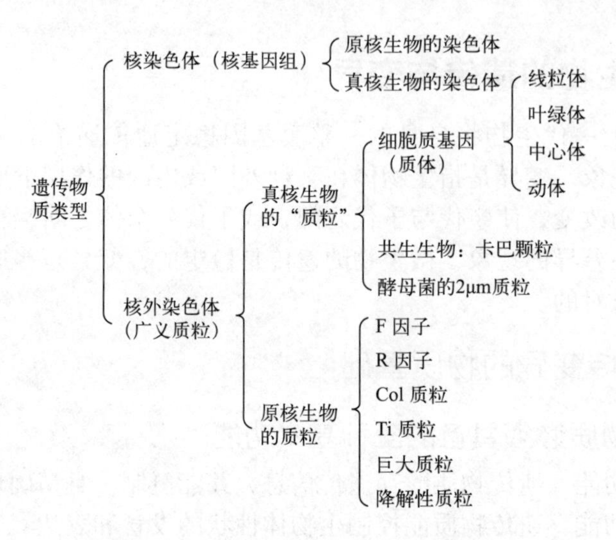

图2-21　微生物核外遗传物质的类型

（1）核染色体（核基因组）的存在　核基因组主要集中在细胞核或核区的染色体上，染色体上有控制生物性状的遗传因子——基因。基因是DNA分子上具有特定核苷酸顺序的片段，是一切生物体内贮存遗传信息、具有自我复制能力的遗传功能单位。一个基因的分子量大约为6×10^5，约有10^3个碱基对，每个细菌约具有$5\times10^3\sim10^4$个基因。不同基因的遗传信息，由不同片段的碱基排列顺序所决定。基因控制遗传性状，但不等于遗传性状。基因的精确复制保证了遗传信息的代代相传，任何一个遗传性状的表现都是在基因控制下个体发育的结果。

（2）核外染色体的存在　核外染色体在真核细胞质如：线粒体、叶绿体、中心体等处存在，而在原核生物中游离于染色体之外，存在具有独立复制能力的小型共价体闭合环状DNA——质粒。因为质粒上携带某些染色体上所没有的基因，故细菌就有了某些特殊的功能，如产毒、降解毒物、固氮、抗药、产特殊酶等功能。随着基因工程的不断推进，这些特殊功能的质粒应用越来越广泛，现将原核生物中比较有代表性的质粒简单介绍如下。

① F因子。又称致育因子或性因子，是供体菌细胞中含有的一种致育因子，其在细菌的接合中起重要作用。它由共价环状闭合DNA双链构成，分子量为62×10^6Da，全长94.5kb（千碱基对）。

② R因子。又称抗药因子或抗多药剂因子。它是一种细胞质性的质粒，这种质粒具有使寄主菌对链霉素、氯霉素、四环素等抗生素或磺胺剂产生抗药性的基因群，带有R因子的菌不仅本身能抗多种抗生素，而且还能和F因子一样，通过接合进行转移，将这类抗药性转移到其他菌株甚至其他种（如大肠杆菌）中，

笔记

获得该因子的细菌同时也获得对多种药剂的抗性。R因子的实体为环状双链DNA分子，可作为基因的载体，也可以作筛选标记物。

③ Col因子。即产大肠杆菌素因子。大肠杆菌素的化学成分为脂多糖-蛋白质复合物，是由大肠杆菌的某些菌株所分泌的细菌毒素，它能通过抑制复制、转录、转译或能量代谢而专一性地杀死不含Col因子的其他肠道细菌。Col因子广泛用于重组DNA的研究和用于体外复制系统上。

④ Ti质粒。即诱癌质粒。Ti质粒是在根瘤土壤杆菌细胞中存在的一种染色体外自主复制的环形双链DNA分子。当细菌侵入植物细胞后，Ti质粒的小片段与植物核内DNA发生组合，破坏控制细胞分裂的激素调节系统，使植物细胞肿瘤化。它控制根瘤的形成，可作为基因工程的载体。

⑤ 巨大质粒。在根瘤菌、大肠杆菌等体内存在的一种分子量比一般质粒大几十倍甚至几百倍的大质粒，其功能与固氮有关。

⑥ 降解性质粒。即带有降解基因的质粒。降解性质粒能为一系列能降解复杂物质的酶所编码，从而使细菌能将难分解的物质作为碳源。细菌中的降解性质粒和分离的细菌所处的环境污染程度密切相关，从污染地分离到的细菌50%含有降解性质粒，可见含降解性质粒的细菌在污染物处理中的作用是巨大的。

拓展2-5　扫描二维码可查看“基因性质”。

基因性质

（二）微生物的变异

微生物个体微小，结构简单，繁殖迅速，比表面积大，易受外界环境的影响，所以，微生物比高等生物更容易发生变异。

1. 基因突变

基因突变是指微生物的DNA由于某种原因发生了碱基的缺失、置换或插入，改变了基因内部原有的碱基排列顺序，从而引起后代表现型的改变。

（1）基因突变的特点

① 自发性——在自然条件下可自发地产生突变。

② 稀有性——自发突变率极低，如细菌突变率为10^{-10}～10^{-4}。

③ 不对称性——突变性状与引起突变的原因之间无直接的对应关系。

④ 独立性——某基因的突变率不受其他任何基因突变率的影响。

⑤ 诱变性——诱变剂可使诱变率提高10～10^{5}倍。

⑥ 稳定性——新的变异性状是稳定的、是可以遗传的。

⑦ 可逆性——野生型菌株既可变异为突变性菌株的正向突变，又可以发生反方向的回复突变。

（2）基因突变的类型　根据不同的分类标准，基因突变有不同的类型。下面仅介绍两种划分方式，如图2-22。

笔记

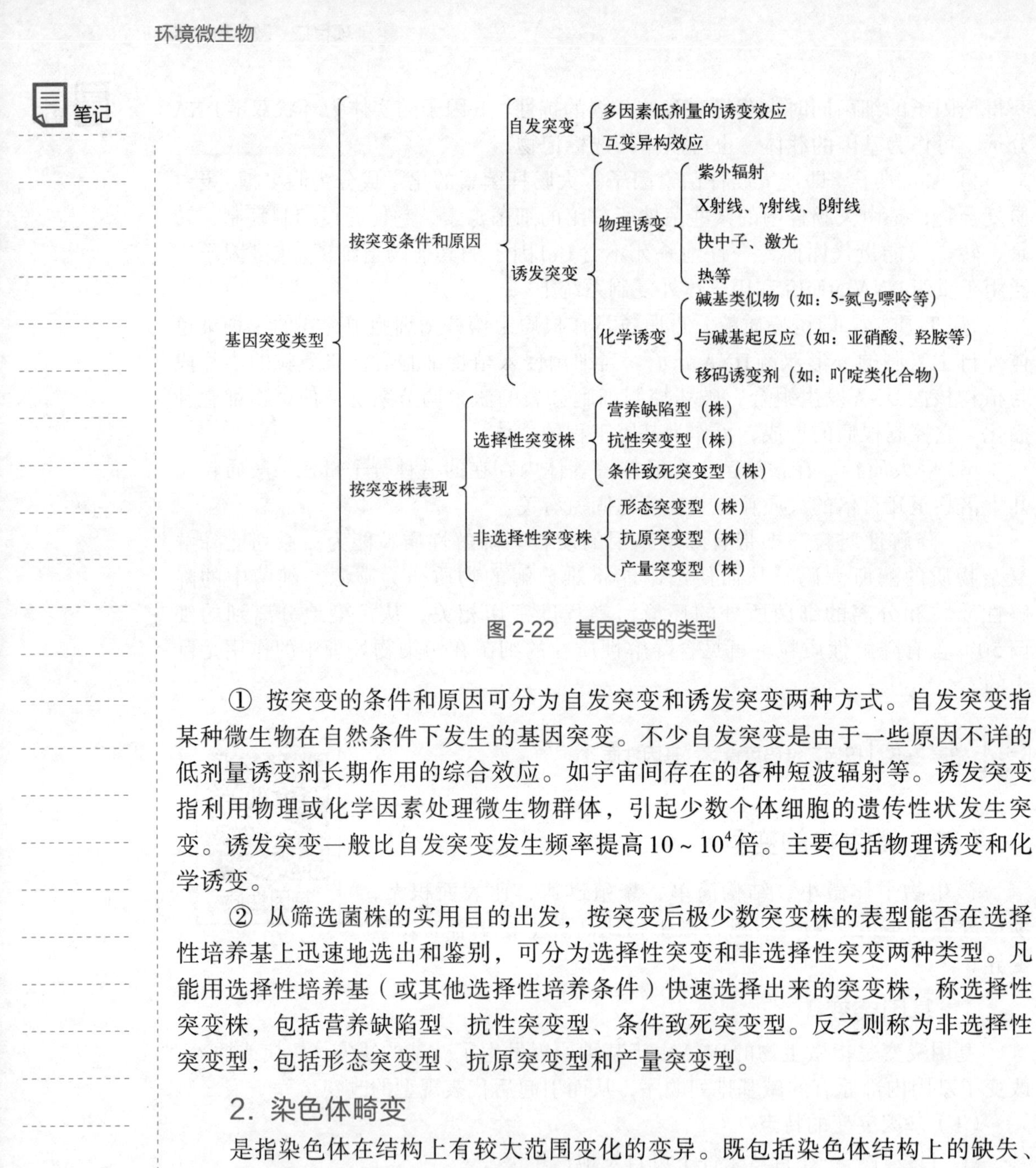

图 2-22　基因突变的类型

① 按突变的条件和原因可分为自发突变和诱发突变两种方式。自发突变指某种微生物在自然条件下发生的基因突变。不少自发突变是由于一些原因不详的低剂量诱变剂长期作用的综合效应。如宇宙间存在的各种短波辐射等。诱发突变指利用物理或化学因素处理微生物群体，引起少数个体细胞的遗传性状发生突变。诱发突变一般比自发突变发生频率提高 $10\sim10^4$ 倍。主要包括物理诱变和化学诱变。

② 从筛选菌株的实用目的出发，按突变后极少数突变株的表型能否在选择性培养基上迅速地选出和鉴别，可分为选择性突变和非选择性突变两种类型。凡能用选择性培养基（或其他选择性培养条件）快速选择出来的突变株，称选择性突变株，包括营养缺陷型、抗性突变型、条件致死突变型。反之则称为非选择性突变型，包括形态突变型、抗原突变型和产量突变型。

2. 染色体畸变

是指染色体在结构上有较大范围变化的变异。既包括染色体结构上的缺失、插入、易位和倒位，也包括染色体数目的变化。

（1）缺失　是指染色体丢失某一区段，从而造成某些基因的缺失，影响基因排列顺序和基因间的相互关系。

（2）重复　指染色体上某区段的增加。常由同源染色体间的非对等交换产生。

（3）倒位　是指染色体的某区段断裂后，断裂的片段倒转180° 又重新连接愈合。尽管其遗传物质没有减少，但基因的排列顺序发生了变化，影响了染色体正常的基因重组和基因交换，从而导致后代产生突变。

（4）易位　是染色体上某区段断裂后连接到另一条非同源染色体上的现象。易位的结果改变了基因在非同源染色体上的分布，改变了原有基因的连锁和互换

笔记

规律，从而引起后代的变异。

3. 基因重组

两个独立基因组内的基因，通过一定的途径转移到一起，使基因重新组合，形成新的稳定基因组的过程，称为基因重组。基因重组可通过转化、转导、杂交等手段实现。

（1）转化　受体菌直接吸收来自供体菌的DNA片段，并把它整合到自己的基因组里，从而获得供体菌部分遗传性状的现象，称为转化。通过转化形成的杂种后代，称为转化子。在原核生物中，转化是一个较普遍的现象。

（2）转导　通过缺陷噬菌体的媒介作用，把供体菌的DNA片段携带至受体菌细胞中，通过交换和整合，使后者获得前者部分遗传性状的现象，称为转导。由转导作用而获得部分新性状的重组细胞，称为转导子。

（3）杂交　是通过双亲细胞的融合，使整套染色体的基因重组，或是通过双亲细胞的沟通，使部分染色体重组的现象。

（三）微生物遗传变异的应用

1. 诱变育种

诱变育种是指利用物理或化学诱变剂处理微生物，使之发生突变，然后采用合理的方法，把符合育种目的的优良突变株筛选出来的过程。诱变育种因简便易行、工作进展快、结果既可以提高产量、改进质量，又可以增加品种、简化工艺等优点，而成为目前使用最广泛的一种育种手段。如：采用诱变育种技术，青霉素发酵单位持续大幅度增长，由1971年的2万单位/mL提高到目前的10万单位/mL。诱变育种的基本环节如图2-23。

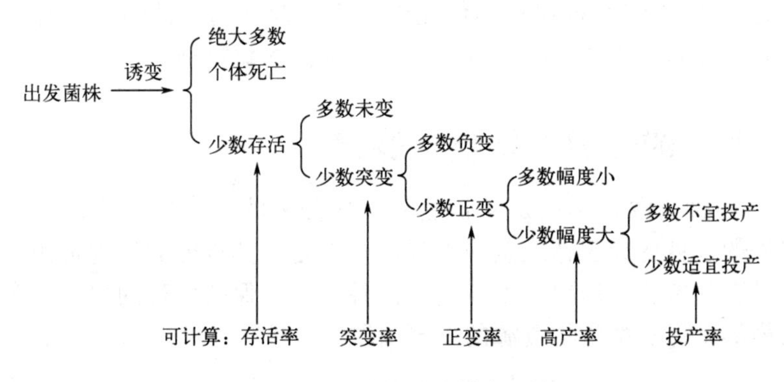

图2-23　诱变育种的基本环节

2. 定向培育

定向培育是指适当控制微生物的生活环境条件，用物理因素和化学试剂来诱导微生物向着人们需要的方向变异的过程。定向培育由于变异频率较低，变异程度较轻，所以，用此法培育新种的过程一般十分缓慢，是一种很古老的育种方法。但在工业废水生物处理中，它是一条非常有效的途径。如：在满足营养物

笔记

质、水温、pH值等条件下，对加入酚、氰等污染物的生活污水处理厂的活性污泥进行长时间的定向培育（又称驯化），结果改变了污泥微生物的代谢途径，使之产生了适应酶，使该污泥不仅能在含酚、氰的废水中生存，更重要的是还能对酚、氰等物质进行生物降解。

3. 基因工程育种

基因工程育种通过基因工程技术获得基因工程菌而实现。基因工程是用人工方法将所需的供体生物的遗传物质（DNA）提取出来，在离体条件下用工具酶切割，与载体DNA分子连接，然后导入受体细胞，并在新个体中得以稳定遗传和表达的过程。基因工程的主要操作步骤是：基因分离、体外重组、载体传递、复制、表达及筛选、繁殖等。基因工程育种在很大程度上实现了定向重组，使得育种方向性更强，成效极其可观。比如：有人将降解芳烃、萜烃和多环芳烃的质粒转移到能降解烃的一种假单胞菌内，形成一种能同时降解四种烃类的“超级菌”，这种菌能大大提高降解原油的速度，利用自然菌种需要一年多才能降解海上浮油的量，利用基因工程菌只要几个小时就能够完成。基因工程育种等在工业、农业、医疗、环境保护等方面有着巨大的发展潜力。

4. 基因重组育种

基因重组育种是指采用结合、转化、转导和原生质融合等遗传学方法和技术使微生物细胞内发生基因重组，以增加优良性状的组合，或者导致多倍体的出现，从而获得优良菌株的一种育种方法。基因重组育种与基因工程育种的区别在于基因重组发生在细胞内。基因重组育种主要表现在有性杂交、准性杂交、原生质融合和转化等方面。其中，原生质体融合研究的较多，成绩最显著，原生质体融合能较大幅度地提高重组率，有些实例证明，重组率可高达10^{-1}（而诱变育种仅为10^{-6}）。基因重组育种现在不仅能做到不同菌株间、种间的融合，还能做到属间、科间甚至高等生物间的融合，以获得优良的新物种。

二、菌种的衰退、复壮与保藏

菌种是一种资源，不论是从自然界直接分离的野生型菌株，还是经人工方法选育出来的优良变异菌株或基因工程菌株都是极其重要的生物资源。但菌种衰退是一种潜在的威胁，所以，不使优良菌种死亡，保持菌种的遗传稳定性，并不被杂菌污染等是保护微生物资源的重要课题。

（一）菌种的衰退

菌种衰退是指群体中退化细胞在数量上占一定数值后，表现出菌种生产性能下降的现象，即一个从量变到质变的逐步负变过程。

1. 衰退的具体表现

① 原有形态性状改变，如苏云金杆菌的芽孢和伴孢晶体变小甚至消失等。

② 生长速度变慢，如细黄链霉菌在平板培养基上菌苔变薄，生长缓慢。

③ 产生的孢子变少或颜色改变，如放线菌和霉菌在斜面上产生了“光秃”

型；细黄链霉菌多次传代后，不再产生典型的橘红色分生孢子层。

④ 代谢物产量降低，如黑曲霉的糖化力、抗生素生产菌的抗生素发酵单位下降等。

⑤ 致病菌对宿主侵染力下降，如白僵菌对其宿主的致病力减弱或消失。

⑥ 对不良条件的变化抵抗力下降，如对温度、pH值等变化抵抗力降低。

2. 衰退的防治

① 控制传代次数。尽量避免不必要的移种和传代，将必要的传代降低到最低限度，以减少突变的概率。良好的菌种保藏方法可有效地控制传代次数。

② 创造良好的培养条件。创造一个适合原种的生长条件，可在一定程度上防治衰退。如从废水中筛选出来的菌种，定期用原来的废水培养和保存菌种，可以防止菌种的衰退。

③ 利用不易衰退的细胞接种传代。如放线菌和霉菌的菌丝细胞常含有几个核或异核体，用菌丝接种就会出现不纯和衰退，而孢子一般是单核的，用于接种时则可降低衰退。

④ 采用有效的菌种保藏技术。

（二）菌种的复壮

恢复已衰退菌种优良特性的措施称为菌种的复壮。常用的有以下几种方法。

1. 纯种分离

衰退菌种实际上是一个混合的微生物群体，设法把仍保持有原有典型优良性状的个体分离出来，经扩大培养可恢复原菌株的典型性状。纯种分离方法主要有稀释平板法、平板划线法或涂布法等。

2. 通过寄主进行复壮

对于寄生性微生物的衰退菌株，可接种到相应寄主体内以提高菌株的活力。如衰退的肺炎链球菌，毒力减弱，经小白鼠体内传代，荚膜增厚，毒力增强。

3. 淘汰已衰退的个体

采用低温或高温等条件对衰退的菌群进行处理，加速衰退个体的死亡，留下未退化的健壮个体，达到复壮的效果。如对“5406”抗生菌的分生孢子在-30℃至-10℃的低温下处理5～7d，淘汰衰退菌体80%以上。

4. 联合复壮

对于衰退的一些菌株也可以用高剂量的紫外线辐射和低剂量的DTG等联合处理进行复壮。

（三）菌种的保藏

使优良菌株保持原有的特性、不死亡、不变异、不被污染就是菌种保藏的任务。菌种保藏的关键是降低菌种的变异率，以达到长期保持菌种原有特性的目的。

笔记

1. 设计菌种保藏方法所依据的原则

（1）选用典型优良纯种　最好采用它们的休眠体（如芽孢、分生孢子等）进行保藏。

（2）创造特殊的环境　因为菌种的变异主要发生在微生物生长繁殖的旺盛期，因此，必须人为地创造一个微生物生命活动处于最低状态的环境条件，如低温、干燥、缺氧、避光、贫乏培养基和添加保护剂等。

（3）尽量减少传代次数　频繁地移种和传代易引起菌种退化，变异多半是通过繁殖而产生的，因此，严格控制菌种移植的代数。

2. 常用的菌种保藏方法

常用的菌种保藏方法见表2-18。

表2-18　菌种常用保藏方法

类型	操作特征	适宜微生物	保藏时间	备注
斜面低温保藏法	菌种接种在斜面培养基上，待菌种生长完全后，置于4～5℃冰箱中保藏，并定期移植，是最常用的接种方法	细菌、放线菌、酵母菌及霉菌等	一般3～6个月	优点是操作简单，不需要特殊设备；缺点是保藏时间短，反复转接，易变异
半固体保藏法	用穿刺接种法将菌种接种至半固体深层培养基的中央部分，在适宜温度下培养，将培养好的菌种放置到4～5℃冰箱中保藏	兼性厌氧菌或酵母菌	6～12个月	
液体石蜡覆盖保藏法	在斜面或穿刺的新鲜培养基上，覆盖灭菌的液体石蜡（约1cm），将斜面管直立置于4～5℃冰箱中保存	霉菌、酵母菌、放线菌、好氧性细菌等	1～2年，个别菌种可达10年	液体石蜡起隔绝空气、降低供氧量、减少水分的蒸发等作用
含油培养物保藏法	在新鲜的菌液中加入15%已灭菌的甘油，然后置于-20℃或-70℃冰箱中保存	基因工程中常用于保存含质粒载体的大肠杆菌	6～12个月	甘油作为保护剂，能渗入细胞，降低细胞的脱水作用
沙土管保藏法	盐酸浸泡洗至中性的河沙与过筛的细土按1∶4混合，制成沙土管。在每支沙土管中滴入4～5滴待保存菌种菌悬液，将沙土管置于真空干燥器中，通过抽真空吸干沙土管中水分，然后将干燥器置于4℃冰箱中保存	产芽孢或孢子的微生物，如芽孢杆菌、梭菌、放线菌或霉菌等	1～10年	沙土管制备：混合沙土装入小试管中（约1cm高），塞上棉塞，高压灭菌（0.1MPa，灭菌1h，每天一次，连续3天）

笔记

续表

类型	操作特征	适宜微生物	保藏时间	备注
冷冻真空干燥保藏法	将待保存的菌种制成牛奶菌悬液，分装到灭菌的安培管内，放到-45～-35℃的冰箱中或放在干冰无水乙醇浴中进行预冻成冰，再放在真空干燥箱中进行真空干燥，除去大部分水分，用火焰熔封安培管，置4℃冰箱中长期保存，是最有效的菌种保藏法之一	除少数个别丝状真菌外，大多数微生物均可用此法保藏	数年至几十年。保藏期长，存活率高	取灭菌的脱脂牛奶加到培养好的菌种斜面上，用接种环刮下培养物，制成牛奶菌悬液。脱脂牛奶起保护剂的作用，减少冷冻等对微生物细胞的损害
液氮超低温冷冻保藏法	将菌种（菌悬液或菌块）通过预冻后放在超低温-150～-196℃的液氮中长期保藏。此法是目前保藏菌种最理想的方法之一	如支原体、衣原体及难形成孢子的霉菌、小型藻类或原生动物等	保藏期长，可达20年以上	适合保藏不宜用冷冻干燥保藏的微生物
寄主保藏法	针对只能寄生在活的动植物或细菌中才能生长繁殖的一类微生物，进行保存的方法	病毒、立克次氏体、螺旋体、少数丝状真菌等	变化较大	如动物病毒可用病毒感染适宜的脏器或体液，低温封存

实训

知识目标

1. 掌握培养基的配制、微生物的接种、培养等的操作方法与具体操作步骤。
2. 掌握微生物细胞计数等实训现象的观察及记录方式。
3. 了解细菌生长曲线的测定等各个实训的基础知识。

能力目标

1. 通过微生物的接种等实训培养学生的动手能力。
2. 通过环境因素对微生物的影响等实训内容培养学生对实训结果的分析能力。
3. 通过分组实训增强学生的沟通能力。

素质目标

1. 实训分组完成，培养团队精神，培养相互配合意识。
2. 通过灭菌、接种等实训的规范操作，形成良好的工作素养。
3. 认真观察，真实记录实训结果，培养实事求是的工作作风。
4. 培养绿色生产、安全生产以及环境保护意识。

笔记

实训一　培养基的配制

一、实训目标

1. 掌握配制培养基的一般方法和步骤。
2. 掌握培养基的分装、灭菌的方法和技术。
3. 了解微生物实训仪器设备的消毒等内容。

二、基础知识

培养基就是人工配制的供微生物或动植物细胞生长、繁殖、代谢、合成所需产物的营养物质和原料。由于微生物具有不同的营养类型，对营养物质的要求各异，实验和研究的目的也不尽相同，所以培养基的种类很多，使用的原料也各有差异，但常用的培养基都必须满足或符合一些基本要求，一般包括微生物所需要的碳源、氮源、无机盐、生长因子以及水分等原料，合适的pH值、渗透压、氧化还原电位等生化条件。优良的培养基可以充分发挥微生物细胞的生物合成能力，产生较好的效果。

为防止因培养基中微生物生长繁殖而消耗养分，改变培养基的成分和酸碱度而带来的不利影响，任何一种培养基一旦制成就应该及时彻底地灭菌，灭菌多采用高压蒸汽灭菌，以备培养微生物使用。如果不能及时灭菌，应暂存冰箱内。

三、实训器材

（1）试剂　蛋白胨、牛肉膏、可溶性淀粉、葡萄糖、蔗糖、琼脂、黄豆芽、孟加拉红、链霉素、K_2HPO_4、KNO_3、$MgSO_4$、$FeSO_4$、$NaNO_3$、NaCl、KCl、NaOH、HCl、蒸馏水。

（2）器材　试管、锥形瓶、烧杯、量筒、玻璃棒、漏斗、吸管、分装器、分装架、天平、称量纸、牛角匙、电炉、高压蒸汽灭菌锅、pH试纸、棉花、线绳、牛皮纸或报纸、记号笔、纱布、酒精灯、干燥箱、试管架、剪刀、培养皿等。

四、实训流程

称药品→融化→调pH值→融化琼脂→过滤分装→包扎标记→灭菌→摆斜面或倒平板。

五、操作过程

1. 称量

培养细菌用牛肉膏蛋白胨培养基，培养放线菌用高氏1号培养基，培养霉菌用察氏培养基，培养酵母菌用豆芽汁蔗糖培养基。按培养基配方（见附录）依次准确地称取各成分放入烧杯中。牛肉膏常用玻璃棒挑取，放在小烧杯或表面皿中称量，用热水融化后倒入烧杯。也可以放在称量纸上，称量后直接放入水中，稍微加热，牛肉膏便会与称量纸分离，然后立即取出纸片。

2. 融化

在上述烧杯中先加入少于所需要的水量，用玻璃棒搅拌均匀，然后在石棉网上加热使其溶解，或在磁力搅拌器上加热溶解。将药品完全溶解后，补充水到所需的总体积，如果配制固体或半固体培养基，则需要加入称量好的琼脂放入已溶解的药品中，再加热溶解。在加入琼脂溶解的过程中，需要不断搅拌，以防琼脂糊底使烧杯破裂，另外，冬季的气温低，琼脂的用量可以适当减少些，最后补足所失去的全部水分。

3. 调pH

当培养基的pH要求为自然pH时，培养基的pH不需要调整，除此之外都必须进行pH调节。首先用精密pH试纸测量培养基原始的pH，然后根据配方所要求的pH确定加酸量或加碱量。如果偏酸，则用滴管向培养基中逐滴加入1mol/L NaOH，边加边搅拌，并随时测pH直到合适为止。如果偏碱，则用1mol/L HCl进行调节。对于要求pH较精确的微生物，其pH的调节可用酸度计进行。

4. 过滤

一般情况下培养基不需要过滤，但对于特殊要求的，要趁热过滤。液体培养基可用滤纸过滤，固体、半固体培养基可用4～6层纱布过滤。

5. 分装

取玻璃漏斗一个，放在铁架台，将培养基趁热倒入垫有纱布的漏斗中，按实训要求，将配制的培养基分装入试管内或锥形瓶中。培养基的分装、加塞、包扎见图2-24，棉塞的加装见图2-25。

（1）液体分装　分装高度以试管高度的1/4左右为宜，分装锥形瓶的量一般以不超过锥形瓶容积的一半为宜，如果用于振荡培养，则根据通气量的要求酌情减少；有的液体培养基灭菌后，需补加一定量的其他无菌成分，如抗生素等，则装量一定要准确。

（2）固体分装　分装试管，装量不超过试管高度的1/5，灭菌后制成斜面。分装锥形瓶的量以不超过锥形瓶容积的一半为宜。

（3）半固体分装　试管一般以试管高度的1/3为宜，灭菌后垂直待凝。

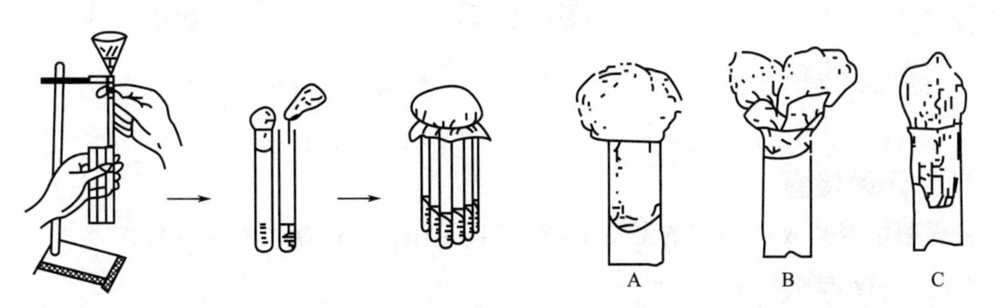

图2-24　培养基的分装、加塞、包扎　　图2-25　棉塞的加装方式（A正确、B、C不正确）

笔记

6. 加塞

培养基分装完毕后，在试管口或锥形烧瓶口上塞上棉塞（或泡沫塑料塞、硅胶塞等）或8层纱布，这样既防止外界微生物进入培养基内而造成污染，又保证了良好的通气性。一般棉塞总长的2/3塞入管口或瓶口，防止棉塞脱落。

7. 包扎

（1）试管包扎　加塞后，将全部试管用麻绳捆好，并在棉塞外包一层牛皮纸，以防止灭菌时冷凝水润湿棉塞，其外再用一道麻绳扎好，用记号笔注明培养基名称、组别、配制日期。

（2）锥形烧瓶包扎　加塞后，外包牛皮纸，用麻绳以活结形式扎好（使用时容易解开），同样用记号笔注明培养基名称、组别、配制日期。

8. 灭菌

包扎好的培养基应按各自所需的灭菌时间和温度立即进行高压蒸汽灭菌，确保培养基处于无菌状态，有利于进行微生物的纯培养。一般培养基采用的压力为0.105MPa，温度为121.3℃，维持15～30min高压蒸汽灭菌。因特殊原因不能及时灭菌，则应放入冰箱内做短期保存。

9. 制作斜面或平板

将灭菌后的试管冷却到50℃左右（以防止斜面上冷凝水太多），然后趁热将试管口端斜置在棍条或其他合适高度的器具上，倾斜度以试管中的培养基不超过试管总长的1/2为宜，凝固后即成斜面培养基。

待灭菌后锥形瓶内的培养基冷却至45～50℃时，以无菌操作法向无菌培养皿中倒入培养基，装量以刚覆盖整个培养皿底部为宜（约15mL），凝固后即成平板培养基。放斜面及倒平板示意分别见图2-26、图2-27。

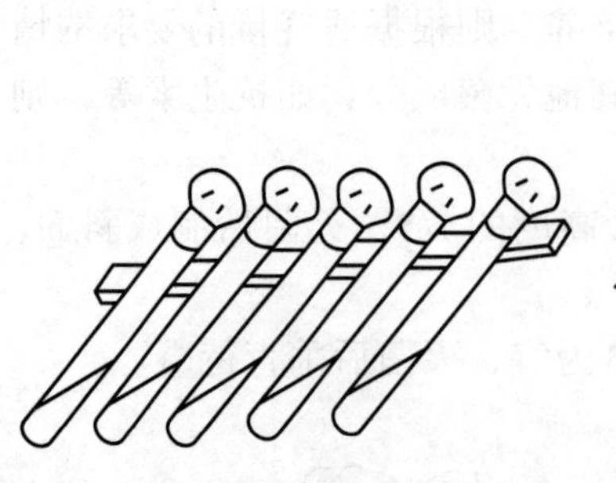

图2-26　放斜面

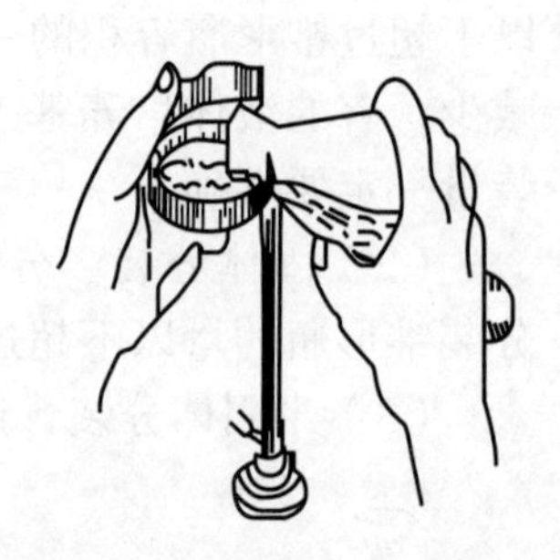

图2-27　倒平板

10. 无菌检查

将灭菌培养基放入37℃的温室中培养24～48h，以检查灭菌是否彻底。

11. 合理存放

制作好的培养基应冷藏，最好放于普通冰箱内。放置时间不宜超过1周，倾

笔记

注的平板培养基不宜超过3d，以免降低其营养价值或发生化学变化。

六、注意事项

① 配制培养基所用器皿，最好用玻璃、陶瓷或不锈钢等器皿。用铜、铁等器皿配制培养基加热时，离子可能会进入培养基，从而影响微生物的生长。培养基内的含铜量，每1000mL，如超过0.3mg时，细菌则不能生长，每1000mL，含铁量如超过0.11mg时，则妨碍细菌毒素的产生。

② 配制培养基所用的化学药品，均需要化学纯以上纯度，各种成分称量必须准确。称药品时严防药品混杂，一把牛角匙用于一种药品。或称取一种药品后，须洗净、擦干，再称取另一种药品。取完药品后要及时把瓶盖盖好，不要盖错，另外，蛋白胨很容易吸湿，在称取时动作要迅速。

③ 商品干燥培养基按说明书准确称量，应先在容器中加水，然后加入称量好的干燥培养基，不可以加入干燥培养基后加水，这不利于溶解。不要求加热溶解的，可通过搅拌、振荡或延长放置时间以促进其溶解，只有在急需情况下才主张加热溶解，但加热时间不宜过长，温度不宜过高。

④ 在琼脂融化过程中，应控制火力，以免培养基因沸腾而溢出容器，同时，需要不断搅拌，以防止琼脂糊底烧焦。

⑤ 培养基的酸碱度，必须准确测定。

a. 特别是含有指示剂的培养基，更应该注意，否则每批培养基的颜色不一致，可能影响培养基反应的观察和细菌的生长。

b. 培养基的pH不要调过头，回调时有可能影响培养基内各离子的浓度。

c. 配制pH低的琼脂培养基时，若预先调好pH并在高压蒸汽下灭菌，则琼脂因水解不能凝固，故应将培养基的成分和琼脂分开灭菌后再混合，或在中性条件下灭菌，再调pH。

d. 培养基的酸碱度需于冷却后测定，因培养基所含的成分不同，在高温和低温时测定的酸碱度差别很大。商品干燥培养基一般已校正pH，用时需要再验证，判断是否符合要求。

⑥ 分装过程中，注意不要使培养基沾在管（瓶）口上，以免沾污棉塞而引起污染。

⑦ 一般培养基均用高压蒸汽灭菌，灭菌的温度和时间随培养基的种类和数量的不同有所差别，一般培养基少量分装时高压蒸汽灭菌15min即可，分装量较大时，灭菌可30min。含糖或明胶的培养基需在115℃下灭菌15min，以防止糖类被破坏或明胶凝固力降低。

⑧ 培养基中若存在热不稳定性营养物质，且为液体培养基时，则应采用超滤除菌技术除菌。

七、实训记录

将培养基配制过程中各步骤的要点记录到表2-19。

笔记

表2-19 培养基配制过程中各步骤的操作要点

步骤	操作要点	备注	分数
称量			
融化			
调pH			
过滤			
分装			
加塞			
包扎			
灭菌			
制作斜面或平板			
无菌检查			
合理存放			

八、思考题

1. 配制培养基的一般程序是什么?

2. 培养基配制好后，为什么要立即灭菌？如何检查灭菌后的培养基是无菌的?

3. 配制培养基时应注意哪些问题?

实训二 微生物接种技术

一、实训目标

1. 掌握微生物的几种接种方法。
2. 掌握无菌操作的基本要点。
3. 理解微生物接种技术的基本知识。

二、基础知识

将微生物的培养物或含有微生物的样品移植到适于它生长繁殖的人工培养基上或生物体内的操作技术称为接种。无论微生物的分离、培养、纯化或鉴定以及有关微生物的形态观察及生理研究都必须进行接种，所以接种技术是微生物实训及科学研究中的最基本的操作技术，接种成功与否直接会影响微生物的培养、观察、鉴定等环节。接种的关键是要严格进行无菌操作，严禁污染。操作应在无菌室、接种柜或超净工作台上进行。

三、实训器材

（1）菌种　大肠杆菌、枯草芽孢杆菌、金黄色葡萄球菌、酵母菌等。

（2）培养基　牛肉膏蛋白胨固体培养基。

（3）器材　接种环、玻璃棒、酒精灯、恒温培养箱、玻璃铅笔、火柴、试管架、接种针、接种钩，滴管、移液管、三角形接种棒等接种工具。

四、实训流程

1. 斜面接种

消毒→点燃酒精灯→取菌种管→取接种管→无菌环境中接种→标记→培养。

2. 液体接种、穿刺接种、固体接种、平板接种

流程同斜面接种。

五、操作过程

1. 斜面接种

① 先用75%酒精棉球擦手，等酒精挥发后点燃酒精灯。

② 将菌种斜面培养基（简称菌种管）与带接种的新鲜斜面培养基（简称接种管）持在左手拇指、食指、中指及无名指之间，菌种管在前，接种管在后，斜面向上，管口对齐，应斜持试管呈0°～45°角，并能清楚地看到两个试管的斜面，不要持成水平，以免管底凝聚水浸湿培养基表面，影响菌种。

③ 用右手在火焰旁先将两管棉塞转动一下，使其松动以便接种时易于拔出。

④ 右手拿接种环柄（如握钢笔一样），将接种环垂直放在火焰上灼烧镍铬丝部分（环和丝），必须烧红，以达到灭菌的目的，然后将有可能伸入试管的其余部位也过火灭菌，即除手柄外金属杆部分也要用火焰灼烧一遍，尤其是接镍铬丝的螺口部分，要彻底灼烧灭菌。

⑤ 用右手的无名指、小指和手掌将菌种管和接种管的试管棉塞或试管帽同时拔出，将试管口缓缓过火（切勿烧得过烫），以杀灭可能沾污的微生物。棉塞应始终夹在手中，如掉落应更换无菌棉塞。

⑥ 将灼烧灭菌的接种环插入菌种管内，先接触试管内壁或无菌苔生长的培养基，让其充分冷却后从斜面上轻轻刮取少许菌苔，抽出接种环。

⑦ 接种环不经过火焰，而在火焰旁迅速插入接种管中，将沾有菌种的接种环从斜面底部向上做“Z”或“S”形画线。

⑧ 接种完毕，试管中接种环应通过火焰抽出灼烧，并迅速塞上棉塞。

⑨ 将接种环烧红仔细灭菌，放回原处，再将棉塞旋紧。

⑩ 将接种管贴好标签或用玻璃铅笔画好标记后再放入试管架，即可进行培养。

笔记

斜面接种示意见图2-28。

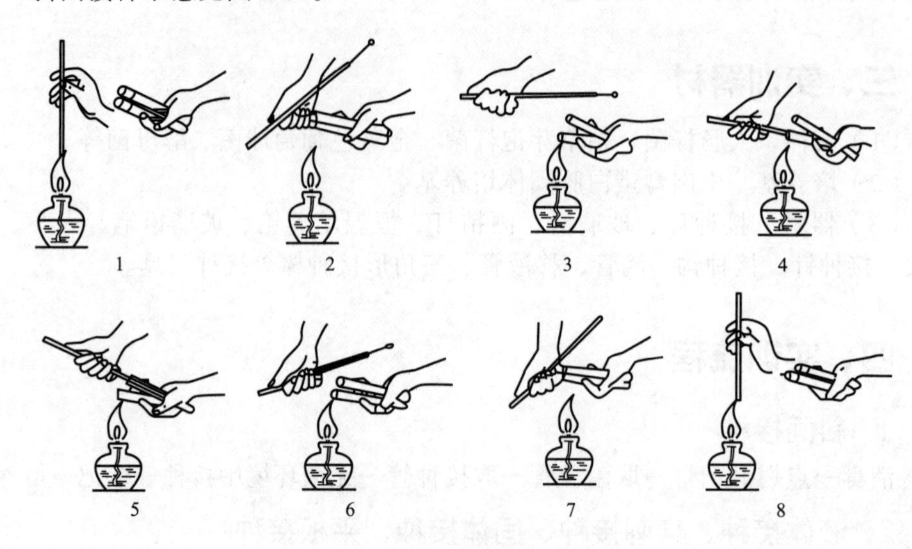

图2-28 斜面接种示意

2. 液体接种

① 用液体培养物接种液体培养基可用接种环或接种针蘸取少量液体移至新液体培养基即可。也可根据需要用吸管、滴管或注射器吸取培养液移至新液体培养基，将试管塞好棉塞即可。接种移液管和滴管是玻璃制的，不能在火焰上烧，以免碰到水时玻璃破裂，需预先灭菌。

② 由斜面培养基接种到液体培养基可用接种环挑取斜面培养基上的菌苔少许，接至液体培养基中，使接种环在液体表面与管壁接触，轻轻研磨并轻轻振荡，将环上的菌种全部吸入液体培养基中，取出接种环塞上棉塞。将试管轻轻撞击手掌使菌体在液体培养基中均匀分布。最后将接种环烧红灭菌。若用接种环不易挑起培养物，可用接种钩或接种铲进行。

3. 穿刺接种

这是将斜面菌种接种到半固体深层培养基的方法，操作方法和注意事项与斜面接种法基本相同，此法用于厌氧性细菌接种或鉴定细菌的生理性能观察。

① 操作方法如同斜面接种技术的操作，用接种针（必须很挺直）挑取少量菌种。

② 将带菌种的接种针刺入固体或半固体深层培养基中直到接近管底，然后沿穿刺线缓慢地抽出接种针，塞上棉塞，烧红接种针，接种完毕。注意接种时不要使接种针在培养基内左右移动，以便使穿刺线整齐，便于观察生长结果。

穿刺接种示意见图2-29。

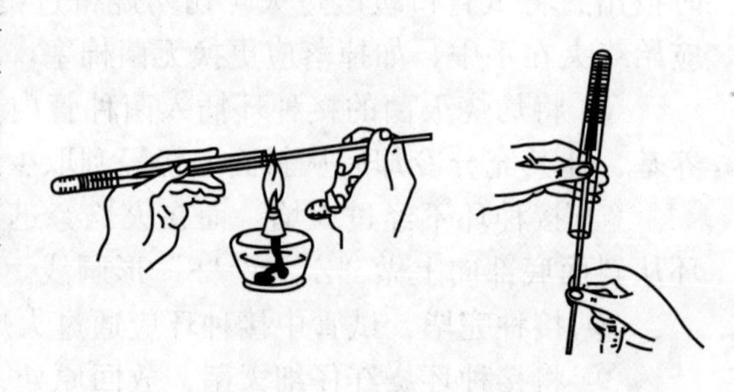
图2-29 穿刺接种示意

笔记

4. 固体接种

① 菌液接种至固体料包括用刮洗菌苔制成的菌悬液和直接培养的种子发酵液。按无菌操作将菌液直接倒入固体料中，搅拌均匀即可。但要把接种所用水量计算到固体料总加水量之内，否则水量会加大，影响培养效果。

② 固体种子接种固体料包括孢子粉、菌丝孢子混合种子菌或其他固体培养的种子菌。将种子菌在无菌条件下直接倒入无菌的固体料中，但必须充分搅拌使之混合均匀。先把种子菌与少量固体料混匀后再拌入大堆料效果更好。

5. 平板接种

用无菌移液管或吸管吸取约0.05mL稀释的样品液于平板上，用无菌玻璃刮刀或玻璃棒在平板上旋转涂布均匀，培养皿倒置进行培养。

六、注意事项

① 进行接种所用的吸管，平皿及培养基等必须经消毒灭菌，打开包装未使用完的器皿，不能放置后再使用，金属用具应高压蒸汽灭菌或用95%酒精点燃烧灼三次后使用。

② 用吸管、接种针、接种环等接种于试管或平皿时，接种用具尖端不得触及试管或平皿边。

③ 转种细菌必须在酒精灯前操作，接种细菌或样品时，试管口及打开试管塞都要通过火焰消毒。

④ 接种环和接种针在接种细菌前应经火焰烧灼全部金属丝，必要时还要烧到环和针与杆的连接处，接种结核菌和烈性菌的接种环应在沸水中煮沸5min，再经火焰烧灼。

⑤ 吸管吸取菌液或样品时，应用相应的橡皮头吸取，不得直接用口吸。

七、实训记录

将接种过程中各步骤的要点记录到表2-20。

表2-20 接种过程中各步骤的要点

接种方式	操作要点	备注	分数
斜面接种			
液体接种			
穿刺接种			
固体接种			
平板接种			

笔记

八、思考题

1. 在接种前后灼烧接种环（针）的目的是什么？
2. 为什么在接种前一定要将其冷却？如何判断灼烧过的接种环已冷却？
3. 什么叫无菌操作？
4. 为什么要把培养皿倒置培养？

实训三 微生物细胞数的计数

一、实训目标

1. 了解血球计数板的结构。
2. 掌握血球计数板的使用和计算方法。
3. 通过实训操作过程学会微生物计数技能。

二、基础知识

1. 血球计数板的结构

血球计数板（结构如图2-30所示，A为正面图，B为侧面图）是由一块比普通载玻片厚的特制玻片制成。玻片中央刻有四条槽，中央两条槽之间的平面比其他平面略低，中央有一小槽，槽的两边的平面上各刻有9个大方格。中间的一个大方格为计数室，它的长和宽各为1mm，深度为0.1mm，其体积为$0.1mm^3$。计数室有两种规格：一种是把大方格分成16中格，每一中格分成25小格，共400小格；另一种规格是把一大方格分成25中格，每一中格分成16小格，总共也是400小格。

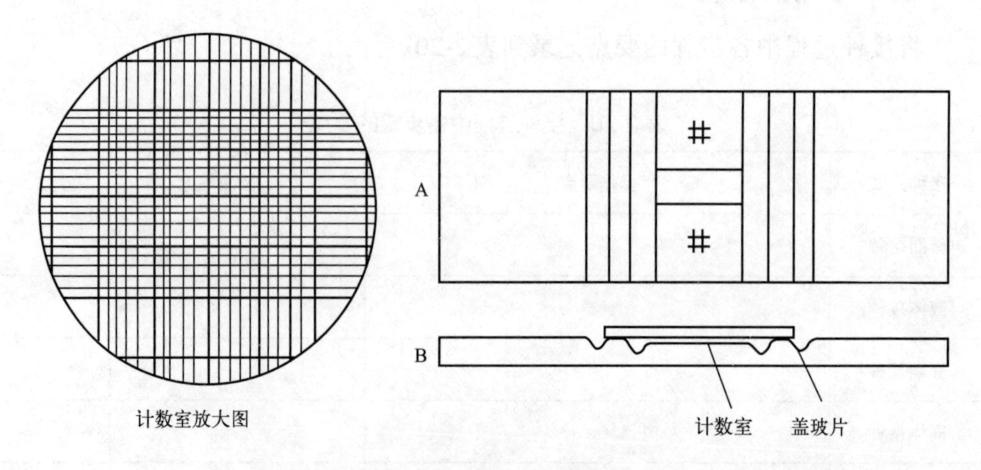

图2-30 血球计数板的结构图

A—正面图；B—侧面图

笔记

2. 计算方法

计数室为16×25的计数板计算公式：

$$细胞数/mL=\left(\frac{100小格内的细胞数}{100}\right)\times 400\times 1000\times 稀释倍数$$

计数室为25×16的计数板计算公式：

$$细胞数/mL=\left(\frac{80小格内的细胞数}{80}\right)\times 400\times 1000\times 稀释倍数$$

三、实训器材

显微镜、血球计数板、移液管、酵母菌液（也可用其他微生物作材料）。

四、实训流程

稀释样品→血球计数板涂样→显微镜下观察→计数→计算。

五、操作步骤

① 稀释样品，为了便于计数，将样品适当稀释，使每格约含5个细胞。

② 取干净的血球计数板，用厚盖玻片盖住中央的计数室，用移液管吸取少许充分摇匀的待测菌液于盖玻片的边缘，菌液则自行渗入计数室，静置5～10min即可观察计数。

③ 将血球计数板置于载物台上，用低倍镜找到小方格网后换高倍镜观察计数。须不断地上、下旋动细调节器，以便看到计数室内不同深度的菌体。计数时应在四角和中央各取一方格，共计5个方格。凡是落在小方格的上方和左方线上的菌细胞均应计算在内，而落在下方和右方线上的都不计算。

④ 每个样品重复计数3次，取平均值，再按公式计算每毫升菌液中所含的酵母菌数。

⑤ 计数后，在水管下冲洗血球计数板，然后自行干燥或风机吹干。如果镜检发现小格内有残留菌体或其他沉淀物，应重复洗涤至干净为止。

六、注意事项

① 稀释样品，取样要准确。

② 待测菌液一定要摇均匀才取样。

③ 菌液打入计数板的时候不要将液体加太多，以免液体溢出计数板。

④ 在显微镜下观察计数时光线不宜太强。

七、实训记录

观察微生物的计数记录到表2-21。

笔记

表 2-21 微生物的计数

微生物的位置	酵母菌			细菌			血细胞		
左上									
左下									
右上									
右下									
中央									
平均									

注：如果用两种规格计数板，则复制上面表格使用。

八、思考题

1. 为什么用两种不同规格的计数板测同一样品时其结果一样？

2. 试说明用血球计数板计数的误差主要来自哪些方面？怎样减少测定结果的误差？

实训四 环境因素对微生物的影响

一、实训目标

1. 了解温度对微生物生长的影响与作用机制，学习最适合生长温度的测定。

2. 了解紫外线对微生物生长的影响与作用机制，学习检测紫外线对微生物生长影响的方法。

3. 了解某些化学药剂对微生物的抑制作用，学习其实训方法。

4. 掌握环境对微生物影响实训的设计方法。

二、基础知识

环境中多种物理、化学因素都会影响微生物的生命活动，如温度、pH值、氧气、紫外线、各种化学药剂等。

微生物的生命活动，必须在一定温度范围内进行，温度过高或过低，均会影响其代谢方式、生长速度甚至可能致死微生物。根据微生物生长最快的温度可以测定微生物最适生长温度。

紫外线对微生物有诱发突变和致死作用。低剂量紫外线照射用于微生物诱变育种，高剂量紫外线照射用于实验室或工作间消毒杀菌。紫外线照射剂量与照射光强、距离及照射时间相关。

某些化学药剂（消毒剂）抑制或杀灭微生物，其效应强弱与试剂类型、浓

笔记

度、作用时间以及作用对象有关，有些药剂在浓度极低的情况下仍然有较强的作用。杀菌剂的浓度、作用时间由试验确定。

三、实训器材

（1）菌种　枯草杆菌、大肠杆菌、葡萄球菌、酵母等。

（2）器材　培养皿、吸管、牛肉膏蛋白胨培养基、豆芽汁培养基、马铃薯培养基、酒精灯、玻璃刮铲、水浴锅、紫外灯。

（3）试剂　75%乙醇、10%苯酚、30%甲醛、1%碘液、0.1%氯化汞、0.5%硫酸铜、50U/mL的青霉素、链霉素、庆大霉素。

四、实训流程

1. 温度对微生物生长的影响

接种→培养→结果观察。

2. 紫外线对微生物生长的影响

制备菌悬液→接种→紫外线处理→培养→结果观察。

3. 化学药剂对微生物生长的影响

倒平板→制备菌悬液→接种→加滤纸→培养→结果观察。

五、实训步骤

1. 温度对微生物生长的影响

（1）接种　在牛肉膏蛋白胨培养基斜面分别接种枯草杆菌四支。

（2）培养　已经接种的斜面分别置于0℃、20℃、30℃、50℃四种温度下培养。

（3）结果观察　培养48h后观察细菌生长情况并记录。

2. 紫外线对微生物生长的影响

（1）制备菌悬液　取装有5mL无菌水的试剂瓶1瓶，接种2环枯草杆菌菌种，混合均匀，制成菌悬液。

（2）接种　用无菌吸管取菌悬液2滴加于牛肉膏蛋白胨培养基平板上，立即用无菌刮铲涂抹均匀，然后用无菌黑纸遮盖部分平板。

（3）紫外线处理　紫外灯先预热15min，将已经接种的平板置于紫外灯下（平皿距紫外灯1m），打开皿盖，紫外线照射20min，取出黑纸，盖上皿盖。

（4）培养　将平板置于28～30℃恒温箱，培养48h。

（5）结果观察　观察平板上是否有纸形图案的细菌生长图像。

3. 化学药剂对微生物生长的影响

（1）倒平板　将融化的牛肉膏蛋白胨培养基（50℃）倾注入无菌平皿，冷凝成平板。

笔记

（2）制备菌悬液　取装有5mL无菌水的试剂瓶1瓶，接种2环枯草杆菌菌种，混合均匀，制成菌悬液。

（3）接种　用无菌吸管吸取少量菌悬液，在牛肉膏蛋白胨培养基平板上接种1～2滴，用无菌刮铲将菌液涂布均匀。

（4）加滤纸　取圆形滤纸片3张，1张沾无菌水，其余2张分别沾1种药剂，风干后在平板上分区放置，并在平皿底标记药剂名称、浓度、组别等内容。

（5）培养　将平板倒置于28～30℃恒温箱内，培养48 ～72h。

（6）结果观察　观察平板是否有抑菌圈，并通过抑菌圈直径大小推断药剂抑菌作用的强弱。

六、注意事项

① 准备培养基，除了牛肉膏蛋白胨培养基外，还可以准备马铃薯培养基、豆芽汁培养基，接种枯草杆菌外，还可以接种大肠杆菌、葡萄球菌，以及酵母菌，同等条件下培养，就可以得出不同培养基对微生物生长的影响，相同条件对不同微生物生长的影响等结果。

② 如果没有足够多的培养箱同时设置不同的温度培养，可以一组室温培养，一组恒温培养，对比实训结果有没有差别。

③ 为了提高学生的兴趣，允许学生在平板上画不同的图形。

④ 接种的试管或培养皿用记号笔做好记号，防止拿错。

⑤ 为了节省空间，将接种好的试管按组放到试管架上一起培养。

七、实训记录

将温度、紫外线、化学物质等因素对微生物的影响结果记录到表2-22。

表2-22　温度、紫外线、化学物质对微生物的影响

培养条件		枯草杆菌	大肠杆菌	葡萄球菌	酵母菌
温度/℃	0				
	20				
	30				
	50				
紫外线	盖黑纸				
	不盖黑纸				
化学试剂	青霉素				
	链霉素				
	庆大霉素				

注：生长状况记录可以把实训结果拍照片贴在相应的位置上，并附上实训结果的分析说明。

笔记

八、思考题

通过实训结果观察，分析温度、紫外线及化学药剂对微生物生长的影响。

实训五　细菌生长曲线的测定

一、实训目标

1. 了解大肠杆菌的生长曲线特征和繁殖规律。
2. 掌握光电比浊法测量细菌数量的方法。
3. 能根据实训数据绘制细菌生长曲线。

二、基础知识

微生物的生长分为个体生长和群体生长，对于酵母细胞或比较大的细菌细胞可采用血球计数板计数测定个体生长，但对于大多数微生物来讲，由于其个体都很小，测定个体生长不方便，故对于较小的细菌细胞则一般采用比浊法计数而测其群体生长。将一定数量的微生物纯菌接种到一定体积的已灭菌的新鲜培养液中，在适宜条件下培养，定时取样测定培养液中菌的数量，以菌数的对数为纵坐标，生长时间为横坐标，绘制出反应细菌从开始生长到死亡的动态过程的曲线，即细菌的生长曲线。

比浊法是根据培养液中菌细胞数与浑浊度成正比，与透光度成反比的关系，利用光电比色计测定菌悬液的光密度值（OD值），以OD值来代表培养液中的浊度即微生物量。此法所用设备少而简单，操作简便而快捷。

三、实训器材

（1）菌种　培养18～20h的大肠杆菌培养液。

（2）试剂　牛肉膏蛋白胨液体培养基。

（3）仪器　721型或722型分光光度计，恒温水浴摇床，灭菌滴管、移液管、试管等。

四、实训流程

分光光度计开机→标记13支无菌试管→接种大肠杆菌→振荡培养→测OD值。

五、操作过程

① 调节分光光度计的波长到420nm处，开机预热10～15min。

笔记

② 取13支无菌大试管，用记号笔标明时间0、1.5h、3h、4h、6h、8h、10h、12h、14h、16h、18h、20h、24h。

③ 用5mL移液管吸取2.5mL大肠杆菌培养液，放入装有60mL牛肉膏蛋白胨培养基的锥形瓶中，混匀后分别吸取5mL放入已编号的13支大试管中。

④ 将13支大试管置于37℃恒温水浴摇床上，振荡培养，分别在0、1.5h、3h、4h、6h、8h、10h、12h、14h、16h、18h、20h、24h取出，放入冰箱中贮存，最后一起比浊测定。

⑤ 以未接种的培养液做空白对照，选用波长调至540～560nm的分光光度计，校正零点，然后进行比浊测定。从最稀浓度的菌悬液开始一次测定，对浓度大的菌悬液用未接种的牛肉膏蛋白胨培养基适当稀释后再测定，使光密度值在0.1～0.65之间，记录OD值，填入下表。

六、注意事项

① 测定OD值时要用空白校正零点，要从低浓度到高浓度。

② 测量要迅速，因为以时间为单位，如果不按时完成，测定结果误差较大。

③ 要严格控制培养条件，读数要准确。

七、实训记录

将实训测得的OD值填入表2-23。

表2-23　测得的OD值

时间/h	空白对照	0	1.5	3	4	6	8
吸光值（OD）							
时间/h	10	12	14	16	18	20	24
吸光值（OD）							

八、思考题

1. 为什么说用比浊法测定细菌的生长只是表示细菌的相对生长状况？
2. 以培养时间为横坐标，以菌悬液的OD值为纵坐标绘出生长曲线。
3. 根据曲线图描述细菌生长的特性。

笔记

实训六　乳酸菌的分离纯化与乳酸的制作

一、实训目标

1. 了解乳酸菌的生理特性、发酵条件和产物。
2. 掌握从酸乳中分离纯化乳酸菌的技术。
3. 学会酸乳的制作方法。

二、基础知识

酸乳是以牛乳或乳制品为原料，均质（或不均质）、杀菌（或灭菌）、冷却后，加入特定的微生物发酵剂而制成的产品。活性乳酸菌是人体肠道中的重要的生理菌群，担负着人机体的多种重要生理功能，主要表现为：维持肠道菌群的微生态平衡；增强机体免疫功能，预防和抑制肿瘤发生；提高营养利用率，促进营养吸收；控制内毒素；降低胆固醇；延缓机体衰老；等。酸乳通过乳酸菌的发酵作用，使营养成分比牛乳更趋完善，更易于消化吸收，故酸乳是一种营养价值较高的保健食品。

能利用可发酵糖产生乳酸的细菌称为乳酸细菌。常见的乳酸细菌属于链球菌属、乳酸杆菌属、双歧杆菌属和明串珠菌属等。乳酸细菌生成的乳酸和厌氧生活的环境，能够抑制一些腐败细菌的活动，日常生活中常利用乳酸发酵腌制泡菜，制作酸奶和制造青贮饲料等。

三、实训器材

1. 菌种

嗜热乳酸链球菌、保加利亚乳酸杆菌或从市场销售的各种乳酸或酸乳饮料中分离。

2. 培养基

（1）乳酸发酵培养基　牛乳或奶粉配制。12% ～13%全脂乳液加5% ～6%的蔗糖即可。

（2）分离纯化培养基　牛肉膏蛋白胨乳糖培养基：牛肉膏0.5%、酵母膏0.5%、蛋白胨1%、葡萄糖1%、乳糖0.5%、NaCl 0.5%、琼脂2%、调节pH为6.0。

（3）番茄汁培养基　番茄汁400mL、蛋白胨10g、胨化牛奶10g、蒸馏水1000mL。

3. 器材

试管、烧杯、锥形瓶、无菌吸管、乳酸瓶、温度计、玻璃棒、酒精灯、电炉、打浆机或均质机、培养箱、恒温水浴、冰箱、培养皿等。

笔记

四、实训流程

1. 乳酸的制作过程

配制→装瓶→消毒→冷却→接种→发酵→冷藏→品尝。

2. 乳酸菌的分离纯化

倒平板→稀释→接种→培养→观察→发酵→品尝。

五、操作过程

1. 乳酸的制作过程

（1）配制　按1∶7的比例加水把奶粉配制成复原牛奶，并加入5%～6%蔗糖，或用市售鲜牛奶加入5%～6%的蔗糖调匀即可。

（2）装瓶　在250mL的乳酸瓶中装入200mL牛乳。如果没有乳酸瓶可以用锥形瓶代替。

（3）消毒　将装有牛乳的乳酸瓶置于80～85℃恒温水浴锅中消毒10～15min，或置于90℃恒温水浴锅中消毒5min。

（4）冷却　将消毒的牛奶冷却至40℃左右。

（5）接种　以5%接种量将市售酸乳接种入冷却的牛奶中，并充分摇匀，将瓶盖拧紧密封。

（6）发酵　把接种后的乳酸瓶置于40～45℃培养箱中培养3～6h，培养过程中要认真观察，在出现凝乳后停止培养。

（7）冷藏　将发酵的乳酸瓶转入4～7℃的低温下冷藏24h，通过后熟阶段，酸乳的酸度会比较适中（pH4～4.5），凝块均匀致密，无乳清析出，无气泡，有较好的口感和特有的风味。

（8）品尝　酸乳的质量以品尝的口感为标准，一般以凝块状态、表层光洁度、酸碱度及香味等为指标，如果有异味则可判定污染有杂菌。

2. 乳酸菌的分离纯化

（1）倒平板　将牛肉膏蛋白胨乳糖培养基或番茄汁培养基配制好，灭菌降温至45℃左右，倒平板。

（2）稀释　将待分离的酸乳做适当的稀释。

（3）接种　将稀释的酸乳菌液进行平板涂布分离，或直接蘸取酸乳做平板画线分离。

（4）培养　接种的平板，放到37℃条件下培养以获得单菌落。

（5）观察　经2～3d培养，待菌落长成后，观察乳酸菌呈现的三种形态的菌落：

① 杆菌。菌落大小为2～3mm，边缘不整齐，很薄，近似透明状，染色镜检为杆状，呈扁平形菌落。

② 链球菌。菌落大小为1～2mm，四周可见酪蛋白水解透明圈，染色镜检为链球状。但菌落形状有两种，一种类型高约0.5mm，边缘整齐，且呈半球状隆

笔记

起菌落；另一种边缘基本整齐，菌落中央呈隆起状，四周较薄，呈礼帽形凸起菌落。

（6）发酵　将杆菌、链球菌单菌落接入牛乳，经活化增殖后以10%的接种量接入消毒后的牛乳中，分别在37℃和45℃的条件下培养，各菌株的发酵液均可到达到10^{10}个/mL细胞。若两种菌株混合培养，含量会倍增。

（7）品尝　两种菌混合发酵的酸乳香味、口感相对较好。

六、注意事项

① 牛乳的消毒一定要掌握好温度和时间，防止长时间高温消毒而破坏酸乳的风味。

② 选择优良的酸乳（或发酵剂）是获得最佳酸乳的关键。

③ 制作酸乳过程中必须做到所用器具洁净无菌，制作环境清洁，避免杂菌污染，尤其是防止芽孢杆菌的污染，否则就会导致酸乳产生异味。

④ 应按相应规定进行理化和卫生指标检测。酸乳产品要求酸度（以乳酸计）为0.75%～0.85%，含乳酸菌≥1.0×10^{6}个/mL，不得检出致病菌，含大肠杆菌≤40个/100mL，产品为凝块状，表层光洁度好，风味和口感纯正。

七、实训记录

将实训结果填写入表2-24。

表2-24　实训结果品评

菌种 品评	品评项目					结论
	凝乳情况	口感	香味	异味	pH值	
乳酸菌						
球菌 杆菌 混合 （1：1）						

八、思考题

1. 牛奶经过乳酸菌发酵为什么能产生凝乳？

2. 为什么采用乳酸菌混合发酵的酸乳比单菌发酵的酸乳口感和风味更佳？

3. 品尝自己制作的乳酸饮料，判断其感官品质是否达到要求，若未达到要求，原因何在？

笔记

实训七　常用玻璃器皿的准备

一、实训目标

1. 掌握常用玻璃器皿的清洗和包扎技术。
2. 掌握棉塞的制作方法。

二、基础知识

微生物很多实训都要用到玻璃器皿，玻璃器皿是否洁净将直接影响实训结果的正确与否。另外，玻璃器皿在灭菌前必须包裹及加塞，以保证玻璃器皿于灭菌后不被外界杂菌所污染。棉塞的作用有二，一是保证通气良好，二是防止杂菌污染。棉塞的质量优劣对实训结果有很大的影响，因此，玻璃器皿的清洗、包装、棉塞的制作等是实训前的一项重要准备工作。

三、实训器材

试管、平皿、锥形瓶、吸管、报纸或牛皮纸、细绳、橡皮筋、毛刷、棉花、纱布等。

四、实训流程

玻璃器皿的清洗→玻璃器皿的包装→棉塞的制作。

五、操作过程

1. 玻璃器皿的清洗

（1）新玻璃器皿的洗涤　新玻璃器皿因含游离碱较多，应在2%的盐酸溶液内浸泡数小时，随后用自来水冲洗干净即可。

（2）旧玻璃器皿的洗涤

① 试管、培养皿、锥形瓶、烧杯等可用瓶刷或海绵沾上肥皂或洗衣粉或去污粉等洗涤剂刷洗，然后用自来水充分冲洗干净，倒置晾干或置于烘箱内烘干。

② 吸管。吸过含有微生物培养液的吸管，应立即放入2%煤酚皂溶液或0.25%新洁尔灭消毒液的量筒或标本瓶内，24h后取出自来水冲洗。

③ 载玻片、盖玻片等若滴有香柏油时，应先用皱纹纸擦去或浸在二甲苯内摇晃几次，使油垢溶解，再在肥皂水中煮沸5～10min，用软布或脱脂棉擦拭后，立即用水冲洗，然后在洗涤液中再浸泡0.5～2h，用自来水冲去洗涤液，最后用蒸馏水冲洗数次，待干后浸于95%乙醇中保存备用，使用时在火焰上烧去乙醇，此法洗涤和保存的载玻片和盖玻片清洁透亮，没有水珠。

笔记

2. 玻璃器皿的包装

（1）培养皿包装　培养皿由底和盖组成一套，以4～8套为一组，用旧报纸或牛皮纸卷成筒成一包。包扎培养皿时，双手同时折报纸往前卷，并边卷边收边，使纸紧贴于培养皿边缘，最后的纸边折叠结实即可。培养皿也可直接置于特制的铁皮圆筒内，加盖灭菌。

（2）吸管包装　准备好干燥的吸管，在距其粗头顶端的0.5cm处塞入少许长约1.5cm的棉花，以拉直的曲别针一端放在棉花的中心，轻轻捅入管口，松紧必须适中，松紧程度以吹气时通气顺畅而不致下滑为准（过紧，吸吹液体太费劲；过松，吹气时棉花会下滑），管口外露的棉花纤维通过火焰烧掉。然后，将吸管尖端放在4～5cm宽的长条纸的近左端，与纸条折成30°～45°角，将左端多余的纸条折叠包住吸管尖端，一手捏住管身，一手将吸管压紧在桌面上，向前滚动，以螺旋式包扎，将整根吸管卷入报纸，末端剩余纸条折叠打结。包好的多个吸管可再用一张大报纸包好，或将包装好的吸管放入特制的铁皮桶内，加盖密封灭菌。

（3）锥形瓶包装　先用制好的大小适宜的棉塞或硅胶塞将锥形瓶口塞好，棉塞正确的松紧度应以手提棉塞略加摇摆而不能从管口脱落为佳。棉塞外用牛皮纸或两层旧报纸包扎，用棉绳或橡皮筋以活结扎紧，以防灭菌后瓶口被外部杂菌所污染。

（4）试管包装　试管口塞上棉花或硅胶塞，多支扎成一捆，外用牛皮纸或两层旧报纸包装，再用细线或橡皮筋捆好。

3. 棉塞的制作

制作棉塞时要求棉塞形状、大小、松紧与管口或瓶口完全适合，没有皱纹和缝隙，过紧则妨碍空气流通，操作不便且易挤破管口和不易塞入或拔出，过松则易掉落和污染空气中的杂菌，从而达不到滤菌的效果。

制作棉塞首先要选用大小、厚薄适中，纤维较长的普通棉花一块，铺展于左手拇指和食指扣成的团孔上，用右手食指将棉花从中央团孔中制成棉塞，然后直接压入试管或锥形瓶口，也可借用玻璃棒塞入，还可以用折叠卷塞法制作棉塞，制作过程如图2-31。完成的棉塞总长约4～5cm，棉塞头较大，加塞时，棉塞长度的1/3留在试管口外，2/3在试管口内。

六、注意事项

① 盛放固体培养基的玻璃器皿应先将培养基刮去，然后再洗涤；带菌的器皿应先浸在2%煤酚皂溶液（来苏尔）或0.25%新洁尔灭消毒液内24h或煮沸0.5h，然后再洗涤；带病原菌的器皿应先高压蒸汽灭菌，将培养物倒掉后再洗涤；科研或精密配制药品所用器皿，自来水冲洗后要用蒸馏水淋洗三次后晾干或烘干备用。

② 洗衣粉或去污粉较难冲洗干净，在器壁上常附着一层微小颗粒，需要用水多次甚至10次以上冲洗，或用稀盐酸摇洗一次，再用水冲洗。

笔记

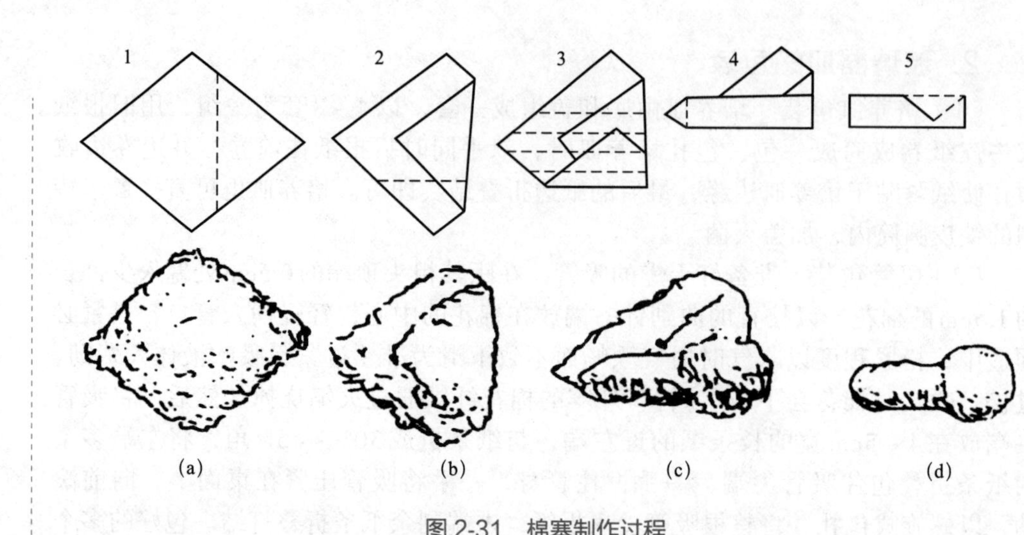

图 2-31　棉塞制作过程

③ 制作棉塞一般不用脱脂棉，一方面它吸水变湿易污染，另一方面价格也较贵。

④ 空的玻璃器皿一般用干热灭菌，若用湿热灭菌，则要多用几层报纸包扎，外面最好加一层牛皮纸或铝箔。

七、实训记录

将玻璃器皿的洗涤及棉塞制作的效果打分填入表2-25。

表 2-25　玻璃器皿的洗涤及棉塞制作的效果

项目	器皿洗涤	器皿包装		棉塞		总评
类型	清洁度	外观	结实度	外观	适合度	
评分						

八、思考题

1. 吸管在灭菌前应如何处理？
2. 棉塞正确的适合度应该怎样评判？
3. 移液管等怎样进行灭菌前的包装？

实训八　菌种的常规保藏技术

一、实训目的

1. 了解菌种保藏的相关知识及保藏的意义。

笔记

2. 掌握几种常规菌种保藏的操作技术。

二、基础知识

不同的菌种保藏的方法各异，但原理却大同小异，即为优良菌株创造一个适合长期休眠的环境，使微生物的代谢处于最低状态，但又要保证不能死亡，以达到菌种保藏的目的。有利的条件包括干燥、低温、缺氧及充分的养料等。

三、实训器材

1. 菌种及试剂

（1）菌种　待保藏的适龄菌株斜面。

（2）培养基　肉汤蛋白胨斜面、半固体及液体培养基。

（3）试剂　10%HCl、无水$CaCl_2$、石蜡油、P_2O_5等。

2. 仪器

大小试管、无菌吸管（5mL、1mL）、灭菌锅、真空泵、干燥器、无菌水、筛子（40目、120目，孔径/mm=16/筛号）、标签、接种针、接种环、棉花、牛角匙等。

四、实训流程

1. 斜面保藏

贴标签→接种→培养→保藏。

2. 半固体穿刺保藏

贴标签→接种→培养→保藏。

3. 石蜡封存

贴标签→接种→培养→加石蜡油→保藏。

4. 沙土管保藏

制作沙土管→灭菌→制备菌液→加样→干燥→保藏。

五、操作过程

1. 斜面保藏

（1）贴标签　取无菌的肉汤蛋白胨斜面培养基试管，在斜面的正上方距离试管口2～3cm处贴上写明细菌菌名、培养基名称和接种日期的标签。

（2）接种　将待保藏的菌种接种到斜面培养基上。

（3）培养　置于适合温度（37℃）的恒温箱内培养48h。

（4）保藏　斜面长好后，直接放入4℃的冰箱中保藏。这种方法一般可保藏

笔记

3～6个月。

2. 半固体穿刺保藏

（1）贴标签　取无菌的半固体肉汤蛋白胨培养基试管数支，贴上标明细菌菌名、培养基名称和接种日期的标签。

（2）接种　用接种针以无菌操作方式从待保藏的细菌斜面上挑取菌种，朝直立柱中央直刺至试管底部，然后再沿原路拉出。

（3）培养　置适合温度（37℃）的恒温箱内培养48h。

（4）半固体直立柱长好后，直接放入4℃的冰箱中保藏，可保藏6～12个月。

3. 石蜡封存

（1）贴标签、接种、培养同斜面保藏。

（2）加石蜡油　在无菌条件下将5mL石蜡油加到培养好的菌种上面，加入的量以超过斜面或直立柱1cm高为宜。

（3）保藏　用石蜡油封存好的试管放到4℃的冰箱中保藏，或放到低温干燥处直接保藏，这种方法可保藏1～2年。

4. 沙土管保藏

（1）制作沙土管　选取过40目筛的黄沙，酸洗，再水洗至中性，烘干备用；选用过120目筛的黄土备用；按黄土：黄沙=1：4的比例混合均匀后，装入小试管，装入量为1cm左右。

（2）灭菌　高压蒸汽灭菌。

（3）制备菌液　取3mL无菌水至待保藏的菌种斜面中，用接种环轻轻刮下菌苔,振荡制成菌悬液。

（4）加样　用吸管吸取上述菌悬液约0.1mL至沙土管，并搅拌均匀。

（5）干燥　把装好菌液的沙土管放入干燥器或同时用真空泵连续抽气，使之干燥。

（6）保藏　干燥后的沙土管可直接放入冰箱，或用石蜡封住棉塞后放入冰箱保藏，保藏期可达1～10年。

六、注意事项

① 不同的菌种或不同的需求，应该选用不同的保藏方法。

② 沙土管保藏法在灭菌时一定要彻底，直至检测无菌为止。

③ 半固体穿刺法向外抽出接种针的时候要快而稳，防止破坏培养基，影响实训效果。

七、实训记录

将几种保藏方法的实训结果记录到表2-26。

笔记

表 2-26　几种保藏方法的实训结果

保藏方法	斜面保藏	半固体穿刺保藏	石蜡封存	沙土管保藏
接种好的菌种				

注：据接种好的菌种情况及操作过程，评判打分，并把接种好的菌种拍照附加到实训报告中。

八、思考题

1. 经常使用的细菌菌株，使用哪种保藏方法比较好？
2. 沙土管法适合保藏哪类微生物？

实训九　灭菌操作

一、实训目标

1. 了解灭菌的原理和各种灭菌方法的应用范围。
2. 掌握高压蒸汽灭菌、干热灭菌、紫外线灭菌等的操作技术。

二、基础知识

干热灭菌是利用高温使微生物细胞内的蛋白质凝固变性而达到灭菌的目的；高压蒸汽灭菌是将待灭菌的物品放在一个密闭的加压灭菌锅内，通过加热，使灭菌锅隔套间的水沸腾而产生蒸汽，从而得到高于100℃的温度，进而导致菌体蛋白质凝固变性而达到灭菌的目的；紫外线灭菌是用紫外线灯进行的，波长为200～300nm的紫外线都有杀菌能力，其中260nm的杀菌力最强；过滤除菌是通过机械作用滤去液体或气体中细菌的方法，当菌液通过滤器时，各种微生物被阻留在滤膜的上面，从而达到除菌的目的；化学药品灭菌是用能抑制或杀死微生物的化学制剂进行消毒灭菌的方法，化学药品阻抑细菌代谢或破坏细菌代谢，从而达到抑菌或杀菌的目的。

三、实训器材

1. 试剂

牛肉膏蛋白胨培养基、3%～5%石炭酸或2%～3%煤酚皂（来苏尔）溶液、0.25%新洁尔灭、0.1%升汞、3%～5%的甲醛溶液、75%乙醇溶液、2%葡萄糖溶液等。

2. 仪器

培养皿、试管、锥形瓶、吸管、玻璃刮棒、镊子、电烘箱、高压蒸汽灭菌

笔记

锅、紫外线灯、注射器、微孔滤膜过滤器、0.22μm 滤膜等。

四、实训流程

1. 干热灭菌

装入→升温→恒温→降温→取物。

2. 高压蒸汽灭菌

加水→装料→加盖→排气→升压→保压→降压→检查。

3. 滤膜过滤灭菌

组装→灭菌→连接→压滤→检查→清洗。

4. 紫外线灭菌

开关→照射→关电→培养→检查。

5. 化学消毒

喷洒（或擦洗）→照射→培养→检查。

五、操作过程

1. 干热灭菌

干热灭菌法适用于玻璃器皿，如试管、培养皿、锥形瓶、移液管等。

（1）装入　将预先包好的待灭菌物品（培养皿、试管、吸管等）放入电烘箱内，关好箱门。

（2）升温　接通电源，打开开关，旋动恒温调节器至所需温度刻度（器皿灭菌多为160～170℃），此时烘箱红灯亮，表明烘箱已开始加热，当温度升至100℃时，关闭排气孔。当温度升至所设定的温度后，则烘箱绿灯亮，表示已停止加温。

（3）恒温　当温度升到所需温度后，维持此温度2h。

（4）降温　切断电源，自然降温。

（5）取物　电烘箱内温度降到70℃以下后，可以打开箱门，取出灭菌物品。

2. 高压蒸汽灭菌

高压蒸汽灭菌法适用于培养基、无菌水、工作服等物品。此法应用最为广泛，实验室所用的一切器皿、器具等几乎都可用此法灭菌。

（1）加水　先将内层锅取出，再向内层锅内加水，至水面与三脚架相平。

（2）装料　将装料桶放回锅内，装入待灭菌的物品。

（3）加盖　将灭菌锅盖上的排气软管插入内层锅的排气槽内，摆正锅盖，对齐螺口，以两两对称的方式同时旋紧相对的两个螺栓，用此法拧紧所有螺栓，使螺栓松紧一致。

（4）排气　用电炉或煤气加热，或直接打开电源。一种方法是打开排气口，待水煮沸后，水蒸气和空气一起从排气孔排出，一般认为，当排气流很强并有嘘声时，表明锅内空气已排净（沸后约5min）；也可以待压力升至0.05MPa时，再打开排气阀，待压力降至为“0”时，说明锅内的冷空气已排净。

（5）升压、保压　当锅内的空气排净，关闭排气阀，压力开始上升。当压力表指针达到所需压力刻度时，控制热源，维持恒温，开始计时，维持压力至所需时间后，停止加热。一般培养基和器皿灭菌控制在121℃，20min即可。

（6）降压　关闭热源或切断电源，让灭菌锅内温度自然下降到“0”时，打开排气阀，放净余下的蒸汽后，对称地旋松螺栓，打开锅盖，取出物品，放掉锅内剩水。

（7）检查　将灭菌培养基摆成斜面，然后放入37℃温箱中培养24h，无杂菌即可。

3. 滤膜过滤灭菌

滤膜过滤灭菌适合用于对热敏感物质，如抗生素、血清、维生素等易受热分解的物品。

（1）组装、灭菌　按实训要求将孔径大小不同（如0.1μm、0.22μm、0.3μm、0.45μm等，过滤细菌常用0.45μm孔径滤膜）的滤膜装入干净的塑料滤器中，旋紧压平，包装灭菌待用（0.1MPa、121.5℃，20min）。

（2）连接　将灭菌滤器的入口在无菌条件下连接于装有待滤溶液（2%葡萄糖溶液）的注射器上，将针头与出口处连接并插入带橡皮塞的无菌试管中。

（3）压滤　将注射器中的待滤溶液加压，缓缓挤入过滤到无菌试管中，滤毕，将针头拔出。

（4）检查　吸取除菌滤液0.1mL于肉汤培养基平板上，涂布均匀，放入37℃恒温箱中培养24h，无杂菌即可。

（5）清洗　弃去塑料滤器上的微孔滤膜，将塑料滤器清洗干净，换一张新的微孔滤膜。

4. 紫外线灭菌

紫外线灭菌因紫外线穿透力较小，所以只能用于无菌室、接种箱、手术室内的空气及物体表面的灭菌。

① 在无菌室内或在接种箱内打开紫外线灯开关，照射30min，关闭电源。

② 将牛肉膏蛋白胨培养基平板盖打开15min，然后盖上培养皿盖，置于37℃恒温箱中培养24h。

③ 检查每个平板上生长的菌落数，如果不超过4个，说明效果良好，否则，需延长照射时间，同时加强其他措施。

5. 化学消毒

化学消毒主要用于无菌室内或接种箱内的空气，无菌室内的桌面、凳子，皮肤等方面的消毒灭菌。一方面使空气中附着有微生物的尘埃降落，另一方面也可以杀死一部分细菌。

化学药品消毒杀菌经常与紫外线照射结合使用，常用的化学药品有3%～5%石炭酸或2%～3%煤酚皂（来苏尔）溶液、0.25%新洁尔灭、0.1%升汞、

笔记

3% ~5%的甲醛溶液、75%乙醇溶液等。

① 在无菌室内，先喷洒有3% ~5%石炭酸溶液，再用紫外线灯照射15min。

② 无菌室的桌面、凳子用2% ~3%来苏尔溶液擦洗，再打开紫外线灯照射15min。

③ 检查同紫外线灭菌③的方法。

六、注意事项

① 干燥灭菌过程中，玻璃器皿装入时不要摆放过密，以免影响空气流通；不要使器皿与烘箱内层地板直接接触，升温时也不要温度太高（超过170℃），防止包装纸、棉塞烤焦起火。取物品时，电烘箱内温度一定要降到70℃以下，未降到70℃，切勿打开箱门，以免骤然降温导致玻璃器皿炸裂。

② 高压蒸汽灭菌过程中，加水不要太少，以防止菌锅烧干而引起炸裂，若用立式消毒锅最好用已煮开过的水，以便减少水垢积存。装料时不要装太拥挤，若消毒物品中有装有培养基的容器时要防止液体溢出，瓶塞不要紧贴桶壁，以防止冷凝水淋湿包口的纸而沾湿棉塞。降压时，不能过早打开排气阀，以免由于瓶内压力下降的速度比锅内慢而造成瓶内液体冲出容器外，造成棉塞沾污培养基而发生污染，甚至灼烧操作者。

③ 滤膜过滤灭菌的整个过程应在无菌条件下严格操作，以防污染，过滤时避免各连接处出现渗漏现象。压滤时，用力要适当，不可太猛太快，以免细菌被挤压通过滤膜。

④ 紫外线灭菌时，因紫外线对眼角膜及视神经有损害作用，对皮肤有刺激作用，故不能在直射紫外线灯光下工作。因紫外线穿透能力不强，紫外灯照射物以不超过1.2m为宜。

⑤ 化学消毒灭菌不仅与化学药品类型有关，而且还与化学药品浓度的高低、处理时间的长短及微生物所处的环境等有关。

七、实训记录

将灭菌实训操作规范性考核填写入表2-27。

表2-27 灭菌实训操作规范性评价

灭菌方式	干热灭菌	高压蒸汽灭菌	滤膜过滤灭菌	紫外线灭菌	化学消毒
操作过程规范性评价					

注：由老师根据学生操作过程进行打分。

笔记

八、思考题

1. 在干热灭菌操作过程中应注意哪些问题？为什么？

2. 在使用高压蒸汽灭菌时，怎样杜绝一切不安全的因素？

3. 在紫外线灯下观察实训结果时，为什么要隔一块普通玻璃？

4. 细菌营养体与细菌芽孢对灭菌条件（温度、压力、紫外线、化学药品浓度等）的抵抗力一样吗，为什么？

5. 滤膜过滤除菌怎样才能尽量保证除菌效果较好？

细菌原生质体的制备及细胞融合技术

拓展2-6 扫描二维码可查看“细菌原生质体的制备及细胞融合技术”。

小　结

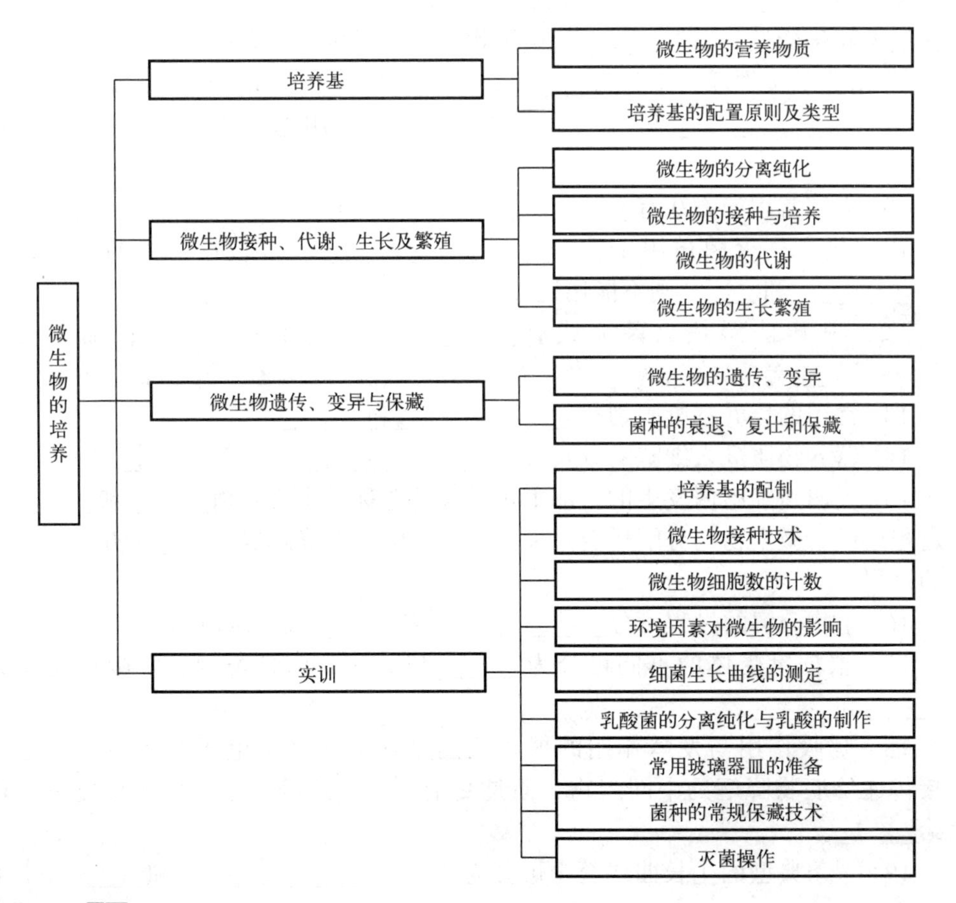

习　题

一、填空题

1. 组成微生物细胞的主要元素包括______、______、______、______、

笔记

______和______等。

2. 微生物生长繁殖所需六大营养要素是______、______、______、______、______和______。

3. 碳源物质为微生物提供______和______。碳源有简单的______，也有复杂的______，甚至有高度不活跃的______，另外，______等也是良好碳源。

4. 微生物能利用的碳源很广泛，但多数微生物的最好碳源是______、______、______、______等易被吸收的物质，其次是______、______和______。

5. 在实验室及生产实践中常常以______、______、______、______和______等作为有机氮源，以______作为无机氮源。

6. 生长因子包括______、______、______、______、______等，其中______种类最多。

7. 依据微生物所需能源与碳源的不同，将微生物分为：______、______、______、______4种营养类型。

8. 根据______，微生物可分为自养型和异养型；根据______，微生物可分为光能型和化能型；根据______，微生物可分为无机型和有机型。

9. 培养基按物理状态分为______、______和______；培养基按实训用途分为______、______、______和______；培养基按工业用途分为______、______和______。

10. 灭菌常用的方法有______、______、______和______。

11. 热空气灭菌适用于______、______和______等玻璃器皿的灭菌；而______、______和______则不能用这种方法。

12. 常压法湿热灭菌方式有______、______和______等；加压法有______、______等。

13. 常用的培养基凝固剂有______、______和______。

14. 营养物质进入细胞的方式有______、______、______和______。

15. 代谢是细胞内发生的全部生化反应的总称，主要是由______和______两个过程组成。微生物的分解代谢是指______在细胞内降解成______，并______能量的过程。

16. 生物分解的过程可分______、______和______三个阶段。

17. 根据氢受体的不同可分为______和______两种类型；呼吸作用又分为______和______。

18. 呼吸作用与发酵作用的根本区别是呼吸作用中电子载体不是将电子直接传递给底物降解的中间产物，而是交给______系统，逐步释放出能量后再交给______。

19. 一条典型的生长曲线至少可分为______、______、______和______4个生长时期。

20. 测定生长都直接或间接地以____________为依据，而测定繁殖则以____________为依据。

21. 微生物的遗传是稳定的，变异是______；遗传是______，变异是绝对的。

22. 菌种衰退的方法主要有______、______、______和______。

笔记

23. 菌种保藏方法中，实验室最常用的一种保藏方法是___________。此法适合于______、______、______及______等的保藏。

二、选择题（单选题）

1. 在含有下列物质的培养基中，大肠杆菌首先利用的碳物质是（　　）。
A. 蔗糖　B. 葡萄糖　C. 半乳糖　D. 淀粉
2. 下列物质可用作生长因子的是（　　）。
A. 葡萄糖　B. 纤维素　C. 氯化钠　D. 叶酸
3. 硝化细菌属于（　　）型的微生物。
A. 光能无机自养　B. 光能有机异养
C. 化能无机自养　D. 化能有机异养
4. 实验室培养细菌常用的培养基是（　　）。
A. 牛肉膏蛋白胨培养基　B. 马铃薯培养基
C. 高氏1号培养基　D. 察氏培养基
5. 被运输物质进入细胞前后物质结构发生变化的是（　　）。
A. 主动运输　B. 简单扩散　C. 协助扩散　D. 基团转移
6. 下列代谢方式中，能量获得最有效的方式是（　　）。
A. 发酵　B. 有氧呼吸　C. 无氧呼吸　D. 化能自养
7. 延胡索酸呼吸中，（　　）是末端氢受体。
A. 琥珀酸　B. 延胡索酸　C. 甘氨酸　D. 苹果酸
8. 某细菌2h中繁殖了5代，该菌的代时是（　　）。
A. 15min　B. 24min　C. 30min　D. 45min
9. 对活的微生物进行计数最准确的方法是（　　）。
A. 比浊法　B. 显微镜直接计数
C. 干细胞重量测定　D. 平板菌落计数
10. 最小的遗传单位是（　　）。
A. 染色体　B. 基因　C. 密码子　D. 核苷酸

三、判断题

1.（　　）某些假单胞菌可以利用多达90种以上的碳源物质。
2.（　　）氨基酸在碳源缺乏时可被微生物用作碳源物质，但不能提供能源。
3.（　　）目前已知的致病微生物都是化能有机异养型生物。
4.（　　）为使微生物生长旺盛，培养基中营养物质的浓度越高越好。
5.（　　）半固体培养基常用来观察微生物的运动特征。
6.（　　）基础培养基可用来培养所有类型的微生物。
7.（　　）反硝化作用是化能自养微生物以硝酸或亚硝酸盐为电子受体进行的无氧呼吸。
8.（　　）由于蓝细菌的光合作用产生氧气，故蓝细菌都不具有固氮作用。
9.（　　）一般而言，对数生长期的细菌细胞最大。

笔记

10.（　　）在一密闭容器中接种需氧菌和厌氧菌，需氧菌首先生长。

11.（　　）酒精消毒浓度越高越好。

12.（　　）无论哪种菌种保藏方法，微生物菌种最多能保藏10年。

13.（　　）自发突变率极低但诱变剂可使诱变率提高$10 \sim 10^5$倍。

14.（　　）注射接种是用注射的方法将待接种的微生物转接至活的生物体内（如人或动物中）的一种方法。

15.（　　）测定生长都直接或间接地以原生质含量的增加为依据。

16.（　　）测定繁殖以细胞数量的增加为依据。

四、简答题

1. 微生物含有哪些化学组分？各组分占的比例是多少？
2. 微生物的营养物质有哪几大类？它们的生理功能是什么？
3. 什么是生长因子？它包括哪些物质？
4. 微生物吸收营养物质的方式有哪几种？试比较它们的异同。
5. 什么是培养基？配制培养基的原则是什么？
6. 用于制备培养基的凝固剂有哪些？它们分别有什么特点？
7. 影响酶促反应的因素有哪些？
8. 简述微生物呼吸作用的类型和特点。
9. 好氧菌避氧伤害其固氮酶的机制是什么？
10. 测量微生物群体生长有哪些方法？各有何特点和使用范围？
11. 什么叫细菌的生长曲线？它分为哪几个时期？各时期有什么特点？
12. 举例说明细菌生长曲线在常规活性污泥中的应用。
13. 什么是DNA的半保留复制？有何生物学意义？
14. 举例说明什么是诱变育种？什么是定向培育？什么是基因工程？
15. 菌种衰退的具体表现有哪些方面？菌种衰退如何防治？
16. 菌种保藏方法设计所依据的原则是什么？常用的菌种保藏方法有哪些？

五、讨论题

1. 20世纪60年代，在法国拉斯科的洞穴里发现的史前绘画被迫对大众关闭；埃及卡纳克国王峡谷里的古墓受到不同程度的破坏，正在采取补救措施；长沙汉代古墓完全封闭，让游客隔着厚厚的玻璃观望。试从微生物的角度分析一下，绘画、埃及古墓是怎样被破坏的，汉代古墓采取的措施可不可行，还有更好的保护措施吗？加以分析说明。

2. 如果在极地的条件下，发现一个好的野生菌种，根据所学知识，设计一个扩大菌种培育，并保存好菌种的一个试验。

3. 根据所学的微生物的培养相关知识，查找相关资料，写一篇心得体会。

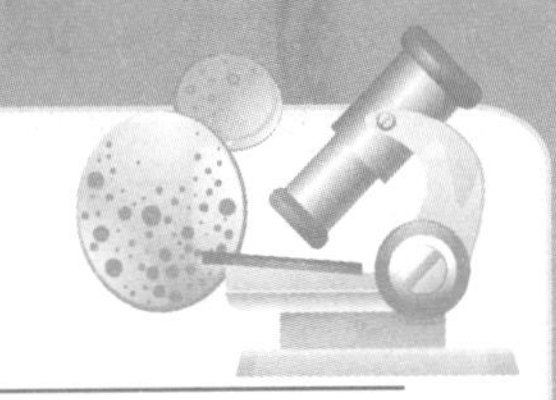

项目三

环境中微生物的检验和检测

学习指南

检测环境中的微生物，首先要了解微生物在环境中的分布，再结合影响微生物生长的因素，制定合适的监测方案。其次明确环境中微生物的卫生标准，根据国家标准检测微生物含量是否达标，采取措施控制微生物的生长，从而减少微生物对环境的危害。本项目重点讲授微生物在环境中的分布、环境中微生物的卫生标准及检测、水中的病原微生物的危害、水体富营养化、微生物代谢产物的污染与危害等。

任务一　微生物在环境中的主要类群和分布

知识目标

1. 了解水体、空气、土壤中的主要微生物类群和分布。
2. 掌握极端环境中微生物的分布、类群、影响因子。

能力目标

1. 能够根据微生物的特性，判断其类群和分布。
2. 会利用极端微生物的特性，将其运用到实际生产中。

素质目标

1. 培养利用自然的意识。
2. 培养综合分析问题的能力。

笔记

一、微生物类群和分布

（一）水体中的微生物

1. 水体中微生物的来源

水体是水的集合体，在环境科学领域中，包括水、水中悬浮物、底泥及水中生物等。江河、湖泊、水库、池塘、下水道、各种污水处理系统等水体，是微生物生存的重要场所。水中存在多种无机或有机物质，这些物质可以提供给微生物营养，是微生物生长的营养物质。水体中微生物的主要来源如下。

（1）水体中固有的微生物　如荧光杆菌、产红色和产紫色的灵杆菌、不产色的好氧芽孢杆菌、产色和不产色的球菌、丝状硫细菌、球衣菌及铁细菌等。

（2）来自土壤的微生物　通过雨水径流，土壤中的微生物被带入水体中，如枯草芽孢杆菌、巨大芽孢杆菌、氨化细菌、硝化细菌、硫酸还原菌、蕈状芽孢杆菌、霉菌等。

（3）来自人类生产和生活的微生物　在人类生产和生活过程中，所产生的各种废水、固体废物以及牲畜的排泄物会被有意或无意地排入水体，导致各种微生物也被带入水体中，如大肠菌群、肠球菌、产气荚膜杆菌、各种腐生性细菌、厌氧梭状芽孢杆菌，致病的微生物如霍乱弧菌、伤寒杆菌、痢疾杆菌、立克次体、病毒、赤痢阿米巴等。

（4）来自空气的微生物　通过雨雪降水、喷灌等过程，空气中的微生物被带入水体中。

2. 水体中微生物的类群和分布

水体中的微生物种类很多，微生物在水体中的分布和数量受水体类型、有机物的含量、微生物的拮抗作用、雨水冲刷、河水泛滥、工业废水和生活污水的排放量等因素的影响。

（1）海水微生物群落　海洋中的微生物有的是固有的栖息者，有的是随河水、雨水及污水等排入的。海洋微生物的数量和种类组成受海洋的位置、潮汐、深度等因素影响。近海微生物数量（10^5个/mL）比远海微生物数量（10～250个/mL）多，涨潮时含菌量明显减少。

海洋微生物的垂直分布比较明显，因为海洋的平均深度达4km，最深处为11km。从海平面到海底浅层光线充足，水温高，适宜多种海洋微生物生长，200m以下的深海区黑暗、寒冷和高压，只有少量耐压微生物才能生长。

（2）淡水微生物群落　淡水主要存在于陆地上的江河、湖泊、池塘、水库和小溪中，其中湖泊和池塘水的流速慢，属于静水系统，江河、小溪为流水系统。受水体类型、受污染程度、有机物含量、溶解氧含量、水温、pH及水深等因素影响，两系统的微生物群落分布不同。

淡水微生物的分布规律与海洋的相似，近岸水域有机物较多，微生物种类和数量也较多；中温水体内的微生物比低温水体内较多；表层水溶解氧含量高，其内好氧微生物较多，而深层水中的厌氧微生物较多。

水体若处于贫营养状态，则有机物和沉积物少，细菌数量约$10 \sim 10^3$个/mL，此时微生物种类主要为自养的，如硫细菌、铁细菌、球衣菌、蓝细菌和光合细菌。水体中若有机物质增加，则水体会富营养化，微生物的数量可达$10^7 \sim 10^8$个/mL，此时微生物种类多为腐生性细菌和原生动物，如变形杆菌属、大肠杆菌、产气肠杆菌、产碱杆菌属、芽孢杆菌属、弧菌属、螺菌属等。有时水中还会含有致病微生物。

水质不同对微生物影响也很大，一般在淡水中，微生物属于中温性种类，pH为6.5～7.5。当水质发生变化时，其中的微生物也会相应地发生变化，如温泉中存在耐热和嗜热的微生物，含硫温泉水中存在硫黄细菌。

3. 水体自净

水体自净是指河流（水体）接纳了一定量的有机污染物后，在物理的、化学的和水生生物（微生物、动物和植物）等因素的综合作用下，水质又恢复到污染前的水平和状态。任何水体都有其自净容量。自净容量是指在水体正常生物循环中，能够净化有机污染物的最大数量。微生物在水体自净过程中起着主要的作用。

水体自净是一个物理、化学和生物的复杂的综合过程，一般把水体的自净过程分为污染物被稀释或沉淀、微生物作用、溶解氧恢复、水体自净完成四个阶段。

（1）污染物被稀释或沉淀　污染物排入水体后被水体稀释，有机和无机固体物沉降至河底，降低了污染物浓度，有利于生物降解。稀释作用与废水量、水体的水文参数、两者的混合程度等因素有关。

（2）微生物作用　水体中好氧细菌可以把有机物分解为简单有机物和无机物，用以自身有机体的组成，水中溶解氧急速下降，造成鱼类绝迹，原生动物、轮虫、浮游甲壳动物等死亡，厌氧细菌大量繁殖，对有机物进行厌氧分解。有机物经细菌完全无机化后，在硝化细菌和硫化细菌作用下生成NO_3^-和SO_4^{2-}。

（3）溶解氧恢复　溶解氧是微生物好氧分解有机物必不可少的条件，水体中的溶解氧主要通过大气扩散和光合作用进行补充。当污染物浓度很高时，水体中溶解氧被异养菌分解为有机物而被消耗，复氧速率小于耗氧速率，氧垂曲线下降。在最缺氧点，有机物的耗氧速率等于河流的复氧速率。再往下流的有机物渐少，复氧速率大于耗氧速率，氧垂曲线上升。如果河流不再被有机物污染，河水中溶解氧会恢复到原有浓度，甚至达到饱和。

（4）水体自净完成　随着水体的自净，水中有机物缺乏、阳光照射、温度、pH变化、毒物及生物的拮抗作用等使细菌死亡，水体中水生植物、原生动物、微型后生动物甚至鱼类等出现，表明水质已完全恢复。

水体自净有三种方式：①物理作用，包括可沉性固体逐渐下沉，悬浮物、胶体和溶解性污染物稀释混合，浓度逐渐降低；②化学作用，污染物质由于氧化、还原、酸碱反应、分解、化合、吸附和凝聚等作用而使污染物质的存在形态发生变化和浓度降低；③生物作用，在水体自净中起非常重要的作用，各种生物（藻类、微生物等）的活动特别是微生物对水中有机物氧化分解作用使污染物

笔记

降解。

水体中的污染物的沉淀、稀释、混合等物理过程，氧化还原、分解化合、吸附凝聚等化学和物理化学过程以及生物化学过程等，往往是同时发生，相互影响，并相互交织进行。一般物理和生物化学过程在水体自净中占主要地位。

4. 影响水体自净的因素

水体的自净能力是有限的，如果排入水体的污染物数量超过某一界限时，将造成水体的永久性污染，这一界限称为水体的自净容量或水环境容量。影响水体自净的因素很多，其中主要因素有水体的地理、水文条件，微生物的种类与数量，水温，复氧能力以及水体和污染物的组成，污染物浓度等。

（1）水文要素　流速、流量直接影响到移流强度和紊动扩散强度。流速和流量大，水体中污染物浓度稀释扩散能力加强，气体交换速度增大。河流中流速和流量有明显的季节变化，洪水季节，流速和流量大，有利于自净；枯水季节，流速和流量小，给自净带来不利。

（2）太阳辐射　太阳辐射对水体自净作用有直接影响和间接影响两个方面。直接影响指太阳辐射能使水中污染物质产生光转化，间接影响指可以引起水温变化和促进浮游植物及水生植物进行光合作用。太阳辐射对较浅河流自净作用的影响比对较深河流大。

（3）底质　底质能富集某些污染物质。底质不同，底栖生物的种类和数量不同，对水体自净作用的影响也不同。河底若有铬铁矿暴露，则河水中含铬可能较高；汞易被吸附在泥沙上，在底泥中累积，释放到河水中，形成二次污染。

（4）水中微生物　水中微生物对污染物的生物降解和富集作用，能降低水中污染物的浓度。因此，若水体中能分解污染物质的微生物和能富集污染物质的水生物品种多、数量大，则对水体自净过程较为有利。

（5）污染物的性质和浓度　易于化学降解、光转化和生物降解的污染物最容易得以自净，反之则难以自净。

拓展3-1　扫描二维码可查看“微生物在水环境治理中的应用”。

微生物在水环境治理中的应用

（二）空气中的微生物

由于空气中较强的紫外辐射，缺乏微生物生长繁殖所需要的营养物质和水分，温度变化幅度大等特点，微生物在空气中只能短暂停留。但受到各种条件的影响，它们可以随着气流到处传播。

1. 空气微生物的来源

空气微生物的来源是多种多样的，主要有以下几个来源：

① 土壤飞扬的尘土把土壤中的微生物带到空气。

② 水体水面吹起的小水滴携带微生物进入空气。

笔记

③ 人和动物主要是皮肤脱落物以及呼吸道等所含的微生物，通过咳嗽、打喷嚏等方式进入空气。

在敞开的废水生物处理系统中，由于机械搅拌、鼓风曝气等，也会使微生物以气溶胶的形式飞溅到空气中。

2. 空气微生物的类群和分布

空气中的微生物只短暂停留，是可变的，没有固定类群。微生物在空气中停留时间的长短取决于多种因素的影响，如空气的相对湿度、紫外线、尘土颗粒的数量和大小以及微生物本身的性质。

在室外，空气中的微生物数量与环境卫生状况、绿化状况等有关。若环境卫生状况好，绿化程度高，尘埃颗粒少，则微生物的数量就少；反之，微生物就多。在室内（住宅、公共场所、医院、办公室、集体宿舍、教室等），微生物的数量与人员活动情况、空气流通程度以及室内卫生状况等有关，见表3-1。

表3-1　不同场所的空气中微生物的数量

项目	畜舍	宿舍	城市街道	市区公园	海洋上空	北纬80°
微生物数量/（个/m^3）	（1～2）×10^6	2×10^4	5×10^3	200	1～2	0

室外空气中最常见的细菌有产碱杆菌属、芽孢杆菌属、八叠球菌属、冠氏杆菌属、小球菌属等，霉菌有曲霉属、格孢菌属、枝孢属、单孢枝霉属及青霉属等。室内空气中存有多种病原菌，尤其在医院或患者的居室，人类很多疾病可以从空气直接传染，如结核杆菌、白喉杆菌、炭疽杆菌、溶血性链球菌、金黄色葡萄球菌、脑膜炎球菌、流行性感冒病毒和麻疹病毒等，对免疫力低的人群十分有害。空气中污染物多以气溶胶形式存在，微生物气溶胶也可以污染食品或水源。

拓展3-2　扫描二维码可查看“空气微生物采样器”。

空气微生物采样器

（三）土壤微生物类群和分布

1. 土壤微生物

土壤中含有微生物所需要的各种营养物质，有适合微生物生长繁殖及生命活动的各种条件。微生物生长所需要的各种营养物质在土壤中都可以找到。土壤的pH通常为3.5～8.5，多为5.5～8.5，适合于大多数微生物的生长繁殖。土壤内的渗透压为等渗或低渗（0.3～0.6MPa），有利于微生物吸收营养，如革兰阴性菌体内的渗透压为0.5～0.6MPa。土壤能保证氧气和水的供应，为微生物提供水分。土壤具有较强的保温性，其内部温度一年四季变化不大。土壤最上面的几毫米厚的表土层有保护作用，可使下面的微生物免受阳光中紫外线的直射。

笔记

2. 土壤微生物的类群和分布

土壤微生物的数量和种类与土壤性质有关，其中有机物的含量是影响土壤微生物的一个重要因素。有机物多，土壤肥力高，其中的微生物也就越多。在土壤中，细菌的数量和种类最多，约占70% ~ 90%，其次是放线菌，藻类和原生动物等较少。土壤微生物通过其代谢活动可改变土壤的理化性质，进行物质转化，因此，土壤微生物是影响土壤肥力的重要因素。

不同类型土壤中所含微生物是不同的。土壤的营养状况、温度和pH等对微生物的分布影响较大。在有机质含量丰富的黑土、草甸和植被茂盛的暗棕土壤中，微生物的数量较多；而在西北干旱地区的棕钙土，华中、华南地区的红土壤和砖红土壤，沿海地区的滨海盐土中，微生物的数量则较少，见表3-2。

表3-2　我国不同类型土壤中微生物的数量

土壤类型	地点	细菌/（10^4个/g）	放线菌/（10^4个/g）	真菌/（10^4个/g）
暗棕壤	黑龙江呼玛	2327	612	13
棕壤	辽宁沈阳	1284	39	36
黄棕壤	江苏南京	1406	217	6
红壤	浙江杭州	1103	123	4
砖红壤	广东徐闻	507	39	11
磷质石灰土	海南西沙群岛	2229	1105	15
黑土	黑龙江哈尔滨	2111	1024	19
黑钙土	黑龙江安达	1074	319	2
棕钙土	宁夏宁武	140	11	4
草甸土	黑龙江亚沟	7863	29	23
娄土	陕西武功	951	1032	4
白浆土	吉林蛟河	1598	55	3
滨海盐土	江苏连云港	466	41	0.4

注：以每克干土为单位计量。

同一土壤的不同深度微生物分布不同。土壤由表层向深层，微生物的数量是减少的，种类也因土壤的深度和层位而异。表层土因缺水和受紫外线照射，微生物易死亡而数量少；在5 ~ 20cm土层微生物的数量最多，若在植物根系附近，微生物数量更多；20cm土层以下，微生物数量随深度增加而减少；1m深处时，微生物的数量减少到每克土中含3.5×10^4个微生物；2m深处时，由于缺少营养物质和氧气，每克土中仅有几个微生物。

笔记

季节变化也会影响土壤中的微生物数量。一般冬季气温低，微生物数量明显减少；当春季到来，气温逐渐回升，随着植物的生长，根系分泌物增加，为微生物的生长提供了有利条件，其数量迅速上升；有的地区，夏季炎热干旱，微生物的数量也随之下降；当雨季来临至秋天收获，大量的植物残体进入土壤，微生物的数量又急剧上升。因此，在一年中，土壤中会出现两个微生物数量高峰。

拓展3-3　扫描二维码可查看“土壤酶”。

土壤酶

二、极端环境中的微生物

极端微生物是指在极端环境条件下繁衍生息的微生物，嗜好高碱性、高酸性或高盐类等环境，甚至能够在近沸点的高温或近冰点的低温以及在含金属或放射性物质的环境中生存。在特殊的生存条件下，导致其具有特殊的遗传背景和代谢途径，并可产生功能特殊的酶类和活性物质。

根据其所生存极端环境的不同，可将其分为嗜冷微生物、嗜热微生物、超嗜热微生物、嗜酸微生物、嗜碱微生物、嗜盐微生物、嗜旱微生物、嗜压微生物等类型。

1. 嗜热微生物

嗜热微生物又称高温细菌、嗜热菌，是一类能在41～122℃下生长，最适生长温度为45～80℃的微生物，其广泛分布在草堆、厩肥、温泉、煤堆、山地、地热区土壤及海底火山附近等处。根据对温度的不同要求，嗜热微生物通常可划分为中度嗜热菌（45～60℃为最适温度）、极端嗜热菌（60～80℃为最适温度）和超嗜热菌（80～110℃为最适温度）。

嗜热微生物分布于真核生物、细菌和古菌，大多数嗜热微生物属于细菌和古菌。其中中度嗜热菌主要是细菌，而超嗜热菌多为古菌。嗜热菌常见的品种有硫化杆菌属、铁质菌属、金属球菌属、硫化叶菌属、灼热球菌属等，如已发现的甲烷嗜热菌。

嗜热微生物的适应机制如下。

（1）细胞膜水平　嗜热细菌主要通过改变磷脂成分来调节膜流动性，如增加支链异脂肪酸、长链脂肪酸和饱和脂肪酸的含量等。嗜热古菌的细胞膜类脂含有饱和的类异戊二烯链，通过醚键与甘油主链相连。嗜热古菌中单分子层膜结构可提高细胞膜机械强度，降低膜流动性。

（2）基因组水平　超嗜热细菌和古菌具有特异性的逆促旋酶，其能诱导脱氧核糖核酸（DNA）形成正性超螺旋，可高温下维持双链螺旋结构。部分小分子DNA结合蛋白通过与染色质结合来提高DNA的解链温度，维持其结构稳定。转运RNA（tRNA）和核糖体RNA（rRNA）的高GC含量能使嗜热菌高效转译蛋白质，维持其高温下的正常功能。

（3）蛋白质水平　在氨基酸组成上，嗜热菌蛋白质中的赖氨酸、精氨酸和

笔记

谷氨酸等极性带电荷氨基酸残基比例升高，谷氨酰胺、天冬酰胺、苏氨酸和丝氨酸等极性不带电荷氨基酸残基比例降低。蛋白质组学分析显示，嗜热蛋白的丝氨酸、甘氨酸、赖氨酸和天冬氨酸通常被苏氨酸、丙氨酸、精氨酸和谷氨酸取代，该替换可增加内核疏水性，降低分子表面疏水性，从而提高嗜热蛋白的稳定性。嗜热菌还通过提高α-螺旋结构的稳定性，增强氢键、离子键、二硫键和疏水相互作用以及利用糖基化、磷酸化等翻译后修饰来提高嗜热蛋白的耐热性和稳定性。

嗜热菌的代谢快、酶促反应温度高和增代时间短等特点，在发酵工业、城市和农业废物处理等方面均具有特殊的作用。但由于嗜热菌的良好抗热性，也给食品保存造成了困难。

2. 嗜冷微生物

嗜冷微生物最适生长温度不大于15℃，最高生长温度小于20℃，由于这个温度段与其他菌最适宜生长的温度段相比要冷许多（普通细菌适应生长温度为25～40℃），故得名嗜冷菌。嗜冷菌种最常见的品种有耶氏菌、李斯特菌和假单胞菌。

嗜冷菌分布在南北极地区、冰窖、高山、深海和土壤等的低温环境中。嗜冷菌可分为专性和兼性两种，专性嗜冷菌适应20℃以下的低温环境，20℃以上即死亡，如分布在海洋深处、南北极及冰窖中的微生物；兼性嗜冷菌易从不稳定的低温环境中分离，其生长的温度范围较宽，最高生长温度甚至可达30℃。嗜冷菌是导致低温保藏食品腐败的根源。

嗜冷微生物的适应机制如下。

（1）膜水平上　嗜冷微生物通过改变脂质双层的脂肪酸组成，来实现细胞膜对低温的恒黏适应性。如嗜冷菌通过增加不饱和脂肪酸、多不饱和脂肪酸、甲基支链脂肪酸和（或）单体脂肪酸的含量来保护细胞膜免受低温的破坏。部分嗜冷菌还可通过上调膜转运蛋白来应对低温所导致的扩散和转运速率的降低。此外，色素（尤其是类胡萝卜素）也被认为与调节细胞膜流动性有关。

（2）冰冻保护　嗜冷菌通过产生相容性溶质、抗冻蛋白和冰核蛋白、胞外聚合物以及生物表面活性剂等来应对冷冻。嗜冷菌中相容性溶质的积累有助于维持渗透平衡，可抵消冰冻过程中的水分流失和细胞收缩，降低溶液的冰点以及细胞内玻璃转移温度。

（3）分子伴侣　蛋白质和RNA（DNA）分子伴侣分别促进蛋白质和RNA（DNA）的有效折叠，在对抗蛋白质的错误折叠和聚集以及维持RNA（DNA）二级结构的低温稳定性方面发挥着重要作用。

（4）其他　近年来，研究人员利用基因组学、转录组学和蛋白质组学等现代组学方法揭示了多种嗜冷微生物共有的其他特征。如嗜冷菌通过上调甘油醛-3-磷酸脱氢酶活性来克服糖酵解中的温度限制。

3. 嗜盐微生物

嗜盐微生物是指生存在如深海沉积物、盐湖、盐田、盐土和海水等高盐含量（NaCl含量大于0.2mol/L）环境中的极端微生物，存在于真核生物、细菌和古细菌三个生命域，且大部分为细菌和古菌。根据最适盐浓度的差异，嗜盐微生物可被分为三类：极端嗜盐菌（2.5～5.2mol/L NaCl）、中等嗜盐菌（0.5～2.5mol/L NaCl）和轻度嗜盐菌（0.2～0.5mol/L NaCl）。不仅能在高盐环境下生存，还可在一般条件下正常生存的微生物被称为耐盐微生物。

嗜盐菌主要品种有盐芽孢杆菌属、盐杆菌属、嗜盐单胞菌属、嗜盐小盒菌属、嗜盐富饶菌属、嗜盐球菌属、嗜盐嗜碱杆菌属和嗜盐嗜碱球菌属等。嗜盐菌通常分布在晒盐场、腌制海产品、盐湖和著名的死海等处，其生长的最适盐浓度高达15%～20%，甚至还能生长在32%的饱和盐水中。

嗜盐微生物的适应机制如下。

（1）盐内　“盐内”机制主要存在于古菌中，使用K^+/Na^+反转运蛋白在细胞质中积累高水平KCl。在强光和低氧条件下，嗜盐菌通过细菌视紫红质生成ATP驱动逆向转运蛋白，维持渗透平衡。

（2）盐外　绝大部分嗜盐和耐盐细菌都是“盐外”机制。“盐外”机制是在细胞内积累高浓度的甘油、甜菜碱等相容性溶质，从而维持渗透平衡。积累的相容性溶质具有低分子量、高水溶性、在生理pH值下呈中性且不干扰细胞代谢的特点，可在高温、冷冻和干燥条件下保护蛋白质，在生物燃料、化妆品等领域具有重要应用，如四氢嘧啶用于生物燃料生产。

嗜盐微生物的脂解酶在生物技术领域具有巨大应用潜力和生态效益。脂解酶在水性和非水性介质中的区域选择性和多功能性使其成为不同反应中性能优良的生物催化剂，可用于食品加工及农业废弃物处理。嗜盐微生物产生的表面活性剂和胞外多糖可用于土壤和水体的生物修复。产生表面活性剂的嗜盐和耐盐微生物被认为是加速盐渍地碳氢化合物污染修复的关键因素。

4. 嗜碱微生物

嗜碱微生物是在pH≥9时生长最佳，在中性pH值（pH为6.5～7.0）时不能生长或生长非常缓慢的微生物。根据其生存条件可分为兼性嗜碱微生物、专性嗜碱微生物和耐碱微生物。能在高碱性（pH>9）和高盐度（NaCl含量高达33%）的条件下生长的微生物，被称为嗜盐嗜碱菌。嗜碱微生物主要有芽孢杆菌属、微球菌属、链霉菌属、假单胞菌属和无色杆菌属等，其生存于莫哈韦沙漠苏打湖、热液喷口、昆虫后肠、深海沉积物及富含碳酸盐的土壤等自然碱性环境，以及电镀加工、水泥制造、靛蓝染料制备、铝土矿加工等一系列工业活动废液流域的人为高碱性环境。

嗜碱微生物的适应机制如下。

（1）维持细胞内pH稳态　嗜碱微生物维持细胞内pH稳态的最重要的机制是单价阳离子/质子逆向转运蛋白将细胞内阳离子交换为细胞外H^+。产酸作用是维持细胞内pH稳态的一个重要途径，许多嗜碱微生物通过糖酵解反应和氨基酸脱氨以增加酸性代谢产物的生成，提高细胞质H^+浓度来维持pH值的稳定。

（2）生物能学　嗜碱微生物可在高pH下有效合成ATP，具有很高的电子保

留能力。高电子保留能力有助于形成高的膜电位（$\Delta\Psi$），吸引H^+，增强ATP合成酶驱动力。

5. 嗜酸微生物

嗜酸微生物是指能在pH≤3的酸性条件下最适生长的微生物，其分布的酸性环境多样，如硫酸池、硫质温泉、硫矿山、酸性工业废水等天然和人工酸性环境。部分嗜酸菌最适pH值<1（如一种古菌的最适pH值为0.7）。嗜酸微生物主要有嗜酸硫杆菌属、钩端螺菌属、酸性杆菌属、嗜酸菌属、铁原体属、酸微菌属、硫化杆菌属、金属球菌属和酸菌属等。

嗜酸微生物的适应机制如下。

（1）细胞膜　嗜酸微生物细胞膜具有对质子的高不可渗透性，该功能是通过古菌中四醚脂质、类异戊二烯链以及与存在于细菌和真核生物中的酯键所不同的醚键等结构实现的。嗜酸微生物细胞膜表面金属离子与H^+发生交换作用，减小膜通道维持pH稳态。

（2）跨膜电位差　嗜酸微生物质子梯度与跨膜电位差之间的关系为：

$$\Delta p=\Delta\Psi-2.3\left(RT/F\right)\Delta \mathrm{pH}$$

$$\Delta \mathrm{pH}=\mathrm{pH}_{(膜外)}-\mathrm{pH}_{(膜内)}$$

Δp为质子推动力，$\Delta\Psi$是跨膜电位差，ΔpH是质子梯度，R是气体常数，T是热力学温度，F是法拉第常数。嗜酸菌的$\Delta\Psi$为零，甚至为正。正膜电位具有保护作用，可抑制质子进入，维持细胞内的pH稳定，防止细胞质酸化。

（3）耐重金属机制　过量重金属可抑制细胞转运系统，取代其天然结合位点的必需金属，导致蛋白质及核酸构象改变，产生毒害作用。嗜酸微生物通过渗透障碍阻止重金属进入细胞，降低对重金属的敏感性。嗜酸微生物通过转化有毒重金属，在细胞内（外）对重金属进行绑定，降低重金属的毒性，将有毒金属排出细胞。

（4）其他　嗜酸微生物基因组中含有大量DNA和蛋白质修复基因。异养嗜酸细菌普遍能够高效降解有机酸。

极端微生物作为一类特殊的微生物群体，特殊的生存条件导致其具有特殊的遗传背景和代谢途径，在生物医疗、生物能源和生物材料等领域具有巨大的应用潜力。极端微生物相关研究也对生命起源与演化、生物工程技术等领域的发展具有重大意义。

【拓展3-4】扫描二维码可查看“极端微生物的应用”。

极端微生物的应用

笔记

任务二 环境中微生物的卫生标准及检测

知识目标

1. 了解饮用水的质量卫生标准。
2. 掌握饮用水的质量检测及控制方法。
3. 掌握空气中微生物的质量卫生标准与检测方法。

能力目标

1. 能够进行水质监测。
2. 会评价空气的清洁程度。

素质目标

1. 通过学习饮用水的质量卫生标准检测方法，培养严谨科学的态度。
2. 运用微生物评价标准探索自然，科学监测环境质量。

一、我国饮用水的质量卫生标准、检测及控制

1. 我国饮用水的质量卫生标准

我国制定的饮用水水质标准，是随着社会的发展和科学技术的进步而不断与时俱进的。在20世纪初期，饮用水水质标准主要包括水的外观和预防水致传染病方面的项目；此后开始重视重金属离子的危害；80年代开始侧重于有机污染物的防治；90年代以来更加重视工业废水排放及农药使用的有机物污染，以及消毒副产物和某些致病微生物等方面的危害。

2007年7月1日由国家标准化管理委员会和卫生部联合发布的《生活饮用水卫生标准》(GB 5749—2006)，取代1985年发布的《生活饮用水卫生标准》。新标准中的微生物指标由2项增至6项，包括细菌总数、总大肠菌群、耐热大肠菌群、大肠埃希菌、贾第鞭毛虫、隐孢子虫，前四项为水质常规指标，后两项为水质非常规指标。

2022年3月15日，《生活饮用水卫生标准》(GB 5749—2022)正式发布，并于2023年4月1日起正式实施。该标准在原有《生活饮用水卫生标准》(GB 5749—2022)基础上，对部分内容进行了修订和完善以及适当增减，内容更具科学性、实用性，更契合新形势下饮用水卫生安全的要求。

2. 检测

(1)细菌总数的测定　将定量水样接种于营养琼脂培养基中，在37℃温度下培养24h后，计数生长的细菌菌落数，然后根据接种的水样即可算出每毫升水中所含菌数。

笔记

在37℃营养琼脂培养基上能生长的细菌代表在人体温度下能生长繁殖的细菌，细菌总数越大，说明水体被污染得也越严重，因此这项测定有一定的卫生意义。对于检查水厂中各个处理设备的处理效率，细菌总数的测定有一定的实用意义，因为如果处理设备的运行出现问题，立刻会影响到水中细菌的数量。

（2）总大肠菌群的测定　检验总大肠菌群的常用方法有两种：多管发酵法和滤膜过滤法。多管发酵法可适用于各种水样，但操作较繁，需要的时间较长；滤膜法主要适用于水质较好的水样，它比多管发酵法操作简单快速。

① 多管发酵法。多管发酵法是测定总大肠菌群的基本方法，可按初步发酵、平板分离、复发酵三个步骤进行。

a. 初步发酵。将水样置于乳糖蛋白胨液体培养基中，在一定温度下，经一定时间的培养后，观察有无酸和气体产生，从而初步确定有无总大肠菌群存在。初步发酵试验即使产酸产气，还不能肯定是由于总大肠菌群引起的，必须继续进行试验。

b. 平板分离。将上一实训产酸产气的菌种移到远藤培养基或伊红美蓝培养基上，经过培养，出现典型总大肠菌群菌落的，可认为有此类细菌存在。为了做进一步的肯定，还要进行革兰染色检验，革兰染色为阴性的可做复发酵实验进行最后的验证。

c. 复发酵。将可疑的菌落再移到乳糖蛋白胨液体培养基中，观察其是否发酵，是否产酸产气而最后确定有无总大肠菌群的存在。根据肯定有大肠菌群存在的初步发酵的发酵管数量查表得出结果。

② 滤膜法。用发酵法完成全部检验至少需要72h，为了缩短检验时间，可以采用滤膜法，主要步骤如下：

a. 将滤膜装在滤器上，用抽滤法过滤定量水样，将细菌截留在滤膜表面。

b. 将此滤膜没有细菌的一面贴在远藤培养基（品红亚硫酸钠培养基）或伊红美蓝培养基上，以培养和获得单个菌落。

c. 将滤膜上符合总大肠菌群菌落特征的菌落进行革兰染色和镜检。

d. 将革兰染色为阴性的菌落接种到乳糖蛋白胨培养基中，根据产酸产气与否判断有无总大肠菌群存在。

e. 根据滤膜上生长的大肠菌群菌落数和过滤的水样体积，计算出每100mL水样中的总大肠菌群数。

（3）耐热大肠菌群（粪大肠菌群）的测定　耐热大肠菌群的检测也分为多管发酵法和滤膜法。多管发酵法的具体操作是将总大肠菌群乳糖初发酵中的阳性管（产酸产气）转接于EC培养基中，置于44.5℃水浴箱或隔水式恒温培养箱内培养（24±2）h，如不产气则为阴性，如有产气者，则转种于伊红美蓝琼脂平板上，经44.5℃培养18~24h，有典型菌落者为耐热大肠菌群阳性。

耐热大肠菌群滤膜法是水样通过滤膜，细菌被截留在膜上，将滤膜放到特殊的选择培养基（MFC培养基）上，经44.5℃培养24h±2h能形成特征菌落。耐热大肠菌群在MFC培养基上形成的特征菌落为蓝色，非耐热大肠菌群的菌落为灰色至奶油色。将可疑菌落转种到EC培养基，经44.5℃培养24h±2h，如产气则证实为耐热大肠菌群。

笔记

（4）大肠埃希氏菌的测定　大肠埃希氏菌的检测也可分为多管发酵法和滤膜法。其原理是为阳性的总大肠菌群，在含有荧光底物（4-甲基伞形酮-β-D-葡萄糖醛酸苷）的培养基上，经44.5℃培养24h能产生β-葡萄糖醛酸酶，该酶分解荧光底物释放出荧光产物，使菌落在紫外光下产生特征性荧光，以此来检测大肠埃希氏菌。

3. 控制

（1）饮用水的消毒技术　水质的卫生状况与人们的健康密切相关，然而，水源水往往不能达到饮用水水质标准的要求，必须经过处理后方可作为饮用水。地表水的常规处理方法是混凝—沉淀—过滤—消毒。地下水水质一般较好，只需消毒处理即可作为饮用水。当遇到洪涝灾害，水介传染病和肠道传染病暴发时，水源水会受到严重污染，此时水的消毒更为重要。

饮用水消毒的方法可分为物理消毒法和化学消毒法。物理消毒有煮沸、紫外线、超滤等方法，化学消毒一般采用加消毒剂如氯、二氧化氯、臭氧等进行消毒。

① 氯消毒。氯消毒现在仍然是我国饮用水消毒的主要方法，我国《城市供水水质标准》（CJ/T 206—2005）规定，加氯消毒时，与水接触30min后出厂游离氯量不应低于0.3mg/L，管网末梢处水的总氯量不应低于0.05mg/L。使用二氧化氯消毒时，与水接触30min后出厂游离氯量不应低于0.1mg/L，管网末梢处水的总氯量不应低于0.05mg/L。保留一定数量的游离氯是为了保证自来水出厂后依然具有持续的杀菌能力。

值得注意的是，自来水厂用液氯消毒的过程中，如水中存在有机物，则可产生卤代有机物。这类物质对肝脏有强烈的损害，并有致癌作用。在烧开水时应适当多煮一段时间，使挥发性的卤代有机物蒸发掉，以减少水中氯的次生代谢物的含量。

② 臭氧消毒。干燥空气通电后，部分氧气即转化为臭氧。利用臭氧消毒也是传统方法之一，多用于欧洲。臭氧消毒与氯消毒相比优点为：不会造成异臭异味，提高溶解氧量，尚未发现有害人体健康的产物。缺点为：没有余量，也没有后续杀菌能力。另外，臭氧只能现场制备，因此在费用上高于氯消毒。

③ 膜过滤消毒。膜过滤包括微过滤、超过滤和反渗透，其中微过滤能分离粒子，超过滤能分离大分子物质，而反渗透能分离离子化合物，同时它们都能从水中分离微生物，达到除菌的目的。膜过滤消毒技术现已广泛用于实验室以及制药、医疗、生物工程等领域。

（2）工业循环水的微生物控制　工业循环水系统中由于微生物的腐蚀、结垢，会使管道堵塞、穿孔，导致设备频繁检修或提前报废，造成经济损失。因此有必要采取措施对工业循环水中的微生物进行控制。

控制循环水中微生物主要的方法是投加药物抑制或杀灭微生物。目前循环水中采用的杀菌剂主要有液氯及次氯酸钙、次氯酸钠、二氧化氯、溴类、氯酚、硫酸铜、季铵盐类等，其中二氧化氯具有高效、高速杀灭细菌、真菌及病毒的能力。它的活性受环境pH、温度、氨等因素的干扰小，能去臭、去味，有利于除污垢的作用，不形成致癌有机氯。

笔记

拓展3-5 扫描二维码可查看“污水处理中微生物的应用”。

污水处理中微生物的应用

二、空气中微生物的质量卫生标准与检测

1. 空气中微生物的卫生标准

空气是人类与动植物赖以生存的极重要因素，但它同时也是传播疾病的媒介。为了防止疾病传播，提高人类的健康水平，要控制空气中微生物的数量。另外，在工业生产、科学研究、医疗领域等，也需要对空气中的微生物数量进行控制。

目前，空气还没有统一的卫生标准，一般以室内1m^{3}空气中细菌总数为500～1000个以上作为空气污染的指标。空气污染的指示菌以咽喉正常菌丛中的绿色链球菌为最合适，绿色链球菌在上呼吸道和空气中比溶血性链球菌易发现，且有规律性，见表3-3。

表3-3 细菌总数评价空气的卫生标准

清洁程度	细菌总数/（个/m^3）	清洁程度	细菌总数/（个/m^3）
最清洁的空气（有空调）	1～2	临界空气	约150个
清洁空气	<30	轻度污染	<300
普通空气	31～125	严重污染	>301

根据《室内空气质量标准》（GB/T 18883—2022），菌落总数2500CFU/m^3，使用的测定方法为撞击法（即采用撞击式空气微生物采样器，在营养琼脂平板上培养，37℃下培养48h）。

要获得清洁空气，净化空气极为重要。最好的措施是绿化环境和搞好室内外环境卫生。但这往往还不够，因此就需要专门的洁净技术来对空气中的微生物进行净化，以满足需要。有些工业部门及医疗部门需要采用生物洁净技术净化空气。需采用生物洁净技术的部门有制药工业、食品工业、医院、生物制品、医学科学研究及生物科学研究、遗传工程、生物工程、电子工业、钟表工业及宇航工业等。

生物洁净技术多用配有高效过滤器的空气调节除菌设备，它既达到恒温控制又可提供无菌空气。高效过滤器仅仅是除菌而不是灭菌，人的进出活动会将微生物带到室内，所以，还要对室内器物进行消毒及无菌操作，才能保证室内无菌环境，工作人员进入这种房间应该穿戴专门的工作服、帽子及口罩等。这种以防止微生物污染为主要目的的洁净室，称为生物洁净室（也称为无菌操作室）。

2. 空气微生物的检测

评价空气的清洁程度，需要测定空气中的微生物数量和空气污染微生物的

笔记

数量。测定的指标一般为细菌总数，在必要时则检测病原微生物。

（1）平皿落菌法　将已灭菌的营养琼脂培养基融化后倒入无菌培养皿中制成平板，把它放在待测点（通常设5个测点），打开皿盖暴露于空气中5～10min，待空气中的微生物降落在平板表面，盖好皿盖置于培养箱中培养48h后取出，计菌落数。通过奥氏公式计算出浮游细菌总数。

$$C=\frac{1000\times 50N}{At}$$

式中　C——空气中细菌数，个/m^3；

A——捕集面积，cm^2；

t——暴露时间，min；

N——菌落数，个。

使用平皿落菌法测定细菌总数简单易操作，但准确性较差。其原因主要是此公式未考虑尘埃颗粒的大小、气流情况、人员活动等因素。

（2）撞击法　撞击法是采用撞击式空气微生物采样器，通过抽气动力作用，使空气通过狭缝或小孔而产生高速气流，将悬浮在空气中的带菌粒子撞击到营养琼脂培养基平板上，经37℃、48h培养后计算出1m^3空气中所含细菌菌落数的测定方法。

缝隙采样器操作步骤为：用吸风机或真空泵将含菌空气以一定的流速穿过狭缝而被抽吸到营养琼脂培养基平板上，平板以一定的转速旋转（通常平板旋转一周），取出后置于37℃培养箱中培养48h，根据取样时间和空气流量计算出单位空气中的含菌量。

（3）液体法　将一定体积的含菌空气通入无菌蒸馏水，依靠气流的冲击和洗涤作用使微生物均匀分布在介质中，然后取一定量的菌液涂布于营养琼脂培养基平板上，或取一定量的菌液于无菌培养皿中，倒入融化的营养琼脂培养基，混匀后冷凝制成平板，置于37℃培养箱中培养48h，并计菌落数。

（4）简易定量法　用无菌注射器抽取一定量的空气，压入培养基内进行培养，即可定量、定性测定空气中的细菌，简要步骤如下：在无菌操作下，取已融化培养基倒入无菌平皿中，稍作倾斜后，将注射器插入培养基深处，缓慢将空气压入培养基内，轻轻摇匀以消除气泡。培养基凝固后，置于30℃恒温箱中培养3d，统计菌落数量，推算1L空气所含菌量。

拓展3-6　扫描二维码可查看“环境微生物分子检测技术”。

拓展3-7　扫描二维码可查看“生物传感器在环境监测中的应用”。

环境微生物分子检测技术

生物传感器在环境监测中的应用

笔记

任务三　微生物对环境的危害

知识目标

1. 了解水中的病原微生物的危害。
2. 掌握水体富营养化防治。
3. 熟悉微生物代谢产物的污染与危害。

能力目标

1. 提高防治水体富营养化的实践能力。
2. 提高在生活中灵活运用微生物及其代谢产物的能力。

素质目标

1. 了解病原微生物的复杂性，提高警惕意识。
2. 通过对微生物代谢产物污染与危害的学习，培养良好的卫生习惯。

一、水中的病原微生物的危害

1. 沙门氏菌属

沙门氏菌病是指由各种类型沙门氏菌对人类、家畜以及野生禽兽等所引起的不同形式疾病的总称。有的沙门氏菌专对人类致病，有的沙门氏菌只对动物致病，也有的沙门氏菌对人和动物都致病。沙门氏菌为一类能运动、无芽孢、需氧型的革兰阴性杆菌，在许多培养基上生长良好，适宜温度为37℃，能发酵葡萄糖产酸但不产气。沙门氏菌污染的饮用水可导致肠胃炎或伤寒流行。肠胃炎的病原菌可由人或动物粪便传入，而伤寒和副伤寒的病原菌只由人类污染。在无严格处理污染物措施及饮用水供应不良的地区，沙门氏菌污染的危险性极高。感染沙门氏菌的人或带菌者的粪便污染食品，可使人发生食物中毒。据统计在世界各国细菌性食物中毒中，沙门氏菌引起的食物中毒常列榜首。

2. 志贺氏菌属

志贺氏菌属是一类不能运动、不产生芽孢的革兰阴性杆菌，需氧型，适宜温度为37℃，不产生H_2S，同沙门氏菌一样不能发酵乳糖。该菌的流行性很强，但只感染人而不感染动物，在环境中的生存力较弱，所以人与人之间的接触传染占主体，但感染的剂量较小，10个细菌即可产生症状，故水中浓度不高时也可能引起人群感染。

3. 霍乱弧菌

流行病学调查表明历次大的霍乱流行都与饮用水受霍乱弧菌的污染有关。

霍乱弧菌产生的肠毒素，可引起呕吐和腹泻，进而在短期内脱水，如果不治疗死亡率很高。

4. 肠道病毒属

这类病毒主要在肠道中生长繁殖，是一些直径小于25nm的细小病毒。主要包括脊髓灰质炎病毒、柯萨奇病毒A、柯萨奇病毒B等，它们在环境中存活的时间长，因此经常可在污水、污水处理厂排放水及污染的地面水中检出。隐性感染者居多。

脊髓灰质炎病毒可引起严重的神经系统疾病——脊髓灰质炎，病毒感染损伤脊髓运动神经细胞，导致肢体松弛性麻痹，多见于儿童。目前各国使用口服减毒疫苗预防，大大降低了脊髓灰质炎的发病率。

二、水体富营养化

1. 水体富营养化的概念

水体从贫营养向富营养化的发展，是一个自然、缓慢的发展过程。在天然情况下，一个湖泊从贫营养走向富营养化，直至最终消亡，需要千百万年的时间。而在水体污染的情况下，这一进程被大大加快。在水体中，一般氮和磷是藻类生长的限制因子，在贫营养的水体中，由于营养物质（主要是氮、磷）有限，水体内自养型的藻类生长受到限制，水质保持比较清洁的状态。但由于某些因素，特别是人类的活动，使营养物质随着排入的污染物质大量进入水体，结果造成水体中的藻类过量繁殖，水体出现富营养化。在淡水水体中称为水华，也称为藻花，在海洋中则称为赤潮。近年来水体富营养化的问题有逐渐加重的趋势，成为人们关注的重点之一。

2. 水体富营养化的发生

一般认为，水体中的总磷为20mg/m^3、无机氮为300g/m^{3}以上就会出现富营养化。在从贫营养到中营养的水域中，氮和磷是藻类生长的限制因子，当氮达到0.3mg/L以上和磷达到0.02mg/L以上时，最适合藻类的生长，见表3-4。

表3-4　水域营养状态的分类

营养状态	总磷/（mg/L）	无机氮/（mg/L）
极贫营养	<0.005	<0.2
贫-中营养	0.005～0.01	0.20～0.40
中营养	0.01～0.03	0.3～0.65
中-富营养	0.03～0.1	0.5～1.5
富营养	>0.1	>1.5

湖泊的富营养化除了与水体内的营养盐浓度有关外，还与水温和营养盐负荷有关，见表3-5。

笔记

表 3-5 湖泊的氮、磷负荷

平均水深/m	容许负荷/[g/（m^2·a）]		危险负荷/[g/（m^2·a）]	
	N	P	N	P
5	1.0	0.07	2.0	0.10
10	1.5	0.10	3.0	0.20
50	4.0	0.25	8.0	0.50
100	6.0	0.40	12.0	0.80
150	7.5	0.50	15.0	1.00
200	9.0	0.60	18.0	1.20

3. 水体富营养化的危害

水体富营养化破坏了水体自然生态平衡，导致一系列恶果。主要表现如下。

（1）使水体缺氧　由于藻类的呼吸作用以及藻类尸体的分解作用，溶解氧被大量消耗，加之水面被藻层覆盖，影响氧气的渗入，使水体缺氧，引起鱼类、贝类等水生生物窒息甚至死亡，使水产渔业遭受严重的经济损失。

（2）破坏环境景观　由于藻类大量生长繁殖，覆盖水面，使水体浑浊并产生各种颜色（蓝绿色或红色），表面产生“水华”现象，而且有机物质在缺氧条件下分解，产生大量的CH_4、H_2S和NH_3等气体，散发出难闻的气味，大大降低或完全失去水域景区的旅游观光价值。

（3）某些藻产生毒素　类体内及其代谢产物含有生物毒素，如在形成赤潮时链状膝沟藻产生的石房蛤毒素是一种剧烈的神经毒素，它可富集于蛤、蚌类体内，其本身并不致死，而人食用后可发生中毒症，重则可以死亡。

（4）水质差，净化费用增高　富营养化直接导致水质变差，不宜饮用，造成城市供水困难。如果作为饮用水的水源，就会因藻类大量生长繁殖而造成水体的沉淀、凝集、过滤等处理困难，处理效率降低。藻类的某些分泌物及其尸体的分解产物有的带有异味且难以除尽，严重影响水厂出水质量。

（5）加速湖泊衰变　营养化的湖泊，由于藻类的大量生长繁殖，使以其为食的水生生物大幅增加，它们的排泄物、残体及过剩的浮游植物残体伴随流入湖泊的泥沙，不断沉积到湖底，使湖泊底部逐渐抬高，湖水变浅，加速湖泊衰老进程。

三、富营养化的防治

目前，在我国131个主要湖泊中，达到富营养化程度的湖泊有67个，占51.2%。在五大淡水湖中，太湖、洪泽湖、巢湖已属于富营养化湖泊，鄱阳湖、洞庭湖目前虽然维持中营养水平，但磷、氮含量偏高，正处于向富营养过渡阶段。而高原湖泊——滇池已属于严重富营养化湖泊。因此，必须采取措施，控制水体富营养化，保持生态系统处于良性循环。

笔记

（一）外源控制

控制营养物质（主要是磷和氮）进入水体。严格执法，禁止生活污水和工业废水直接排放，限制大量磷和氮等物质进入水体；加强工业污染源综合治理，控制排污总量；进行污水深度处理，减少水体中的营养物；加强生态管理，科学田间管理和改进农田技术措施，合理施肥，合理灌溉，减少肥料的流失；逐步限制合成洗衣粉的含磷量和含磷洗衣粉的生产使用；保护森林植被，建立水体周围的缓冲林带，减少营养物质的流失。

（二）内源控制

采取疏浚底泥、深层排水的工程措施，改善湖底淤积状况；种植水葫芦、眼子菜、水花生、芦苇等水生植物，并通过定期收获达到去除氮、磷的目的；放养白鲢鱼、花鲢鱼吞食藻类，转移水体营养物。

（三）控制藻类生长

可使用化学杀藻剂，在藻类尚未大量滋生前，杀死藻体。也可使用生物杀藻剂，如利用噬藻体杀死藻类。采用机械或强力通气增加水中溶解氧，也可收到显著的抑制藻类效果。应该指出的是，化学除藻会造成水体的二次污染，目前一般不采用。使用物理方法除藻时，不能破坏生态系统的稳定。

四、微生物代谢产物的污染与危害

环境中的每种物质都会受一种或多种微生物的作用，产生复杂多样的代谢中间体与终产物。正常情况下，这些代谢产物不断产生，也不断转化，处于动态的平衡之中。然而，在特定条件下，有些代谢产物会大量积累，造成环境污染；有些代谢产物则是特殊的化合物，会对人类或其他生物产生不利的影响。以上各类代谢产物长时间、低剂量地作用于人群，对人体健康构成了严重的威胁。

自然界中的微生物对环境并不都是有益的，有些微生物及其代谢产物都能引起环境的污染和破坏，对人类产生危害。能引起环境污染的微生物代谢产物种类很多，特别惹人注目的是，微生物代谢活动产生某些特殊化合物，它们是毒性物质，甚至是致癌、致畸、致突变物，积累于环境中，严重威胁着人体健康。

（一）微生物毒素

微生物毒素是指微生物在生长、代谢过程中所产生的有毒物质。自1888年发现白喉杆菌毒素以后，陆续发现了许多微生物毒素。细菌、放线菌、真菌和藻类均可产生毒素。由于微生物毒素污染食品和环境，危害人类健康，近年来受到人们的高度重视。

1. 真菌毒素

真菌毒素是指以霉菌为主的真菌产生的具有生物毒性的代谢产物。早在15世纪就曾发现麦角使人中毒的事例，继后也不断发现人畜食用霉变谷物而中毒的事件。至今发现的真菌毒素已达300多种，然而，对真菌毒素的真正研究是

笔记

从1962年黄曲霉毒素致癌性的发现开始的。真菌毒素中毒性强的有黄曲霉毒素、棕曲霉毒素、黄绿青霉素、红色青霉毒素B、青霉酸等。能使动物致癌的有黄曲霉毒素B_1、黄曲霉毒素G_1、黄天精、环氯素、柄曲霉素、棒曲霉素、岛青霉毒素等。担子菌纲中的某些蘑菇含有肼及肼的衍生物，不仅具有毒性，且可使小鼠等动物患肝癌或肺癌。

（1）真菌毒素致病特点

① 中毒常与某些食物有关，在可疑食物或饲料中经常可检出真菌及其毒素。

② 发病有季节性或地区性。

③ 所发生的中毒症无传染性。

④ 人或家畜、家禽一次性大量摄入含有真菌毒素的食物或饲料，往往发生急性中毒，长期少量摄入则发生慢性中毒和致癌。

⑤ 药物或抗生素对中毒症疗效甚微。

（2）产毒真菌概况　能在粮食、作物、饲料上滋生的真菌中约有30%～40%菌株可产生毒素，其中最常见的为青霉、曲霉、链孢霉中的某些种。真菌多为中温型好氧性微生物，阴暗潮湿处更易生长。但温度为22～30℃，空气湿度较大（相对湿度在85%～95%），粮食含水量在17%～18%时，青霉属和曲霉属的许多种能很好生长，并产生毒素。因真菌菌种不同及影响因素各异，其产毒情况多种多样。据研究，在生产及生活过程中，人们接触霉菌及孢子机会很多，当活的产毒真菌进入人体或动物体内，特别是呼吸道内以后，要引起高度重视。

（3）黄曲霉毒素　黄曲霉毒素主要有黄曲霉毒素B_1、B_2、G_1及G_2等10多种，其中黄曲霉毒素B_1存在量最大也最毒。黄曲霉毒素的毒性非常强，按毒性分级规定，动物半致死剂量≤10mg/kg（体重）的物质为剧毒，而黄曲霉毒素B_1的半致死剂量为0.36mg/kg，它的毒性比氰化钾大10倍，主要损坏的器官是肝脏。黄曲霉毒素具有强烈的致癌作用，它诱发癌症的能力比二甲基亚硝胺大75倍，比苯并[*a*]芘大4000倍。

黄曲霉毒素作用机理是影响细胞膜，抑制RNA合成并干扰某些酶的感应方式，中毒症状无特异表现，按症状的严重程度不同，临床可表现为发育迟缓、腹泻、肝肿大、肝出血、肝硬化、肝坏死、脂肪渗透、胆道增生等。

① 黄曲霉毒素的产生菌。黄曲霉和寄生曲霉是产生黄曲霉毒素的主要菌种，其他曲霉、毛霉、青霉、镰孢霉等也可产生黄曲霉毒素。研究发现，黄曲霉的产毒菌株达60%以上，寄生曲霉100%均为产毒菌株。产黄曲霉毒素的真菌污染食物的范围很广，如在粮食、油、蔬菜、豆类、烟草、肉类、乳品、水果及干果等均可见其踪迹，尤以玉米、花生、豆类最为常见。英国伦敦附近的一养鸡场，曾发生因食用了受黄曲霉毒素污染的花生粉而使10万只火鸡在数月内相继死亡的事件。

② 黄曲霉毒素的理化性质。已确定结构的黄曲霉毒素有17种，黄曲霉毒素B_1是真菌毒素中最稳定的种。具有耐高温性，在200℃温度下不会被破坏；紫外线照射亦不能破坏此毒素；耐酸性和中性，只有在pH值9～10的碱性条件下可迅速分解；此外，次氯酸钠、氯气、NH_3、H_2O_2、SO_2等可使之破坏。

预防黄曲霉毒素产生的主要措施有：

a. 在作物的储运加工过程中，通过降低农产品的含水量，降低仓储环境的相对湿度，充CO_2降低氧量，使用化学药剂等手段防止霉菌的污染和生长。

b. 通过机械或手工拣除染菌的籽粒，或通过精制、淘洗的方法，降低食品中黄曲霉毒素的含量。

c. 用活性炭过滤吸附法去除被黄曲霉毒素污染的液体食品中的毒素。

d. 利用强碱或氧化剂处理有毒食品。

2. 细菌毒素

细菌毒素按其来源、性质和作用的不同，可分为外毒素和内毒素两大类。

（1）外毒素　有些细菌在生长过程中，能产生外毒素，并可从菌体扩散到环境中。若将产生外毒素细菌的液体培养基用滤菌器过滤除菌，即能获得外毒素。外毒素毒性强，对人类的危害很大，常见的外毒素有肉毒毒素、葡萄球菌肠毒素、白喉毒素、破伤风毒素、霍乱肠毒素等。小剂量即能使易感机体致死。如纯化的肉毒杆菌外毒素毒性最强，1mg可杀死2000万只小白鼠；破伤风毒素对小白鼠的致死量为6～10mg；白喉毒素对豚鼠的致死量为3～10mg。

外毒素具亲组织性，选择性地作用于某些组织和器官，引起特殊病变。一般外毒素是蛋白质，分子量27000～900000，不耐热。白喉毒素经58～60℃加温1～2h，破伤风毒素经60℃加温20min即可被破坏。外毒素可被蛋白酶分解，遇酸发生变性。在甲醛作用下可以脱毒成类毒素，但保持抗原性，能刺激机体产生特异性的抗毒素。产生外毒素的细菌主要是某些革兰阳性菌：

① 肉毒梭菌是产生肉毒毒素，产芽孢的专性厌氧菌，分布很广，可侵染蔬菜、水果、鱼、肉、罐头等食品，并产生毒素，在我国发生的肉毒素中毒事故中，多数由自制的臭豆腐、豆豉等植物性发酵食品引起。

② 金黄色葡萄球菌的产毒菌株产生葡萄球菌肠毒素可引起食物中毒。为不产芽孢球菌，多存在于皮肤、动物鼻咽道及口腔中。带菌的食品加工工人或厨师是主要的传播媒介。

（2）内毒素　内毒素存在于菌体内，是菌体的结构成分。细菌在生活状态时不释放出来，只有当菌体自溶或用人工方法使细菌裂解后才释放，故称内毒素。大多数革兰阴性菌都有内毒素，如沙门氏菌、痢疾杆菌、大肠杆菌、奈瑟氏球菌等。

内毒素耐热，100℃加热1h不被破坏，必须加热160℃，经2～4h或用强碱、强酸或强氧化剂煮沸30min才能灭活。内毒素不能用甲醛脱毒制成类毒素，但能刺激机体产生具有中和内毒素活性的抗体。

3. 放线菌毒素

放线菌中某些种类的代谢产物具有毒性，甚至能致癌。如链霉菌属产生的放线菌素可使大鼠产生肿瘤；由不产色的链霉菌产生的链脲菌素，可使大鼠发生肿瘤；由肝链霉菌产生的洋橄榄霉素，具有很强的急性毒性，并可诱发肿瘤。

4. 藻类毒素

藻类毒素对人的生命安全存在着潜在性威胁，现在已经发现有四种中毒症

笔记

状，即麻痹性中毒、失忆性中毒、腹泻性中毒和神经性中毒。每年都有人死于藻类毒素中毒。近年来，我国不少地方都发生因食用织纹螺而中毒的事件，有关资料表明，织纹螺本身无毒，其致命的毒性是由于赤潮中大量繁殖的藻类有些能够产生毒素，织纹螺摄食有毒藻类、富集和蓄积藻类毒素而被毒化。织纹螺引起食物中毒的主要毒素是麻痹性贝类毒素，类似于河豚鱼毒素，中毒病人主要呈神经性麻痹症状，死亡率较高。

最主要的藻类毒素分别由下列三类藻产生：

（1）甲藻　常见于北纬或南纬30°的海水中，是海洋赤潮中常见的优势种，它产生的毒素是藻类中对人类最具毒性者。如石房蛤毒素，人口服1mg即可致死。

（2）蓝细菌　蓝细菌是淡水中产毒素的常见藻类。蓝细菌中铜绿微囊藻是水华中的优势种，能产生微囊藻快速致死因子，它是一种小分子环肽化合物，可使水生生物中毒死亡。人类中毒后可发生皮炎、肠胃炎、呼吸失调等症状。

（3）金藻　金藻是盐水中常见的产毒藻类。它能在盐浓度0.12%的水中生长，其所产毒素能引起盐湖中鱼群大量死亡。

（二）含氮化合物

1．硝酸与亚硝酸

（1）硝酸　硝酸是硝化作用的终产物，它易溶于水，易发生淋溶作用，并随水流失。如果长期过量使用化学氮肥，会引起蔬菜、水果硝酸盐超标及地下水、饮用水污染等一系列较为严重的生态环境问题。据调查，我国部分地区的食物中，尤其是蔬菜，硝酸盐含量严重超标，有的高达300～4000mg/kg。每人每天只要食用70g，人体每天摄入的硝酸盐就会超出世界卫生组织的安全标准。

另据统计，施入土壤的氨素只有30%～40%被作物利用，约20%被土壤微生物固定在土壤中，而40%～50%被水淋失或分解进入空气中。被雨水冲刷而流失的氮，进入地下水，使地下水中硝酸盐含量超标。故规定饮水中NO_3^-含量应低于10mg/L。

硝酸盐污染不容忽视，因为硝酸盐是亚硝胺的前体物，迄今发现的亚硝胺类化合物有120种之多，其中确认有致癌作用的约占75%。有关专家认为，引导广大农民科学合理施肥，尤其是多施生物有机肥料，是防治硝酸盐污染的根本对策。

（2）亚硝酸　亚硝酸是氮素循环中硝化作用和反硝化作用的中间产物，可引起局部和全球的污染问题。研究表明，饮用水中高含量的硝酸盐的不良影响实际上是由亚硝酸盐造成的。因为硝酸盐在人体中能够转化为亚硝酸盐，如果亚硝酸盐在人体内积累过多，可直接使人缺氧中毒，严重者导致窒息死亡。即高铁血红蛋白症，俗称紫蓝症、蓝婴症、乌痧症等。

水环境中的硝酸盐和亚硝酸盐在各种含氮有机化合物（胺、酰胺、尿素、氰胺）的作用下，形成化学稳定性、致癌和致突变机制不同的*N*-亚硝基胺和亚硝基酰胺等各种*N*-亚硝基化合物。对120多种亚硝基胺和亚硝基酰胺的致癌性研究表明，有39种动物（鱼、小鼠、大白鼠、仓鼠、兔、狗、猴等）被亚硝基化

笔记

合物在不同部位引起了恶性肿瘤。在厌氧的土壤、沉积物和水环境中，以及食品和饲料中的硝酸盐，均可被微生物还原为亚硝酸盐。

2. 亚硝胺

亚硝胺盐除其直接毒性外，它可与环境或食品中的二级胺反应，生成*N*-亚硝胺。这种反应在某些情况下可自发产生，或由微生物酶的作用，大肠杆菌、普通变形杆菌，梭菌属、假单胞菌属及串珠镰刀菌等微生物都能把NO_2^-和仲胺（蛋白质代谢的中间产物）转化为亚硝胺。亚硝胺是众所周知的致畸、致癌、致突变物质。迄今发现的亚硝胺已有120种之多，其中确认有致癌作用的约占75%，它对人体的肝、食管、胃、肺、肾、膀胱、小肠、脑、神经系统和造血系统等都能诱发癌症。

3. 氮氧化物

氮氧化物种类很多，造成大气污染的主要是一氧化氮（NO）和二氧化氮（NO_2），因此环境学中的氮氧化物一般指这二者的总称。就全球来看，空气中的氮氧化物主要来源于天然源，但城市大气中的氮氧化物大多来自于燃料燃烧，即人为源，如汽车等流动源，工业窑炉等固定源。

在富含硝酸盐的环境中，微生物可转化硝酸盐生成NO，并可进一步氧化成NO_2，NO_2比NO的毒性高4倍，NO_x能由呼吸侵入人体肺部，对肺组织产生强烈的刺激及腐蚀作用，引起支气管炎、肺炎、肺气肿等疾病，NO_x还能和碳氢化物生成光化学烟雾，NO_2又是引起酸雨的原因之一。此外，NO_2可使平流层中的臭氧减少，导致地面紫外线辐射量增加。国家环境质量标准规定，居住区的平均浓度低于0.1mg/m^3，年平均浓度低于0.05mg/m^3。

4. 硫化氢

H_2S是自然界硫循环的一个有机组成部分，能促进硫素的大范围迁移，为缺硫地区的生物生长提供硫素。但局部相对高浓度的H_2S会对环境产生不利影响，对人及动植物有毒害作用。硫化氢气体主要经呼吸道吸入，低浓度的硫化氢气体能溶解于黏膜表面的水分中，与钠离子结合生成硫化钠，对黏膜产生刺激，引起局部刺激作用，如眼睛刺痛、怕光、流泪、咽喉痒和咳嗽等。吸入高浓度H_2S会出现头昏、头痛、全身无力、心悸、呼吸困难、口唇及指甲发绀等。严重时会出现抽筋，进入昏迷状态，引起呼吸中枢麻痹而致死。水中H_2S含量超过0.5～1.0mg/L时，对鱼类有毒害作用。在大气中H_2S被氧化为SO_2，形成酸雨，对湖泊和森林有潜在威胁。

5. 气味代谢物

环境中的气味主要来自工业生产以及由微生物的代谢所产生，如土腥味、鱼腥味、霉味、垃圾味、药品味、煤油味等不良气味。气味是影响环境质量的重要因子，也是对环境污染的早期预警。闻到气味说明污染物可能已达有害浓度。供水系统的不良臭味是生物学家、公共卫生学家及水处理工程师共同关心的一个老问题。许多城镇以河流、湖泊、水渠、港口水为饮用水源，水源周期性地产生不良气味给生活带来诸多不便。气味物质不仅污染大气和水体，造成感

笔记

官不悦，而且还可被水生生物吸收并蓄积于体内，影响水产品（如淡水鱼）的品质。

人们对生物学来源的气味代谢物的化学本质进行了研究，并取得了很大的进展。已从众多放线菌产生的土腥味物质中分离到土腥素（或土臭味素）。它是一种透明的中性油，分子量182，嗅阈值极低，小于0.2×10^{-6}。具有土腥味的鱼肉中也可检出土腥素，其味阈值为0.6ug/100g鱼肉。其他引起环境污染的微生物气味代谢物有氨、胺、硫化氢、硫醇、（甲基）吲哚、脂肪、酸、醛、醇、酯等。

五、酸性矿水

酸性矿水是指含硫矿山在开采过程中，所含的硫及硫化物被化学氧化和生物（耐酸微生物，如氧化硫硫杆菌和氧化硫亚铁杆菌）氧化成硫酸而产生的酸性水。

黄铁矿、斑铜矿等含有硫化铁。矿山开采后，矿床暴露于空气中，由于化学氧化作用使矿山酸化，一般pH值为2.5～4.5。在这种酸性条件下，只有耐酸微生物（如氧化硫硫杆菌和氧化硫亚铁杆菌）才能够生存。例如氧化硫硫杆菌能使硫氧化为硫酸，氧化硫亚铁杆菌能把硫酸亚铁氧化为硫酸铁。经过这些细菌的作用，矿水酸化加剧，有时pH值降至0.5。矿山酸化及耐酸细菌作用过程概述如下。

① 黄铁矿（FeS_2）经自然氧化生成$FeSO_4$和H_2SO_4：

$$2FeS_2 + 7O_2 + 2H_2O \longrightarrow 2FeSO_4 + 2H_2SO_4$$

② 氧化硫硫杆菌和氧化硫亚铁杆菌将铁氧化成高价铁，形成硫酸铁：

$$4FeSO_4 + 2H_2SO_4 + O_2 \longrightarrow 2Fe_2(SO_4)_3 + 2H_2O$$

③ 通过强氧化剂使$Fe_2(SO_4)_3$与黄铁矿继续作用，生成更多的H_2SO_4：

$$FeS_2 + 7Fe_2(SO_4)_3 + 8H_2O \longrightarrow 15FeSO_4 + 8H_2SO_4$$

④ 氧化硫硫杆菌将硫单质氧化为硫酸：

$$2S + 3O_2 + 2H_2O \longrightarrow 2H_2SO_4$$

反应产物硫酸不仅使环境的酸性增强，而且使各种金属离子溶解到酸性矿水中，产生一系列的环境问题。酸化了的矿水，随雨水径流，或顺河道下流，破坏了自然生物群落，毒害鱼类，影响人类生活。

矿区的废水主要来自矿山建设和生产过程中的矿坑排水，洗矿过程中加入有机和无机药剂而形成的尾矿水，露天矿、排矿堆、尾矿及矸石堆受雨水淋滤、渗透溶解矿物中可溶成分的废水，矿区其他工业和医疗、生活废水等。这些受污染的废水，大部分未经处理，排放后又直接或间接地污染了地表水、地下水和周围农田、土地，并进一步污染了农作物，有害元素成分经挥发也会污染空气。

微生物对环境的作用

拓展3-8 扫描二维码可查看“微生物对环境的作用”。

实训

知识目标

1. 掌握空气、土壤、水等样品中微生物的检测方法。
2. 掌握水中总大肠菌群的测定方法。
3. 掌握湖泊富营养化程度的评价方法。

能力目标

1. 具有动手能力、分析问题的能力。
2. 具有利用基本知识进行环境中微生物检测的应用能力。
3. 具有对实训结果进行科学分析，归纳总结的能力。

素质目标

1. 培养团队合作的能力。
2. 规范实训操作，培养科学严谨的学习态度。
3. 培养生态环境意识，职业卫生习惯。

实训一　空气中的微生物的检测

一、实训目标

1. 了解一定环境空气中微生物的分布状况。
2. 掌握检测和计数空气中微生物的基本方法。

二、基础知识

空气中悬浮着附有微生物的尘埃和飞沫。空气中微生物多为腐生，主要有芽孢杆菌、霉菌和放线菌的孢子。空气中微生物的检测，简便方法常采用自然沉降法和过滤法，两种方法采样方式不同，均需培养，通过菌落观察计数，由奥氏公式计算出浮游细菌总数。

三、实训器材

（1）采样器　盛有200mL无菌水的塑料瓶（500mL）5个；盛有10L水的塑料桶（15L）5个。

（2）培养基　牛肉膏蛋白胨琼脂培养基、察氏培养基、高氏1号培养基。

笔记

（3）其他　恒温培养箱、培养皿、1mL吸管等。

四、实训流程

（1）过滤法　准备过滤装置→放置空气采样器→采样→接种培养→计数。
（2）沉降平板法　倒平板→采样→培养→计数。

五、操作过程

（一）过滤法

1. 准备过滤装置

按图3-1安装空气采样器。

2. 放置空气采样器

按图3-2所示，将5套空气采样器分别放在5个点上。

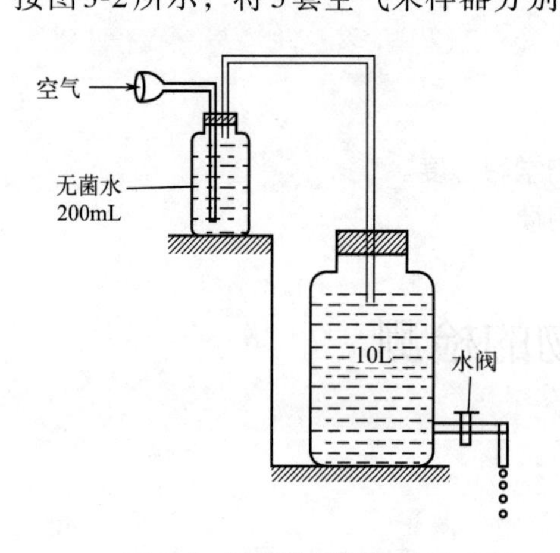

图3-1　过滤法采样装置

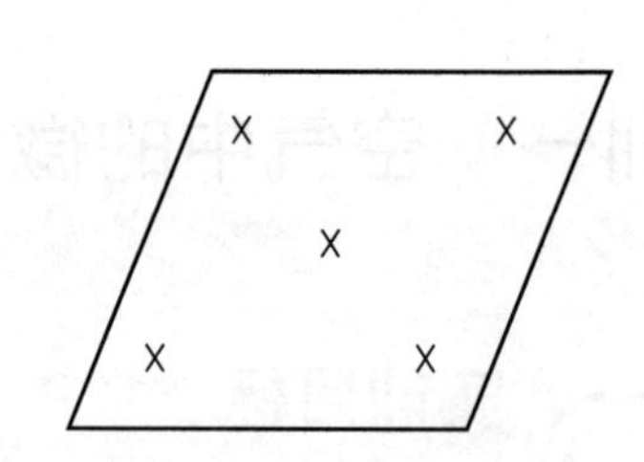

图3-2　五点采样法采点分布

3. 采样

打开塑料桶的水阀，使水缓慢流出，这时外界空气被吸入，经喇叭口进入盛有200mL无菌水的塑料瓶（采样器）中，直至10L水流完后，则10L空气中的微生物就被截留在200mL水中。

4. 接种培养

将5个塑料瓶的过滤液充分摇匀，无菌操作，用1mL无菌吸管分别从中吸取1mL过滤液于无菌培养皿中，每瓶过滤液平行做3个皿，然后倒入已融化并冷却至48℃的牛肉膏蛋白胨琼脂培养基，加盖混匀，待凝固后倒置于37℃恒温培养箱中培养48h。

5. 计数

培养48h后，观察计数。根据平板上长出的菌落数，计算出每升空气中的细

笔记

菌数目。先按下式分别求出每套采样器的细菌数，再求出5套采样器测定的平均值。空气中的细菌数$=\frac{1\text{mL水培养所得菌数}\times 200}{10}$（CFU/L）

（二）沉降平板法

1. 倒平板

将牛肉膏蛋白胨琼脂培养基、察氏培养基、高氏1号培养基融化后，各倒15个平板，待凝固。

2. 采样

在一定面积的房间内，按图3-2所示布点，每种培养基每个点放3个平板，打开盖子，放置10min后盖上盖子。

3. 培养

牛肉膏蛋白胨琼脂培养基是培养细菌的，倒置于37℃恒温培养箱中培养24～48h。察氏培养基、高氏1号培养基分别培养霉菌和放线菌，倒置于28℃恒温培养箱中培养3～5d，以长出清晰的菌落为宜。

4. 观察计数

培养结束，观察3种培养基里菌落形态、颜色，并计数。用奥氏公式计算出空气中细菌数（CFU/m^3）。

六、注意事项

① 采样瓶、培养皿、吸管均需无菌。接种、倒平板均需无菌操作。

② 过滤法接种时，倒培养基时要控制好融化培养基的温度，基本是手摸瓶壁感觉稍烫，可以先用水体验手触48℃的瓶壁的感觉。

③ 菌落计数可用放大镜或菌落计数器。

七、实训记录

将结果记录在表3-6、表3-7、表3-8、表3-9中。

表3-6　过滤法测空气微生物的测定结果

项目	采样点1			采样点2			采样点3			采样点4			采样点5		
平行样	1	2	3	1	2	3	1	2	3	1	2	3	1	2	3
CFU/板															
平均CFU/板															
菌数/（CFU/L）															
菌数/（CFU/L）															

表 3-7　沉降平板法测空气中细菌的测定结果

项目	采样点1			采样点2			采样点3			采样点4			采样点5		
平行样	1	2	3	1	2	3	1	2	3	1	2	3	1	2	3
CFU/板															
平均CFU/板															
CFU/m^3															
CFU/m^3															

表 3-8　沉降平板法测空气中放线菌的测定结果

项目	采样点1			采样点2			采样点3			采样点4			采样点5		
平行样	1	2	3	1	2	3	1	2	3	1	2	3	1	2	3
CFU/板															
平均CFU/板															
CFU/m^3															
CFU/m^3															

表 3-9　沉降平板法测空气中霉菌的测定结果

项目	采样点1			采样点2			采样点3			采样点4			采样点5		
平行样	1	2	3	1	2	3	1	2	3	1	2	3	1	2	3
CFU/板															
平均CFU/板															
CFU/m^3															
CFU/m^3															

八、思考题

1. 过滤法采样时，10L水和装水的桶是否也要无菌？

2. 过滤法接种倒培养基时为什么要控制培养基的温度在48℃左右？沉降平板法倒平板也需要控制培养基的温度吗？

3. 培养时为什么培养皿需要倒置？

笔记

实训二　土壤中的微生物检测

一、实训目标

1. 了解土壤中微生物检测与计数方法。
2. 掌握稀释涂布平板法的操作。

二、基础知识

土壤中微生物无论数量还是种类都极其丰富。检测土壤中微生物的方法常用稀释平板法，包括稀释倒平板法、稀释涂布平板法。先做土壤系列稀释液，将土壤稀释液中的微生物细胞分散开来，取不同稀释度稀释液培养，即得到单个菌落。统计菌落数，根据其稀释倍数和取样接种量即可换算出样品中的含菌数（CFU）。

稀释倒平板法是先加稀释液，后倒入融化并冷却至48℃的培养基，混匀培养。稀释涂布平板法是先倒好培养基平板，再加土样稀释液，用涂布棒涂布分散均匀后培养。稀释平板法虽然操作比较烦琐，结果需要培养一段时间才能取得，而且测定结果易受多种因素的影响，但可以获得活菌的信息，所以被广泛用于生物制品检验（如活菌制剂），以及食品、饮料和水〔包括水源水〕等的微生物检测。

三、实训器材

（1）培养基　牛肉膏蛋白胨琼脂培养基、察氏培养基、高氏1号培养基。

（2）无菌水　盛9mL无菌水的试管，装有玻璃珠和99mL无菌水的锥形瓶。

（3）其他　恒温培养箱、无菌培养皿、无菌涂布棒、无菌1mL吸管、无菌移液管等。

四、实训流程

制备土壤稀释液→倒平板→涂布→培养→观察计数。

五、操作过程

1. 制备土壤稀释液

称取土样1g，放入装有玻璃珠和99mL无菌水的锥形瓶中，振荡约20min，使土壤微生物分散，得到10^{-2}稀释液。取4支盛9mL无菌水的试管排放在试管架上，依次标记为10^{-3}、10^{-4}、10^{-5}、10^{-6}。取一只无菌1mL吸管在10^{-2}稀释度水样中反复吹吸三次，然后吸取1mL，转入标记10^{-3}的试管中（**注意**：吸管不要伸入10^{-3}的试管中），摇匀，得10^{-3}稀释度水样，同时用同一只吸管分别吸取10^{-2}稀

笔记

释度水样1mL，分别转入3个无菌空培养皿中。另取一只无菌1mL吸管在10^{-3}稀释度水样中反复吹吸三次，然后吸取1mL，转入标记10^{-4}的试管中（**注意**：吸管不要伸入10^{-4}的试管中），摇匀，得10^{-4}稀释度水样。依据此法得到10^{-5}、10^{-6}稀释度水样。在皿盖上注明稀释度、日期、编号。整个稀释过程必须在无菌室或酒精灯旁进行，保证无菌操作条件。稀释过程如图3-3。

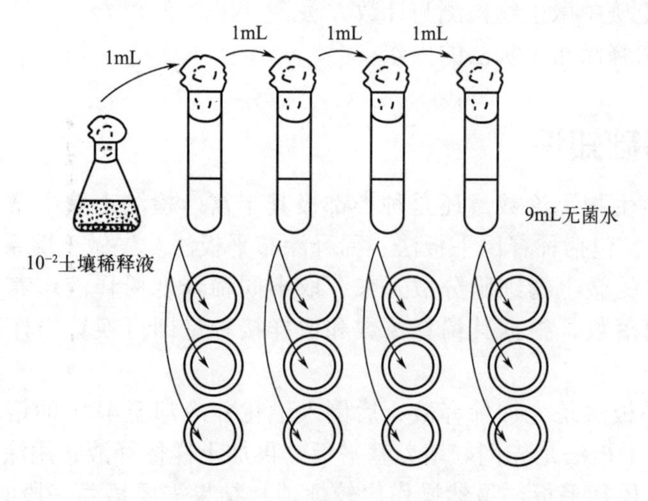

图3-3 制备土壤稀释液和取样过程

2. 倒平板

将牛肉膏蛋白胨琼脂培养基、察氏培养基、高氏1号培养基融化后，每种培养基倒15个平板，每皿倒入约15～20mL，冷凝。每种培养基3个一组，一组一个标记，依次标记为10^{-2}、10^{-3}、10^{-4}、10^{-5}、10^{-6}。

3. 涂布

取一只无菌移液管，吸取10^{-2}的土壤稀释液，对应放入标记为10^{-2}的三种培养基的9个培养基平板中各0.2mL，用无菌涂布棒涂布均匀，如图3-4所示。涂布棒一皿一灭菌。同法另取无菌移液管，向每种培养基平板中各加入对应稀释度的稀释液0.2mL。一种培养基一个稀释度3个平行样。涂布后培养皿平放于实训台上10～15min左右，使菌液渗入培养基表层内。

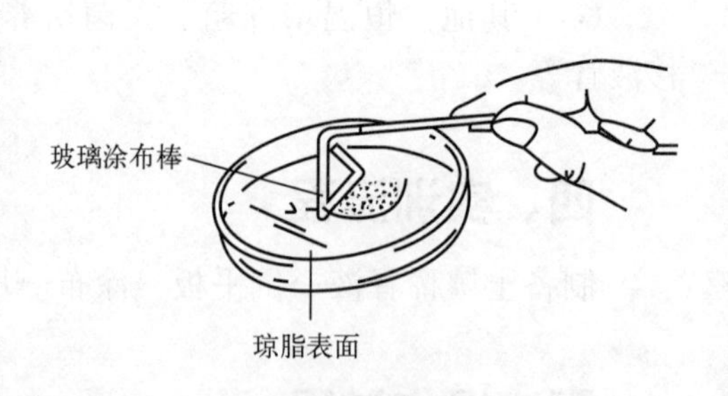

图3-4 平板涂布操作示意

4. 培养

牛肉膏蛋白胨琼脂培养基是培养细菌的，倒置37℃恒温培养箱中培养48h。察氏培养基、高氏1号培养基分别培养霉菌和放线菌，倒置28℃恒温培养箱中培养3～5d，以长出清晰的菌落为宜。

笔记

5. 观察计数

培养结束，观察3种培养基里菌落形态、颜色，并计数。

六、注意事项

① 所取土样有机物比较丰富，稀释的倍数要大一些。
② 涂布时要在无菌的条件下进行。
③ 培养时要及时观察。

七、实训记录

将结果记录在表3-10、3-11、3-12中。每毫升土壤原液所含菌数按下式计算：

CFU/mL=同一稀释度三次重复的平均菌落数 × 稀释倍数 ×5

表3-10　土壤中细菌的测定结果

细菌数	10^{-2}				10^{-3}				10^{-4}				10^{-5}				10^{-6}			
	1	2	3	平均	1	2	3	平均	1	2	3	平均	1	2	3	平均	1	2	3	平均
CFU/平板																				
CFU/mL																				

表3-11　土壤中霉菌的测定结果

细菌数	10^{-2}				10^{-3}				10^{-4}				10^{-5}				10^{-6}			
	1	2	3	平均	1	2	3	平均	1	2	3	平均	1	2	3	平均	1	2	3	平均
CFU/平板																				
CFU/mL																				

表3-12　土壤中放线菌的测定结果

细菌数	10^{-2}				10^{-3}				10^{-4}				10^{-5}				10^{-6}			
	1	2	3	平均	1	2	3	平均	1	2	3	平均	1	2	3	平均	1	2	3	平均
CFU/平板																				
CFU/mL																				

笔记

八、思考题

1. 制备稀释液时确定稀释度的原则是什么？本实训稀释度做到10^{-6}，根据结果说明是否合适？

2. 如果计算每克土壤中相关微生物的菌落形成单位（CFU），应该如何计算？

3. 当你的平板上长出的菌落不是均匀分散的而是集中在一起时，你认为问题出在哪里？

实训三　水中细菌总数的测定

一、实训目标

1. 掌握水中细菌菌落总数测定方法。

2. 了解水质与菌落总数之间的相关性。

二、基础知识

细菌总数用菌落总数（CFU）表示，它是有机物污染程度的指标，也是卫生指标。在饮用水中所测得的细菌菌落总数除说明水被生活废物污染程度外，还指示该饮用水能否饮用。但水源水的细菌菌落总数不能说明污染的来源，要结合大肠菌群数判断水的污染源和污染程度就更全面准确。

我国现行《生活饮用水卫生标准》（GB 5749—2022）规定：饮用水中细菌菌落总数1mL不能超过100个。菌落总数的标准检验方法是平皿菌落计数法。测得的细菌总数包括水中异养的好氧菌、兼性厌氧菌。平皿菌落计数法是判断饮用水、水源水、地表水等污染程度和卫生学标准的检测方法。

对于检验水样的处理，原则上干净的水（自来水、矿泉水等）直接取样，水质差的按十倍稀释法稀释到一定倍数，后取样进行检测。供卫生细菌学检验的水样，采集前所用容器必须进行灭菌，以保证不被污染任何细菌。

三、实训器材

1. 培养基　牛肉膏蛋白胨琼脂培养基。

2. 其他　恒温培养箱、无菌培养皿、无菌试管、1mL无菌吸管等。

四、实训流程

（1）自来水　取水样→倒平板→培养计数。

（2）水源水　取水样→稀释水样→倒平板→培养计数。

笔记

五、操作过程

（一）自来水

1. 取水样

从自来水龙头采集饮用水水样，不要选用漏水的龙头。采水前先用水冲洗水龙头，再用酒精灯火焰灼烧水龙头灭菌约5min或用75%的酒精消毒，然后打开水龙头至最大，放水5～10min，除去水管中的滞留杂质。

无菌操作，接自来水10mL左右于无菌水样瓶中，马上加盖。水样不应完全装满水样瓶，便于检验前能够充分摇匀。

自来水水样含有余氯时，会杀死细菌。应在无菌水样瓶灭菌前加入硫代硫酸钠消除余氯。硫代硫酸钠的用量按每500mL水样加3%硫代硫酸钠1mL计。

2. 倒平板

无菌操作，用无菌吸管吸取1mL充分摇匀的水样注入无菌培养皿中，倾注入已融化并冷却至约48℃的营养琼脂培养基15～20mL，迅速加盖，在桌面上平稳旋摇平皿，使水样与培养基充分混匀，冷凝后成平板。做3个平行样。另取一个无菌培养皿倒入培养基冷凝成平板作空白对照。

3. 培养计数

将上述平板倒置于37℃恒温培养箱内培养48h，进行菌落计数，即为1mL自来水中菌落总数。

（二）水源水

1. 取水样

河水、井水、海水水样的采集要用特制的采样瓶（种类多，图3-5是常用一种）。该采样器外面是金属框，内装玻璃瓶，底部有重的沉坠，按需要坠入一定深度取样。拉起瓶盖上绳索，即可打开瓶盖，松开绳索瓶盖自行盖好瓶口。水样采集后取出水样瓶。若是测定好氧微生物，应立即更换无菌棉塞。

水样采集后应迅速检验。若不能马上检验，需放在4℃冰箱内保存，应在报告中注明水样采集与检验时间。较清洁水样可在12h内检验，污水要在6h内检验。须保证水样运送、保存过程不受污染。

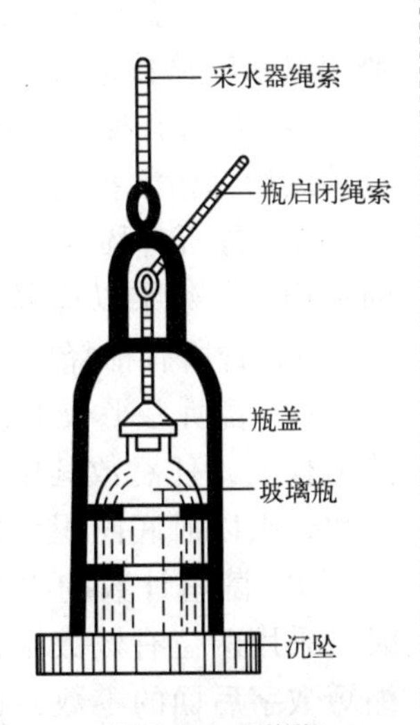

图3-5　采样瓶

2. 稀释水样

以无菌操作吸取1mL充分混合均匀的水样，注入盛有9mL无菌水的试管中，混匀得1∶10（10^{-1}）的稀释液。吸取1∶10的稀释液1mL注入盛有9mL无菌水的试管中，混匀得1∶100（10^{-2}）的稀释液。依次稀释成1∶1000（10^{-3}）、1∶10000（10^{-4}）系列稀释液。注意吸取不同浓度的稀释液时，必须更换吸管。

笔记

3. 倒平板培养

无菌操作，用无菌吸管吸取未稀释水样和2～3个适宜稀释度的水样各1mL注入无菌培养皿中，以下操作同自来水的步骤2和3。

六、计数及报告方法

（一）菌落计数及报告方法

作平皿菌落计数时，可用眼睛直接观察，必要时用放大镜或菌落计数器。记下各皿的菌落数，求出同一稀释度的平均菌落数。若有平板上有较大片状菌落生长，则不宜采用，而以无片状菌落生长的平板求该稀释度的平均菌落数。若片状菌落不到平板的一半，而其余一半菌落分布又很均匀，则可将半皿计数后乘2，作为整个平板菌落数。

（二）不同稀释度的选择及报告方法

① 首先选择平均菌落数在30～300之间者进行计数。若只有一个稀释度的平均菌落数符合此范围时，则将该菌落数乘以稀释倍数报告值（见表3-13中实例1）。

② 若有两个稀释度的平均菌落数均在30～300之间，则视二者之比值决定。若其比值小于2，则应报告两者的平均数（见表3-13中实例2）；若其比值大于2，则应报告其中稀释度较小的菌落总数（见表3-13中实例3）；若其比值等于2，亦报告其中稀释度较小的菌落总数（见表3-13中实例4）。

③ 若所有稀释度的平均菌落数均大于300，则应按稀释度最高的平均菌落数乘以稀释倍数报告（见表3-13中实例5）。

④ 若所有稀释度的平均菌落数均小于30，则应按稀释倍数最低的平均菌落数乘以稀释倍数报告（见表3-13中实例6）。

⑤ 若所有稀释度的平均菌落数均不在30～300之间，则以最接近30或300的平均菌落数乘以稀释倍数报告（见表3-13中实例7）。

⑥ 若所有稀释度的菌落上均无菌落生长，则以未检出报告。

⑦ 若所有平板上都菌落密布，不要“多不可计”报告，而应在稀释度最大的平板上，任意数其中2个平板1cm^{2}的菌落数，除以2求出每平方厘米内平均菌落数，乘以皿底面积，再乘以稀释倍数报告。

⑧ 菌落计数的报告：菌落数小于100时，按实有数报告；菌落数大于100时，采用两位有效数字，两位有效数字后面的位数，以四舍五入方法计算。为了缩短数字后面的零数，也可用10的指数来表示（见表3-14中“报告方式”）。

表3-13　稀释度选择及菌落总数报告方式

实例	不同稀释度的平均菌落数			两稀释度菌落数之比	菌落总数（CFU/mL）	报告方式（CFU/mL）
	10^{-1}	10^{-2}	10^{-3}			
1	1365	164	20	—	16400	16000或1.6×10^4

笔记

续表

实例	不同稀释度的平均菌落数			两稀释度菌落数之比	菌落总数（CFU/mL）	报告方式（CFU/mL）
	10^{-1}	10^{-2}	10^{-3}			
2	2760	295	46	1.6	37750	38000或3.8×10^4
3	2890	271	60	2.2	27100	27000或2.7×10^4
4	150	30	8	2	1500	1500或1.5×10^3
5	多不可计	1650	513	—	513000	510000或5.1×10^5
6	27	11	5	—	270	270或2.7×10^2
7	多不可计	305	12	—	30500	31000或3.1×10^4

七、注意事项

① 稀释水样时，每一支吸管只能接触一个稀释度的水样，吸管尖不要碰到盛接水样的液面，否则稀释不准确，结果误差较大。

② 确定适宜的稀释度，以在平皿上培养的菌落数在30～300之间为宜。例如，如果水样直接接种培养的平皿计数高达3000，水样应稀释到1：100（10^{-2}）。

八、结果记录

将结果记录在表3-14、3-15中。菌落计数方法、稀释度的选择及报告方法见实训二。

表3-14　自来水中菌落总数的测定结果

	平行样1	平行样2	平行样3	空白对照
CFU/平板				
CFU/mL				

表3-15　水源水中菌落总数的测定结果

细菌数	原水样				10^{-1}				10^{-2}				10^{-3}				空白对照
	1	2	3	平均	1	2	3	平均	1	2	3	平均	1	2	3	平均	
CFU/平板																	
CFU /mL																	

九、思考题

1. 测定水中细菌菌落总数有什么实际意义？
2. 根据我国饮用水水质标准，讨论这次检测结果。

笔记

实训四　水中总大肠菌群的测定

一、实训目标

1. 了解大肠菌群的生化特性。
2. 掌握多管发酵法和滤膜法测定水中总大肠菌群的方法和操作。
3. 理解总大肠菌群作为卫生指标的意义。

二、基础知识

如果水源被粪便污染，则有可能含有肠道病原菌。但肠道致病菌数量少，又容易死亡，不易检出，且分析难度大。由于大肠菌群数量大，在体外存活时间与肠道致病菌相近，且检测方法比较简便，故作为粪便污染的指示菌，以此作为粪便污染指标来评价水的卫生质量，反映水体是否有肠道致病菌污染的可能性。

总大肠菌群是指能发酵乳糖、产酸产气、需氧及兼性厌氧的革兰阴性无芽孢杆菌。

《生活饮用水卫生标准》（GB 5749—2022）规定：饮用水中总大肠菌群[（MPN/100mL或CFU/100mL）]不得检出。对只经过加氯消毒即供作生活饮用水的水源水，其总大肠菌群平均每升不得超过1000个。

总大肠菌群的检验方法主要有多管发酵法、滤膜法。多管发酵法适用于饮用水、水源水、污水等各种水样。滤膜法适于测定饮用水和低浊度的水源水，结果是滤膜在培养基上直接计数的菌落数。如水样浑浊或有沉淀均不宜用滤膜法。滤膜法具有高度的再现性，可用于检验体积较大的水样，比多管发酵法更快地获得结果。

三、实训器材

（1）器皿　锥形瓶（500mL）1个、试管（18mm×18mm）6或7支、大试管（150mL）2支、1mL移液管3支、10mL移液管3支、培养皿（ϕ90mm）10套、小导管、接种环、试管架、无菌吸管、滤器、滤膜（孔径ϕ0.45μm）、抽滤设备、无齿镊子。

（2）试剂　无菌水、蒸馏水、蛋白胨、乳糖、磷酸氢二钾、牛肉膏、氯化钠、琼脂、质量浓度为16g/L的溴甲酚紫乙醇溶液、20g/L的伊红水溶液、5g/L的美蓝水溶液。无水亚硫酸钠、酵母浸膏、50g/L的碱性品红乙醇溶液、草酸铵结晶紫染液、卢戈氏碘液、体积分数为95%的乙醇、沙黄复染液、香柏油、二甲苯。

（3）其他　显微镜、恒温培养箱、天平、吸水纸、擦镜纸、酒精灯、载玻片。

笔记

四、实训准备

（一）配制培养基

1. 乳糖蛋白胨培养液（用于多管发酵法的复发酵试验）

（1）配方　牛肉膏3g、蛋白胨10g、乳糖5g、NaCl 5g、质量浓度为16g/L的溴甲酚紫乙醇溶液1mL、蒸馏水1000mL、pH 为7.2～7.4。

（2）配制方法　将牛肉膏、蛋白胨、乳糖及NaCl加热溶解至1000mL蒸馏水中，调节pH至7.2～7.4。加入质量浓度为16g/L的溴甲酚紫乙醇溶液1mL，充分混匀，分装于试管中，每管10mL，另取一小导管装满培养液倒放入试管中。塞好棉塞，包扎灭菌，于115℃处理20min。市场有售配制好的乳糖蛋白胨培养基干粉，方便使用。

2. 二倍浓缩乳糖蛋白胨培养液（用于多管发酵法的初发酵试验）

按上述“乳糖蛋白胨培养液”，除蒸馏水外，其他成分量加倍。分装于试管中，小试管5mL，大试管50mL 。然后每管内倒放入装满培养基的小导管。塞好棉塞，包扎灭菌，于115℃处理20min。

3. 伊红美蓝培养基（用于多管发酵法的分离培养）

（1）配方　蛋白胨10g、乳糖10g、磷酸氢二钾2g、琼脂20～30g、质量浓度为20g/L的伊红水溶液20mL、5g/L的美蓝水溶液13mL、蒸馏水1000mL。

（2）配制方法　将蛋白胨、磷酸氢二钾和琼脂溶于蒸馏水中，调节pH为7.2，加入乳糖，混匀后分装于锥形瓶内。塞好棉塞，包扎灭菌，于115℃处理20min。

临用时加热融化，冷却至50～55℃，加入已灭菌的伊红和美蓝溶液，混匀。伊红美蓝培养基市场有售。

4. 品红亚硫酸钠培养基（乙）（用于滤膜法初培养）

（1）配方　蛋白胨10g、酵母浸膏5g、牛肉膏5g、乳糖10g、磷酸氢二钾3.5g、琼脂15～20g、无水亚硫酸钠5g、质量浓度为50g/L的碱性品红乙醇溶液20mL、蒸馏水1000mL。

（2）配制方法

① 制备储备培养基。现将琼脂加到500mL蒸馏水中煮沸溶解。另于500mL蒸馏水中加入蛋白胨、磷酸氢二钾、酵母浸膏和牛肉膏，加热溶解，倒入已溶解的琼脂，补足蒸馏水至1000mL。混匀调pH为7.2～7.4。再加入乳糖，分装灭菌，于115℃处理20min。储存于冷暗处备用。

② 制备平皿培养基。将上法制备的储备培养基加热融化。用无菌吸管按比例吸取一定量的50g/L的碱性品红乙醇溶液置于无菌空试管内。再按比例称取无水亚硫酸钠置于另一无菌空试管内，加少量无菌水，使其溶解后，置沸水浴中煮沸10min灭菌。用无菌吸管吸取已灭菌的亚硫酸钠溶液，滴加于碱性品红乙醇溶液至深红色退成淡粉色为止，将此混合溶液全部加到已融化的储备培养基中，充分混匀（防止产生气泡），立即将此培养基倒平板，每皿约15mL。冷凝后置冰箱

笔记

中备用，保存不宜超过2周，如培养基由淡粉色变为深红色，则不能再用。

5. 乳糖蛋白胨半固体培养基（用于滤膜法乳糖发酵）

配方：蛋白胨10g、牛肉膏5g、乳糖10g、酵母浸膏5g、琼脂5g、蒸馏水1000mL，pH 为7.2～7.4。

灭菌条件：0.072MPa（115℃，15～20min）

（二）水样的采集和处理

方法同实训三。

五、实训流程

（1）多管发酵法　稀释水样→初发酵→分离培养→复发酵→查表确定大肠菌群数。

（2）滤膜法　组装过滤装置→过滤水样→培养→革兰染色镜检→乳糖发酵→查表确定大肠菌群数。

六、操作过程

（一）多管发酵法

1. 生活饮用水中总大肠菌群的测定

（1）初发酵试验　在2支各装有50mL二倍浓缩乳糖蛋白胨培养液的大试管中（内有导管），以无菌操作各加入水样100mL；在10支装有5mL二倍浓缩乳糖蛋白胨培养液的大试管中（内有导管），以无菌操作分别加入水样10mL，混匀后置于37℃恒温培养箱中24h，观察其产酸产气的情况。发酵管情况分析如下：

① 若培养基红色没变为黄色，即不产酸；小导管内没有气体，即不产气。不产酸产气为阴性反应，表明无大肠菌群存在。

② 若培养基红色变为黄色，小导管内有气体，即产酸产气，为阳性反应，表明可能有大肠菌群存在。

③ 若培养基红色变为黄色，但不产气，仍为阳性反应，表明可能有大肠菌群存在。

④ 若小导管内有气体，培养基红色不变，也不浑浊，是操作有问题，应重做试验。

（2）分离培养　将培养后产酸产气及只产酸不产气的发酵管取出，无菌操作，用接种环挑取一环发酵液，划线接种于伊红美蓝培养基平板上，共三个平板。置于37℃恒温培养箱中18～24h。培养后挑选具有下列大肠菌群菌落特征的菌落，进行涂片、革兰染色、镜检。结果为革兰阴性无芽孢杆菌，则表明有大肠菌群存在。

大肠菌群菌落特征为深紫黑色、具有金属光泽，紫黑色、不带或略带金属光泽，淡紫红色、中心色较深。

笔记

（3）复发酵试验　上述染色镜检的菌落如为革兰阴性无芽孢的杆菌，则挑取菌落的另一部分接种于装有10mL普通浓度乳糖蛋白胨培养液的发酵管中，每管可接种同一平板上（即同一初发酵管）的1～3个典型菌落。置于37℃恒温培养箱中24h。有产酸产气者，即确定有大肠菌群菌的存在。

根据初发酵显阳性的发酵管数，查大肠菌群检索表3-16，得出每升水样中的大肠菌群数。

表3-16　大肠菌群检索表　　单位：个/L

10mL水样的阳性管数	100mL水样的阳性管数			10mL水样的阳性管数	100mL水样的阳性管数		
	0	1	2		0	1	2
0	＜3	4	11	6	22	36	92
1	3	8	18	7	27	43	120
2	7	13	27	8	31	51	161
3	11	18	38	9	36	60	230
4	14	24	52	10	40	69	＞230
5	18	30	70				

注：1. 水样总量300mL（100mL 2份，10mL 10份）。

2. 此表用于测生活饮用水。

2. 水源水中总大肠菌群的测定（一）

（1）稀释水样　根据水源水的清洁程度确定水样的稀释倍数。除严重污染，一般稀释度为10^{-1}和10^{-2}，稀释方法同实训二。

（2）初发酵试验　无菌操作，用无菌移液管吸取1mL 10^{-2}、10^{-1}的稀释水样及1mL原水样，分别注入装有10mL普通浓度乳糖蛋白胨培养基的发酵管中。另取10mL原水样注入装有5mL二倍浓缩乳糖蛋白胨培养基的发酵管中（注：如果为较清洁的水样，可再取100mL水样注入装有50mL二倍浓缩的乳糖蛋白胨培养基的发酵瓶中）。置于37℃恒温培养箱中24h，观察其产酸产气的情况。

以后的分离培养、复发酵试验步骤同生活饮用水的测定。

根据证实有大肠菌群存在的阳性管数或瓶数查大肠菌群检索表3-17、3-18，得出每升水样中的大肠菌群数。

表3-17　大肠菌群检索表　　单位：个/L

接种水样量/mL				水中大肠菌群数/L	接种水样量/mL				水中大肠菌群数/L
10	1	0.1	0.01		10	1	0.1	0.01	
－	－	－	－	＜90	－	＋	＋	＋	280
－	－	－	＋	90	＋	－	－	＋	920

笔记

续表

接种水样量/mL				水中大肠菌群数/L	接种水样量/mL				水中大肠菌群数/L
10	1	0.1	0.01		10	1	0.1	0.01	
−	−	+	−	90	+	−	+	−	940
−	+	−	−	95	+	−	+	+	1800
−	−	+	+	180	+	+	−	−	2300
−	+	−	+	190	+	+	−	+	9600
−	+	+	−	220	+	+	+	−	23800
+	−	−	−	230	+	+	+	+	＞23800

注：1. 水样总量11.11mL（10mL、1mL、0.1mL、0.01mL各1份）。

2. “+”表示发酵阳性，“−”表示发酵阴性。

表3-18 大肠菌群检索表

单位：个/L

接种水样量/mL				水中大肠菌群数/L	接种水样量/mL				水中大肠菌群数/L
100	10	1	0.1		100	10	1	0.1	
−	−	−	−	＜9	−	+	+	+	28
−	−	−	+	9	+	−	−	+	92
−	−	+	−	9	+	−	+	−	94
−	+	−	−	9.5	+	−	+	+	180
−	−	+	+	18	+	+	−	−	230
−	+	−	+	19	+	+	−	+	960
−	+	+	−	22	+	+	+	−	2380
+	−	−	−	23	+	+	+	+	＞2380

注：1. 水样总量111.1mL（100mL、10mL、1mL、0.1mL各1份）。

2. “+”表示发酵阳性，“−”表示发酵阴性。

3. 水源水中总大肠菌群的测定（二）

（1）稀释水样　将水样作10倍稀释。

（2）初发酵试验　于装有5mL二倍浓缩乳糖蛋白胨培养基的5个发酵管中，各加10mL水样；于装有10mL乳糖蛋白胨培养基的5个发酵管中，各加1mL水样；于装有10mL乳糖蛋白胨培养基的5个发酵管中，各加1mL 10^{-1}的稀释水样。共计15管。将各管混合均匀，置于37℃恒温培养箱中24h，观察其产酸产气的情况。

以后的分离培养、复发酵试验步骤同生活饮用水的测定。

根据证实有大肠菌群存在的阳性管数或瓶数查大肠菌群检索表3-19，得出每100mL水样中的大肠菌群数。

表 3-19　大肠菌群的最近似数（MPN）　　单位：个 /100mL

出现阳性份数			细菌的MPN/100mL水样	95%可信限值		出现阳性份数			细菌的MPN/100mL水样	95%可信限值	
10mL管	1mL管	0.1mL管		下限	上限	10mL管	1mL管	0.1mL管		下限	上限
0	0	0	＜2			4	2	1	26	9	78
0	0	1	2	＜0.5	7	4	3	0	27	9	80
0	1	0	2	＜0.5	7	4	3	1	33	11	93
0	2	0	4	＜0.5	11	4	4	0	34	12	93
1	0	0	2	＜0.5	7	5	0	0	23	7	70
1	0	1	4	＜0.5	11	5	0	1	34	11	89
1	1	0	4	＜0.5	11	5	0	2	43	15	110
1	1	1	6	＜0.5	15	5	1	0	33	11	93
1	2	0	6	＜0.5	15	5	1	1	46	16	120
2	0	0	5	＜0.5	13	5	1	2	63	21	150
2	0	1	7	1	17	5	2	0	49	17	130
2	1	0	7	1	17	5	2	1	70	23	170
2	1	1	9	2	21	5	2	2	94	28	220
2	2	0	9	2	21	5	3	0	79	25	190
2	3	0	12	3	28	5	3	1	110	31	250
3	0	0	8	1	19	5	3	2	140	37	310
3	0	1	11	2	25	5	3	3	180	44	500
3	1	0	11	2	25	5	4	0	130	35	300
3	1	1	14	4	34	5	4	1	170	43	190
3	2	0	14	4	34	5	4	2	220	57	700
3	2	1	17	5	46	5	4	3	280	90	850
3	3	0	17	5	46	5	4	4	350	120	1000
4	0	0	13	3	31	5	5	0	240	68	750
4	0	1	17	5	46	5	5	1	350	120	1000
4	1	0	17	5	46	5	5	2	540	180	1400
4	1	1	21	7	63	5	5	3	920	300	3200
4	1	2	26	9	78	5	5	4	1600	640	5800
4	2	0	22	7	67	5	5	5	≥2400	—	—

注：水样总量55.5mL（5份10mL、5份1mL、5份0.1mL）。

笔记

（二）滤膜法

1. 准备工作

将滤膜放入烧杯中，加入蒸馏水，置于沸水浴中煮沸间歇灭菌三次，每次15min。前两次煮沸后需要换水洗涤2～3次，以除去残留溶剂。

滤器、接液瓶和垫圈分别用纸包好，0.072MPa，121℃下灭菌20min。

滤器灭菌也可用点燃的酒精棉球火焰灭菌。以无菌操作把滤器安装好，如图3-6。

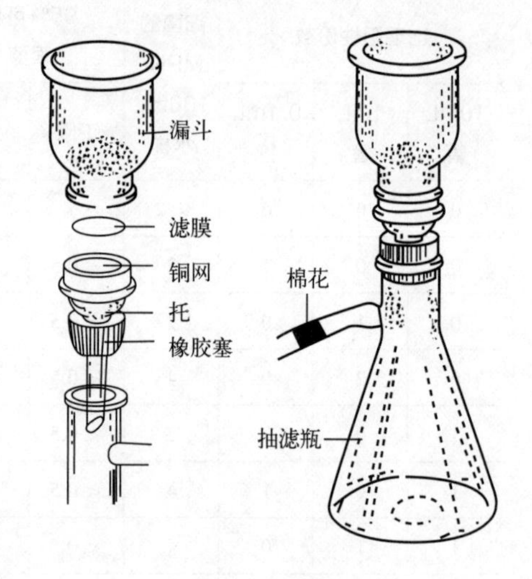

图3-6　滤器

2. 过滤水样

水样量的确定：待过滤水样量是根据所预测的细菌密度而定的。过滤的水量应按培养后滤膜上长出的大肠菌群菌落不多于50个的原则确定。当过滤水样体积小于20mL时，应在过滤之前加少量的无菌水到过滤漏斗中，以便水量的增加有助于悬浮的细菌均匀分布在整个滤膜表面。一般对于清洁的深井水或经处理过的河水，可取水样300～500mL；对于较清洁的河水或湖泊水，可取水样100mL；自来水样取1 L。

用灼烧后冷却的镊子夹取灭菌滤膜边缘部分，将粗糙面向上，贴放在已灭菌的滤床上，稳固好滤器。将100mL水样（自来水水样1mL）注入滤器中，加盖。打开滤器阀门，开动真空泵在负0.5大气压（1个大气压=101.325kPa）下进行抽滤。

3. 培养

水样滤完后，再抽气约5s，关上抽气阀门。取下滤器，用灭菌镊子夹取滤膜边缘部分，移放在品红亚硫酸钠培养基（乙）上，滤膜截留细菌的面应向上。将滤膜与培养基完全贴紧，两者间不得留有气泡，盖上皿盖。将培养基倒置于37℃恒温培养箱中培养24h。

4. 革兰染色镜检

经24h培养后，挑选具有大肠菌群特征的菌落，取1/3进行革兰染色、镜检。如无革兰染色阴性杆菌，则可认为该体积水中无大肠菌群存在。当发现有革兰染色阴性无芽孢杆菌时，做下一步检验。

大肠菌群特征，菌落紫红色，具有金属光泽；深红色，不带或略带金属光泽；淡红色，中心颜色较深。

5. 乳糖发酵试验

以无菌操作用接种针刮取镜检剩下的2/3菌落，接种至乳糖蛋白胨培养液中，经37℃培养24h，产酸产气者，则判定为大肠菌群阳性。（或穿刺接种至乳糖蛋白胨半固体培养基，接种前应将此培养基放入水浴中煮沸排气，冷凝后方能使用，经37℃培养6～8h，产气者则可判断为大肠菌群阳性）。

培养基产生气体后，其内部形成龟裂状，有时会有部分培养基上浮。

6. 报告结果

检得的大肠菌群数即为100mL水样（或1 L自来水）中所含有的大肠菌群数（CFU）。

七、注意事项

多管发酵法，水样量不同，查阅的检索表不同，查得的总大肠菌群单位也不同。

八、思考题

1. 测定水中总大肠菌群有什么实际意义？为什么以大肠菌群作为水的卫生标准？

2. 多管发酵法测定总大肠菌群为什么进行复发酵？

3. 滤膜法测定自来水水样取1L，多管发酵法测定自来水水样取多少？取1L合适吗？

4. 如果测定过程中自行改变测定条件，该测试结果能作为正式报告采用吗？为什么？

实训五　富营养化湖泊中藻量的测定

一、实训目标

1. 学习测定湖泊富营养化的方法。

2. 掌握测定叶绿素a浓度的方法和操作,并能评价湖泊富营养化的程度。

二、基础知识

湖泊富营养化水体的藻类叶绿素a浓度常大于10μg/L。“叶绿素a法”是生物监测浮游藻类的一种方法。根据叶绿素的光学特性，叶绿素可分为a、b、c、d、e五类，其中叶绿素a存在于所有的浮游藻类中，叶绿素a是最重要的一类。叶绿素a的含量，在浮游藻类中大约占有机质干重的1%～2%，是估算藻类生物量的一个良好指标。藻类叶绿素a具有其独特的吸收光谱（663nm），因此可用分光光度法测其含量。

根据测定的藻类叶绿素a的含量，参照湖泊富营养化叶绿素a评价标准表3-20，评价被测水样的富营养化程度。

笔记

表3-20 湖泊富营养化的叶绿素a评价标准

评价指标	水体类型		
	贫营养型	中营养型	富营养型
叶绿素a浓度/（μg/L）	＜4	4～10	10～150

三、实训器材

（1）仪器　分光光度计（波长选择大于750nm，精度为0.5～2nm）、台式离心机、10mL具塞离心管、冰箱、真空泵（最大压力不超过300kPa）、匀浆器（或小研钵）、蔡氏细菌滤器、滤膜（0.45μm，直径47mm）等。

（2）试剂　$MgCO_3$悬浊液（1g $MgCO_3$细粉悬浮于100mL蒸馏水中）、体积分数为90%的丙酮溶液（90份丙酮+10份蒸馏水）、水样（两种不同污染程度的湖水）各2L。

四、实训流程

清洗玻璃仪器→过滤水样→提取→离心→测定光密度→叶绿素a浓度计算。

五、操作过程

1. 清洗玻璃仪器

将实训中所有使用的玻璃仪器全部洗涤干净，避免酸性条件引起叶绿素a的分解。

2. 过滤水样

在蔡氏细菌滤器上装好滤膜，取两种湖水各50～500mL减压过滤。待水样剩余若干毫升之前加入0.2mL $MgCO_3$悬液，摇匀直至抽干水样。加入$MgCO_3$可增进藻细胞滞留在滤膜上，同时还可防止提取过程中叶绿素a被分解。如果过滤后的载藻滤膜不能马上进行提取处理，则应将其置于干燥器内，放冷暗处（4℃）保存，放置时间最多不能超过48h。

3. 提取

将滤膜放于匀浆器或小研钵内，加2～3mL体积分数为90%的丙酮溶液，匀浆，以破碎藻细胞。然后用移液管将匀浆液移入刻度离心管中，用5mL 90%的丙酮溶液冲洗2次，最后向离心管中补加体积分数为90%的丙酮，使管内体积达10mL。塞紧塞子并罩上遮光物，充分振荡，置于冰箱内避光提取18～24h。

4. 离心

提取完毕后离心（3500r/min）10min，取出离心管，用移液管将上清液移入

笔记

刻度离心管中，塞上塞子，再离心10min。记录提取液的体积。

5. 测定光密度

用移液管将提取液移入1cm比色杯中，以体积分数为90%的丙酮溶液作为空白，分别在750nm、663nm、645nm、630nm波长下测定提取液的光密度（OD）。

6. 叶绿素a浓度计算

将样品提取液在663nm、645nm、630nm波长下的光密度值（OD_{663}、OD_{645}、OD_{630}）分别减去在750nm下的光密度值（OD_{750}），此值为非选择性本底物光吸收校正值。叶绿素a的浓度（ρ_a）（μg/L）计算公式如下：

$$\text{样品提取液中叶绿素a的浓度}（\rho_{a.提取液}）=$$

$$11.64（OD_{663}-OD_{750}）-2.16（OD_{645}-OD_{750}）+0.1（OD_{630}-OD_{750}）$$

$$\text{水样中叶绿素a的浓度}（\rho_{a.水样}）=\frac{\rho_{a.提取液}\times V_{丙酮}}{V_{水样}}$$

式中，$\rho_{a.提取液}$为样品提取液中叶绿素a的浓度，μg/L；$V_{丙酮}$为体积分数为90%的丙酮体积，mL；$V_{水样}$为过滤水样体积，mL。

六、注意事项

测定光密度过程中，必须控制样品提取液的OD_{663}值在0.2～1.0之间，如不在此范围内，应调换比色杯，或改变过滤水样量。$OD_{663}<0.2$时，应改用较宽的比色杯或增加水样量；$OD_{663}>1.0$时，可稀释提取液或减少水样滤过量，再使用1cm的比色杯比色。

七、实训记录

将测定结果记录于表3-21中。

表3-21　叶绿素浓度测定结果

水样	OD_{750}	OD_{663}	OD_{645}	OD_{630}	叶绿素a的浓度/（μg/L）
水样1					
水样2					

八、思考题

1. 比较两种水样中叶绿素a的浓度，评价两种水样的富营养化程度。

2. 如何保证水样叶绿素a浓度测定结果的准确性？应注意哪几方面的问题？

笔记

小　结

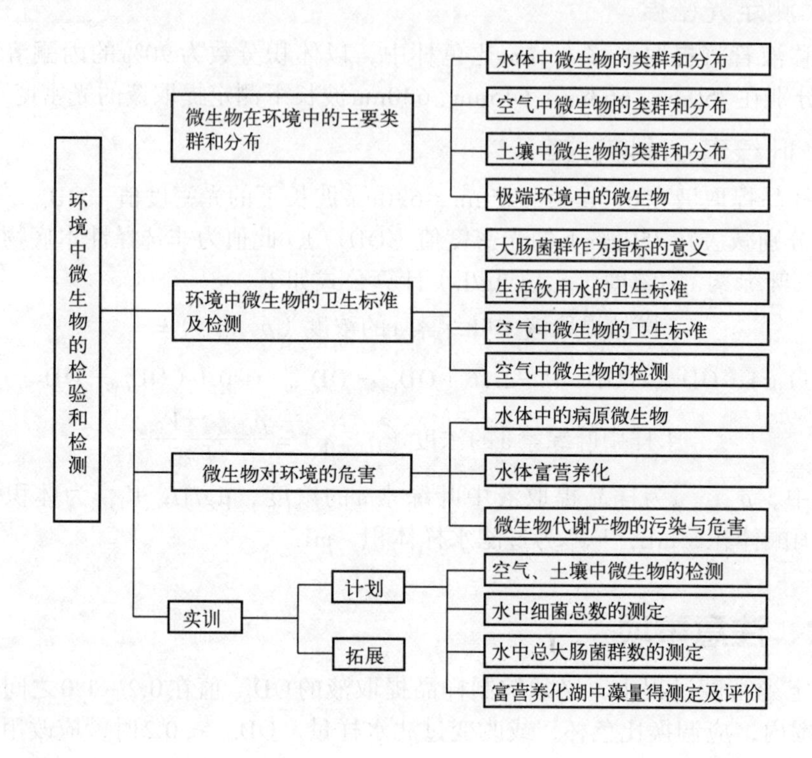

习　题

一、名词解释

细菌总数　有效氯　浮游细菌　病原微生物　水体富营养化　微生物毒素　内毒素　外毒素

二、单项选择题

1. 土壤中微生物的水平分布决定于（　　）。

A. 温度　　B. 水分　　C. pH　　D. 碳源

2. 水体中的病原菌包括（　　）。

A. 伤寒杆菌和霍乱弧菌　　B. 痢疾杆菌和霍乱弧菌

C. 霍乱弧菌、伤寒杆菌和痢疾杆菌　　D. 伤寒杆菌和痢疾杆菌

3. 预计在（　　）的土壤中真菌较多。

A. 富含氮化合物　　B. 酸性　　C. 中性　　D. 没有细菌和原生

4. 氯气用于维持（　　）。

A. 水中较低的微生物数　　B. 在初级污水处理中形成颗粒物质

C. 在土壤中形成腐殖质　　D. 净化慢速过滤器

5. 土壤中三大类群微生物以数量多少排序为（　　）。

A. 细菌＞放线菌＞真菌　　B. 细菌＞真菌＞放线菌

C. 放线菌＞真菌＞细菌　　D. 真菌＞细菌＞放线菌

6. 测空气中微生物数量的方法通常采用（　　）。

A. 稀释平板法　　B. 滤膜培养法　　C. 稀释培养法　　D. MPN 法

7. 土壤中氧的含量比大气少，平均为土壤空气体积的（　　）。

A. 70% ~ 80%　　B. 7% ~ 8%　　C. 17% ~ 18%　　D. 27% ~ 28%

8. 微生物因种群数量大、体积小、繁殖快、适应性强等特点遍布于空气、水、土壤等环境中，其中（　　）不是微生物的天然环境，微生物分布的种类相对较少。

A. 空气　　B. 水体　　C. 土壤

9. 水体富营养化的高发季节是（　　）。

A. 春季　　B. 夏季　　C. 秋季　　D. 冬季

三、判断题

1.（　　）水体在气温较高的夏季较易发生富营养化。

2.（　　）水体富营养化的防治对策，最根本的是要严格限制含氮、硫的物质任意排放入水体。

3.（　　）微生物毒素是微生物的初级代谢产物，是一大类具有生物活性、常在较低剂量时即对其他生物产生毒性的化合物总称。

4.（　　）外毒素是在微生物生长过程中分泌到体外的毒素，其毒力强于内毒素，但不及内毒素耐高温。

5.（　　）与其他微生物毒素相比，细菌毒素对动植物和人类的危害及对环境污染最大。

6.（　　）紫外线能杀菌是因为它能破坏细胞中的蛋白质，使之变性。

7.（　　）土壤自净能力取决于土壤微生物的种类、数量和活性。

8.（　　）水体中微生物污染主要来自人畜禽的粪便。

9.（　　）饮用水的消毒方法很多，把水煮沸就是家庭中常用的消毒方法。

10.（　　）使用漂白粉进行消毒时，漂白粉中约含有25% ~35%的有效氯。

11.（　　）给水处理厂的出厂水余氯能保证自来水出厂后还具有持续的杀菌能力。

12.（　　）可疑水源的水一般不采用煮沸的方法进行消毒。

13.（　　）土壤的表层土使土壤中的微生物免遭太阳光中紫外辐射的直接照射。

14.（　　）细菌的细胞物质质量仅占土壤质量的1/1000左右。

四、填空题

1. 在富营养化阶段，水体中出现最多的微生物主要是______和______，湖泊发生水华时常以______纲为主，引起海洋赤潮的主要藻种多属______纲。

2. 藻类毒素主要是由海洋中的______纲、______纲的某些藻类和淡水中的______纲产生，可致鱼类、水禽死亡，有些藻类毒素对人类也有很大毒性。

笔记

3. 检测空气中的微生物常采用______法。

4. 水体中的病原菌主要有：______、______、______。

5.《生活饮用水卫生标准》(GB 5749-2022)中关于生活饮用水的细菌卫生标准的具体规定为：1mL水中，细菌总数不超过______个、大肠菌群数不超过______个。

6. 水的消毒有物理方法和化学方法。化学方法消毒是指用______和______、______、重金属离子等化学药剂对水进行消毒，而物理方法则采用______、______、加热等物理手段。

7. 我国《生活饮用水卫生标准》(GB 5749—2022)规定，氯接触____min后，游离性余氯不应低于______mg/L。

8. 土壤______通过其代谢活动可改变土壤的______，进行物质转化，因此它是构成土壤______的重要因素。

9. 生物传感器由______和______构成。______部分是生物传感器选择性测定的基础。

10. 根据生物识别单元的不同，生物传感器有______传感器、______传感器、______传感器和______传感器等。

五、简答题

1. 环境中病原微生物的分布有何特点？其防治措施有哪些？

2. 造成水体富营养化的原因是什么？

3. 大肠菌群数一般如何检验和表示，有何意义？

4. 水体富营养化的危害有哪些？防治措施是什么？

5. 微生物的哪些代谢物可对环境造成污染？

6. 简述微生物毒素的类型，并举例说明其危害和防治措施。

7. 什么是大肠菌群？污染水体的常见病原菌有哪些？

8. 简述水体中细菌总数的测定方法。

9. 为什么说土壤是微生物生存的良好基础？

10. 评价饮用水的质量时，为什么把大肠杆菌数作为重要测量指标？

11. 我国生活饮用水的细菌标准是什么？

12. 我国卫生部门对自来水的微生物总菌量和大肠杆菌量有何规定？

六、综合讨论题

1. 运用学习到的知识，谈谈微生物在环境中的作用以及在环境中怎样起指示生物的作用（举例说明）。

2. 饮用水消毒的方法有几种？试加以分析。

3. 根据你所学的知识谈谈如何发挥微生物技术在环境保护方面的潜力。

4. 大肠菌群数的测定主要有哪两种方法？各适合分析什么样的样品？

5. 如果要对某水源水进行水质的细菌学检测，应如何开展？检测结果应如何评价？

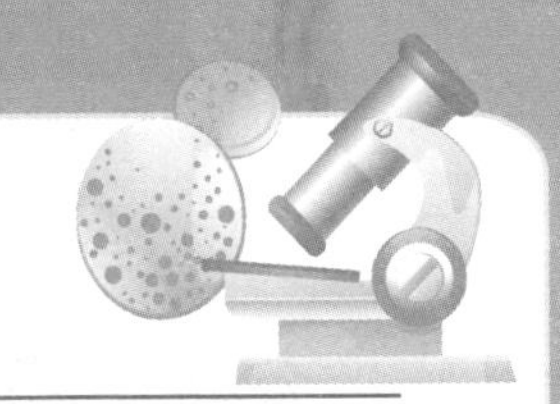

项目四

微生物在环境中的应用技术

学习指南

学习微生物在环境中的应用，首先要了解自然界中物质的分解与转化，熟悉微生物惊人的分解能力，微生物几乎能分解自然界中存在的一切有机物，有些微生物甚至还能利用有毒物质，如酚、氰化合物作为营养，同时将有毒物质转化，分解为简单化合物，如H_2O、CO_2等。其次微生物在修复受污染生态环境，处理污水、废气及固体废物中应用也非常广泛，其通过自发或人为的方式进行遗传变异以适应环境的变化，担起污染物分解者的角色，去净化污水，废气及固体废物等有害物质，将环境中的污染物作为自身生长繁殖的营养，通过自身的新陈代谢使其成为无害的物质，从而改善人们的生存环境。本项目重点讲授自然界中易生物降解有机物、难生物降解有机物、不可生物降解有机物的分解与转化，微生物与污水治理、微生物在固体废弃物及大气污染物中的作用、微生物修复技术等内容。

任务一　物质的分解与转化

知识目标

1. 了解微生物分解有机污染物的巨大潜力。
2. 掌握生物降解性的定义和测定方法。
3. 理解生物氧化率、相对耗氧速率、BOD_5、COD_{Cr}、COD_{30}的测定原理和操作过程。
4. 掌握自然界中易生物降解有机污染物、难生物降解有机污染物和不可生物降解有机污染物的生物降解的测定方法、降解途径及影响因素。

能力目标

1. 能进行有机污染物可降解性的测定。
2. 会分析判断废水的可降解性。

素质目标

1. 培养严谨求实、认真规范的科学态度。
2. 培养吃苦耐劳的习惯和良好的职业素养。

生物降解是指由微生物利用生物酶，经过一系列的生物化学反应，将复杂有机化合物转化为较简单化合物或完全分解的过程。例如，在微生物作用下，纤维素经纤维多糖、纤维二糖、葡萄糖，最后生成CO_2和H_2O；核酸经核苷酸、核苷、嘌呤、嘧啶，最后生成CO_2、H_2O、NH_3和PO_4^{3-}的过程均属于生物降解。

环境中污染物质多种多样，其中存在着大量的有机物。利用微生物降解作用可以去除污水、固体废物、废气等介质内的有机污染物，达到无害化的目的。根据微生物对有机物的降解能力大小，可将有机物分为易生物降解、难生物降解和不可生物降解三类。易生物降解的有机物，主要指生物代谢过程中产生的物质及生物残体，如蛋白质、脂肪类、糖类、核酸等，这些有机物在微生物酶的作用下，最终分解成CO_2、H_2O、NH_3等。难生物降解的有机物，主要指工农业活动中排出的有机污染物，如纤维素、烃类、农药等，微生物对它们能够降解，但降解的速度很慢。不可生物降解的有机物，如塑料、尼龙等一些高分子合成有机物，对于这类化合物应严格控制其生产和排放。

一、有机污染物生物降解性的定义和测定方法

所谓生物降解性，是指复杂大分子物质通过微生物的生命活动降解为简单小分子物的可能性。

通过测定微生物代谢污染物的生理指标强度变化，可间接反映污染物的生物降解性，从而确定污染物的处理方法和为有关运行参数提供依据。目前常用的有6种测定方法。

（一）测定生物氧化率

用活性污泥作为测定用的微生物，单一的被测有机物作为底物，在瓦氏呼吸仪上测得其生物耗氧量，与该底物完全氧化理论需氧量之比，即为被测化合物的生物氧化率。应用瓦式呼吸仪可测定微生物代谢过程中气体变化情况。活性污泥法是利用悬浮生长的微生物絮体处理有机污水的一类好氧处理方法。活性污泥是微生物群体及其所依附的有机物质和无机物质的总称，1912年由英国的克拉克和盖奇发现，活性污泥可分为好氧活性污泥和厌氧颗粒活性污泥，活性污泥主

笔记

要用来处理污废水。

在测定生物氧化率的实训过程中，只更换底物，其他条件都保持不变，所测得的生物氧化率，在一定程度上反映了有机物生物降解性的大小。据测定：甲苯、乙酸乙烯酯、苯、乙二胺、二甘醇、二癸基苯二甲酸、乙基 - 己基丙烯盐的生物氧化率分别为53%、34%、24%、24%、5%、1%、0。

（二）测定呼吸线

活性污泥微生物处于内源呼吸阶段时，利用的是自身结构物质，其呼吸速度恒定。加入基质后，微生物进行生化呼吸，利用的是基质中的有机物。以耗氧量为纵坐标，时间为横坐标，绘制成呼吸线时，内源呼吸线呈直线，生化呼吸线呈特征曲线。各种有机物的生化呼吸线与内源性呼吸线相比可能出现如下三种情况。

① 生化呼吸线位于内源呼吸线之上，说明该有机物可能被微生物氧化分解。两条呼吸线之间的距离越大，说明该有机物的生物降解性越好，如图4-1（a）所示。

② 两条线基本重合，说明该有机物不能被微生物氧化分解，但对微生物的生命活动无抑制作用，如图4-1（b）所示。

③ 生化呼吸线位于内源呼吸线之下，说明该有机物对微生物产生了明显的抑制作用。生化呼吸线越接近横坐标，表明毒害越大，此时细菌几乎停止呼吸，濒于死亡，如图4-1（c）所示。

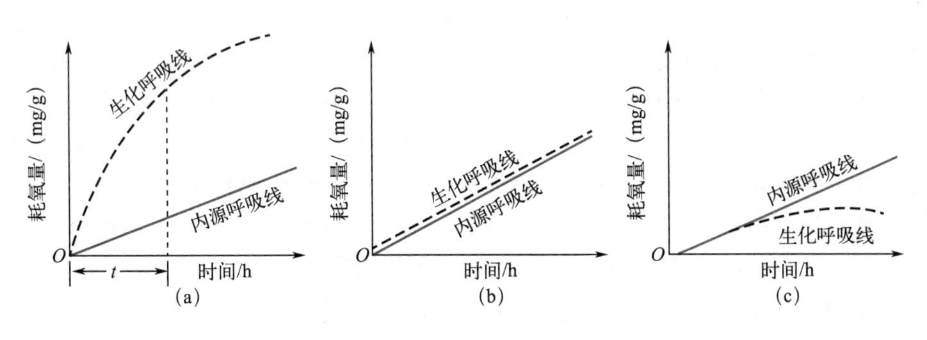

图4-1　活性污泥呼吸曲线

（三）测定相对耗氧速率

微生物的耗氧速率是指单位生物量（活性污泥的质量、浓度或含氮量来表示）在单位时间内的耗氧量。相对耗氧速率是指活性污泥对某浓度有机物的耗氧速率与该浓度的内源耗氧速率之比。

$$相对耗氧速率=\frac{R_s}{R_o}\times 100\%$$

式中　R_s——污泥被测废水的耗氧速率；

　　　R_o——污泥的内源呼吸耗氧速率。

相对耗氧速率是评价活性污泥微生物代谢活性的重要指标。如果保持生物量不变，改变底物浓度，就可以测出不同浓度下的相对耗氧速率。以底物（有机物）浓度为横坐标，相对耗氧速率为纵坐标，得到相对耗氧速率曲线，如图4-2所示。

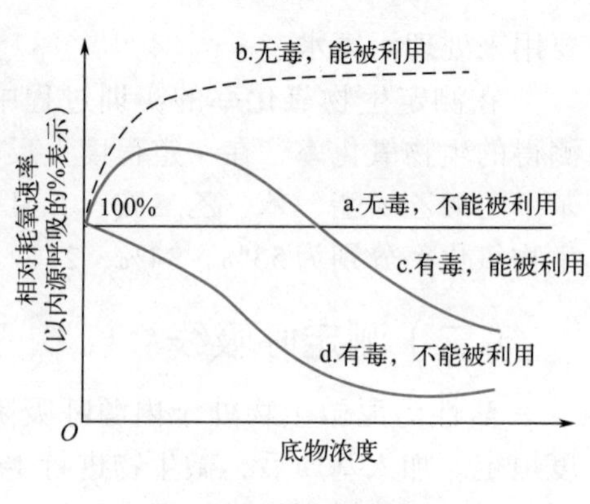

图4-2 相对耗氧速率曲线

从图4-2可以看出，不同底物微生物的利用程度不同，归纳起来有四种情况。

① 底物无毒，但不能被微生物所利用；

② 底物无毒，能被微生物所利用；

③ 底物有毒，可被微生物利用，但在浓度较高的情况下对微生物发生抑制作用；

④ 底物有毒，不能被微生物所利用。

（四）测定BOD_5与COD_{Cr}之比

BOD_5是指五日生化需氧量，即在人工控制条件下，微生物在5d内分解有机物所消耗的溶解氧的量，可以间接地反映出可生物降解的有机物的含量。COD_{Cr}是采用重铬酸钾（$K_2Cr_2O_7$）作为氧化剂测定出的化学耗氧量，即用重铬酸钾法测定COD值，会有部分因素影响COD值，从而导致$COD_{Cr} \neq COD$，理论上$COD>COD_{Cr}$，但在实际应用中通常都用COD_{Cr}来表示COD。

当采用重铬酸钾作氧化剂时，除一部分长链脂肪族化合物、芳香族化合物和吡啶等含氮杂环化合物不能氧化外，大部分有机物（约80%以上）能被氧化。所以，COD_{Cr}近似地反映了废水中的全部有机物。BOD_5/COD_{Cr}值越大，说明废水中可生物降解的有机物质所占的比例越大。根据BOD_5/COD_{Cr}值的大小，可以推测有机物的可生物降解性。由于COD_{Cr}中包含了废水中某些还原性无机物的量，BOD_5的测定值又受到接种、驯化、温度、pH值、毒物等因素影响，所以BOD_5/COD_{Cr}值总是小于0.58。在用BOD_5/COD_{Cr}评价废水的可生物降解性时，可参照下列数据。

$BOD_5/COD_{Cr}>0.45$时，表示生化降解性较好；$BOD_5/COD_{Cr}>0.3$时，表示可以被生化降解；$BOD_5/COD_{Cr}<0.3$时，表示生化降解性较差；$BOD_5/COD_{Cr}<0.25$时，表示较难生化降解。

上述划分针对的主要对象是低浓度的有机废水。对高浓度的有机废水，即使$BOD_5/COD_{Cr}<0.25$，其BOD_5的绝对值也不低，仍可生化降解，只不过废水中难生物降解的有机物可能占较大比例。

（五）测定COD_{30}

取一定量待测废水，接种少量活性污泥，连续曝气，测起始COD_{Cr}（即COD_0）和第30天的COD_{Cr}（即COD_{30}）。经生化处理后废水中有机物的最高去除率大致为：

$$有机物去除率=\frac{COD_0-COD_{30}}{COD_0}\times 100\%$$

根据此公式既可推测出废水的可生化降解性，又可估算用生化法处理废水可能得到的最高COD_{Cr}去除率。

（六）培养法

通常采用小模型生物处理，接种适量活性污泥，对待测废水进行批量处理试验。测定进出水的COD_{Cr}、BOD_5等水质指标，观察活性污泥的增长、镜检活性污泥的生物相、生物活动状态、种类变化等。除此之外，活性污泥脱氢酶的活性测定结果可以作为有机物的生化降解指标，在某待测废水中微生物脱氢酶活性增加，说明该待测废水具有可生物降解性。ATP量的测定也可以作为微生物降解污染物的指标，微生物体中的ATP量增长则说明废水的生化降解性好。

二、微生物降解污染物的途径

（一）自然界中易生物降解有机物的分解与转化

1. 淀粉的降解途径

淀粉广泛地存在于植物的种子和果实之中。食品、粮食加工、纺织、印染废渣和废水中含有大量的淀粉。淀粉有直链淀粉和支链淀粉之分，直链淀粉中葡萄糖基以α-1,4-糖苷键结合成长链，支链淀粉中除α-1,4-糖苷键结合外，还含有α-1,6-糖苷键。微生物能产生水解淀粉的各种酶类，在有氧的条件下，这些酶可以将淀粉水解为葡萄糖，然后进入三羧酸循环被彻底地分解为CO_2和H_2O。在无氧的条件下，微生物进行厌氧发酵，将淀粉分解为小分子有机物（丙酮、丁醇、丁酸、乙酸等）和无机物（CO_2、H_2）。

分解淀粉的微生物在细菌、放线菌、真菌中都存在。细菌中主要有芽孢杆菌属的某些种；真菌中有根霉、曲霉、镰孢霉、层孔菌等属的某些种类；放线菌分解淀粉的能力比前两者要差一些，但放线菌中的小单孢菌、诺卡菌及链霉菌等属的某些种类具有分解淀粉的能力。

2. 蛋白质的降解途径

蛋白质是氨基酸的聚合物，是复杂而庞大的高分子化合物。蛋白质的最基本单元就是各种氨基酸。不同的氨基酸缩合成多肽（先是两个氨基酸缩合，生成两个氨基酸的化合物称为二肽，然后再缩合成三肽、多肽），多肽又聚合成胨（即大分子多肽链），胨又聚合成朊（更大分子多肽链），朊聚合成蛋白质。例如：

$$H_2N—R—\overset{\overset{\displaystyle O}{\|}}{C}—\boxed{OH+H}—NH—R—\overset{\overset{\displaystyle O}{\|}}{C}—OH \xrightarrow{\nearrow H_2O} H_2N—R—\overset{\overset{\displaystyle O}{\|}}{C}—NH—R—COOH$$

α-氨基酸分子间氨基与羧基脱水缩合，通过酰胺键（$—\overset{\overset{\displaystyle O}{\|}}{C}—NH—$，也称肽键）连接形成二肽化合物。

蛋白质的结构很复杂，不仅有氨基酸种类和排列顺序问题，还有多肽链本身空间结构问题。目前已知蛋白质有四级结构。氨基酸在肽链中的排列顺序称为

笔记

一级结构；但肽链很长，不可能全是直线，或盘旋或弯曲或折叠，这时某些基团的氢链相支，形成二级结构；肽链进一步盘曲折叠，常以几对二硫键（如半胱氨酸）支撑空间，称为三级结构；在某些蛋白质分子中，不止一个多肽链，而是多个多肽链，且每个多肽链都可能弯曲或折叠，可自成一个亚单位，四级结构是指亚单位聚合成大分子的方式。

（1）蛋白质的酶促水解　水中蛋白质既可被好氧微生物作为营养源进行水解，又可被厌氧微生物水解。已知芽孢杆菌属和假单胞菌属中好氧和兼性细菌最富有胞外蛋白质水解酶（简称蛋白酶）。严格厌氧的梭状芽孢杆菌属和芽孢杆菌属内厌氧种，也极易诱导形成蛋白酶分泌到细胞外。此外，常见的还有大肠杆菌、微球菌和链球菌等。某些曲霉也富含蛋白水解酶。这些异养细菌降解蛋白质的酶，从其作用于分子部位上的不同来区别，可分为内肽酶和外肽酶。作用于蛋白质分子内部肽键上，使肽键水解断裂成胨及较长的多肽链者，称为内肽酶；作用于蛋白质分子外端，使多肽链变成二肽、羧肽或氨肽者称为外肽酶。而外肽酶又因其作用点不同，再分为二肽酶、羧肽酶和氨肽酶。二肽酶专一于两个氨基酸残基间，产生二肽；羧肽酶作用于含羧基端肽链，形成短肽链；氨肽酶作用于氨基端肽链，也形成短肽链。此外，蛋白酶活性大小在一定温度下有赖于环境中的pH值。pH值7.0左右酶活性最大者，称为中性蛋白酶；pH值6以下酶活性最大者，称为酸性蛋白酶；pH值8～10酶活性最大者，称为碱性蛋白酶。蛋白酶活性对这种环境因素的要求，往往因种而异，并具有遗传特征。

总体来看，蛋白质在内肽酶催化下产生胨或多肽，它们多肽链长短不一，但是，蛋白质种类多，内肽酶具有专一性。

例如枯草杆菌分泌的蛋白酶主要是降解明胶蛋白和酪蛋白，因此枯草杆菌这种内肽酶可称为明胶酶和酪蛋白酶。明胶酶只能催化明胶蛋白水解生成相应的胨。而大肠杆菌不产生这两种内肽酶，所以大肠杆菌就不能水解明胶和酪蛋白。

酪蛋白被酪蛋白酶催化后，该酶只识别具有酪氨酰或具有苯丙氨酰的肽键水解，而对其他肽键不起作用（如图4-3）。

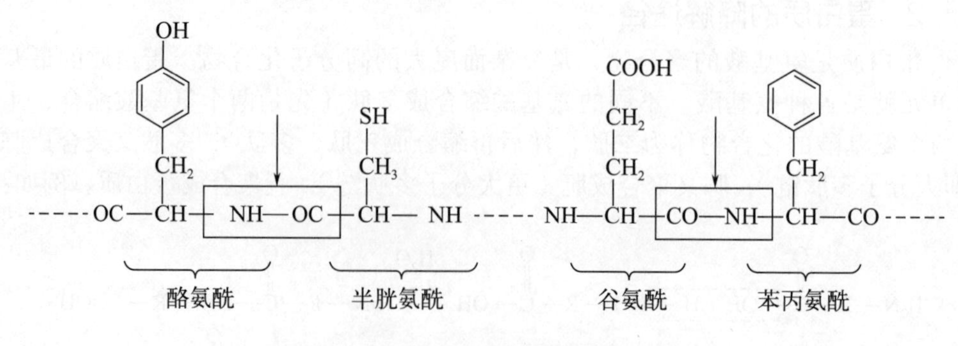

图4-3　酪蛋白水解酶点

又如胰蛋白酶对胰蛋白水解也只识别由赖氨酰或精氨酰形成的肽键。在如此诸多的不同内肽酶共同协作下，分子量很大的蛋白质即被裂解成为数目众多的

笔记

肽链和长短不一的多肽；同时，微生物也会诱导形成多种外肽酶。它们对多肽链分子外侧的氨基端或羧基端进行水解，每个氨肽酶或羧肽酶水解一次产生一个氨基酸。如：

$$H_2N-CH_2-[CO \downarrow NH]-CH_2-CO-NH-\underset{R}{CH}-CO\cdots\cdots NH-\overset{H}{\underset{H}{C}}-[CO \downarrow NH]-CH_2-COOH$$

氨肽酶作用点　　　　羧肽酶作用点

当蛋白质被水解成二肽和氨基酸后，微生物将它们作为营养物质从环境中吸收到自己细胞内。研究表明，这种吸收过程是多个复杂的运输机制控制过程，其中需要许多专一性的二肽转移酶和氨基酸转移酶帮助。一般而言，各种转移酶首先要激活，然后活性酶与相应底物结合成酶的复合物被携带入细胞。但详细过程目前还不清楚，有待进一步实验研究。

【拓展4-1】扫描二维码可查看“二肽和氨基酸的运输”。

二肽和氨基酸的运输

（2）氨基酸的好氧微生物降解　构成蛋白质的天然氨基酸有20余种。在有氧条件下，好氧微生物和兼性微生物对20多种氨基酸的降解是一个十分复杂的过程，但总的来看，它们是通过自身产生的各种氧化酶、转氨酶和水解酶等，将氨基酸分解形成中间产物后，进入三羧酸循环被彻底氧化成CO_2和H_2O。

① 好氧脱氨作用。在氨基酸氧化酶催化下，氨基酸脱氢生成亚氨基酸，亚氨基酸在水溶液中极不稳定，会自动分解成α-酮酸和氨。这种有机氮化物经细菌脱氨基生成氨态氮的过程也称氨化作用。例如：

$$\underset{\text{丙氨酸}}{CH_3-\underset{NH_3}{CH}-COOH} \xrightarrow{FAD \to FADH_2} \underset{\text{亚氨基丙酸}}{CH_3-\underset{\|NH_2}{C}-COOH} \longrightarrow \underset{\text{丙酮酸}}{CH_3-\underset{\|O}{C}-COOH} + NH_3$$

脱下的氢由黄素蛋白传递给氧，生成过氧化氢。此类酶多以分子氧为电子受体，所以命名为氧化酶。氨基酸氧化酶大致分为三类：*L*-氨基酸氧化酶、*D*-氨基酸氧化酶和专一性氨基酸氧化酶。它们各具立体专一性。

L-氨基酸氧化酶（LAAO）可以催化多数*L*-氨基酸脱氨，但不催化甘氨酸以及侧链含羟基、羧基、氨基的氨基酸，如丝氨酸、苏氨酸、赖氨酸等，这些氨基酸需要专门的酶催化。几乎所有的LAAO都是二聚体结构的黄素蛋白，每个亚基都含有黄素单核苷酸（FMN）或黄素腺嘌呤二核苷酸（FAD）。*D*-氨基酸氧化酶（DAAO）用于*D*-氨基酸的氧化代谢，以FAD为辅基。专一性氨基酸氧化酶用于氧化特定氨基酸，如甘氨酸氧化酶、*L*-赖氨酸氧化酶、*L*-谷氨酸脱氢酶和*D*-天冬氨酸氧化酶等，它们的辅基也是FAD，但催化反应结果形成醛酸和氨，而不是

笔记

上述的酮酸和氨，如甘氨酸氧化脱氨：

$$H_2N-CH_2-COOH+\frac{1}{2}O_2 \longrightarrow \underset{\underset{COOH}{|}}{\overset{\overset{H}{|}}{C}}=O+NH_3$$

甘氨酸　　乙醛酸

② 转氨基作用。在转氨基酶催化下，氨基酸与酮酸之间可发生转氨基作用。除甘氨酸、赖氨酸、苏氨酸和脯氨酸等少数几种氨基酸外，绝大多数氨基酸均可普遍参与转氨基作用。例如：

$$\begin{array}{c}COOH\\|\\CH_2\\|\\CH_2\\|\\HCNH_3\\|\\COOH\end{array}+\begin{array}{c}CH_3\\|\\C=O\\|\\COOH\end{array}\rightleftharpoons\begin{array}{c}COOH\\|\\CH_2\\|\\CH_2\\|\\C=O\\|\\COOH\end{array}+\begin{array}{c}CH_3\\|\\CHNH_3\\|\\COOH\end{array}$$

谷氨酸　　丙酮酸　　*α*-酮戊二酸　　丙氨酸

其反应是可逆的，但这种转氨基作用一旦与氨基酸氧化脱氨相偶联，则反应朝一个方向进行，如上式与丙氨酸氧化脱氨（生成丙酮酸和氨）相偶联，反应则不可逆地朝脱氨方向发展。在好氧微生物中，转氨作用也是一种重要的脱氨基方式。目前已知转氨酶种类很多，有40～50种。一般而言，一种转氨酶只能催化一种氨基酸（L型或D型氨基酸）转氨，但有些细菌的转氨酶是能同时催化L型和D型的两种氨基酸转氨基作用的，例如枯草杆菌等。

③ 水解脱氨作用。某些好氧细菌，在水解酶催化下可形成水解脱氨反应，例如半胱氨酸在半胱氨酸去巯基酶催化下生成丙酮酸、氨和硫化氢，反应式如下：

$$\begin{array}{c}CH_2SH\\|\\CHNH_2\\|\\COOH\end{array}+H_2O\longrightarrow\begin{array}{c}CH_3\\|\\C=O\\|\\COOH\end{array}+NH_3+H_2S$$

这一反应很容易证实，只要加入醋酸铅或硫酸亚铁，便产生黑色硫化铅或黑色硫化铁沉淀。又如肠杆菌科的许多细菌具有色氨基水解酶，能使*L*-色氨酸反应生成吲哚、丙酮酸和氨，反应式如下：

$$\text{(吲哚-3-基)}-CH_2-\underset{\underset{NH_2}{|}}{CH}-COOH+H_2O\longrightarrow\text{吲哚}+CH_2-\underset{\underset{O}{\|}}{C}-COOH+NH_3$$

（3）氨基酸的厌氧微生物降解　在无氧条件下，厌氧微生物和兼性厌氧微

笔记

生物对众多氨基酸的分解代谢与好氧微生物有许多不同。

① 还原脱氨。氨基酸加氢反应生成脂肪酸和氨，如：

$$\begin{array}{c} R \\ | \\ H_2NCH \\ | \\ COOH \end{array} \xrightarrow{+2H} \begin{array}{c} R \\ | \\ CH_2 \\ | \\ COOH \end{array} + NH_3$$

② 水解脱氨。如丙氨酸厌氧条件下水解脱氨生成丙酸、乙酸、CO_2和氨：

$$3\begin{array}{l} CH_3 \\ | \\ CHNH_3 \\ | \\ COOH \end{array} + H_2O \longrightarrow 2C_2H_5COOH + CH_3COOH + CO_2 + 3NH_3$$

丙氨酸

请特别注意，水解脱氨反应在厌氧微生物降解氨基酸时普遍存在。

③ 脱水脱氨。如丝氨酸降解成丙酮酸和氨。

$$\begin{array}{l} CH_2(OH) \\ | \\ CH(NH_2) \\ | \\ COOH \end{array} \xrightarrow{-H_2O} \begin{array}{l} CH_3 \\ | \\ C{=}O \\ | \\ COOH \end{array} + NH_3$$

丝氨酸

④ 脱羧。氨基酸的脱羧反应，虽然在厌氧微生物中不如脱氨反应那样普遍，但它是氨基酸厌氧降解的另一种重要途径。例如，赖氨酸在其脱羧酶催化下脱去羧基生成尸胺和CO_2，有特别的刺激味。它的反应式如下：

$$\begin{array}{c} H \\ | \\ N_2C \\ | \\ H \end{array} - (CH_2)_3 - \begin{array}{c} NH_2 \\ | \\ CH \end{array} - COOH \longrightarrow H_2N - CH_2 - (CH_2)_3 - CH_3NH_2 + CO_2$$

赖氨酸　　　　　　　　　　　　尸胺

还有丝氨酸在丝氨酸脱羧酶催化下生成胆胺和CO_2，组氨酸脱羧生成组胺和CO_2。如：

$$\begin{array}{l} CH_2OH \\ | \\ CH(NH_2) \\ | \\ COOH \end{array} \longrightarrow \begin{array}{l} CH_2OH \\ | \\ CH_2 \\ | \\ NH_3 \end{array} + CO_2$$

丝氨酸　　　胆胺

3. 脂类的降解途径

脂类物质主要有脂肪、类脂和蜡质。它们都不溶于水，但能溶于非极性有机溶剂。它们存在于生物体内，以生物残体为原料的生产过程如毛纺厂、油脂

笔记

厂、制革厂废水中含有大量的脂类。脂肪是由高级脂肪酸和甘油合成的酯，在环境中微生物脂肪酶的作用下分解较快。类脂包括磷脂、糖脂和固醇，蜡质由高级脂肪酸和高级单元醇化合而成，这两者必须有特殊的脂酶才能降解，所以在环境中分解较慢。脂类的降解途径可以简化如下：

$$脂肪+H_2O \xrightarrow{脂肪酶} 甘油+高级脂肪酸$$

$$类脂+H_2O \xrightarrow{磷脂酶类} 甘油(或其他醇类)+高级脂肪酸+磷酸+有机碱类$$

$$蜡质+H_2O \xrightarrow{脂酶类} 高级醇+高级脂肪酸$$

水解产物甘油可以被环境中的大多数微生物通过三羧酸循环降解为CO_2，脂肪酸较难氧化。在有氧的条件下经过β-氧化途径氧化分解为H_2O和CO_2，在缺氧的条件下容易累积。

降解脂类的微生物主要是需氧的种类，细菌中的荧光假单胞菌、铜绿假单胞菌等是较活跃的菌种，真菌中的青霉、曲霉、枝孢霉和粉孢霉等，放线菌中有些种类也有分解脂类的能力。亲脂微生物在环境污染治理中得到了广泛的应用，如表4-1所示。

表4-1 亲脂微生物在环境污染治理中的应用

亲脂微生物	处理对象	亲脂微生物	处理对象
米曲霉	废毛发	米根霉	棕榈油厂废物
假单胞菌	石油污染土壤，有毒气体	酵母	食品加工废水

（二）自然界难生物降解有机物的分解与转化

1. 纤维素的降解途径

纤维素为葡萄糖的高分子聚合物，是植物细胞壁的结构物质。印染、造纸废水中均含有纤维素。在有氧的条件下，经微生物的纤维素酶作用，先将纤维素降解为纤维二糖，然后在纤维二糖酶的作用下，降解为葡萄糖，进入三羧酸循环彻底降解为CO_2和H_2O。在无氧的条件下，经微生物厌氧发酵，其降解产物为小分子有机物（丙酮、丁醇、丁酸、乙酸等）和无机物（CO_2、H_2）。

分解纤维素的微生物种类很多，有细菌、放线菌和真菌。需氧细菌中有噬纤维菌属、生孢噬纤维菌属、纤维弧菌属、纤维单胞菌属等，厌氧菌以梭状芽孢杆菌为主。真菌中分解纤维素的有青霉、曲霉、镰刀霉、木霉及毛霉。放线菌中分解纤维素的是链霉属。

2. 半纤维素的降解途径

半纤维素存在于植物的细胞壁中，其含量仅次于纤维素。半纤维素的组成中含有聚戊糖、聚已糖及聚糖醛酸，在微生物酶的作用下，半纤维素的降解途径如图4-4所示。

笔记

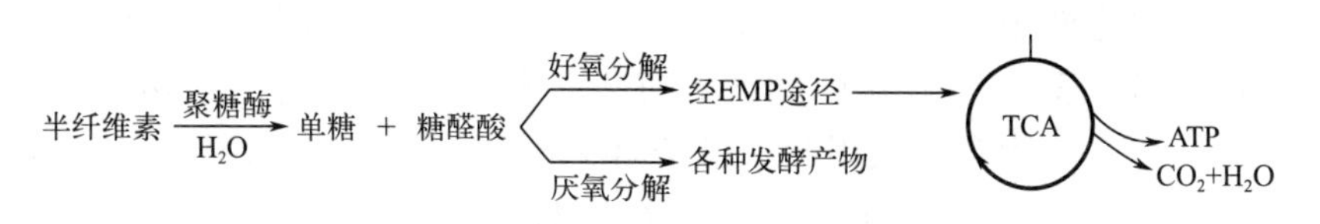

图 4-4 半纤维素的降解途径

3. 木质素的降解途径

木质素在植物细胞中的含量仅次于纤维素和半纤维素，但其化学结构比纤维素和半纤维素复杂，是由苯丙烷亚基组成的不规则的、近似球状的多聚体，不溶于酸性、中性溶剂，只溶于碱性溶剂，是植物组分中最难分解的部分。木质素的微生物降解过程十分缓慢，玉米秸秆进入土壤后6个月，木质素仅减少1/3，在厌氧的条件下降解得更慢。真菌降解木质素的速度比细菌要快一些。真菌中担子菌降解木质素的能力最强，另外有木霉、曲霉、镰孢霉的某些种。细菌中有假单胞菌等个别的种类能分解木质素。

4. 烃类的降解途径

石油是由链烷烃、环烷烃、芳香烃以及少量非烃化合物组成的复杂烃类混合物。石油的生物降解性因其所含烃分子的类型和大小而异。烯烃最易分解，烷烃次之，芳烃难降解，多环芳烃更难，脂环烃类对微生物的作用最不敏感。烷烃中 C_1 ~ C_3 化合物如甲烷、乙烷、丙烷，只能被少数专一性微生物所降解，直链烃容易降解，支链烃抗性较强。芳香烃常与沉积物结合，降解较为复杂。所以石油含有的烃类物质组成不同，其降解的速度和过程有较大的差异。

降解石油的微生物很多，细菌有假单胞菌属、棒状杆菌属、微球菌属、产碱杆菌属、黄杆菌属、无色杆菌属、节杆菌属、不动杆菌属等；放线菌主要是诺卡菌属和分枝杆菌属；酵母菌主要是解脂假丝酵母、热带假丝酵母及红酵母菌属、球拟酵母菌和酵母菌属的某些种；霉菌有青霉属、曲霉属、穗霉属等。此外，蓝细菌和绿藻也都能降解多种芳烃。

（1）烷烃类的微生物降解　微生物对一般烷烃的降解是通过单一末端氧化、双末端氧化（又称ω-氧化）、亚末端氧化的途径。烷烃（n个碳原子）的分解通常从一个末端的氧化形成醇开始，然后继续氧化形成醛，再氧化成羧酸，羧酸经β-氧化后产物进入三羧酸循环，被彻底降解为CO_2和H_2O，这样羧酸链不断缩短。带支链的烷烃对微生物来讲其降解难度比直链烷烃大，但可以通过α-氧化、β-氧化、ω-氧化的途径进行降解。

（2）烯烃类的微生物降解　大多数烯烃都比烷烃、芳烃容易被微生物降解，微生物对烯烃的代谢，其实途径有多种可能。若双键在中间部位，可能按烷烃类的方式降解；若双键在1或2碳位时，则有三种可能：①在双键部位与H_2O发生加成反应，生成醇；②受单氧酶的作用生成一种环氧化物，再氧化成一个二醇；③在分子饱和端发生反应。以上三种途径的代谢产物为饱和或不饱和脂肪酸，然后经过β-氧化进入三羧酸循环被完全分解。

（3）芳烃类的微生物降解　芳香烃在双加氧酶的作用下氧化为二羟基化的

笔记

芳香醇，之后失去两个氧原子形成邻苯二酚，邻苯二酚在邻位或间位开环，邻位开环生成己二烯二酸，再氧化后的产物进入三羧酸循环。间位开环生成2-羟己二烯半醛酸，进一步代谢生成甲酸、乙醛和丙酮酸。

（4）脂环烃类的微生物降解　脂环烃较难进行生物降解，自然界几乎没有利用脂环烃生长的微生物，但可以通过共代谢途径进行降解。脂环烃被一种微生物代谢形成的中间产物，可以作为其他微生物的生长基质。以环己烷为例，虽然已发现能够在环己烷上生长的微生物，但是能转化环己烷为环己酮的微生物不能内酯化和开环，而能将环己酮内酯化和开环的微生物却不能转化环己烷为环己酮。可见微生物之间的互生关系和共代谢在环烷烃的生物降解中起着重要作用。环己烷的降解过程是，环己烷先转化成环己醇，后者脱氢生成，再进一步氧化，一个氧插入环而生成内酯，内酯开环，一端的羟基被氧化成醛基，再氧化成羧基，生成的二羧酸通过β-氧化进一步代谢。

（三）不可降解有机物的分解与转化

不可降解有机物主要指人工合成的有机物，合成有机化合物形形色色、多种多样，其中大多与天然存在的化合物结构极其类似，但它们是外源性化学物质，如稳定剂、表面活性剂、合成聚合物、农药以及各工艺过程中的废物等。它们有些可以通过生物或非生物途径进行降解，有些则抗微生物攻击或被不完全降解，因为微生物已有的降解酶不能识别这些物质的分子结构。下面介绍几种常见的人工合成有机物的降解过程。

1. 农药的微生物降解

降解农药的微生物中，细菌主要有假单胞菌属、芽孢杆菌属、产碱杆菌属、黄杆菌属、节杆菌属等；放线菌有诺卡菌属；霉菌以曲霉属为代表，见表4-2。能够直接降解农药的微生物种类和数目在自然界还为数不多，主要途径是对农药进行转化，通过产生适应性酶、利用降解性质粒、组建超级菌株、共代谢等方式将农药转化，再经联合代谢的方式进行降解。例如2,4-D（2,4-二氯苯氧乙酸）是高效低残留的除草剂，在土壤中降解相当迅速，半衰期仅几天或几周。

表4-2　能降解农药的优势微生物

序号	微生物	农药
1	黄杆菌属	氯苯氨灵、2,4-D、茅草枯、二甲四氯、毒莠灵、三氯乙酸
2	镰刀菌属	艾氏剂、莠去津、滴滴涕、七氯、五氯硝基苯、西马津
3	节杆菌属	2,4-D、茅草枯、二嗪农、草藻灭、二甲四氯、毒莠定、西马津、三氯乙酸
4	曲霉属	莠去津、MMDD、2,4-D、草乃敌、狄氏剂、利谷隆、二甲四氯、毒莠定、西马津、季草隆、朴草津、敌百虫、碳氯灵
5	芽孢杆菌属	茅草枯、滴滴涕、狄氏剂、七氯、甲基对硫磷、利谷隆、灭草隆、毒草定、三氯乙酸、杀螟松
6	棒状杆菌属	MMDD、茅草枯、滴滴涕、地乐酚、硝甲酚、百草枯
7	木霉属	艾氏剂、丙烯醇、悠去津、滴滴涕、敌敌畏、二嗪农、狄氏剂、草乃敌、七氯、马拉松、毒莠定、五氯酚钡

笔记

2. 塑料的微生物降解

塑料制品具有密度小、强度高、耐腐蚀、价格低等特性，所以应用十分广泛。但塑料制品具有生物学惰性，在环境中可长期存留并造成危害。目前塑料垃圾以每年2.5×10^7t的速度在自然界中累积，严重威胁和破坏着人类的生存环境。

自然界中能够直接利用塑料作为碳源而生长的微生物极少，而填埋、焚烧会造成二次污染，所以世界各国十分重视可降解塑料的开发。用脂肪族聚酯化合物（poly hydroxy butyrate，简称PHB）为原料制造的新型塑料，废弃后在垃圾堆里可被微生物一个键一个键地“吞吃”掉，同时生成两种无害产物CO_2和H_2O。

利用微生物可生产PHB，细菌中产碱杆菌属、固氮菌属和红螺菌属等300多个种类可以合成PHB。经一定工艺可制造出一系列具有不同强度、柔性、韧性的可生物降解塑料。

PHB能被土壤和海水中的许多种微生物降解，一般在厌氧污水中降解最快，在海水中降解最慢。粪产碱杆菌、假单胞菌属等微生物都能产生PHB解聚酶。

3. 腈类的微生物降解

某些微生物能够以腈类化合物为碳、氮源生长，具有修复腈污染的巨大潜力。目前，已经分离出多种降解腈类化合物的微生物，见表4-3。

表4-3　降解腈类化合物的不同微生物

序号	微生物种类	降解对象
1	根癌土壤农杆菌	吲哚-3-乙腈和苯乙腈
2	短杆菌	乙腈、羟基乙腈、甲氧基乙腈、丙腈、丙烯腈、甲基丙烯腈、丙二腈、氨基丙腈、羟基丙腈、异丁腈、戊腈、戊二腈、琥珀腈、苯甲腈和氯乙腈等
3	棒状杆菌	乙腈、三甲基乙腈、氯乙腈、丙腈、丙烯腈、甲基丙烯腈、丁烯腈、异丁腈、苯甲腈、对羟基苯甲腈、戊腈和异戊腈等
4	诺卡氏菌	乙腈、丙腈、丙烯腈、苯甲腈、3,4,5-三甲氧基苯甲腈、氨基苯甲腈、吲哚-3-乙腈和氯苯腈等
5	嗜热假诺卡氏菌	丙烯腈,甲基丙烯腈和烟碱甲腈等
6	铜绿假单胞菌	丙腈、丙烯腈、丁腈、异丁基、戊腈和氯乙腈等
7	荧光假单胞菌	苯乙腈、苯乙醇腈、2-苯基丙腈、3-苯基丙腈和2-苯基丁腈等
8	恶臭假单胞菌	4-氯苯基-3-甲基丁腈等
9	沼泽红假单胞菌	苯甲腈、甲苯甲腈、3-苯基丙腈、4-对羟基苯甲腈、甲氧基苯甲腈、2,6-二氟苯甲腈、3-三氟甲基苯甲腈、3-邻氯苯腈、3-氟苯腈、4-三氟甲基苯甲腈、4-乙酰基苯甲腈、4-氯苯甲腈、4-氟苯腈、呋喃-2-甲腈、苯乙腈、吡啶-2-甲腈、吡啶-4-甲腈和噻吩-2-甲腈等
10	红球菌	腈类化合物

上述微生物主要通过自身合成的腈水合酶-酰胺酶和腈水解酶降解腈类化合物，代谢终产物均为酸和氨。

$$R—CN+H_2O \xrightarrow{\text{腈水合酶}} R—CONH_2 \xrightarrow[+H_2O]{\text{酰胺酶}} R—COOH+NH_3$$

$$R—CN+2H_2O \xrightarrow{\text{腈水解酶}} R—COOH+NH_3$$

不同微生物体内的腈水解酶、腈水合酶和酰胺酶的蛋白质构成及底物特异性均存在很大差别。有些腈降解酶仅对芳香腈或脂肪腈中的一类有降解作用，有些既可降解芳香腈，又可降解脂肪腈或含卤素的腈类及含有双键的烯腈。在腈降解菌中，多数菌株只含有腈水解酶途径或腈水合酶途径中的一种，而两种途径同时具备的菌株较少。真菌在腈污染修复中也发挥重要作用，如腐皮镰孢菌既能够降解芳香腈，又可利用单纯氰化物和金属-氰络合物为底物生长，因此在含氰废水处理中具有重要的可开发利用价值。

腈类化合物在自然界中广泛存在，其生物降解与之并存。但各微生物对影响其生长与代谢的不利环境因素均有耐受范围，当生态环境条件超出定居微生物的耐受范围时，其降解作用就会明显减弱，有时甚至会影响到其在应用环境中的生存，因此，众多学者对影响腈类化合物生物降解的因素进行了深入研究。

（1）腈类化合物浓度　土壤和水体中腈类化合物浓度对微生物的降解性能有重要影响。研究显示，高浓度的丙烯腈和乙腈会造成枯草芽孢杆菌和产酸克雷伯氏菌菌体内腈降解酶的可逆性损伤，从而使细菌无法生长。

（2）pH值　pH是影响腈类化合物降解的关键因素。在生物降解的实际运用中，为了增加安全性，必须提高pH以减少氰化氢（简称HCN）（pK_a=9.2）的生成量。然而多数细菌和真菌生长的最适pH分别是6.5～7.5和5.0～6.0之间，因此筛选出耐碱降腈菌是腈污染生物修复的关键。目前已发现有些微生物能在pH≥9.5的碱性环境中降解腈类化合物，嗜碱微生物其可在pH为10的强碱性条件下，利用乙腈及丙腈为唯一碳、氮源生长，研究显示其通过腈水合酶/酰胺酶途径完成腈降解过程。

一株从太平洋深海沉积物中分离的细菌能够有效地清除重金属污染

（3）温度　温度是影响含腈类化合物生物降解的重要因素，多数腈类化合物降解酶的最适温度在30～50℃之间。然而也有些微生物降解酶具有相对较高的最适温度，如肺炎克雷伯菌产生的丙烯腈水解酶最适温度为55℃。

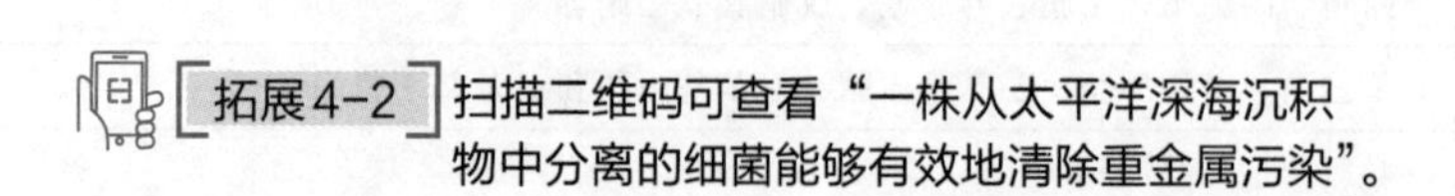

任务二　微生物与污水治理

知识目标

1. 掌握微生物在污染水中的应用。

笔记

2. 熟悉好氧活性污泥法、好氧生物膜法、厌氧生物处理、自然条件下的生物处理。

3. 熟悉微生物在废水脱氮与除磷中的应用。

4. 理解微生物在微污染水源水处理中的应用。

5. 了解应用在污水治理中的相关新技术。

能力目标

1. 具有选择、设计和运行污水生物处理设施，能测定活性污泥的性质的能力。
2. 具有进行好氧活性污泥的培养与驯化的能力。
3. 具有观察活性污泥和生物膜中生物相的能力。
4. 具有测定活性污泥耗氧速率及脱氢酶活性的能力。

素质目标

1. 培养吃苦耐劳、认真务实的良好职业素养。
2. 培养科学探究的习惯，提升发现问题、分析问题、解决问题的综合素质。

一、微生物在污染水中的应用

拓展4-3 扫描二维码可查看“生物处理的类型及特点”。

生物处理的类型及特点

污水微生物处理主要是根据水体自净的原则，利用微生物的催化作用和代谢活性，好氧或厌氧分解、转化污水中的污染物质。目前，污染水的微生物处理方法主要有好氧微生物处理（好氧活性污泥法和好氧生物膜法）、厌氧生物处理、自然条件下的生物处理（稳定塘法）。

（一）好氧活性污泥法

活性污泥法是以活性污泥为主体的好氧生物处理法。其作为污水生物处理的一种方法，是在人工充氧条件下，对污水和各种微生物群体进行连续混合培养，形成活性污泥。利用活性污泥的生物凝聚、吸附和氧化作用，以分解去除污水中的有机污染物。然后使污泥与水分离，大部分污泥再回流到曝气池，多余部分则排出活性污泥系统。

好氧活性污泥法又称曝气法，是以活性污泥为主体，利用活性污泥中悬浮生长型好氧微生物氧化分解污水中有机物质的污水生物处理技术，是一种应用最广泛的污水好氧生物处理技术。

1. 净化机理

好氧活性污泥的净化作用类似于水处理工程中混凝剂的作用，它能絮凝有机和无机固体污染物，有“生物絮凝剂”之称。微生物以污水中的有机污

笔记

染物作为培养基，在有氧的条件下培养各种微生物群体，形成充满微生物的絮状物——活性污泥，活性污泥为微生物生长繁殖提供了适宜的环境条件，通过采取一系列人工强化、控制技术措施，使活性污泥微生物通过凝聚、吸附、氧化、分解、沉淀等过程去除废水中的有机污染物，从而达到净化污水的目的。好氧活性污泥的净化作用机理如图4-5，活性污泥绒粒中微生物之间是食物链的关系。

活性污泥中的每一颗絮状体，都是一个活跃的、有丰富净化功能的单元。好氧活性污泥绒粒中微生物吸附和生物降解有机物的过程像“接力赛”，主要包括生物吸附、氧化分解有机物、原生动物吞食等。

2. 生物群落

好氧活性污泥中的生物群落十分复杂，由细菌、真菌、原生动物、微型后生动物及单细胞藻类等多种微生物聚集组成，见表4-4。因此，曝气池内的活性污泥是在不同的营养、供氧、温度及pH等条件下，形成由最适宜增殖的絮凝细菌为中心，由多种多样的其他微生物集聚所组成的一个小生态系统。

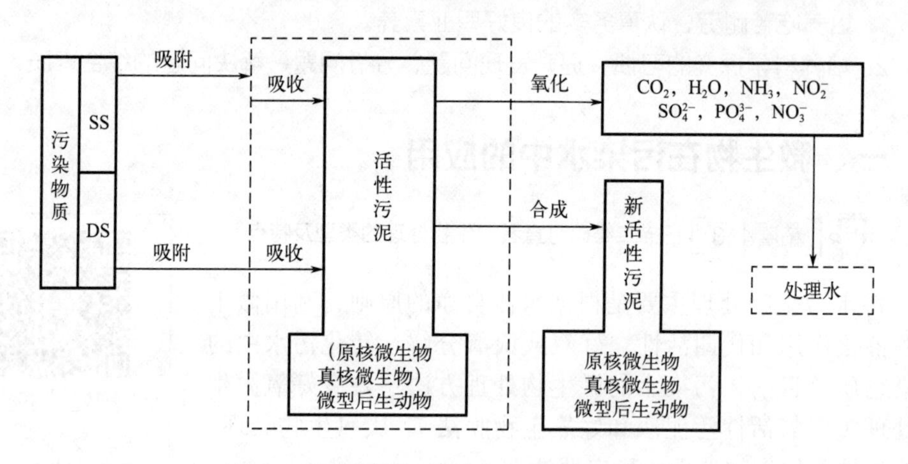

图4-5　好氧活性污泥的净化作用机理示意图

表4-4　构成正常活性污泥的主要细菌和其他微生物

名称	名称
动胶菌属（优势菌）	短杆菌属
丛毛单胞菌属（优势菌）	固氮菌属
产碱杆菌属（较多）	浮游球衣菌（少量）
微球菌属（较多）	微丝菌属（少量）
棒状杆菌属	大肠埃希氏杆菌
黄杆菌属	产气肠杆菌
无色杆菌属	诺卡氏菌属
芽孢杆菌属	节杆菌属
假单胞菌属（较多）	螺菌属
亚硝化单胞菌属	酵母菌

笔记

（1）细菌　细菌是活性污泥在组成和净化功能上的中心，其数量为$10^8 \sim 10^9$个/mL，主体细菌（优势菌）来源于土壤、河水、下水道污水和空气中的微生物，其中重要的细菌有动胶菌属和丛毛单胞菌属，可占70%，还有产碱杆菌属、微球菌属、假单胞菌属等，多为革兰阴性菌。在活性污泥形成初期，细菌多以游离态存在，随着活性污泥成熟，细菌大多数包埋在菌胶团中生成菌分泌的蛋白质和多糖等胞外聚合物中，形成菌胶团，进而形成活性污泥絮状体。

（2）原生动物　原生动物是活性污泥中的重要生物类群，数量约5×10^4个/mL。它是需氧性生物，主要在活性污泥的表面活动，摄取游离细菌和有机物作为营养物质，对废水的净化也起着重要作用，而且可作为处理系统运转管理的一种指标。

拓展4-4　扫描二维码可查看“活性污泥中的原生动物种类”。

活性污泥中的原生动物种类

（3）其他微生物　活性污泥中还有毛霉属、曲霉属、青霉属、链孢霉属、枝孢霉属、木霉属、地霉属等丝状真菌和轮虫、线虫等微型后生动物。后生动物在活性污泥系统中并不经常出现，只有在水质处理良好时才有。

通常构成活性污泥的微生物种群相对稳定，但营养、温度、溶解氧、pH值等环境条件的改变会导致主要菌种（优势菌）变化，如含蛋白质的污水中，产碱杆菌属和芽孢杆菌属占优势，糖类污水中假单胞菌属占优势。处理生活污水和医院污水的活性污泥中还会有致病细菌、致病真菌、致病性阿米巴（变形虫）、病毒、立克次氏体、支原体、衣原体、螺旋体等病原微生物。

3. 处理工艺流程

好氧活性污泥处理系统主要由活性污泥反应器（即曝气池）、二次沉淀池、污泥回流系统及空气扩散系统组成，图4-6所示为活性污泥处理系统的基本工艺流程。

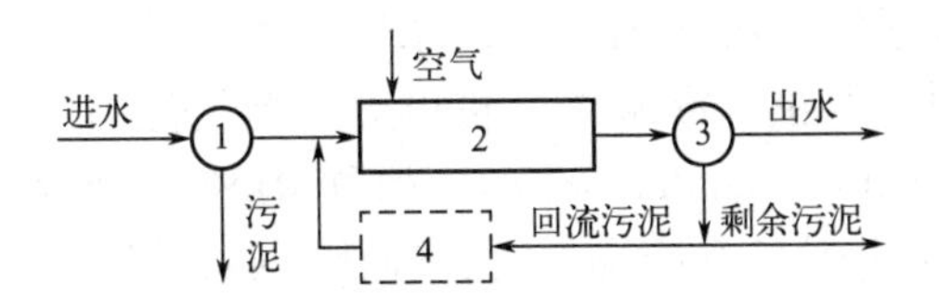

图4-6　好氧活性污泥法的基本工艺流程

1—初次沉淀池；2—曝气池；3—二次沉淀池；4—污泥回流系统

来自初次沉淀池或其他预处理装置的污水从曝气池的一端进入，与从二次沉淀池连续回流的活性污泥一起进入曝气池形成混合液。曝气池是一个生物反应器，通过曝气设备充入空气，空气中的氧气溶入污水使活性污泥混合液产生好氧代谢反应。污水中各种有机污染物被好氧活性污泥吸收或吸附，同时被活性污泥上的微生物群落降解，污水因此得到净化，活性污泥本身得以繁

笔记

衍增长。

经过活性污泥净化作用后的混合液，由曝气池的另一端进入二次沉淀池，混合液中的悬浮固体在沉淀池中进行固液分离（活性污泥与污水分离），澄清后的污水作为处理水流出沉淀池，成为净化水。经过沉淀池浓缩的污泥从沉淀池底部排出，其中一部分作为接种污泥回流曝气池（称为回流污泥），目的是使曝气池内保持一定的悬浮固体浓度，也就是保持一定的微生物浓度。

4. 微生物的培养

好氧活性污泥的培养方式有间歇式曝气培养和连续曝气培养。

（1）间歇式曝气培养　主要包括菌种扩大培养、驯化、继续培养等。

① 菌种来源。取自污水处理厂的活性污泥，取自不同水质污水处理厂的活性污泥，取自相同水质污水处理厂的活性污泥，取自污水处理厂集水池或沉淀池的下脚污泥，或污水处理厂污水长期流经的河流淤泥，经扩大培养后备用。

② 驯化。凡是采用与某一污水处理厂不同水质的其他污水处理厂的活性污泥作菌种都要先经驯化后才能使用，用间歇式曝气培养法驯化。先进低浓度污水培养，曝气23h，沉淀1h，分离出上清液，再进同浓度的新鲜污水，继续曝气培养。每一浓度运行3～7d，通过镜检观察到活性污泥生长量增加，可调高一个浓度，同前一个浓度的操作方法运行，以后逐级提高污水浓度，一直提高到原污水浓度为止。驯化初期，活性污泥结构松散，游离细菌较多，出现鞭毛虫和游泳型纤毛虫，此时的活性污泥有一定的沉降效果。在驯化过程中，通过镜检可看到原生动物由低级向高级演替。驯化后期以游泳型纤毛虫为主，出现少量、有一定耐污能力的纤毛虫（如累枝虫）时表明活性污泥沉降性能较好，上清液与沉降污泥可看出界限，且较清澈时，驯化结束。

③ 培养。将驯化好的活性污泥改用连续曝气培养法继续培养。此时，可通过镜检和化学测定的指标分析衡量活性污泥培养的进度和成熟程度。当看到活性污泥全面形成大颗粒絮团，表明其沉降性能良好，此时曝气池混合液在1 L量筒中30min的体积沉降比（settling velocity，简称SV）达50%以上，污泥体积指数（sludge volume index，SVI，是衡量活性污泥沉降性能的指标）在100mL/g左右；镜检看到菌胶团结构紧密，游离细菌少；原生动物大量出现，以钟虫等固着型纤毛虫为主，相继出现楯纤虫、漫游虫、轮虫等；曝气池内活性污泥的混合液悬浮固体浓度（mixed liquid suspended solids，简称MLSS，即混合液污泥浓度）达到2000mg/L左右，进水达到了设计流量时，经化学指标测定，出水COD和BOD有明显的下降，此时活性污泥培养进入成熟期，可以转入正式运行阶段。若是处理工业废水，其进水BOD在200～300mg/L时，MLSS维持在3 000mg/L左右，溶解氧维持在2～3mg/L为宜。

（2）连续曝气培养　除间歇式曝气培养外，还可用连续曝气培养。在处理生活污水和工业废水时，凡取与污水处理厂相同水质的活性污泥作菌种时，都可直接用连续曝气培养法培养活性污泥。活性污泥的接种量按曝气池有效体积的5%～10%投入，启动的最初几天可先闷曝，溶解氧维持在1mg/L左右，然后以小流量进水，每调整一个流量梯度要维持约一周的运行时间。随着进水流量逐渐增大，溶解氧的浓度逐渐提高。

笔记

通过镜检和化学测定分析指标，可判断活性污泥培养成熟程度。镜检是看培养初期和向成熟阶段过渡的进程中，活性污泥的生长状况，菌胶团的结构是否由松散向紧密演变，原生动物是否由低级向高级演替。当进水流量达到设计值时，若菌胶团结构紧密，形成大的絮状颗粒，并且原生动物中如钟虫等固着型纤毛虫大量出现，相继出现楯纤虫、漫游虫、轮虫等，即进入成熟期。

（二）好氧生物膜法

生物膜法是利用固着生长在载体上的微生物来降解水中有机污染物的一种生物处理方法。所谓生物膜是由附着于固体物（生物膜载体）表面上生长的微生物及其所吸附的有机和无机污染物形成的一层具有较高生物活性的黏膜，生物膜和活性污泥统称为生物污泥。根据是否提供氧气，生物膜法又分为好氧生物膜法和厌氧生物膜法，本部分重点阐述好氧生物膜法。

好氧生物膜法是使微生物附着在载体表面上，污水在流经载体表面过程中，污水中的有机污染物作为营养物，为生物膜上的微生物所吸附和转化，污水得到净化，微生物自身也得以繁衍增殖。

1．净化机理

好氧生物膜由多种多样的好氧微生物和兼性厌氧微生物黏附在生物滤池滤料上或黏附在生物转盘盘片上的一层有黏性、薄膜状的微生物混合群体，是生物膜法净化污（废）水的工作主体。普通滤池的生物膜厚度2～3mm，在BOD负荷大、水力负荷小时生物膜增厚。此时，生物膜的里层供氧不足，呈厌氧状态。当进水流速增大时，一部分生物膜脱落，在春、秋两季发生生物相的变化。微生物量通常以每平方米（或立方米）滤料上的生物膜干重表示。好氧生物膜的净化作用如图4-7。

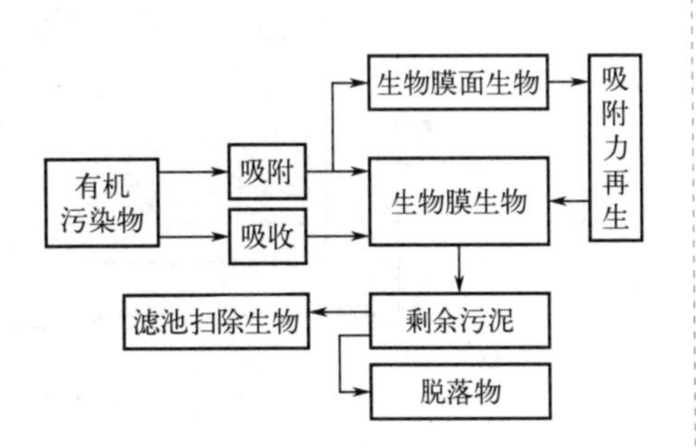

图4-7　好氧生物膜净化作用模式图

生物膜在滤池中是分层的，上层生物膜中的生物膜生物（絮凝性细菌及其他微生物）和生物膜面生物（固着型纤毛虫、游泳型纤毛虫）及微型后生动物吸附污（废）水中的大分子有机物，将其水解为小分子有机物。同时生物膜生物吸收溶解性有机物和经水解的小分子有机物进入体内，并进行氧化分解，利用吸收的营养构建自身细胞。上一层生物膜的代谢产物流向下层，被下一层生物膜生物吸收，进一步被氧化分解为CO_2和H_2O。老化的生物膜和游离细菌被滤池扫除生物（轮虫、线虫、颗体虫等）吞食。通过以上微生物化学作用和吞食作用，污（废）水得到净化。

2．微生物群落

普通滤池内生物膜的微生物群落有：生物膜生物、生物膜面生物及滤池扫除生物。生物膜生物是以菌胶团为主要组分，辅以浮游球衣菌、藻类等，它们起净化和稳定污（废）水水质的功能；生物膜面生物是固着型纤毛虫（如钟虫、累

笔记

枝虫、独缩虫等）、游泳型纤毛虫（如楯纤虫、斜管虫、尖毛虫、豆形虫等）及微型后生动物，它们起促进滤池净化速度、提高滤池整体处理效率的作用；滤池扫除生物有轮虫、线虫、寡毛类的沙蚕和颗体虫等，它们具有去除滤池内的污泥、防止污泥积聚和堵塞的功能；另外，生物滤池中真菌生长也较普遍，在条件合适时，可能成为优势菌种。

3. 处理工艺

目前，好氧生物膜法的处理工艺主要有生物滤池、生物转盘、生物接触氧化法和生物流化床等。

（1）生物滤池　生物滤池也称滴滤池，在平面上一般呈方形、矩形或圆形，在构造上主要由滤床、排水设备和布水装置三部分组成，如图4-8。滤床高度为1～6m，一般为2m，滤料要求比表面积大、孔隙率高、质材强度高、性能稳定、价格低廉，滤料为碎石、炉渣、焦炭等，粒径为3～10cm。从结构上看，下层为承托层，石块可稍大，以免上层脱落的生物膜累积而造成堵塞。若滤池负荷高，则要选择较大的石块，否则就会由于营养物浓度高，生物膜生长过快而堵塞。

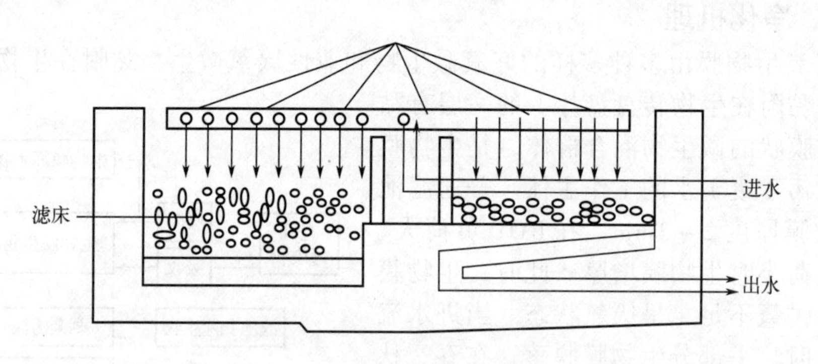

图4-8　生物滤池的结构

生物滤池要求通风良好，布水均匀，单位体积滤料的表面积和孔隙率都比较大，以利于生物膜、污水和空气之间的接触和通风。根据设备形式的不同分为普通生物滤池和塔式生物滤池，根据承受水力负荷大小分为低负荷生物滤池（普通生物滤池）和高负荷生物滤池。

（2）生物转盘　生物转盘又称浸没式生物滤池，是从传统生物滤池演变而来，主要组成部分是旋转圆盘、转动横轴、动力及减速装置和氧化槽等，它由许多平行排列且浸没在一个氧化槽中的塑料圆盘（盘片）所组成。盘片的盘面有40%～50%浸没在氧化槽内的废水水面以下，盘片串起来成组，中心贯以转轴，轴的两端安设于固定在圆形氧化槽的支座上。转轴一般高出水面10～25cm。其构造如图4-9。

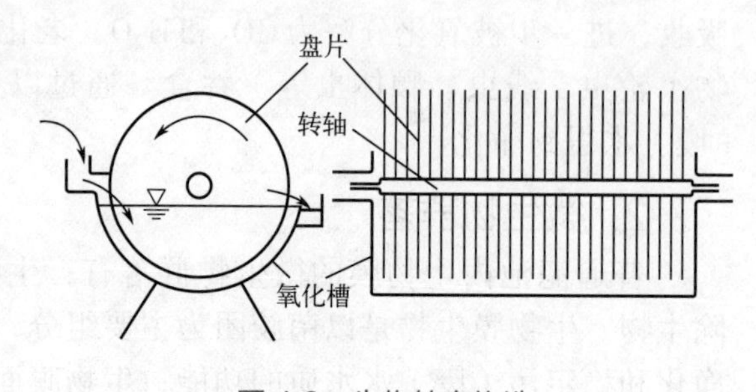

图4-9　生物转盘构造

笔记

生物转盘在实际应用中有各种构造形式，多级转盘串联是最常用的，它可以延长处理时间，提高处理效果，但级数一般不超过四级，级数越多，处理效率反而提高不大。根据圆盘数量及盘面布置，可以采用单轴多级或多轴多级等形式。

与活性污泥法相比，生物转盘的优点是：①操作管理简便，无污泥膨胀现象，没有污泥回流系统，生产上容易控制；②剩余污泥量小，污泥颗粒大，含水率低，沉降速度大，易于沉淀分离和脱水干化；③设备结构简单，无通风、回流及曝气设备，运转费用低，耗电量低；④可采用多层布置，设备灵活性大，可节省占地面积；⑤可处理高难度的废水，承受BOD_5可达1000mg/L；⑥废水在氧化槽内停留时间短，一般1～1.5h，处理效率高，BOD_5的去除率一般可达90%以上。

与生物滤池相比，生物转盘具有以下优点：①无堵塞现象；②生物膜与废水接触均匀，盘面面积的利用率高，无沟流现象；③废水与生物膜接触时间相对较长，且易于控制，处理程度比高负荷滤池和塔式滤池高，并且可以通过调整转速改善接触条件和充氧能力；④同一般低负荷滤池相比，它占地面积小，如采用多层布置，占地面积可与塔式生物滤池相媲美；⑤能耗低。

（3）生物接触氧化法　生物接触氧化法亦称淹没式生物滤池，就是在曝气池中填充一定密度的填料，废水浸没全部填料并与填料上的生物膜广泛接触，在微生物新陈代谢功能的作用下，废水中的有机物得以去除，废水得以净化。生物接触氧化法多在好氧状态下运行，充氧方式可以是废水预先充氧曝气再流填料，也可以是在池内设有人工曝气装置。

生物接触氧化池由池底、填料、布水装置和曝气系统等几部分组成。按不同的曝气方式，分为鼓风曝气生物接触氧化池和表面曝气生物接触氧化池两种形式，如图4-10和图4-11。

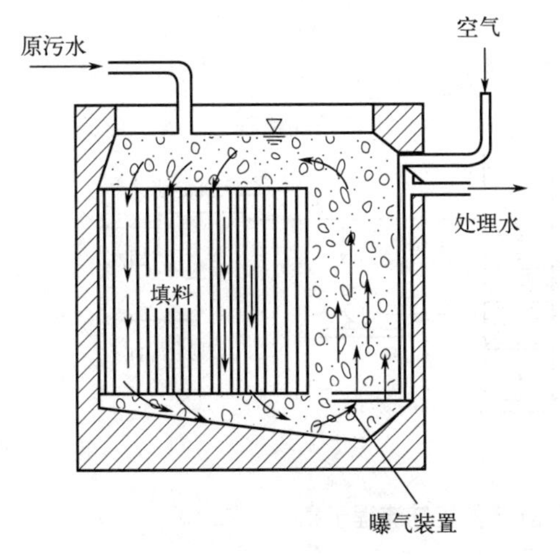

图4-10　鼓风曝气生物接触氧化池

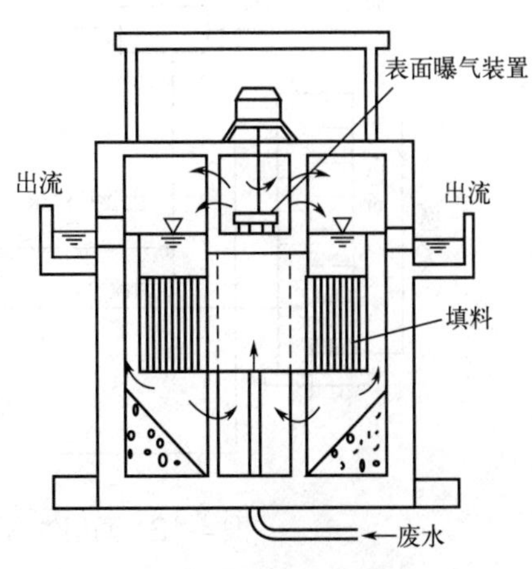

图4-11　表面曝气生物接触氧化池

接触氧化池生物膜中的微生物很丰富，除细菌外，球衣菌等丝状菌不断生长，并还有多种原生动物和后生动物，形成了一个复杂的生态系统。

笔记

当进水浓度高或对出水水质要求较高时，为了提高处理效率，生物接触氧化法常采用两段接触氧化法。两段接触氧化法包括初次沉淀池、一段接触氧化池、中间沉淀池、二段接触氧化池和二次沉淀池等构筑物，也可取消中间沉淀池，但是处理效果会比前者差。

生物接触氧化法是一种兼有活性污泥法和生物膜法特点的废水处理工艺，其特点有：①BOD负荷高，污泥生物量大，一般活性污泥法的污泥浓度为2～3g/L，而生物接触氧化法可达10～20g/L；②处理时间短，在处理水量相同的条件下，所需装置的设备较小，因而占地面积小；③能够克服污泥膨胀的问题；④可以间歇运行；⑤不需要污泥回流，剩余污泥少。

（4）生物流化床　生物流化床是以粒径小于1mm的砂、焦炭、活性炭以及人工合成的高分子材料等颗粒物质为载体，充填于生物反应器内，因载体表面附着生物膜而使其质量变轻，当废水以一定流速从下向上流动时，载体便处于流化状态。按照使载体流动的动力来源不同，生物流化床一般可分为以液流为动力的两相生物流化床和以气流为动力的气、液、固三相流化床两大类。在两相流化床中，按照进入流化床的废水是否预先充氧曝气，床体又可处于好氧状态和厌氧状态，前者主要用于处理废水中的有机污染物，而后者则主要用于去除废水中亚硝酸盐和硝酸盐等。

下面以好氧两相生物流化床为例阐述生物流化床的工艺流程，如图4-12所示。其充氧与流化过程分开，并完全依靠水流使载体流化，它可以纯氧或压缩空气为氧源，使污水与回流水在充氧设备中与氧或空气接触，由于氧转移至水中，水中溶解氧含量提高。当使用纯氧时，水中溶解氧可提高到30 mg/L以上；而以压缩空气为氧源时，由于氧在空气中的分压低，充氧后的水中溶解氧较低，一般小于9mg/L。

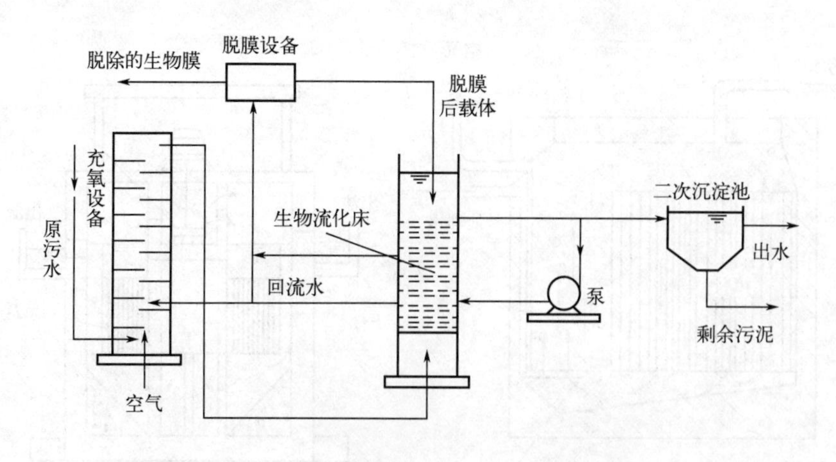

图4-12　两相生物流化床的工艺流程示意图

经过充氧后的污水从底部进入生物流化床，使载体流化，并通过载体上生物膜的作用进行生物降解，处理后的污水从上部流出，进入二沉池进行固液分离，上清液即为处理后的最终出水。

笔记

4. 微生物培养

好氧生物膜的微生物培养有自然挂膜法、活性污泥挂膜法和优势菌挂膜法。

（1）自然挂膜法　用泵将含有自然菌种的污（废）水慢速通入空的塔式生物滤池（或其他生物滤池）内，不断循环，周期为3～7d，之后改为慢速连续进水。在此过程中，污（废）水中的自然菌种和空气微生物附着在滤料上，以污（废）水中的有机物为营养，生长繁殖。滤料上的微生物量由少变多，逐渐形成一层带黏性的微生物薄膜，即生物膜。当进水流量或水力表面负荷达到设计值时，滤池自上而下形成正常的分层微生物相。当滤池出水的化学指标接近排放标准，即完成生物膜的培养工作，进入正式运行阶段。

（2）活性污泥挂膜法　取处理生活污水或处理工业废水的活性污泥作菌种，与污（废）水混合，用泵将混合液慢速打入滤池内，循环周期为3～7d，之后改为慢速连续进水。在此过程中活性污泥微生物附着在污（废）水中的有机物上并以其为营养生长繁殖。滤料上的微生物量由少变多，逐渐形成一层带黏性的微生物薄膜，当进水流量或水力表面负荷达到设计值[标准为1～4m^3/（m^2·d），高负荷生物滤池的表面负荷为20m^3/（m^2·d），BOD_5负荷为0.1～0.4kg/（m^3·d），高负荷生物滤池的BOD_5负荷为0.5～2.5kg/（m^3·d）]时，滤池自上而下形成正常的分层微生物相。滤池出水的化学指标接近排放标准，即完成生物膜的培养工作，进入正式运行阶段。

（3）优势菌种挂膜法　优势菌种是从自然环境或废水处理中筛选和分离而获得的，对某种工业废水有强降解能力的菌株。优势菌种也可通过遗传育种获得优良菌种，甚至通过基因工程构建超级菌作菌种。

因优势菌对所处理的废水有很强的降解能力，所以用废水和优势菌充分混合，用泵慢速将菌液打进生物滤池内，循环周期为3～7d，使优势菌黏附于滤料上，然后以慢流速连续进水。优势菌种挂膜法的运行指标和运行方法与活性污泥挂膜法基本相同，处理某些特种工业废水的生物滤池挂膜最适合用优势菌种挂膜法。

（三）厌氧生物处理

厌氧生物处理是环境工程与能源工程中一项重要技术，是有机污水主要的处理方法之一，又称厌氧消化或厌氧发酵，是指厌氧微生物（包括兼氧微生物）在无氧或缺氧的条件下，将污水中的各种有机物转化为无机物和少量细胞物质的过程。厌氧生物处理的对象主要包括有机污泥、高浓度有机污水、生物质废物等。

[拓展4-5] 扫描二维码可查看“厌氧生物处理的优缺点”。

厌氧生物处理的优缺点

1. 厌氧生物处理的净化机理

厌氧微生物降解有机物是一个复杂的微生物化学过程，依靠三大主要类群的细菌，即水解产酸菌、产氢产乙酸菌和

笔记

产甲烷菌的联合作用完成。经历三个阶段：①大分子有机物在水解和发酵细菌作用下转化为小分子有机物，如单糖、氨基酸、脂肪酸、甘油等，然后进入细胞内被分解为更简单的物质，如CO_2、H_2等；②所产生的小分子有机物在产氢产乙酸菌作用下转化为乙酸、H_2和CO_2的过程；③两类产甲烷菌分别将乙酸脱羧产生甲烷和CO_2，以氢还原CO_2产生甲烷和H_2O。如图4-13所示。

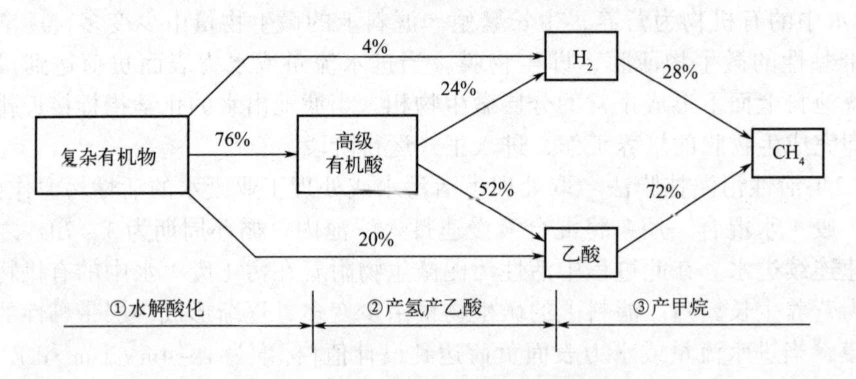

图4-13 厌氧消化的三个阶段和COD转化率

虽然厌氧消化过程分为以上三个阶段，但在厌氧反应器中，三个阶段是同时进行的，并保持某种程度的动态平衡，这种动态平衡一旦被pH、温度、有机负荷等外加因素破坏，则产甲烷阶段首先将受到抑制，并导致低级脂肪酸的积累和厌氧进程的异常，甚至会导致整个厌氧消化过程停滞。

2. 厌氧生物处理的生物群落

在自然界中，除细菌外，能发生厌氧性消化的微生物还有很多，但在人工控制的厌氧消化池内，发生厌氧消化作用的微生物主要是厌氧细菌。在这一过程中涉及的厌氧细菌可分为两大类，即只要有氧存在就不能繁殖的绝对厌氧菌和不论有氧无氧均能增殖的兼性厌氧菌。

（1）发酵细菌群　参与厌氧消化第一阶段的微生物，包括细菌、原生动物和真菌，统称水解与发酵细菌，大多数为专性厌氧菌，也有不少兼性厌氧菌。发酵细菌种类很多，主要包括梭杆菌属、拟杆菌属、丙酸杆菌属及气杆菌属等，根据其代谢功能可分为纤维素分解菌、碳水化合物分解菌、蛋白质分解菌、脂肪分解菌。主要参与复杂有机物的水解，并通过丁酸发酵、丙酸发酵、混合酸发酵、乳酸发酵和乙醇发酵等将水解产物转化为挥发性有机酸、CO_2及H_2等。

（2）产氢产乙酸细菌　产氢产乙酸菌主要是将发酵细菌产生的挥发性有机酸和醇转化为乙酸、H_2、CO_2，此类细菌同样多为发酵性细菌，但因为受产物氢的抑制而一般与产甲烷菌紧密共生，目前少量分离出的*Syntrophomonas wolfei*和*Syntrophobacter wolinii*分别为氧化丁酸和丙酸的产乙酸菌，被称为专性产氢产乙酸菌（*obligate Hz-producing acetogens*，OHPA）；而一些产乙酸菌如*Clostridiumaceticum*和*Acetobacteriumwoodii*同样能利用氢作为电子供体将CO_2和甲醇还原为乙酸，被称为同型产乙酸菌（*homo-acetogens*）。

笔记

（3）产甲烷菌　产甲烷菌是一个很特殊的生物类群，属古菌，是专性严格厌氧菌，对氧非常敏感，遇氧后会立即受到抑制不能生长、繁殖，有的还会死亡。产甲烷菌在自然界中分布极为广泛，在与氧气隔绝的环境都有产甲烷菌生长，在海底沉积物、河湖淤泥、沼泽地、水稻田以及人和动物的肠道、反刍动物瘤胃，甚至在植物体内都也有产甲烷菌存在。

产甲烷菌具有特殊的产能代谢功能，可利用氢还原CO_2生成甲烷，有的能利用一碳有机化合物和乙酸为底物产生甲烷。前者主要是嗜氢甲烷杆菌，后者主要是索氏甲烷丝菌、巴氏甲烷八叠球菌、甲烷球菌和甲烷螺菌属等。

此外，还有少数厌氧或兼性厌氧的游泳型纤毛虫，例如扭头虫、草履虫等。

3. 厌氧生物处理工艺

有机废水厌氧生物处理工艺包括厌氧活性污泥法和厌氧生物膜法。厌氧活性污泥法包括厌氧消化池、厌氧接触消化池、升流式厌氧污泥床反应器、厌氧内循环反应器、厌氧折流板反应器、厌氧序批式反应器、两段厌氧法和复合厌氧法；厌氧生物膜法包括厌氧滤池、厌氧颗粒膨胀床和流化床、厌氧生物转盘。下面主要介绍厌氧消化池和厌氧滤池。

（1）厌氧消化池　污泥厌氧消化池是用来处理有机污泥的一种厌氧生物处理装置。通过厌氧处理，污泥中所含的有机物被分解，污泥稳定且体积减小。由于污泥中固体含量高，当有机物的含量较多时，所需厌氧分解时间较长。所以，有机污泥在消化池内的停留时间较长。

① 传统消化池。传统消化池又称低速消化池，一般在消化池内不设搅拌设备，因而池内污泥有分层现象，仅一部分池容积起有机物分解作用，池底部容积主要用于储存和浓缩熟污泥。由于微生物不能与有机物充分接触，消化速率很低，消化时间很长，池子的容积很大。传统消化池适于处理初次沉淀池污泥和二次沉淀池污泥，其构造原理如图4-14所示。

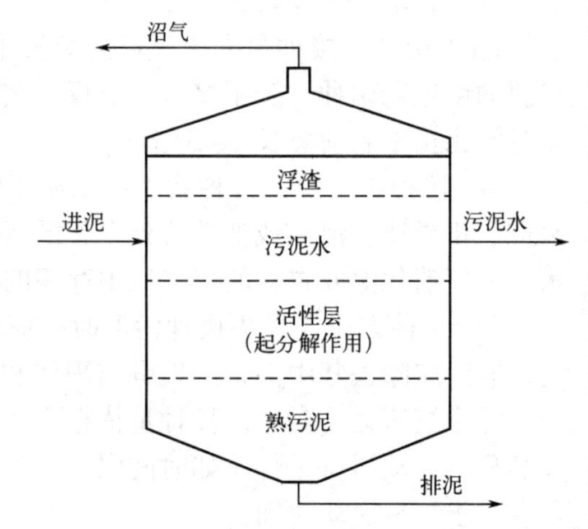

图4-14　传统消化池构造示意图

② 高速消化池。在这种消化池中，生污泥连续或分批投入，并进行机械或沼气搅拌，使池内的污泥保持完全混合状态。温度一般维持中温35℃左右。由于搅拌使池内有机物浓度、微生物分布、温度、pH等都均匀一致，微生物得到了较稳定的生活环境，并与有机物均匀接触，因而提高了消化速率，缩短了消化时间。

高速消化池因有搅拌过程，池内污泥得不到浓缩，消化液不能分离出来，所以高速消化池必须串联一个二级消化池，如图4-15所示。

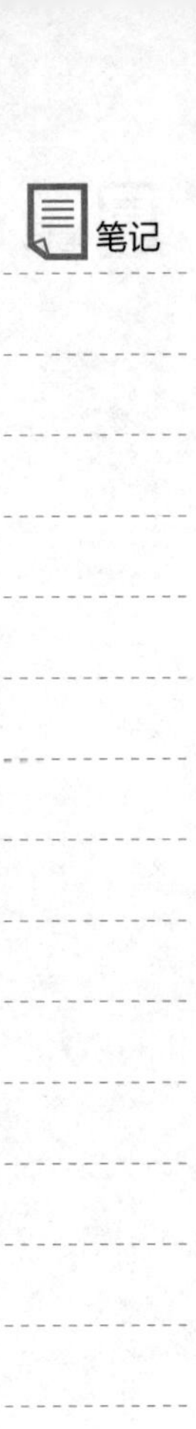

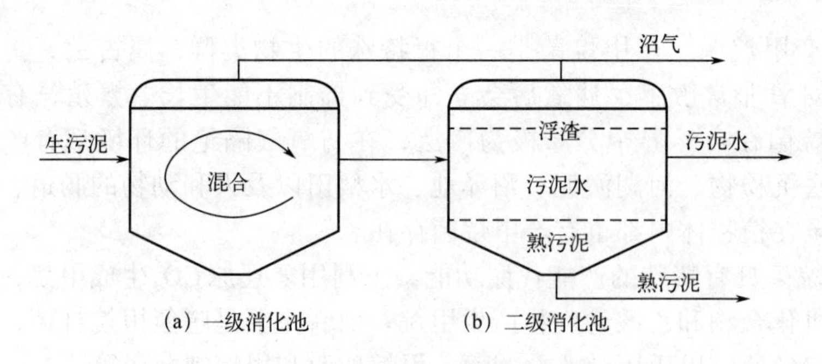

图 4-15 二级消化池系统示意图

（2）厌氧滤池 为了在厌氧反应器维持较多的生物量，并防止已生成的微生物随水流走，出现了厌氧滤池，如图4-16。这种装置中填满了不同种类的填料，与生物滤池相似。整个填料浸没于水中，池子顶密封，一般是池底进水，池顶出水。由于厌氧微生物附着在填料表面，不随水流走，细胞平均停留时间长达100d。池中的生物量很多，所以可以获得较好的处理效果。这种池子的缺点是填料有堵塞的可能，必须根据污水的浓度和性质选取合适的填料。

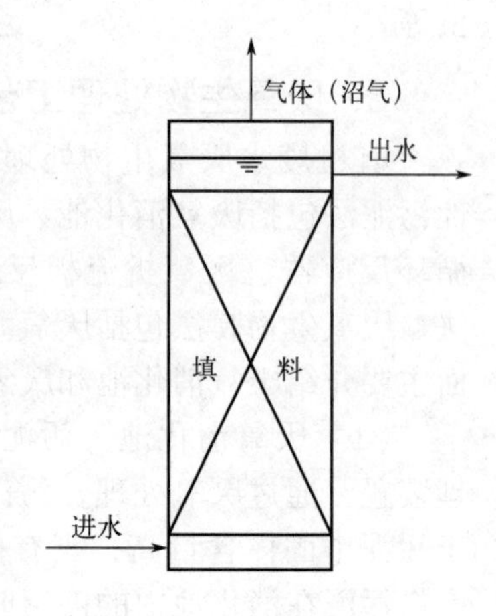

图 4-16 厌氧滤池示意图

4. 厌氧反应装置中微生物的培养

（1）接种 接种是向厌氧反应装置中接入厌氧代谢的微生物菌种。若不接种，靠反应装置本身积累厌氧污泥，启动会失败或所需时间比正常启动要长3～5倍。

① 接种物来源。接种物主要来源于各种污泥，如厌氧反应装置的污泥，下水道、化粪池、河道或池塘等处存积的污泥。其中工业废水厌氧反应器、城市污水处理厂消化池或农村的沼气池中存积的污泥是很好的接种物来源。

② 接种方法。采集接种污泥时，应选用比产甲烷菌活性值高、密度大的污泥，同时应除去其中夹带的大颗粒固体和漂浮杂物，运输过程中应避免与空气接触，尽量缩短运输时间。接种量依据水质特征、接种污泥性能、厌氧反应器类型和容积、启动运行条件（如时间限制、运输等）等来决定。一般来说，加大接种量有利于缩短启动时间。

（2）微生物的培养 主要包括分批培养法和连续培养法。

① 分批培养法。该法是指接种污泥足量时，控制工业废水分批进料，启动运行初期厌氧反应装置间歇运行的方法。每批废水进入后，反应装置在静止状态下进行厌氧代谢（或通过回流装置适时进行循环搅拌），让接种的污泥或增殖的污泥暂时聚集，或附着于填料表面，而不是随水流流失。经若干天厌氧反应后，大部分有机物被分解，第二批废水再进入。在分批进水间歇运行时，可逐步提高进水的浓度或工业废水的比例，逐步缩短反应的时间，直至最后完全适应工业废水（或有毒废水）并连续运行。这是一般常用的厌氧反应启动方法，多用于较难

笔记

降解的工业废水。

② 连续培养法。对于易降解的高浓度有机工业废水或较难生物降解的工业废水，但不含有毒污染物，接种污泥性能好、数量多时，可采用连续培养法。当接种污泥投入厌氧反应装置后，每日连续投加工业废水或稀释后的工业废水，或工业废水与城市污水的混合物（所投加工业废水的流量或所占比例应小于设计流量）。待连续运行数日后，有机物降解达到设计要求的80%左右时，可改变投加流量或比例。这种连续运行的污泥培养驯化法，要求严格控制启动过程中的有机质负荷和有毒污染物负荷，其控制的负荷比分批培养法更低。

（四）自然条件下的生物处理——稳定塘法

稳定塘法又称氧化塘法、生物塘法，是一种利用水塘中的微生物和藻类对污水和有机废水进行生物处理的方法。稳定塘能够有效地用于生活污水、城市污水和各种有机工业废水的处理，能够适应各种气候条件。目前，稳定塘多作为二级处理技术使用，也可以作为经活性污泥法或生物膜法处理后的深度处理技术，或作为一级处理技术。如将其串联起来，能够完成一级、二级以及深度处理全部系统的净化功能。

1. 稳定塘的类型

根据稳定塘微生物群落中优势微生物群体和塘中的供氧状况可把稳定塘分为好氧塘、兼性塘、厌氧塘和曝气塘四种主要类型。

（1）好氧塘　好氧塘是一类在有氧状态下净化污水的稳定塘，它完全依靠藻类光合作用和塘表面风力搅动自然复氧供氧。好氧塘内存在着细菌、藻类和原生动物的共生系统。有阳光照射时，塘内的藻类进行光合作用，是塘水中溶解氧的主要提供者；同时，由于风力的搅动，塘表面还存在自然复氧，二者使塘水呈好氧状态。好氧塘的细菌绝大部分属兼性异养菌，这类细菌利用水中的氧，通过好氧代谢氧化分解有机污染物并合成本身的细胞质，其代谢产物CO_2则是藻类光合作用的碳源。

（2）兼性塘　兼性塘是指在上层有氧、下层无氧的条件下净化污水的稳定塘，是最常用的塘型。兼性塘较深，一般在1.0m 以上。从塘面到一定深度（0.5m左右）的区域，阳光能够透入，藻类光合作用旺盛，溶解氧比较充足，呈好氧状态；塘底为沉淀污泥，处于厌氧状态，有机物在厌氧微生物的作用下进行厌氧发酵；介于好氧区与厌氧区之间的区域为兼性区，存活大量的兼性微生物。所以，兼性塘的污水净化是由好氧、兼性、厌氧微生物协同完成，兼性塘运行效果主要取决于藻类光合作用产氧量和塘表面的复氧情况。

兼性塘是城市污水处理中最常用的一种稳定塘，去除污染物的范围比好氧处理系统广泛，不仅可去除一般的有机污染物，还可有效地去除磷、氮等营养物质和某些难降解的有机污染物，如木质素、有机氯农药、合成洗涤剂、硝基芳烃等；它不仅用于处理城市污水，还被用于处理石油化工、有机化工、印染、造纸等工业废水。

（3）厌氧塘　厌氧塘是一类在无氧状态下净化污水的稳定塘，由于专性厌氧菌在有氧环境中不能生存，因而厌氧塘常是一些表面积较小、深度较大的塘，

笔记

塘水深度一般在2.0m以上，其有机负荷高，除表面与空气接触有氧外，整个塘水基本上都呈厌氧状态，在其中进行水解、产酸以及甲烷发酵等厌氧反应全过程，净化速度低，污水停留时间长。

厌氧塘一般用作高浓度有机废水的首级处理工艺，继之还需要设兼性塘、好氧塘，甚至深度处理塘对其出水做进一步的处理。

（4）曝气塘　通过人工曝气设备向塘中污水供氧的稳定塘称为曝气塘，塘深在2.0m以上，由表面曝气器供氧，并对塘水进行搅动，是人工净化与自然净化相结合的一种形式，在曝气条件下，藻类的生长与光合作用受到抑制，适用于土地面积有限，不足以建成完全自然净化为特征的塘系统。

曝气塘又可分为好氧曝气塘及兼性曝气塘两种。好氧曝气塘与活性污泥处理法中的延时曝气法相近。曝气塘BOD_5的去除率为50%～90%。但由于塘水中常含大量活性和惰性微生物体，因而曝气塘出水不宜直接排放，一般需后续接其他类型的塘或生物固体沉淀分离设施做进一步处理。

除上述几种类型的稳定塘以外，在应用上还存在一种专门用以处理二级处理后出水的深度处理塘。这种塘的功能是进一步降低二级处理水中残余的有机污染物（BOD值、COD值）、固体悬浮物（SS值）、细菌以及氮、磷等植物性营养物质等，在污水处理厂和接纳水体之间起到缓冲作用。深度处理塘一般采用大气复氧或藻类光合作用的供氧方式。

2. 稳定塘法的净化原理

稳定塘是以太阳能为初始能量，通过在塘中种植水生植物，进行水产和水禽养殖，形成人工生态系统，在太阳能（日光辐射提供能量）作为初始能量的推动下，通过稳定塘中多条食物链的物质迁移、转化和能量的逐级传递、转化，将进入塘中污水的有机污染物进行降解和转化，最后不仅去除了污染物，而且以水生植物和水产、水禽的形式作为资源回收，净化的污水也可作为再生资源予以回收再用，使污水处理与利用结合起来，实现污水处理资源化。

3. 稳定塘内的生物群落

在稳定塘内存活并对废水起净化作用的生物有细菌、藻类、微型动物（原生动物和后生动物）、水生植物以及其他水生动物，它们相互依存，相互制约，构成稳定的生态系统。

（1）藻类　稳定塘的表层主要为藻类，常见的有小球藻属、栅列藻属、衣藻属和裸藻属，以及蓝细菌的颤藻、席藻等约56个属138个种。在有机物含量较丰富的塘内，裸藻、小球藻、衣藻等大量生长，它们都是自养生物，但也能直接摄取废水中的低分子有机物，表现出异养的性质。夏季每毫升水体藻类数量最高可达100万～500万个，冬季大约是夏季的1/5～1/2。以干燥质量计，每年每平方米水面的藻类产量可达10kg左右。

（2）细菌　稳定塘中细菌大量存在于下层。在BOD负荷较低、维持好氧状态的稳定塘内，常见的优势菌群为假单胞菌、黄杆菌、产碱杆菌、芽孢杆菌和光合细菌等。在塘的底部厌氧层，有硫酸盐还原菌和产甲烷菌存在。

（3）微型动物　稳定塘中纤毛虫类的种类、个体数都比其他好氧处理装置中少，一般有钟虫、膜袋虫等种类，最高可达每毫升1000个。轮虫中臂尾轮虫、狭甲轮虫、腔轮虫、椎轮虫等出现频率较高。水体中还有甲壳类，底泥中存在摇蚊幼虫。

4. 处理工艺

起初，稳定塘仅用于生活污水的处理，现在已逐渐推广到食品、制革、造纸、石化、农药等行业的废水处理。目前，我国已有几十座稳定塘在运行。其中武汉建成了我国较早的稳定塘，主要处理以有机磷为主的多种农药废水。该稳定塘采用串联形式，将厌氧-兼氧-好氧塘串联起来，末级塘起着最终好氧的稳定塘作用，总面积$8.65\times10^5m^2$，水深3m，总容积为$5.594\times10^6m^3$，最后再连接一个面积为$2.133\times10^6m^2$、水深2m的鱼种塘。经多年运转证明，鱼种出水的主要指标均接近或达到地面水标准。

在活性污泥或曝气塘系统中往往残留较多的难分解有机物，可以采用串联的活性污泥与稳定塘系统来去除。

二、微生物在污（废）水脱氮与除磷中的应用

（一）污（废）水脱氮、除磷的目的和意义

氮和磷是生物的重要营养源。但水体中氮、磷量过多，危害极大。氮、磷对受纳水体的主要危害表现在：①超量的氮和磷容易导致水体富营养化，在富营养化水体中，蓝细菌、绿藻等大量繁殖，有的蓝细菌产生毒素，毒死鱼、虾等水生生物会危害人体健康；②增加给水处理的成本；③水中氨氮使水体溶解氧下降；④含氮化合物对人和生物有毒害作用，不但影响人类生活，还严重影响工、农业生产。

污（废）水一级处理只是除去水中的砂砾及较大的悬浮固体，二级生物处理则是去除水中的可溶性有机物。好氧生物处理中，生活污水经生物降解，大部分的可溶性含碳有机物被去除。COD去除70% ～90%，BOD_5去除90%以上。同时产生NH_3-N，NO_3^--N和PO_4^{3-}，SO_4^{2-}。其中有25%的氮和19%左右的磷被微生物吸收合成细胞，通过排泥得到去除，但也存在出水中的氮和磷含量仍未达到排放标准的情况。

（二）天然水体中氮、磷的来源

天然水体中的氮、磷主要来自城市生活污水、农肥（氮）、喷洒农药（磷）、工业废水（如化肥、石油炼厂、焦化、制药、农药、印染、腊纶及洗涤剂等生产废水，食品加工废水及被服洗涤服务行业的洗涤剂废水）、禽畜粪便水。

对于污（废）水中的氮和磷，可以采用化学或物理化学方法有效地脱氮除磷，如折点加氯、吹脱工艺、石灰乳混凝沉淀或选择性离子交换工艺等，但这些方法的运行费用都较高，不适于水量一般都很大的城市污水处理。所以，污（废）水的脱氮除磷大多采用的还是生物处理工艺。

笔记

（三）微生物脱氮原理、脱氮工艺、脱氮微生物类型及培养

1. 脱氮原理

在生物脱氮处理过程中，大部分的非可溶性有机氮转化成氨氮和其他无机氮，却不能被有效地去除。废水生物脱氮是在传统二级生物处理中，采用异养型微生物将有机氮转化为氨氮（氨化作用），通过自养型硝化菌的作用，将氨氮通过硝化转化为亚硝态氮、硝态氮（硝化作用），然后再利用反硝化菌将硝态氮转化为氮气从水中逸出，从而达到废水脱氮的目的。

2. 脱氮工艺

在废水处理系统中，硝化和反硝化过程可以各种方式组合在一起。按工艺中硝化反应器类型，分为微生物悬浮生长型（活性污泥法及其改良）和微生物附着型（生物膜反应器）两种。在废水的实际处理过程中，也有同时采用这两种反应器的脱氮工艺。若按活性污泥系统的级数来分，生物脱氮工艺还可分成单级活性污泥脱氮工艺和多级活性污泥脱氮工艺。

（1）单级活性污泥脱氮工艺　将含碳有机物氧化、硝化和反硝化在一个活性污泥系统中实现，且只有一个沉淀池，如间歇式序批反应器（SBR）就是典型的结合硝化和反硝化作用的单级系统。操作顺序为：进料、厌氧条件、好氧条件、污泥沉淀及排水，进行好氧硝化和缺氧反硝化脱氮。在SBR反应器中，最初的厌氧阶段以及随后的好氧阶段，氨氮浓度下降；与之相反，硝酸盐的浓度一开始很低，但随着好氧阶段的硝化作用开始而上升；在缺氧阶段，硝酸盐和亚硝酸盐都发生脱氮作用。该模式还可用于厌氧反应器和第二级为缺氧阶段的两级过程。

（2）多级活性污泥脱氮工艺　多级活性污泥脱氮工艺是传统的生物脱氮系统，即单独进行硝化和反硝化的工艺系统。虽然生物脱氮工艺形式多样，但有不少脱氮工艺都是传统生物脱氮和缺氧/好氧脱氮工艺（A/O工艺）两种基本脱氮工艺的改良，下面分别介绍具有代表性的传统生物脱氮工艺和A/O工艺。

① 传统生物脱氮工艺。图4-17为传统的三级生物脱氮工艺流程。此工艺中，分别将含氮有机物的去除和氨化、硝化及反硝化脱氮反应在三个反应器中独立进行，并分别设置污泥回流系统，处理过程中需在脱氮反应器中投加甲醇等外碳源（或其他碳源）。此工艺较易控制，BOD去除和脱氮效果好，但流程较长、构筑物较多、基建费用高等，后来改进的三级生物脱氮工艺将去碳和硝化作用在一个反应器中进行。图4-18所示为将部分原水引入反硝化脱氮池以外节省外碳源的改进工艺。该工艺通过将部分原水作为脱氮池的碳源，既降低了去除碳硝化池的负荷，也减少了外碳源的用量。尽管已经改进，但仍然存在一些问题，如由于原水中的碳源多为复杂的有机物，使反硝化菌利用这些碳源进行脱氮反应的速率有所下降，故出水BOD去除效果略差。此外，该工艺存在流程长且复杂的问题。

② A/O生物脱氮工艺。为了克服传统生物脱氮工艺流程的缺点，在20世纪80年代初开发了A/O生物脱氮工艺，流程如图4-19所示。

笔记

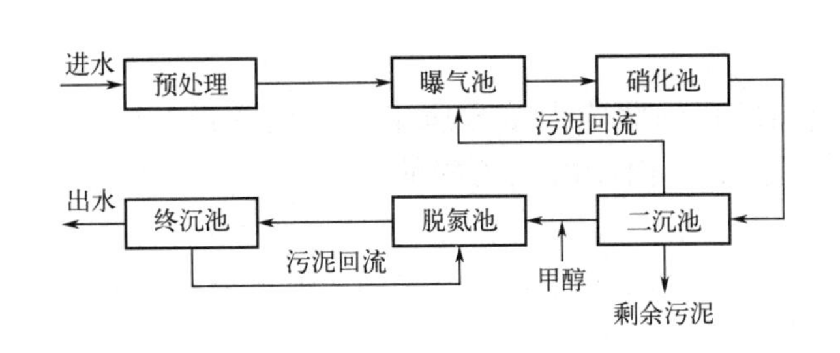

图 4-17　传统的三级生物脱氮工艺

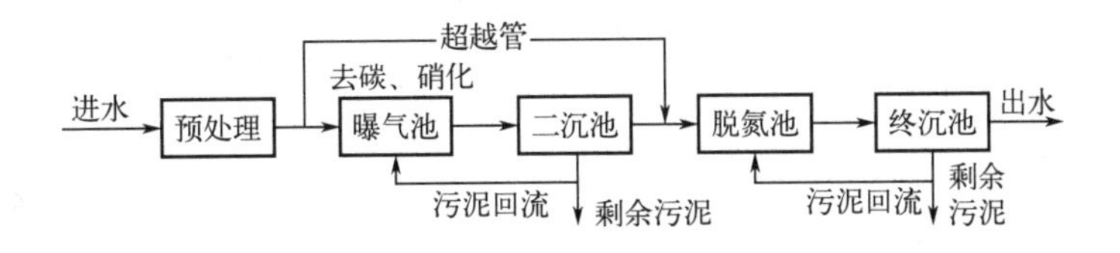

图 4-18　内碳源生物脱氮工艺

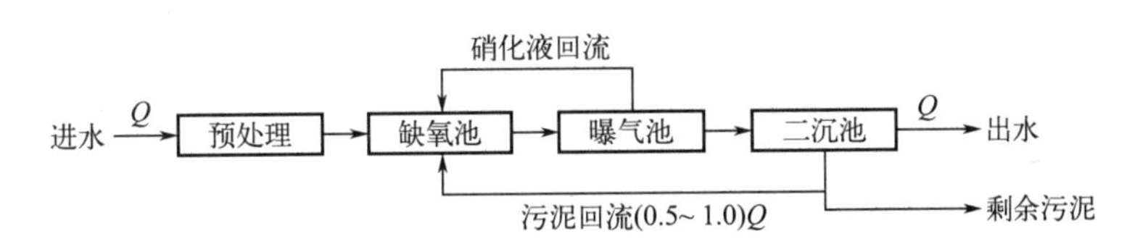

图 4-19　A/O 生物脱氮工艺

A/O生物脱氮工艺将反硝化反应器放置在系统之前，所以又称为前置反硝化生物脱氮系统，这是目前实际工程中采用较多的一种生物脱氮工艺。

根据A/O的工艺流程，原污水先进入缺氧池，再进入好氧池，并将好氧池的混合液与沉淀污泥同时回流到缺氧池。污泥的回流和混合液的回流保证了缺氧池和好氧池中有足够数量的微生物，并使好氧池硝化反应生成的硝酸盐回流到了缺氧池，并进行反硝化。而原污水的直接进入，为缺氧池的反硝化反应提供了充足的碳源而无需外加。反硝化后出水又可以在好氧池中进行有机物的生物氧化、有机氮的氨化和氨氮的硝化等生化反应氧化分解。

拓展4-6　扫描二维码可查看“A/O工艺的优缺点”。

拓展4-7　扫描二维码可查看“新型低成本的微生物脱氮工艺”。

A/O工艺的优缺点

新型低成本的微生物脱氮工艺

3．脱氮微生物类型及培养

（1）硝化作用段微生物及培养　在硝化作用阶段，主要的脱氮微生物有亚硝化细菌和硝化细菌，属于革兰阴性菌，广泛分布在土壤、淡水、海水和污水处

笔记

理系统中。

亚硝化细菌和硝化细菌绝大多数属于无机化能营养型（自养），有的可在含有酵母浸膏、蛋白胨、丙酮酸或乙酸的混合培养基中生长；个别的属于有机化能营养型。其生长速率均受基质浓度（NH_3和HNO_2）、温度、pH和氧浓度控制。在污水处理系统和自然环境中，硝化细菌有附着在物体表面和在细胞束内生长的倾向，形成胞囊结构和菌胶团。其他硝化细菌也含有类似储存物，详见表4-5。

表4-5 亚硝化细菌和硝化细菌的一些特征

氧化氨和亚硝酸的细菌	菌体大小/μm	G+C/%	世代时间/h	Ch.A[①]/H.[②]	储存物	细胞色素，色素	pH范围	温度范围/℃
亚硝化单胞菌属	（0.7～1.5）×（1.0～2.4）	47.4～51.0	—	Ch.A	多聚磷酸盐	+，淡黄至淡红	5.8～8.5	5～30（最适25～30）
亚硝化球菌属	（1.5～1.8）×（1.7～2.5）	50.5～51.0	8～12	Ch.A	糖原，多聚磷酸盐	+，淡黄至淡红	6.0～8.0	2～30
亚硝化螺菌属	（0.3～0.8）×（1.0～8.0）	54.1	24	Ch.A	—	+，淡黄至淡红	6.5～8.5	15～30（最适20～35）
亚硝化叶菌属	（1.0～1.5）×（1.0～2.5）	53.6～55.1	—	Ch.A	糖原、多聚磷酸盐	+，淡黄至淡红	6.0～8.2	15～30
亚硝化弧菌属	（0.3～0.4）×（1.1～3.0）	54	—	Ch.A	—	—	7.5～7.8	25～30（最低-5）
硝化杆菌属	（0.6～0.8）×（1.0～2.0）	60.1～61.7	8h至几天	Ch.A/H.	羧酶体，糖原、多聚磷酸盐和PHB	+，淡黄	6.5～8.5	5～10
硝化刺菌属	（0.3～0.4）×（2.7～6.5）	57.5	—	Ch.A	糖原	+，-	7.5～8.0	25～30
硝化球菌属	1.5～1.8	61.9	—	Ch.A	糖原和PHB	+，浅黄至浅红	6.8～8.0	15～30
硝化螺菌属	0.3～0.4	50	—	Ch. A	—	—	7.5～8.0	25～30

① Ch.A代表化能无机营养。

② H.代表化能有机营养。

硝化细菌在生长过程中，其代时普遍比异养菌的代时长，为了使硝化作用

笔记

彻底，保证有足够数量活性强的硝化细菌［一般为10^7个（细胞）/mL以上］，在运行操作上要掌握好泥龄、氧供给、曝气时间、碱度和温度等关键指标。

（2）反硝化作用段细菌及培养 在反硝化作用阶段，硝化细菌是所有能以NO_3^-为最终电子受体，利用低分子有机物作供氢体，将NO_3^-还原为N_2的细菌总称。反硝化细菌种类很多，有好氧类型和兼性厌氧类型，见表4-6。其中假单胞菌属内能进行反硝化的种最多。

表4-6 反硝化细菌的种类和若干特性

反硝化细菌	温度/℃	pH	革兰染色	与O_2关系	备注
假单胞菌属的6个种	30	7.0～8.5	−	好氧	兼性营养
海洋假单胞菌	30	7.0～8.0	−		兼性营养
脱氮副球菌	30		−	好氧或兼性	化能异养或兼性化能自养
胶德克斯氏菌	25-35	5.5～9.0	−	兼性	能固氮
粪产碱杆菌	30	7.0	−	兼性	兼性营养
色杆菌属	25	7～8	−	好氧或兼性	兼性营养
脱氮硫杆菌	28～30	7	−	兼性	自养
脱氮芽孢杆菌属	55～65	5.5～8.5	+	兼性	兼性营养
生丝微菌 Hyph om icrobin nt X	15～30	中性偏碱	没记载	好氧或兼性	有机化能营养以NH_4，NO_2^-，NO_3^-为主

注：革兰染色项中“+”表示革兰染色正反应；“−”表示革兰染色副反应。

以往，一直认为反硝化作用必须在厌氧条件下进行。自发现好氧反硝化细菌后就打破了这种观念。研究显示，已分离获得的好氧反硝化细菌大约有15个属，32个种。

在反硝化段运行操作的关键指标有碳源（即电子供体或叫供氢体）、pH（由碱度控制）、最终电子受体NO_3^-和NO_2^-、温度和溶解氧等。葡萄糖、乳酸、丙酮酸、甲醇和乙醇等可作为反硝化细菌的电子供体（供氢体）和碳源。H_2S和H_2也可作反硝化细菌的电子供体，其碳源为CO_2能源从氧化有机物获得。它们的最终电子受体是NO_3^-和NO_2^-，最适pH为7～8，温度为10～35℃，水体、淤泥反硝化速率随温度增高而提高，海洋和淡水中溶解氧小于0.2mg/L有利于反硝化。

（四）微生物除磷原理、工艺及除磷微生物

用传统生物处理工艺处理污（废）水时，一部分含磷化合物用于微生物自身生长繁殖，即用以合成细胞物质核酸和合成ATP等，但含磷量高的污（废）水

笔记

中通常只被去除19%左右的磷，大部分难以去除而以磷酸盐的形式随二级处理出水排入受纳水体，使之成为水体发生富营养化的限制因子，故需用除磷工艺处理，使出水磷的含量达到排放标准。

1. 微生物除磷原理

在厌氧、好氧交替运行的条件下，某些微生物种群能以比常规活性污泥高3～7倍的水平摄取积累或释放磷，这些细菌称为聚磷菌。聚磷菌是一种能在厌氧和好氧交替环境中生长繁殖的优势菌群，在好氧条件下不仅能大量吸收磷酸盐（PO_4^{3-}）合成自身核酸和ATP，而且能逆浓度梯度，过量吸磷并合成储存能量的多聚磷酸盐颗粒（即异染颗粒）于体内，供其内源呼吸用；而在厌氧时又能释放磷酸盐（PO_4^{3-}）于体外。所以，可以创造厌氧、缺氧和好氧环境，让聚磷菌先在含磷污（废）水中厌氧放磷，然后在好氧条件下充分地过量吸磷，最后通过排泥从污（废）水中除去部分磷，以达到减少污（废）水中磷含量的目的。

2. 除磷工艺

生物除磷工艺是对普通活性污泥法的改进，即在原有活性污泥工艺的基础上设置一个厌氧阶段，通过厌氧-好氧的交替运行，选择培育聚磷菌，以降低出水中的磷含量。

废水厌氧放磷和好氧聚磷是生物除磷工艺的两个基本组成部分，其工艺流程一般包括厌氧池和好氧池。按照磷的最终去除方式和构筑物的组成，现有的除磷工艺分为主流除磷和侧流除磷工艺两类。其中，主流除磷工艺是指厌氧池在废水水流方向上，磷的最终去除通过剩余污泥的排放；侧流除磷工艺也称弗斯特利普除磷工艺，是指生物除磷和化学除磷相结合的工艺。下面主要介绍主流除磷工艺（A/O工艺）。

A/O工艺是利用聚磷菌在厌氧条件下释磷、在好氧条件下过度吸磷的特点而开发的一种生物除磷工艺，流程如图4-20所示。A/O系统由活性污泥反应池和二次沉淀池构成，废水和污泥依次经厌氧和好氧交替循环流动。反应池分为厌氧区和好氧区，两个反应区进一步划分为体积相同框格，产生推流式流态。回流污泥进入厌氧池可吸收去除一部分有机物，并释放出大量磷，进入好氧池的废水中有机物被好氧菌降解，同时污泥也将大量摄取废水中的磷，部分富磷污泥以剩余污泥的形式排出，实现磷的脱除。A/O工艺流程简单，不需另加化学药品，基建和运行费用低。但是此工艺的除磷效率较低，去除率为75%左右，当P/BOD值较高时，难以达到排放要求。

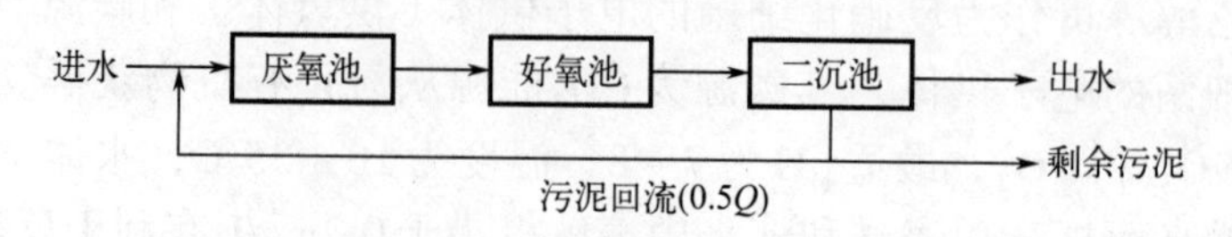

图4-20　A/O工艺流程示意图（除磷）

3. 除磷微生物

在污水生物除磷系统中，通常存在着具有不同功能的三类微生物，即聚磷

笔记

菌、发酵产酸菌和异养好氧菌。其中，异养好氧菌属于非聚磷菌，对生物除磷贡献不大，聚磷菌和发酵产酸菌有着密切的关系。聚磷菌一般只能利用低级的低分子脂肪酸（如乙酸等），而不能直接利用和分解大分子有机物质，而发酵产酸菌正好具有将大分子物质降解为小分子物质的功能，所以可以为聚磷菌提供碳源物质而对除磷产生贡献。

拓展4-8 扫描二维码可查看“聚磷菌除磷的机制”。

聚磷菌除磷的机制

三、微生物在微污染水源水处理中的应用

微污染水源水是指受到工农业和生活污水污染，其中部分项目超过《地表水环境质量标准》（GB 3838—2002）中Ⅲ类水体规定标准的饮用水源水。近年来，我国饮用水源水质面临的形势非常严峻，主要是有机物污染，微污染水源水中有机物、氨氮、磷等污染程度较低，但污染物种类较多，性质较复杂，影响水的再次使用。

（一）微污染水源水的水质特点

① 受工业废水和生活污水影响大。

② 水中溶解性有机物大量增加。

③ 有害微生物较难去除。

④ 内分泌干扰物质（又称环境荷尔蒙）的去除效率不高。

（二）分类危害

根据污染物的性质，水源水中的污染物质包括物理性污染物、化学性污染物和生物性污染物。其中，物理性污染物包括悬浮物、热污染和放射性污染物；化学性污染物包括有机化合物和无机化合物；生物性污染物包括病毒、细菌以及寄生虫等。微污染水源水中污染物浓度总体比较低，但是现有常规处理工艺有效去除低浓度有机物的能力有限。一些可同化有机物质（AOC）的存在会引起细菌繁殖，传播疾病；氯气消毒后会产生消毒副产物，如三卤甲烷类（THMs）、卤乙酸类（HAAS）等污染物，危害很大，难降解且具有生物累积和“三致”（致癌、致畸、致突变）作用。

（三）微生物在微污染水源水处理中的应用

水源水微生物处理技术的本质是水体天然净化的人工化，通过微生物的降解，去除水源水中包括腐殖酸在内的可生物降解有机物，以及在加氯后致突变物质的前驱物和NH_3-N、NO_2-N等污染物，再通过改进的传统工艺处理方式，大幅度提高水源水水质。常用的方法主要有生物滤池、生物转盘、生物膨胀床与流化床，生物接触氧化池和生物活性炭滤池。

笔记

1. 塔式生物滤池

塔式生物滤池的净化作用是通过填料表面生物膜的新陈代谢活动来实现的。塔式滤池的优点是负荷高、产水量大、占地面积小，对冲击负荷水量和水质的突变适应性较强。缺点是动力消耗较大，基建投资高，运行管理不便。

2. 生物转盘反应器

生物转盘在污水处理中已广泛采用。主要表现为：生物膜能够周期地运行于空气与水相两者之中，微生物能直接从大气中吸收需要的氧气（减少了溶液中氧传质的困难性），使生物过程更顺利地进行。转盘上生物膜生长面积大，生物量丰富，不存在生物滤池的堵塞情况，有较好的耐冲击负荷能力，脱落膜易清理处置。不足之处是生物氧化接触时间较长，构筑物占地面积大，盘片价格较高，基建投资高。

3. 生物膨胀床与流化床

生物膨胀床与流化床通过选用适度规格粒径（约为0.2～1.0mm）的生物载体，如砂、焦炭、活性炭、陶粒等，采用气、水同向混合自下而上，使载体保持适度膨胀或流化的运转状态。与固定床相比，它从两个方面强化了生物处理过程：一是载体粒径变小，比表面积增大，单位溶剂的比表面积可达到2000～3000m^2/m^3，大大提高了单位生物池的生物量；二是由于颗粒在反应器中处于自由运动（膨胀或流化）状态，避免了生物滤池的堵塞现象，提高了水与生物颗粒的接触机会。利用控制膨胀率来调节水流紊动对生物颗粒表面的剪力水平，进而控制填料上生物膜的厚度，有利于形成均匀、致密、较薄且活性较高的生物膜。由于生物膨胀床与流化床含有较大量活性高的生物，进而处理水力负荷增大，保证了出水水质良好。

4. 生物接触氧化法

生物接触氧化工艺是利用填料作为生物载体，微生物在曝气充氧的条件下生长繁殖，富集在填料表面上形成生物膜，其生物膜上的生物相丰富，有细菌、真菌、丝状菌、原生动物、后生动物等组成比较稳定的生态系统，溶解性的有机污染物与生物膜接触过程中被吸附、分解和氧化，氨氮被氧化或转化成高价形态的硝态氮。生物接触氧化法的主要优点是处理能力大，对冲击负荷有较强适应性，污泥生成量少；缺点是填料间水流缓慢，水力冲刷小，如不另外采取工程措施，生物膜只能自行脱落，更新速度慢，膜活性受到影响，某些填料，如蜂窝管式填料还易引起堵塞，布水布气不易达到均匀，且填料价格较高，投资费用较大。

5. 膜生物反应器

膜生物反应器是指以超滤膜组件作为取代二沉池的泥水分离单元设备，并与生物反应器组合构成的一种新型生物处理装置。由于超滤膜能很好地截留来自生物反应器混合液中的微生物絮体、分子量较大的有机物及其他固体悬浮物质，并使之重新返回生化反应器中，使反应器内的活性污泥浓度大大提高，从而有效提高有机物的去除率。

笔记

6. 电生物反应器

将电极装置与生物反应器组合起来就构成了电生物反应器。其原理是在外加电流的条件下，因电子的产生，生物膜和固定化酶的反硝化作用得以强化。这种方法可以实现反硝化处理，去除水体中的有机物。但目前电生物反应器尚处于基础理论和动力学研究阶段。

四、微生物新技术在污水治理中的应用

微生物新技术在污水处理中的应用正在不断发展和改进，为实现清洁环境和可持续发展做出了重要贡献。随着技术的不断进步和发展，一些微生物新技术将会在污水处理领域中发挥更加重要的作用。

（一）污水生物膜技术

污水生物膜技术是一种通过微生物将污水中的有机物转化为无机物的污水处理技术。微生物附着在载体上，形成污水生物膜，利用微生物代谢活动将有机物降解为无机物，并在生物膜内部生成一定的水流，形成一种自洁作用。同时，污水生物膜技术具有处理效率高、运行成本低等优点。

（二）膜生物反应器技术

膜生物反应器（membrane bioreactor-reactor，简称MBR）技术是指采用膜过滤技术和微生物代谢作用将有机物分离出来的污水处理技术。微生物通过代谢作用将有机物降解，同时通过膜过滤技术将微生物和有机物分离出来，使得出水质量更高。MBR技术具有能耗低、出水质量高等优点，目前已成为新型污水处理技术的代表之一。

（三）微电解技术

微电解技术是一种将微生物代谢产生的电流用于水处理的新技术。微生物在代谢过程中会产生电流，通过将电流从废水中提取出来的过程，可以将废水中的有机物降解掉，达到净化水质的目的。微电解技术具有净化效率高、处理成本低等优点，逐渐成为污水处理技术的研究热点。

（四）其他新技术

一些新技术利用微生物的天然特性来去除污染物。例如，一些微生物可以通过生物吸附将重金属离子从水中去除，这种技术通常使用特殊的微生物群落，它们能够吸附金属离子并将其转化为无害的物质；同样，一些微生物也可以通过生物降解来去除有机污染物，这些微生物可以分解各种有机化合物，从而降低水中有机物的浓度。

巧用微生物，改善水环境

拓展4-9 扫描二维码可查看“巧用微生物，改善水环境”。

任务三　微生物在固体废物与大气污染物中的作用

知识目标

1. 了解有机固体废物的堆肥处理原理、技术及相关技术参数。
2. 了解沼气发酵的特点、基本条件及沼气产生过程。
3. 理解卫生填埋中微生物分解过程、垃圾渗滤液及沼气控制。
4. 熟悉大气中有机污染微生物控制工艺。
5. 熟悉微生物在固体废弃物与大气污染物中的作用。

能力目标

1. 能根据实际情况选择典型废气的微生物处理方法。
2. 能进行环境中纤维素降解菌的分离、培养及单细胞蛋白的收集。

素质目标

1. 增强治理环境，保护环境，绿色生产的意识。
2. 培养崇高的职业道德和精益求精的工匠精神，提升科学文化水平和职业素养。

一、有机固体废物的微生物处理

固体废物是指人类在生产和生活中丢弃的有机固体和泥状物，如工农业生活生产中抛弃的发酵残渣、植物秸秆、人畜粪便、生活垃圾、剩余污泥等。按其成分可分为有机废物和无机废物；按其来源可分为矿业废物、工业废物、城市垃圾、污水处理厂污泥、农业废物和放射性废物等。

有机固体废物的生物处理是通过微生物相关菌群及分泌的各种生物酶，将废物中易于微生物降解的如糖类（碳水化合物）、蛋白质、脂肪等高分子化合物经微生物的生化反应，逐步分解为低分子化合物及腐殖质，实现固体废物资源化、减量化、无害化的过程。其优点在于，可大幅减少废弃材料的体积、稳定废弃物、灭除废弃材料中的病原体以及产生作为能源的沼气，而根据生物处理原料的性质，其最终产物可以回收用作肥料和土地改良，或处置到填埋场。

有机固体废物的处理需要把握资源化、减量化、无害化的基本原则，即对于有再利用价值的尽量回收利用，如工业发酵残渣、禽畜粪便、农作物秸秆；对于不能有效利用的通过适当处理尽量减少其体积，如剩余污泥；对于难以利用的可使其尽量稳定化，如城市生活垃圾等，在选择处理工艺时需要据此分别予以考虑。当前国际上对于有机固体废物的常规处理方法有：厌氧消化法、堆肥法、填埋法、焚烧法，其中厌氧消化法、堆肥法和填埋法是生物处理方法，适用于处理含水量高、生物降解性好的有机固体废物。

（一）堆肥处理

堆肥处理是指依靠自然界广泛分布的细菌、放线菌、真菌等微生物，有控制地促进可生物降解的有机物向稳定的腐殖质转化的生物化学过程。按其需氧程度可分为好氧堆肥和厌氧堆肥两种。堆肥是堆肥处理的产品，由于其含有丰富的腐殖质和无机营养元素，可作为优良的土壤改良剂和绿化肥料。

1. 好氧堆肥

（1）好氧堆肥原理　好氧堆肥是在通入空气的条件下，好氧微生物分解大分子有机固体废物为小分子有机物，部分有机物被矿化成无机物，并放出大量的热量，使温度升高至50～65℃，如果不通风，温度会升高到80～90℃。这期间发酵微生物不断地分解有机物，吸收、利用中间代谢产物合成自身细胞物质，生长繁殖；以其更大数量的微生物群体分解有机物，最终有机固体废物完全腐熟成稳定的腐殖质。有机堆肥好氧分解过程如图4-21。

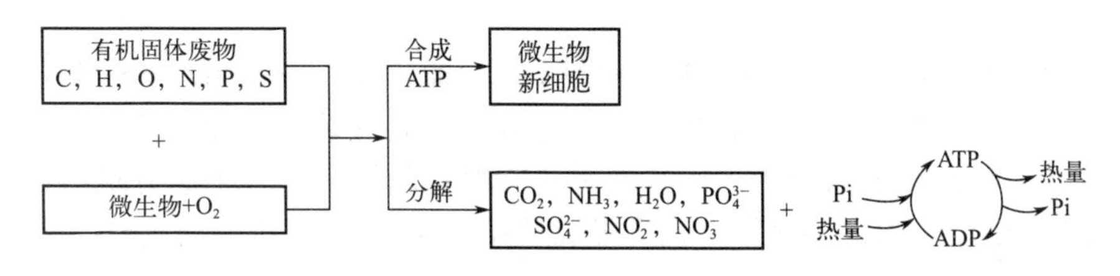

图4-21　有机堆肥好氧分解过程

（2）好氧堆肥的微生物学过程　好氧堆肥的微生物学过程如下：①堆肥初期（又称驯化期），发酵微生物（水解发酵性细菌）利用易降解有机物质如淀粉、糖等迅速繁殖，释放出大量的热量使堆肥温度不断升高；②中温阶段，随着易降解有机质的快速消耗，温度持续升高，嗜热产酸性微生物逐渐增多，腐殖质开始形成；③高温阶段，堆肥温度超过50℃，嗜热型纤维素分解菌（主要是真菌和放线菌）逐渐取代了中温产酸微生物，多数病原微生物被杀灭，一些复杂有机物如纤维素、半纤维素等开始迅速分解；④腐熟阶段，前期持续升高的温度不仅杀灭了病原菌，同时也杀灭了多数嗜热微生物或使其进入休眠状态，而可利用有机质也逐渐消耗殆尽，剩下的是木质素等难分解的有机物以及新形成的腐殖质，产热量明显减小，温度逐渐下降，嗜温性微生物重新成为优势菌群。

（3）堆肥过程中的主要技术参数

① 有机质含量：以20%～80%为宜，太低则升温慢，太高则供氧不足（发臭）。

② 堆肥湿度：通常，含水率维持在50%～60%为宜，堆肥发酵良好。

③ 碳氮比：以（25～35）：1时发酵最好，过高容易缺氮影响微生物增殖、周期长，过低则容易出现氮损失，有机物含量若不够，可掺杂粪肥。

④ 碳磷比：以（75～150）：1为宜，有一定数量的氮和磷，可加快堆肥速

笔记

率，增加成品的肥力。

⑤ 供氧：氧供应要充足，通气量在0.05～0.2m^3/（min·m^3），供氧量与温度密切相关。

⑥ 温度：嗜温菌发酵最适温度30～40℃，嗜热菌发酵最适温度55～60℃，5～7d能达到卫生无害化。投加高温菌助发酵的发酵温度在75℃左右为益，杀灭致病菌效率高。

⑦ pH：一般为5.5～8.5。微生物在整个发酵过程中能自身调节堆肥的pH，好氧发酵的前几天由于产生有机酸，pH为4.5～5，随温度升高氨基酸分解产生氨，pH上升至8.0～8.5，一次发酵完毕。经二次发酵氧化氨产生硝酸盐，pH下降至7.5为中性或偏碱性肥料。所以，好氧堆肥不需外加任何中和剂。

⑧ 时间：一次发酵的发酵周期为7d左右。

2. 厌氧堆肥

（1）厌氧堆肥原理　厌氧堆肥的原理和污（废）水厌氧消化原理基本相似。不同的是污（废）水厌氧消化是液体发酵，厌氧堆肥是固体发酵，其发酵过程如下所示：

有机物质+厌氧菌+CO_2+H_2O ⟶ 甲烷+氨+脂肪酸+乙醛+硫醇+硫化氢

有机固体废物经分选和粉碎以后，进入厌氧处理装置，在兼性厌氧微生物和厌氧微生物的水解酶作用下，将大分子有机物降解为小分子的有机酸、腐殖质和CH_4、CO_2、NH_3、H_2S等。就产甲烷过程而言，与污（废）水中的甲烷发酵一致。

厌氧分解后的产物中含许多嗜热细菌和对环境造成严重污染的物质，其中含有脂肪酸、氨、乙醛、硫醇（酒味）、硫化氢等有害物质。因此，还需要有除臭装置和除臭细菌将有害物质去除。

（2）厌氧堆肥的微生物学过程　厌氧堆肥过程中微生物的活动同废水厌氧处理类似，主要经历了两个阶段：产酸发酵阶段和产气发酵阶段。分解初期，微生物活动中的分解产物是有机酸、醇、CO_2、氨、硫化氢、磷化氢等，在这一阶段，有机酸大量积累，pH随之下降，所以叫产酸发酵阶段，参与的细菌统称为产酸细菌。分解后期，由于所产生的氨的中和作用，pH逐渐上升，另一群统称为甲烷细菌的微生物开始分解有机酸和醇，产物主要是甲烷和CO_2，随着甲烷细菌的繁殖，有机酸迅速分解，pH迅速上升，这一阶段的分解叫产气发酵阶段。

（3）堆肥过程中的主要技术参数　主要包括以下六个方面。

① 固体颗粒的大小：其主要影响堆肥过程的供氧作用。颗粒过小时，使颗粒间隙变小，供氧不好，导致好氧微生物代谢速率降低，还会引起局部厌氧；颗粒过大时，氧难以达到颗粒中心，会形成厌氧状态的核，降低堆肥速度，严重时发生异味。

② 温度：主要指堆肥物料的初始温度。它主要影响发热阶段的进程，在低温条件下微生物代谢缓慢，必然延长发热阶段所需时间。露天堆肥还受环境气温的影响。

③ 通风强度：通风量小，供氧不足易引起局部缺氧，发生厌氧作用，延长堆肥时间；通风量过大，则会带走大量热量而使升温减慢。

④ 物料含水率：物料含水率过高，间隙被水分大量占有，影响通风供氧；物料含水率过低，微生物发生生理干燥，不利于微生物对营养物的吸收利用。

⑤ 物料pH值：pH值过高、过低都是微生物生长繁殖的制约因素。堆肥过程最好将物料pH值调至6～8，发酵过程中的pH值可通过在物料中加入石灰或草木灰做缓冲剂加以调节。

⑥ 物料的营养平衡：营养平衡主要指物料中碳、氮、磷元素的平衡，一般碳氮比应为（25～30）：1，碳、磷比应为（75～150）：1。缺少氮磷的固体废物堆肥时，可用植物秸秆、粪便、或活性污泥法处理的剩余污泥来调节。

（二）沼气发酵

沼气发酵又称为厌氧消化、厌氧发酵，是指有机物质（如人畜家禽粪便、秸秆、杂草等）在一定的水分、温度和厌氧条件下，通过各类微生物的分解代谢，最终形成甲烷和CO_2等可燃性混合气体的过程。沼气发酵系统基于沼气发酵原理，以能源生产为目标，最终实现沼气、沼液、沼渣的综合利用。

（1）特点　沼气发酵是一个复杂的生物化学过程，具有以下特点：

① 参与发酵反应的微生物种类繁多，没有应用单一菌种生产沼气的先例，在生产和试验过程中需要用接种物来发酵。

② 用于发酵的原料复杂，来源广泛，各种单一的有机质或混合物均可作为发酵原料，最终产物都是沼气。此外，通过沼气发酵能够处理COD超过50000mg/L的有机废水和固体含量较高的有机废弃物。

③ 沼气微生物自身能耗低，在相同的条件下，厌氧消化所需能量仅占好氧分解的1/30～1/20。

④ 沼气发酵装置种类多，从构造到材质均有不同，但各种装置只要设计合理均可生产沼气。

⑤ 产甲烷菌要求在氧化还原电位-330mV以下的环境生活，沼气发酵要求在严格的厌氧环境中进行。

（2）基本条件　沼气发酵微生物在沼气池中是一个活的生态群体。它们在沼气池中进行新陈代谢和生长繁殖的过程，需要一定的生活条件，只有使它们得到最佳的生活条件，各种原料才会被分解转化为沼气，沼气池才能实现理想的产气效果。人工制取沼气的基本条件是：

① 沼气发酵原料。沼气微生物需要的营养元素主要是碳素和氮素。作物秸秆等纤维类物质含有大量碳素营养，而人畜粪便中则含有大量氮素营养。营养搭配以C：N为（25～30）：1最合适。从实践来看，牲畜粪便做沼气发酵原料最好。

② 沼气发酵微生物。新建的沼气池要想尽快启动产气，就要接入含有大量沼气发酵微生物的接种物（菌种），一般加入接种物的量为总投料量的10%～30%。发酵正常的沼气池、积水粪坑、屠宰厂、豆制品加工厂等的废水中，都有大量沼气发酵菌种。

③ 严格的厌氧环境。沼气发酵微生物都是严格厌氧菌，空气中的氧气会使

笔记

其生命活动受到抑制，甚至死亡。因此沼气池必须不漏水、不漏气。

④ 适宜的温度条件。温度是产气多少的关键，温度适宜则细菌繁殖旺盛，活力强，厌氧分解和生成甲烷的速度就快，产气就多。一般沼气发酵在10～60℃均能进行，发酵料液温度低于10℃或高于60℃都严重影响微生物生存、繁殖，影响产气。沼气发酵分为高温（46～60℃）、中温（28～38℃）、常温（10～26℃）三个发酵区。农村沼气池靠自然温度发酵，属常温发酵，但在10～26℃范围内，温度越高则产气越好。

⑤ 适当的发酵料液浓度。沼气池发酵料液的浓度以6%～12%为宜。

⑥ 适合的酸碱度。沼气微生物生长、繁殖，要求发酵原料的酸碱度保持在中性或微碱性（pH为6.5～7.5）。

⑦ 有毒物质控制。有毒、有害的物质，如剧毒农药、杀虫剂、杀菌剂、强氧化剂、重金属物质以及有毒的植物等，都不得进入沼气池中。

（3）过程　沼气发酵是指各种固态的有机废物经过沼气微生物发酵产生沼气的过程。一般可大致分为三个阶段：

① 液化阶段。由于各种固体有机物通常不能进入微生物体内被利用，因此必须在好氧和厌氧微生物分泌的胞外酶、表面酶（纤维素酶、蛋白酶、脂肪酶）的作用下，将固体有机质水解成相对分子质量较小的可溶性单糖、氨基酸、甘油和脂肪酸。这些相对分子质量较小的可溶性物质就可以进入微生物细胞内被进一步分解利用。

② 产酸阶段。各种可溶性物质（单糖、氨基酸、脂肪酸）在纤维素细菌、蛋白质细菌、脂肪细菌、果胶细菌胞内酶作用下继续分解转化成低分子物质，如丁酸、丙酸、乙酸以及醇、酮、醛等简单有机物质，同时也有部分氢、CO_2和氨等无机物的释放。但这个阶段，主要产物是乙酸，约占70%以上，所以称为产酸阶段，参加这一阶段的细菌称为产酸菌。

③ 产甲烷阶段。由产甲烷菌将第二阶段分解出的乙酸等简单有机物分解成甲烷和CO_2，其中CO_2在H_2的作用下还原成甲烷，这一阶段称为产气阶段，或称为产甲烷阶段。

（三）卫生填埋

卫生填埋是世界上常用的处理垃圾量最大的四种方法之一，是从环境免受二次污染的角度出发而发展起来的一种固体废物处理法。其优点是投资少、容量大、见效快，被各国广泛采用。

卫生填埋法原理与厌氧堆肥相同，都是利用好氧微生物、兼性微生物和专性厌氧微生物对有机物质进行分解转化，使之最终达到稳定无害化的目的。依据主要作用微生物的类型，卫生填埋法同样分为好氧填埋工艺与厌氧填埋工艺。好氧填埋工艺需在填埋体内布设通风管网，以鼓风机提供空气，加速垃圾分解，由于通风加速了蒸发，减少了渗滤液，仅需简单的防渗处理；但存在运行费用高，工艺复杂等缺陷。厌氧填埋工艺在填埋体内无须通风供氧管网，但需要高防渗、渗滤液收集及填埋气收集体系，电耗少，投资运行费用少，且能回收部分甲烷（如上海老港垃圾填埋场），目前被广泛采用。

笔记

1. 微生物分解过程

（1）好氧分解阶段　伴随着垃圾填埋，垃圾孔隙中存在着大量空气也同样被埋入其中，初始阶段垃圾只是好氧分解，其时间长短取决于分解速度，可以从几天到几个月。好氧分解将填埋层中氧耗尽以后进入第二阶段。

（2）厌氧分解不产甲烷阶段　在此阶段，微生物利用硝酸根和硫酸根作为氧源，产生硫化物、氮气和CO_2，硫酸盐还原菌和反硝化细菌的繁殖速度大于产甲烷菌。当还原状态达到一定程度以后，才能产甲烷。还原状态的建立与环境因素有关，潮湿而温暖的填埋坑能迅速完成这一阶段而进入下一阶段。

（3）厌氧分解产甲烷阶段　此阶段甲烷的产量逐渐增加，当坑内温度达到55℃左右时，便进入稳定产气阶段。

（4）稳定产气阶段　此阶段稳定地产生CO_2和甲烷。

2. 垃圾渗滤液

垃圾分解过程中产生的液体以及渗出的地下水和渗入的地表水，统称为垃圾渗滤液。其性质主要取决于所埋垃圾的种类，渗滤液的数量取决于填埋场渗滤液的来源、填埋场的面积、垃圾状况和下层土壤等。

为了防止渗滤液对地下水造成的污染，需在填埋场底部建造不透水的防水层、集水管、集水井等设施，将产生的渗滤液不断收集排出。对新产生的渗滤液，最好的处理方法是厌氧、好氧生物处理；而对已稳定的填埋场渗滤液，由于已经历厌氧发酵，使其可生化的有机物含量减少到最低点，再用生物处理效果不明显，最好采用物理化学处理方法。

垃圾渗滤液是一种污染性很强的高浓度有机废水，含有多种毒性物质与致癌物质，若不能妥善处理而直接进入环境，将对环境造成严重污染。渗滤液的性质随填埋时间的延长而变化，一般年轻填埋场的渗滤液，pH值较低、BOD较高、COD较高，BOD/COD值高可生化性较好；而较老的填埋场其渗滤液有较低的BOD、COD值，BOD/COD值偏低而氨氮浓度较高，pH 通常为7.5左右，生化性较差。

3. 沼气控制

按规范要求，填埋场选址通常在市郊，底部要铺水泥层，以防止渗滤液渗漏到地下水。有机固体废物一层一层地倒入填埋场，压实，按一定路径铺设排气管以收集甲烷气体。卫生填埋的处理量大，废物的成分复杂，有机物及无机物均有,其填埋的废物分解速率较慢，一般经5年发酵产气，被填埋的有机固体废物要经 5～10年才能完全腐殖化和稳定化。当有地面水流入和雨水冲刷时，会将经微生物厌氧发酵产生的可溶性有机物溶出，形成大量的渗滤液，故底部应铺设渗滤液收集管，将其排出另行处理。

二、大气中有机污染微生物控制工艺

废气生物净化过程是指利用微生物的代谢作用将废气分解为稳定无害的无机物。由于这一过程在气相中较难进行，废气必须首先经历由气相转移到液相或

笔记

固相表面液膜中的传质过程，然后污染物才能被固相载体表面固定的微生物吸附、吸收和降解。这个传质过程包括从气体转移至水体形成水溶液和由水溶液转移至微生物细胞内的过程，其实质是附着在多孔、潮湿介质上的活性微生物以废气中组分作为其生命活动的能源或养分，转化为简单的无机物（CO_2、H_2O、NO_3^-、SO_4^{2-}）或细胞组成物质。

按微生物在废气处理过程中存在的形式不同，可将处理工艺分为附着生长系统和悬浮生长系统。附着生长系统中微生物是附着在固体介质上，废气通过固定床时被吸附、吸收，最终被微生物所降解，典型的方式是生物过滤法。悬浮生长系统中微生物存在于液体中，废气通过传质进入液相中，从而被微生物降解，典型的方式是生物吸收法。同时具有两种生长系统特性的典型方式是生物滴滤法。

（一）生物过滤法

生物过滤法废气生物处理工艺是用含有微生物的固体颗粒吸收废气中的污染物，然后微生物通过自身的代谢作用，再将其转化为能够维持微生物生命活动所需的养分和能源等无害物质，同时把代谢产物排出体外。

整个处理过程主要经历以下两个步骤：首先，废气经过加压预湿后，进入过滤塔与填料层表面的生物膜进行接触；然后，微生物消化吸收废气后产生的代谢物可以作为微生物的养料，持续吸收消化。如此进行循环，将废气最终转化为CO_2、H_2O和其他小分子物质，这些物质会扩散到空气中，达到废气净化的目的。

用于滤层固定微生物的材料必须满足：①一定的粒度，以保证具有足够的颗粒间隙，利于废气的均匀通过；②较大的比表面积，以利于微生物的固定生长；③良好的持水性，以满足微生物生命活动的需要；④较高的机械强度和较低的堆积密度，以维持一定的滤床堆积层高。传统的滤床材料包括木屑、稻草、堆肥等，工程应用的介质材料包括珍珠岩、陶粒、活性炭等。

生物过滤法具有运行费用低、无须添加化学品的优势，但存在气流与浓度变化容易引起沟流穿透、占地面积较大等缺点，一般适用于气量较大且较稳定、有机质浓度较低的废气。

（二）生物吸收法

生物吸收法是指利用微生物及含营养物的水溶液组成的吸收液处理废气，适合于吸收三溶性的气态污染物。微生物混合液吸收了废气后进行好氧处理，去除液体中吸收的污染物，经处理后的吸收液再重复使用，一般由废气吸收段和悬浮液再生段两部分组成，相应的装置为吸收设备和再生反应器。

在废气吸收段，废气从反应器的下部进入，向上流动，含有微生物的悬浮液以喷淋状态在惰性填料层与废气接触，废气中的污染物质被传递到水中同时被污染物所吸收，经过净化后的空气最终从反应器的上部排出；再生反应段也叫活性污泥曝气池，含有微生物的悬浮液从反应器的底部流入该段，污染物被生物氧化后得到再生，再生后的悬浮液又从吸收塔的上部喷入，继续吸收废气中的污染物，如此反复循环进行。

笔记

（三）生物滴滤法

生物滴滤法工艺集生物吸收和生物氧化于一体。气体从生物滴滤器的底部进入填料层，然后与回流水接触，便于最大限度地被吸收进入液相，进行生物处理。

在填料层上方喷淋循环液，循环液由水、微生物生长所需的营养物质、pH缓冲液等组成，有机废气在填料上方或下方进入过滤器通过填料层，为处理废气中的污染物质提供一定的附着面。所用填料有粗碎石、陶瓷环或珠、不锈钢拉西环、炉渣、珍珠岩、变性硅藻土、塑料蜂窝状填料、塑料波纹板填料等。生物过滤器中水只是滞留在微生物膜的表面和内层中，没有形成贯穿整个填料床层的连续流动相，而生物滴滤器中存在一个连续流动且进行一定循环的水相，生物滴滤器中循环液的反应条件，如pH、温度、营养液等易于监测和调节，因此可通过调节循环液的pH和温度来控制反应系统的pH和温度。

生物滴滤器内部生物量较多，微生物降解活性高、气液接触面积较大，可通过对循环液的控制强化传质与降解过程，对高污染负荷的废气处理效果较好。对气量大、浓度低的废气宜采用生物过滤法进行处理，对负荷高及污染物降解生成酸性产物的废气则用生物滴滤法处理效果较好，但生物滴滤法的操作要求及运行费用均较生物过滤法高，详见表4-7。

表4-7　三种生物废气处理工艺的比较

生物废气处理工艺	应用范围	优点	缺点
生物吸收	污染物浓度 $<5g/m^3$	反应条件易于控制，可避免产物积累，设备占地小、压力损失低	传质表面积小，微生物截留能力差，剩余污泥需处理，启动过程复杂，投资大，维护管理费用高
生物过滤	污染物浓度 $<1g/m^3$	气液比表面积大，操作、启动容易，运行费用低	反应条件不易控制，对进气浓度波动适应能力差，占地大
生物滴滤	污染物浓度 $<0.5g/m^3$	能较好的截留生长缓慢的微生物	传质表面积低，需处理剩余污泥，启动过程复杂，运行费用高

三、几种典型废气的微生物处理方法

（一）含硫恶臭污染物的净化

1. 氧化硫的细菌代谢途径

含硫恶臭污染物有H_2S、甲硫醇（MM）、二甲基硫醚（DMS）、二甲基二硫醚（DMDS）和二甲基亚砜（DMSO）。其中DMSO、DMDS和DMS的微生物代谢

笔记

途径，如图4-22、图4-23和图4-24所示。

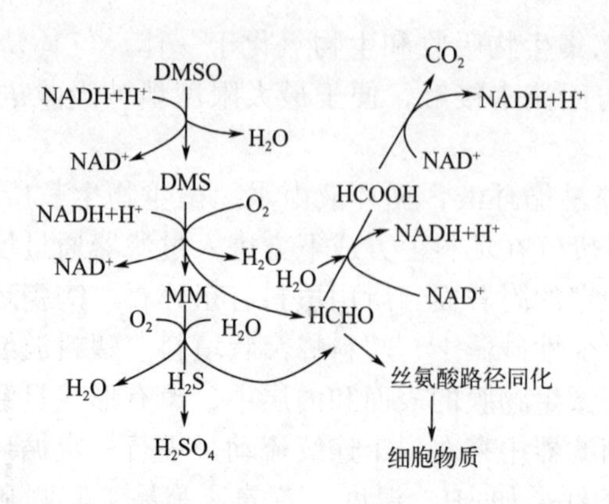

图4-22 生丝微菌属S对DMSO的代谢途径

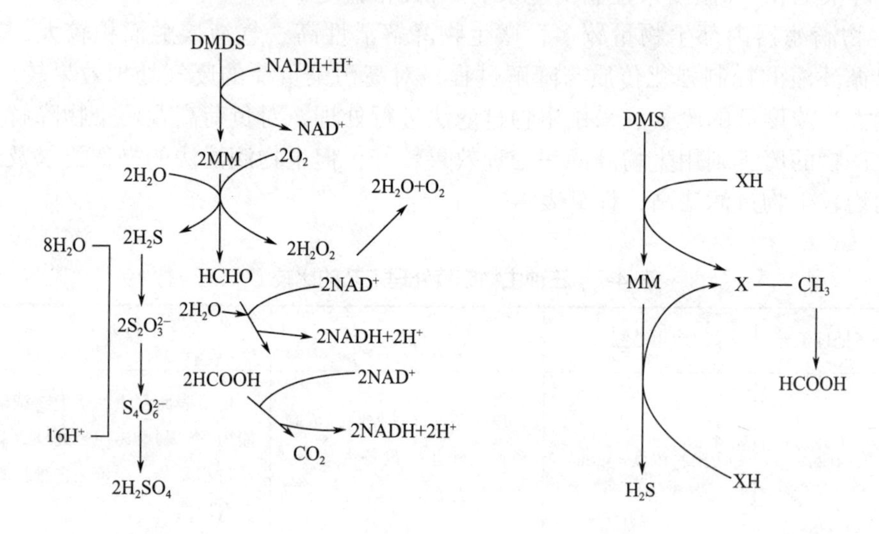

图4-23 排硫硫杆菌E6对DMDS的代谢　　图4-24 硫杆菌属ASN-1对DMS的代谢

（1）生丝微菌属　生丝微菌属是进行分枝丝状生长、在菌丝顶端进行出芽生殖的杆菌，对DMSO代谢的结果是产生H_2SO_4和CO_2，而其中间代谢产物HCHO经丝氨酸途径同化，合成细胞物质。

自养型的硫杆菌属和甲基型的生丝微菌属与一般硫化细菌的代谢一致。

（2）黄单胞菌属　黄单胞菌属DY44是专性好氧、化能有机营养型的植物病原细菌，对硫的代谢性能独特，它氧化H_2S和甲硫醇（MM）不形成S^0或SO_4^{2-}，而是形成类似于元素硫的聚合物。

（3）食酸假单胞菌　食酸假单胞菌能降解氰化物，只氧化DMS为DMSO，就不再继续氧化。

（4）硫杆菌属　硫杆菌属是土壤和自然水体中最常见的一种无色硫细菌，一般是无芽孢的短杆菌，既能氧化上述恶臭硫化物，也能氧化S^0，$S_2O_3^{2-}$和$S_4O_6^{2-}$。硫杆菌属ASN-1菌株则氧化DMS，利用NO_2^-和NO_3^-作最终电子受体，依靠钴胺酰胺（X）（甲基携带剂）引发的甲基转移反应而被氧化为HCOOH和H_2S。

笔记

（5）排硫硫杆菌　排硫硫杆菌E6菌株氧化DMDS为H_2SO_4和CO_2；排硫硫杆菌TK-m菌株则氧化CS_2，经羰基硫（COS）和H_2S，进而氧化为H_2SO_4和CO_2。

（6）氧化硫硫杆菌　氧化硫硫杆菌具有快速氧化单质硫以及还原态硫化物的功能，以氧化单质硫或还原态的硫化物来获得自身细胞生长和代谢所需的能量，以NH_4^+为氮源，以空气中CO_2为碳源，氧化H_2S、S^0、$S_2O_3^{2-}$和$S_4O_6^{2-}$为H_2SO_4。几种恶臭硫化物生物氧化活性的顺序是：$H_2S > MM > DMDS > DMS$。

2. 运行操作条件

运行操作条件：pH为6.5～7.5，温度为25～35℃，平均温度为30℃。相对湿度95 %以上，空气流速小于$500m^3/h$。

（二）废气中CO_2、CH_4和NH_3净化

CO_2大量排入大气，对人体虽没有直接毒害作用，但会引起“温室效应”，使整个地球的气候异常，温度普遍升高。气温变化无常，使得灾害增多，对农业造成的威胁最大。同时高浓度的CO_2会引起海水的酸化，影响海洋生物的生存。据报道，大量CH_4和NH_3排放入大气也会引起“温室效应”。因此，解决废气中的CO_2，CH_4和 NH_3非常必要。

单纯含NH_3或单纯含CO_2的废气可合在一起处理，调节两者的比例，然后用硝化细菌处理。首先将NH_3溶于水变成NH_4^+，通入生物滴滤池；同时按亚硝化细菌和硝化细菌要求的碳氮比通入CO_2和无机营养盐，再通入空气，即可运行处理。亚硝化细菌和硝化细菌将NH_4^+氧化成NO_2^-和NO_3^-，同化CO_2合成细胞物质。CH_4和NH_3溶于水，用氧化甲烷菌、亚硝化细菌和硝化细菌协同处理。

净化CO_2除需大力加强绿化、保护森林外，还可筛选对人类无害的、有经济价值的藻类同化CO_2。利用能合成谷氨酸的海藻在光照下进行光合作用，吸收海水中的无机元素，对水光解产生H_2，用以还原CO_2合成谷氨酸。其培养液经过滤除藻体，滤液中含谷氨酸钠，经蒸发获得谷氨酸钠结晶，即得调味品——味精。藻类种类很多，可开发其他藻类资源，合成更多有经济价值的产品。

（三）废气中挥发性有机污染物的生物处理

废气中挥发性有机污染物是指在标准状态下饱和蒸气压较高、沸点较低、分子量小、常温状态下易挥发的有机化合物，包括苯及其衍生物、酚及其衍生物、醇类、醛类、酮类和脂肪酸等。挥发性有机污染物中有许多是“三致”物，相当一部分有恶臭、易燃易爆等特性，同时有些挥发性有机物也会引起光化学烟雾、破坏臭氧层、造成温室效应等全球性环境问题，因此净化此类污染物，已成为目前研究的热点。

挥发性有机物的来源主要包括自然源和人为源，其中自然源包括森林火灾、植被排放、湿地厌氧过程和野生动物排放等；人为来源主要包括生活源、工业源和交通源，研究对象包括建筑装饰、油烟排放、垃圾焚烧、交通工具排放、石油炼制、化工产品使用等。

挥发性有机污染物的处理设备中，使用较多的是生物滴滤池。简单介绍如下。

笔记

1. 工艺流程

废气先经除尘、负荷调节、温度调节和湿度调节后，再进生物滴滤池处理，如图4-25。

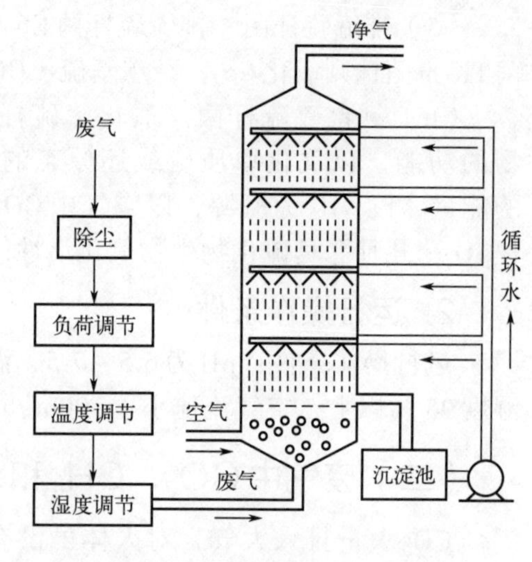

图4-25 生物滴滤池工艺流程

2. 微生物菌种

降解挥发性有机污染物的微生物主要有细菌、放线菌和真菌。处理苯系有机污染物的细菌是黄杆菌属、假单胞菌属和芽孢杆菌属，处理二氯甲烷污染物的细菌是假单胞菌、分枝杆菌属。

3. 微生物对各种挥发性气体的降解能力

在处理各种化工废气时，要根据各种废气组成和特性，选择合适的处理工艺和设备，才能取得相应的良好效果，表4-8可作参考。

表4-8 微生物对不同废气成分的降解能力

工艺	生物滤床			生物洗涤反应器
	处理效率>80%	处理效率50%~80%	处理效率<50%	处理效率>50%
废气成分	甲苯、混合二甲苯、甲醇、丁醇、丁酸、三甲基胺、糠醛、氨气	丙酮、苯乙烯、吡啶、乙酸乙酯、苯酚、氯化苯酚、二甲基硫醚、硫氰化物、硫酚、甲硫醇、硫化氢	甲烷、戊烷、环己烷、乙醚、二氯甲烷、三氯甲烷、四氯甲烷、硝基化合物、二氧杂环乙烷	甲醇、乙醇、异丙醇、乙二醇、苯酚、乙二醇醚、乙酸甲酯、丙酮、甲醛、有毒和难降解的有机物

4. 运行条件

温度为25~35℃，pH为7~8，湿度为40% ~60%，有的控制在95%以上。营养物的C：N：P=200：10：1，有的按C：N：P=100：5：1供给营养，气体流速 500m^3/h 以下。当处理负荷为70m^3（苯乙烯废气）/ [m^3（填料）·h]，停留时间为30s时，苯乙烯的去除效果为96%。

科学家发现可以帮助降解PU塑料的微生物

拓展4-10 扫描二维码可查看“科学家发现可以帮助降解PU塑料的微生物”。

笔记

任务四　微生物修复

知识目标

1. 了解生物修复的基本概念、类型、原理和特点。

2. 熟悉环境生物修复技术的特点与适用范围、应用现状及最新进展。

3. 理解土壤、水体污染和海洋石油污染的生态修复的基本原理。

4. 掌握微生物修复有机、重金属污染及海洋石油污染的机理和微生物类群、环境条件及改进措施。

5. 掌握污染土壤、地下水和近海洋石油污染微生物修复的主要技术方法、工艺及注意事项。

能力目标

1. 能依据环境生物修复的原则，进行可处理性试验。

2. 能依据生物修复工程设计的基本程序与要求，进行污染土壤、地下水和近海洋石油的微生物修复技术的应用。

素质目标

1. 增强创新意识，应用新知识、新技能的能力。

2. 培养科学探究习惯，提升分析问题、解决问题的能力。

一、生物修复概况

（一）生物修复的原理

生物修复是指利用生物的生命代谢活动，降低存在于环境中有毒有害物质的浓度或使其完全无害化，从而使环境污染能够部分或完全恢复到原来状态的过程。与生物修复概念相同或相似的表达有生物恢复、生物清除、生物再生、生物补救、生物整治等。生物修复是通过提高通气效率、补充营养、投加优良菌种、改善环境条件等办法来提高微生物的代谢作用和降解活性，以促进对污染物的降解，从而达到治理环境污染的目的。

目前生物修复已成功应用于土壤、地下水和近海洋面的污染治理。

（二）生物修复的特点及类型

1. 生物修复的特点

提供合适的条件促进土著生物的生长，或者接种经驯化的外源生物来降解有机污染物，从而使受污染的环境恢复正常的功能，这就是生物修复的基本思想。从所使用的生物来看，生物修复包括微生物修复、植物修复和动物修复，其

笔记

中前两者的研究和应用比较广泛。微生物数量多、体积小、繁殖速度快、具有特殊的代谢功能，在生物修复中应用最多。

与物理修复、化学修复技术相比，微生物修复技术具有很多优点，主要有以下三方面。

① 对环境的影响小。微生物可以有效地吸收利用有机污染物，将其降解为无害物质。尤其是土著微生物，本身就存在于当地的环境介质中，利用它们去降解有机污染物一般不必担心有二次污染的问题产生。而传统的物理或化学修复技术会使用热处理、投加大量化学药剂的手段，由此带来的二次污染往往是不可避免的。

② 操作简便，处理费用较低。微生物修复一般不需要复杂的设备系统，处理形式多样，操作简便，处理费用仅为物理、化学修复的30%～50%。

③ 易于组成联合修复技术。微生物与植物联合修复在处理受有机物污染土壤中的应用最广泛。微生物可以与植物组成共存体系，植物释放出利于污染物降解的化学物质，同时改变根际土壤对有机物的吸附能力，促进了微生物在根际间对有机物的降解。微生物修复技术还可以与其他物理、化学修复技术联合，从而提高处理效果。

微生物的生长、代谢和繁殖活动是否能够正常进行决定了微生物修复的效果。因此，实际应用中微生物修复技术存在一定的局限性。

① 污染物浓度限制。一般来说，微生物对于生长环境中的物质浓度都有耐受限度，当然污染物也不例外。当污染物的浓度过高，超过了微生物的耐受限度时，就会显现出毒害作用，微生物的数量会明显减少，生物降解作用减慢或停止；当污染物的浓度过低，不足以为降解微生物提供生长所必需的碳源时，同样也会降低生物修复的效果。

② 受环境因素和污染场地特性的影响明显。由于微生物的活性与温度、水分、pH值、含氧量等环境因素有关，这些因素的变化会对修复效果产生明显的影响。并且它的运作必须符合污染地的特殊条件。因此，最初用在修复地点进行生物可处理性研究和处理方案可行性评价的费用要高于常规技术（如空气吹脱）的相应费用。一些低渗透性土壤往往不适合生物修复。

③ 对多种不同类型的污染物降解效果较差。经过驯化的微生物具有较强的专一性，特定的微生物只能降解某种特定类型的化学物质，当污染物的结构发生变化时，这种微生物就可能无法发挥作用。

④ 不是所有的污染物都适用于生物修复。有些化学品不易或根本不能被生物降解，如多氯代化合物和重金属。污染物的不溶解性及其在土壤中与腐殖质和黏粒结合的特性，使生物修复难以进行。

2. 生物修复的类型

（1）内源生物修复　当污染物进入到某种环境介质中时，其中存在的土著微生物就会对污染物做出反应。适应污染环境，并能够将污染物作为营养来源而进行吸收利用的微生物就会生长繁殖，使污染物逐渐被消除，受污染环境得以恢复。这种不进行任何工程措施，完全依赖于自然状态下土著微生物的生物修复，被称为内源生物修复。这种内源生物修复过程一般进行得很慢，无法满足修复的要求，缺乏实用价值。

（2）强化生物修复　在实际应用中，需要采用工程手段来加强修复的能力，即强化生物修复。加强修复的手段主要包括：投加土著微生物或特定的外源微生物、补充电子受体以及营养物等，或者改善其他限制因子等。强化生物修复分为两大类：

① 原位生物修复　是指在基本不破坏土壤和地下水自然环境的条件下，对受污染的环境不做搬运或输送，而是在原场地直接进行生物修复。主要手段有生物通气、生物翻耕等。这种方法的运行成本较低，一般适用于污染程度较轻、但污染面积较大的情况。

② 异位生物修复　是将受污染的环境介质搬运到异地或者反应器中进行生物修复处理。主要手段包括堆制、泥浆反应器、预制床等。该方法适用于污染严重、污染面积较小、易于搬运的场合。

（三）生物修复微生物

根据微生物的来源，可以将生物修复中使用的微生物分为土著微生物、外源微生物和基因工程菌三类。

1. 土著微生物

土著微生物是指在当时当地生活领域中土生土长的微生物群体。在自然环境中，存在着各种各样的微生物，当环境受到污染之后，这些土著微生物就经历了一个被驯化和选择的过程，有些微生物不适应新的生长环境，逐渐死亡，而另一些微生物逐渐适应了这种新的生长环境，它们在污染物的诱导下，产生了可以分解污染物的酶系，获得了吸收和利用污染物的能力，进而将污染物降解或转化，有时可以将污染物彻底矿化。

2. 外源微生物

外源微生物一般是从土壤中分离出来，经过实验室筛选分离，然后再经过优化培养基，从而实现大规模生产，通过往土壤内添加此种微生物来解决土壤问题。

由于土著微生物生长速度缓慢，代谢活性低，或者受污染物的影响，会造成土著微生物数量急剧下降，在这种情况下，往往需要一些外来的降解污染物的高效菌。采用外源微生物接种时，都会受到土著微生物的竞争，因此外源微生物的投加量必须足够多，才能成为优势菌种，迅速降解有机污染物。这些接种在环境中用来启动生物修复的微生物又称为“先锋微生物”。

目前用于生物修复的外源微生物有很多种，针对石油等有机污染物的主要来自假单胞菌属、不动杆菌属、分枝杆菌以及白腐真菌等。在实际应用中复合菌群的效果较好，常用菌剂基本上都是复合微生物制剂。例如在农业上广泛应用的EM生物制剂包含了光合细菌、放线菌、乳酸菌、酵母菌等80多种微生物，应用于食品和化工废水处理上的LLMO微生物菌剂则是由枯草芽孢杆菌、解淀粉芽孢杆菌、地衣芽孢杆菌、纤维单胞菌属、双氮纤维单胞菌、施氏假单胞菌和沼泽红假单胞菌复合而成。

笔记

3. 基因工程菌

利用基因工程技术将功能基因转入目标细菌中，使其具有广谱降解能力，或者增加细胞内降解基因的拷贝数来增加降解酶的数量，以提高其降解污染物的能力，由此得到的细菌就被称为基因工程菌。

分子生物学技术的迅猛发展，促进了基因工程菌的开发和应用。不仅在生命科学和医学方面，基因工程菌能够发挥巨大的作用，在生物修复技术上，基因工程菌也具有其他微生物不可比拟的优势。基因工程菌被引入待修复的环境中后，同样也会与土著微生物产生竞争，为了使基因工程菌取得竞争优势，需要向环境中添加选择性的基质来促进其增殖，这样就会造成土著微生物系统的失衡，可能会对当地的生态环境产生一系列的影响，为了尽量减少这种影响，基因工程菌实际应用中，适合于一次性处理目标污染物，而不宜反复多次使用。

由于基因工程菌是“人造”的产物，具有优异的降解能力，但其他特性可能并未完全被发现。基因工程菌应用到环境中是否会产生新的环境问题，尤其是是否为人和其他高等生物带来疾病或影响其基因，是人们最为担心的。因此，基因工程菌的推广应用颇受争议。目前，美国、日本和其他大多数国家对基因工程菌的实际应用都有严格的立法限制。

土著微生物降解污染物的潜力很大，且对当地的环境具有良好的适应性。而外源微生物或基因工程菌往往难以适应当地环境，保持较高的活性，而且还存在一定的生态风险，应用受到限制。因此，目前在实际应用的生物修复工程中大多数都使用土著微生物。

有机物的类型多样，很少有单一微生物能够降解多种不同类型的污染物。此外，有机污染物的生物降解往往是分步进行的复杂反应，在降解过程中需要多种酶和生物的协同作用，一种微生物的代谢产物可能成为另一种微生物的底物。这显然就要利用相互之间具有内在联系的微生物群落。因此，在生物修复过程中必须要激发当地的土著微生物种群。随着人们认识的深入，发现在不同环境条件下的微生物群落组成也各不相同，如何去激发具有降解功能的微生物群落已成为研究的热点问题。

二、土壤污染的微生物修复技术

土壤污染的生物修复过程可以增加土壤有机质的含量，激发微生物的活性，由此可以改善土壤的生态结构，这将有助于土壤的固定，遏制风蚀、水蚀等作用，防止水土流失。

（一）原位微生物修复技术

原位微生物修复是指不移动受污染的土壤或污染物，而是通过直接在其中添加微生物试剂、营养元素等，提高土著微生物或外源微生物对土壤有机污染物的降解作用，直接在发生污染的场地对其进行原地修复。原位微生物修复技术现已广泛应用于含有碳氢化合物、氯化物、硝酸盐、有毒金属和其他化学反应产生的污染物质的生物修复过程中。原位修复技术主要有生物培养法、投菌法和生物

笔记

通风处理法等。

1. 生物培养法

生物培养法利用的是受污染土壤中的土著微生物，这一类微生物有的可以降解土壤中的有机污染物，故而可以定期向土壤中投加适合且促进土著微生物生长繁殖所需的营养物作为能源，同时添加氧和过氧化氢作为其正常代谢过程中所需的氢受体（电子受体），在这种适宜条件下，土著微生物可以正常甚至加速新陈代谢和生长繁殖，整个过程中可以将土壤中的污染物转化为代谢产物或直接降解成CO_2和H_2O。此法修复污染土壤一般需要时间较长。

2. 投菌法

如果土壤中的土著微生物无法降解该环境中的污染物质，那么可以采取向该环境中引入外源物种以达到加速降解土壤中污染物质的目的，即为投菌法。常加入的微生物有：地衣杆菌、苏云金芽孢杆菌、多黏芽孢杆菌、嗜热脂肪芽孢杆菌、青霉菌、曲霉、黄杆菌、节杆菌、假单胞菌、链霉菌和酵母菌等，同时还需要提供这些微生物生长所需要的营养物，包括N、P、K、S、Ca、Mg、Fe、Mn等，其中N和P是微生物主要的营养元素。例如，在向污染了石油烃的土壤中定期投入混有马红球菌、假单胞菌和鞘氨醇单胞菌的混合菌群6个月后，石油烃的去除率可达54%。

3. 生物通风处理法

生物通风处理法主要用于地下水系统中有机污染物的生物降解，也常用于由地下油管泄漏造成的轻度污染土壤的生物修复，该法在提高土著微生物活性的同时还可以通过在通气层中通入空气或氧气提高原位生物降解能力。在受污染的土壤中，由于微生物生长繁殖与新陈代谢过程使得其中氧气浓度降低，能够发挥降解污染物能力的微生物生命活动被抑制，从而大大降低土壤中污染物的降解效果，此时向该土壤中通入空气或氧气，可以恢复土著微生物的活性，从而继续达到降解污染物的目的。

（二）异位微生物修复技术

利用异位微生物修复技术处理污染土壤时，要求将被污染的土壤挖出，搬动或输送到他处集中起来进行生物修复处理，具有高效且便于监控的特点，但是由于运输和后期处理过程中存在扩散的可能，所以该法也存在一定的局限性，一般用来处理污染浓度高且污染土壤量不大的区域。异位微生物修复既可以在土壤受污染之初进行处理，又可以通过过程控制器或生物反应器产生有利于生物降解的条件。主要方法有土耕法、生物堆制法、土壤堆肥法、生物泥浆法和预制床法。

1. 土耕法

土耕法是将被污染的土壤或沉积物挖出转移至土耕位点并放置于处理垫上，以防止污染物转移，并进行定期翻动以达到往被污染土壤中补充空气使上部处理带保持好氧状态的效果，该法往往还会利用黏土来阻挡露出的污染物以防止地下

笔记

水污染。土耕法费用极低，时间短，通常60～80d即可，因此可以在多种污染土壤的生物修复过程中使用，但是其无法处理挥发性有机物，因而会让这一部分有机物进入大气造成空气污染。

2. 生物堆制法

生物堆制法是土耕法的改进形式，是一种将受污染的土壤从污染地区挖掘出来，运送到指定地点（提前布置了防止渗漏衬底、通风管道等）进行生物降解的异位修复技术。这种方法包括将受污染的土壤进行堆放，依靠通风、加入营养物质和微量元素以及增加湿度等手段，模拟土壤中的好氧微生物降解过程，以去除土壤中吸附的污染物组分。生物堆制处理技术设计和安装简单，修复需要的时间短，但此方法占地面积较大，若土壤中存在一定浓度的重金属，可能会抑制生物降解。

3. 土壤堆肥法

土壤堆肥法是一种在有氧条件下降解土壤有机污染物的微生物修复方法，且经过修复后的有机物质可以重复利用。与土耕法不同的是，土壤堆肥法还需要额外加入土壤调理剂，土壤调理剂主要包括稻草、粪便等，基本需要含有以下4种营养物质：碳、氮、氧、水。与土耕法或生物堆制法相比，土壤堆肥法虽然处理费用略高，但可以降低受污染土壤的修复时间，且对去除含高浓度不稳定固体有机复合物的效率最高。

4. 生物泥浆法

生物泥浆法实质是一种生物反应器，将受污染的土壤挖出，去除其中的石块和碎石之后，与水混合置于一个容器中（典型的泥浆中会包含10%～30%的固体），随后加入营养物质以增强微生物降解污染物质的能力，整个过程中可以通过控制温度、混合强度和营养物质达到降解最大化。处理后的污染土壤干燥后，经过检测确保污染物质已被完全降解即可再运回原地，经过改良后能实现可移动化。生物泥浆法已广泛用于被三硝基甲苯（TNT）污染的土壤的生物修复中。

5. 预制床法

预制床法是在防止渗漏的平台上铺设10～30cm厚的石子和沙子，以防止污染物转移，并在表面撒上营养物质和水，同时进行定期翻动，以使受污染土壤、空气和营养物（有机营养物和无机营养物）充分接触，满足微生物生长的需要，处理过程中流出的液体可淋回土壤上，这样可以使得原土壤中的污染物得到彻底有效的降解。但该方法存在着操作复杂且成本较高的问题。

三、地下水微生物修复技术

近年来，由于大量工农业废弃物不合理的填埋，污染物事故性排放以及地下储油设施泄漏，各种有机物、重金属及放射性有害物质进入地下系统，地下水污染状况日益严重。修复已被污染的地下水，加强地下水环境的保护，已成为当

笔记

前国内外环保研究的热点。微生物修复技术在污染土壤和地下水的修复领域使用较广泛，该技术非常适用于大面积的污染场地修复。

利用微生物对有机物污染的降解作用实现地下水污染修复是一种常用的生物修复方法。地下水生物修复的关键是激发对污染物具有降解能力的微生物活性，并在修复周期内保持其活性。修复污染土壤和地下水中的微生物主要分为5种：细菌、放线菌、真菌、藻类和原生生物。生物修复的主体是适应了土壤和地下水环境的野生菌种或者投加的菌种，包括好氧、厌氧、兼氧和自氧微生物。微生物利用污染物质作为基质用于生长繁殖。同时，直接向地下环境中注入生物反应所需要的物质，一般包括电子受体（例如氧、硝酸盐等）、能量供体（碳源）以及营养物质（氮、磷），当然还需要一定生长环境，例如适宜的pH值和温度。

微生物修复技术是较经济的修复技术之一。地下水的微生物修复技术采用自然过程进行场地修复，所需设备、劳动力和能源较少，具有操作简单、环境扰动小、二次污染小、成本低和处理效果好等优点，而且实施后现场的降解生物群活性通常可保持几年以上，使微生物修复具有持续效果，但是依靠微生物分解污染物，速度通常较慢，因此导致修复时间较长。此外，由于生物反应的复杂性，控制地下环境中适合微生物反应的环境条件也需要专业化的管理。

四、海洋石油污染微生物修复技术

石油是重要的能源物质，在石油开采、运输、加工、使用等过程中均可能产生对环境的污染。据统计，由于战争、海难及其他事故，每年都有数千甚至上万吨石油泄漏到海洋中，这些污染源对海洋及海岸生态环境造成了严重的影响。这类问题在世界范围引起了广泛关注。目前治理海洋石油污染的主要方法有：吸附法、燃烧法、化学分散法和微生物降解法，本部分将介绍海洋石油污染的微生物修复技术。

（一）可修复海洋石油污染的微生物种类

目前，被分离鉴定的石油降解微生物主要有细菌、真菌、微藻等200 余种，隶属于70多个属，其中细菌（40个属）种类最多，比较常见的有节杆菌属、黄杆菌属、无色杆菌属、假单胞菌属等，常见的石油降解菌属见表4-9。

表4-9　常见的石油降解菌属表

微生物种类	菌属	微生物种类	菌属
细菌	无色杆菌属	细菌	螺菌属
细菌	不动杆菌属	细菌	葡萄球菌属
细菌	气单胞菌属	细菌	寡养单胞菌属
细菌	产碱菌属	细菌	弧菌属
细菌	食烷菌属	真菌	顶孢霉属
细菌	节杆菌属	真菌	曲霉属

笔记

续表

微生物种类	菌属	微生物种类	菌属
细菌	固氮弧菌属	真菌	短梗霉属
细菌	芽孢杆菌属	真菌	枝孢菌属
细菌	短杆菌属	真菌	隐球菌属
细菌	色杆菌属	真菌	放线菌属
细菌	棒杆菌属	真菌	内孢霉属
细菌	解环菌属	真菌	镰刀菌属
细菌	脱硫球菌属	真菌	地霉属
细菌	小单孢菌属	真菌	粘帚霉属
细菌	脱硫弧菌属	真菌	汉逊酵母属
细菌	黄杆菌属	真菌	青霉属
细菌	戈登氏菌属	真菌	假丝酵母属
细菌	海杆菌属	真菌	黄曲霉
细菌	科氏微球菌属	真菌	念珠菌属
细菌	分枝杆菌属	真菌	被孢霉
细菌	诺卡氏菌属	真菌	毕赤酵母菌属
细菌	苍白杆菌属	真菌	拟酵母菌属
细菌	假杆菌属	真菌	红酵母菌
细菌	假单胞菌属	真菌	酵母菌属
细菌	红球菌属	真菌	短链孢霉属
细菌	八叠球菌属	真菌	掷孢酵母属
细菌	鞘氨醇杆菌属	真菌	球拟酵母属
细菌	鞘氨醇单胞菌属	真菌	毛孢子菌属

单一的石油降解菌对石油烃类化合物的自然降解过程较为缓慢，实际操作中一般采用多种技术措施强化这一过程，如投加表面活性剂，提供氧或其他电子受体，施加营养物等微生物生长繁殖所需的条件，增加能高效降解石油污染物的微生物丰度。

微生物降解石油的机理

拓展4-11 扫描二维码可查看“微生物降解石油的机理”。

笔记

（二）微生物治理海洋石油污染的方法

1. 接基因工程菌

土著微生物、外源微生物和基因工程菌等都可用于修复海洋石油污染。其中，土著微生物生长比较缓慢、代谢活性不高，故效果不明显。利用外源微生物修复环境时，可能会面临以下几种压力：①需要修复的环境中，污染物可能存在一定的毒性；②外源微生物与土著微生物之间存在种间竞争；③外源微生物被引入到新环境，还需要时间适应新的生长环境。这几方面的压力会影响外源微生物的生存活力或自身活性，限制外源微生物的高效应用。生物修复的发展，让一种特殊菌可同时降解多种类型石油烃。有研究表明，将3个烃类降解质粒转移到一个铜绿假单胞菌中，可以培育出“超级细菌”，虽然该细菌的质粒存在一些不足，在实际应用中难以充分发挥其预期作用，但其已经成为利用细菌消除石油污染技术方向的一个里程碑。之后研究中，有人采用生物技术将恶臭假单胞菌等菌类携带的各种质粒转入到一个铜绿假单胞菌中，构成的“超级嗜油工程菌”清除油污的能力比天然微生物高10000倍。

2. 使用表面活性剂

大部分表面活性剂是合成表面活性剂，它能够促进石油乳化，增加石油降解微生物和油珠的接触面积，加快石油烃类物质的降解。但其大部分来自不可再生资源的状况，可能会造成严重的生态污染，因而人们将视野转向了天然绿色的生物表面活性剂。

3. 使用氮、磷营养盐

在海洋出现溢油事故后，海水中有充足的碳源、微量元素及无机盐，因而限制石油降解的因素主要为氮、磷营养盐的供应。通常使用的营养盐有三种：缓释肥料、亲油肥料和水溶性肥料。缓释肥料具有适合的释放速度，在海潮的作用下可以将营养物质缓慢地释放出来。亲油肥料可以使营养盐利用其脂溶性溶解于油而非水中，这样的营养盐可以促进细菌充分利用营养物质在油相表面生长。水溶性肥料在开放的海水中易快速溶于水而流失，因而可能产生富营养现象。

4. 提供电子受体

石油烃污染物降解的速度和程度受最终电子受体的种类和浓度影响。海洋环境中具有分解石油烃污染物能力的微生物大多数为好氧微生物，因而氧气是限制微生物降解石油烃污染物的一个重要因素。投入使用时，可以通过一些物理、化学措施增加海水溶氧量，从而提高降解速率。有学者在澳大利亚对油污污染的红树林进行生物修复试验时采用空压机供氧（流量为100 L/min），同时添加TM肥料，最终结果显示，供氧期间烷烃降解菌和芳香烃降解菌在数量上有大幅度增长。

5. 微生物固定化技术

固定化技术是指利用物理或化学手段将游离的微生物细胞、动植物细胞、细胞器或酶固定在一个特定的空间范围内，使其高度聚集并且保留其固有的活性

笔记

且在环境中连续和重复使用的技术。这种技术有很多优势，如微生物密度高、流失少、作用时间长、抗不良环境能力强等。另外，载体的某些因素会影响微生物的吸附固定，如碳质材料载体的比表面积、孔容积、孔径分布、表面官能团以及表面金属氧化物等。近年来，利用微生物固定化技术制成固定化微生物菌剂已成为修复治理海洋石油污染的一种有效方法，如采用生物大分子仿生合成出的纳米SiO_2为载体，制备出固定化微生物，将其应用于石油污染生物修复模拟试验中，研究结果证明，用微生物固定化技术构建的固定化微生物对石油污染物有着高效稳定的降解率。

我国科学家利用工程微生物开展生态环境修复

拓展4-12 扫描二维码可查看“我国科学家利用工程微生物开展生态环境修复”。

实训

知识目标

1. 掌握各个实训的操作方法与具体操作步骤。
2. 掌握实训现象的观察及记录方式。
3. 了解各个实训的基础知识。

能力目标

1. 具有动手操作能力、理论联系实际能力。
2. 具有对实训数据的处理能力，对实训结果的分析能力。
3. 分组实训，增强沟通能力。

素质目标

1. 培养团队合作意识。
2. 规范操作，形成良好的工作素养，传承工匠精神。
3. 认真观察，真实记录实训结果，培养实事求是的工作作风。
4. 培养绿色生产、安全生产，尤其是生态环境意识。
5. 树立节能意识、培养可持续发展的职业习惯，以提高学生的综合素养。

笔记

实训一 活性污泥的培养与驯化

一、实训目标

1. 掌握活性污泥的基本概念，掌握活性污泥的培养、驯化方法和监测指标。

2. 了解活性污泥处理系统的构成，为活性污泥在城市污水的处理应用中奠定基础。

二、基础知识

活性污泥是由微生物群体及它们所依附的有机物质和无机物质所组成，具有生物活性的絮凝体。其包含的微生物群体是由细菌类、真菌类、原生动物、后生动物等异种群体所组成的混合培养体。活性污泥法处理废水的关键在于有足够数量和性能良好的活性污泥，这些活性污泥是通过一定的方法培养和驯化出来的。

活性污泥的培养，就是为形成活性污泥的细菌提供适宜的生长繁殖环境，保证需要的营养物质、氧气供应（曝气）、合适的温度和酸碱度，使其大量繁殖，形成活性污泥，并最后达到处理污水所需的污泥浓度。

活性污泥的驯化则是对混合微生物类群进行淘汰和诱导，不能适应环境条件和所处理废水特性的微生物被抑制，逐渐死亡淘汰；具有分解废水有机物活性的微生物得到发育，数量逐渐增加，并诱导出能利用废水中有机物的酶体系。

培养和驯化实质上是不可分割的。本实训所指的活性污泥主要是好氧活性污泥。根据菌种的来源以及培养、驯化的程序，活性污泥培养与驯化方法有：活性污泥接种法、同步培养和驯化法以及异步培养驯化法，对于特殊的工业废水，则需要先行分离、筛选特异的微生物，再进行培养与驯化。

三、实训器材

带有挡板的完全混合式曝气沉淀池、空气压缩机、原水箱、泵、空气扩散管、仪表、指示器和记录仪等。

四、实训流程

接种菌种→曝气→系统培育→控制、监测调试参数→驯化。

五、操作过程

① 氧化沟连续进水，使内沟污泥浓度达到500mg/L以上，然后启动曝气机闷曝（不进水，不取水）。

② 2～3d后，停止曝气，静置半个小时。排出上清液1/2左右，充满新鲜

笔记

污水后（添加营养源），继续闷曝1~2d，再排走氧化沟、二沉池1/2左右上清液（往后每天多次，MLSS上升，需要营养源多）。闷曝以后，要反复多次添加污水做营养源，直到形成絮状体。此时SV30在30%左右，活性污泥镜检结果显示菌胶团已形成，可见到漫游虫、草履虫、钟虫、轮虫等。这段时间一般为10~15d。

③ 改间接进水或者为连续进水，改闷曝为持续曝气（使曝气中有足够氧气），微生物将二沉池的污泥及时全部回流到曝气池，如不及时，微生物长久积累会缺氧死亡，有机物腐烂发酵会发臭。此阶段持续10d左右，氧化沟污泥浓度达到2000~4000mg/L，SV30达到10% ~20%。

④ 通过镜检及测定沉降比、污泥浓度，观察活性污泥的增长情况。并注意观察在线pH值、DO的数值变化，及时对工艺进行调整。

⑤ 测定初期水质及排水阶段上清液的水质，根据进出水NH_3-N、BOD、COD、NO_3^-、NO_2^-等浓度数值的变化，判断出活性污泥的活性及优势菌种的情况，并由此调节进水量，置换量，粪水、NH_4Cl、H_3PO_4、CH_3OH的投加量及周期内时间分布情况。

⑥ 注意观察活性污泥增长情况，当通过镜检观察到菌胶团大量密实出现，并能观察到原生动物（如钟虫），且数量由少迅速增多时，说明污泥培养成熟，可以将生产废水进行驯化。

六、注意事项

1. 温度

各种微生物都在特定范围的温度内生长繁殖。生化处理的温度范围在10~40℃，最佳温度为20~30℃。在污泥培养时，要将它们置于最适宜温度条件下，使微生物以最快的生长速率生长。要经常检查曝气池水温是否稳定，控温系统工作是否正常。

2. pH值

活性污泥法处理废水的曝气系统中，作为活性污泥的主体，菌胶团细菌在6.5~8.5的pH值条件下可产生较多黏性物质，形成良好的絮状物，所以要经常检查曝气池混合液的pH值，使其保持在6.5~8.5的范围。

3. 营养物质

水、碳源、氮源、无机盐及生长因子是微生物生长的基本营养物质。废水中应按BOD_5：N：P=100：4：1的比例补充氮源、含磷无机盐，为活性污泥的培养创造良好的营养条件。

4. 悬浮物质SS

污水中含有大量的悬浮物，通过预处理，悬浮物大部分已去除，但也有部分不能降解，曝气时会形成浮渣层，但不影响系统对污水的处理。

5. 溶解氧量DO

根据经验，在培养初期，DO一般控制在1~2mg/L，因为菌胶团此时尚未形

笔记

成絮状结构，氧供应过多，会使微生物代谢活动增强，营养供应不上而使污泥自身产生氧化，促使污泥老化。在污泥培养成熟期，要将DO提高到3～4mg/L左右，此时其具有良好的沉降性能。在整个培养过程中要根据污泥培养情况逐步提高DO。特别注意DO不能过低，DO不足，好氧微生物得不到足够的氧，正常的生长规律将受到影响，新陈代谢能力降低，而同时对DO要求较低的微生物将应运而生，这样正常的生化细菌培养过程将被破坏。

6. 混合液MLSS浓度

微生物是生物污泥中有活性的部分，也是有机物代谢的主体，而混合液污泥MLSS数值能表示活性部分多少。对高浓度有机污水生物处理一般均需保持较高的污泥浓度，调试运行期间MLSS范围为4.4～5.6g/L，最佳为4.8g/L左右。

七、实训记录

将活性污泥培养及驯化过程中，进出水水质及活性污泥性状测定结果填入表4-10。

表4-10　活性污泥培养及驯化记录表

日期	进水流量	进水中工业废水与生活污水的配比	溶解氧/(mg/L)	COD_{Cr}/(mg/L)			BOD_5/(mg/L)			TN/(mg/L)			NH_4^+-N/(mg/L)		MLSS/(mL/L)	SV30	SVI/(mL/L)
				进水	出水	去除率/%	进水	出水	去除率/%	进水	出水	去除率/%	进水	出水			

笔记

对特定工业废水还需另加测试项目，如印染废水的色度、含酚废水的酚含量、含油废水的油含量等。

八、思考题

1. 活性污泥培养和驯化的流程是什么?
2. 活性污泥培养和驯化过程中关键监测指标及其作用有哪些?
3. 活性污泥培养和驯化的注意事项有哪些?

实训二　活性污泥和生物膜中生物相的观察

一、实训目标

1. 学会辨认活性污泥和生物膜中的菌胶团及生物相。
2. 根据对生物相的观察，能初步分析生物处理的运行状况，并采取适当措施。

二、基础知识

活性污泥和生物膜中生物相比较复杂，以细菌、原生动物为主，还有真菌、后生动物等。某些细菌能分泌胶黏物质形成菌胶团，成为活性污泥和生物膜的主要组分。

原生动物常作为污水净化指标。当固着型纤毛虫占优势时，一般认为污水处理池运转正常。丝状微生物构成污泥絮绒体的骨架，少数伸出絮绒体外，当其大量出现时，常可造成污泥膨胀或污泥松散，使污泥池运转失常。当后生动物轮虫等大量出现时，意味着污泥极度衰老。

污泥絮粒大小对污泥初始沉降速率影响较大，絮粒大的污泥沉降快。污泥絮粒大小按其平均直径可分成三等：大粒污泥，絮粒平均直径大于500μm；中粒污泥，絮粒平均直径在150～500μm之间；细小污泥，絮粒平均直径小于150μm。

污泥絮粒性状是指污泥絮粒的形状、结构、紧密度及污泥中丝状菌的数量。镜检时，可把近似圆形的絮粒称为圆形絮粒，与圆形截然不同的称为不规则絮粒。絮粒中网状空隙与絮粒外面悬浊液相连的称为开放结构，无开放空隙的称为封闭结构。絮粒中菌胶团细菌排列致密，絮粒边缘与外部悬液界线清晰的称为紧密的絮粒，絮粒边缘界限不清的称为疏松的絮粒。实践证明，圆形、封闭、紧密的絮粒相互间容易凝聚、浓缩，沉降性能好；反之，则沉降性能差。

活性污泥中丝状细菌数量是影响污泥沉降性能最重要的因素，当污泥中丝状菌占优势时，可以从絮粒中向外伸展，阻碍絮粒间的凝聚，使污泥SV30和SVI值升高，造成活性污泥膨胀。根据活性污泥中丝状菌与菌胶团菌的比例，可将丝状菌分成五个等级。

① 0级，污泥中几乎无丝状菌存在；

笔记

② ± 级，污泥中存在少量丝状菌；

③ + 级，污泥中存在中等数量的丝状菌，总量少于菌胶团细菌；

④ ++ 级，污泥中存在大量丝状菌，总量与菌胶团细菌大致相等；

⑤ +++ 级，污泥絮粒以丝状菌为骨架，数量超过菌胶团细菌而占优势。

三、实训器材

1. 试剂

活性污泥、生物膜悬浊液、香柏油、二甲苯（或体积比 1∶1 的乙醚酒精溶液）、染色液。

2. 器材

显微镜、擦镜纸、微型动物计数板、目镜测微尺、台镜测微尺、量筒、载玻片、盖玻片、吸水纸、酒精灯、火柴、接种环、镊子、滴管。

四、实训流程

肉眼观察→压片制作→镜检观察→描述记录→观察计数→种类识别→描述记录。

五、操作过程

1. 肉眼观察

取曝气池的混合液置于量筒内，观察活性污泥在量筒中呈现的絮绒体外观及沉降性能（30min 沉降后的污泥体积）。

2. 制片镜检

取混合液 1～2 滴于载玻片上，加盖玻片制成水浸标本片，在显微镜下观察生物相。

（1）污泥菌胶团絮绒体　形状、大小、紧密度、折光性、游离细菌多少等。

（2）丝状微生物　伸出絮绒体外的多少，观察哪一类占优势。

（3）微型动物　识别其中原生动物、后生动物的种类。

3. 显微镜观察

（1）低倍镜观察　观察生物相的全貌，要注意污泥絮体颗粒（以下简称絮粒）的大小、污泥结构的松紧程度、菌胶团菌和丝状菌的比例及其生长状况，并加以记录和作出必要的描述。观察微型动物的种类、活动状况，对主要种类进行计数。

（2）高倍镜观察　可进一步看清微型动物的结构特征。观察时，注意微型动物的外形和内部结构，例如钟虫体内是否存在食物泡、纤毛环的摆动情况等。观察菌胶团时，应注意胶质的厚薄、色泽以及新生菌胶团出现的比例。观察丝状菌时，注意菌体体内是否有类脂物质和硫粒积累，以及丝状菌生长，丝体内细胞的排列、形态和运动特征，以便判断丝状菌的种类，并进行记录。

（3）油镜观察　鉴别丝状菌的种类时，需要使用油镜。这时可将活性污泥

笔记

样品先制成图片，然后染色；应注意观察丝状菌是否存在假分枝和衣鞘，菌体在衣鞘内的空缺情况，菌体内有无贮藏物质的积累以及贮藏物质的种类；还可借助染色鉴别，观察其对染色的反应。

4. 微型动物的计数

① 取活性污泥曝气池混合液盛于烧杯内，用玻璃棒轻轻搅匀，如混合液较浓，可稀释一倍后观察。

② 取洁净滴管，滴管每滴水的体积应预先测定，一般可选用一滴水的体积为 1/20mL的滴管。用滴管吸取搅匀的混合液，加一滴到计数板中央的方格内，然后加上一块洁净的大号盖玻片，使其四周正好搁在计数板四周凸起的边框上。

③ 用低倍镜进行计数，注意所滴加的液体不一定要求布满整个100个小方格。计数时，只要把充有污泥混合液的小方格按照次序，依次计数即可。观察时，同时注意各种微型动物的活动能力、状态等。若是群体，则需要将群体上的个体分别逐个计数。

④ 计算，假定在被稀释一倍的一滴水样中测得钟虫50只，则每毫升活性污泥混合液中含钟虫数应为：

$$50只 \times 20/mL \times 2 = 2000只/mL$$

六、注意事项

1. 观察污泥绒粒的形态和大小时，可先加水稀释或用水洗涤，否则绒粒连在一起，不易测定。

2. 观察污泥绒粒中的丝状细菌数量时，应注意它们与菌胶团细菌的相对比例。

七、实训记录

① 镜检，记录观察到的微生物名称、优势种动物名称或其他动物种名称，并描述其形态（例如圆形、不规则形等）、结构（例如开放、封闭等）、紧密度（例如紧密、疏松等）记录于表4-11。

表 4-11　微生物（优势种、其他动物种）形态、结构、紧密度记录表

序号	微生物名称	优势种名称（或其他动物种名称）	形态	结构	紧密度

笔记

② 将观察到的微生物、优势种或其他动物种的数量（0、±、+、++、+++；或几乎不见、少、多等）记录于表4-12。

表4-12　微生物（优势种、其他动物种）数量记录表

序号	微生物名称	优势种名称（或其他动物种名称）	数量

③ 将每滴稀释液中的动物数、每毫升混合液中的动物数记录于表4-13。

表4-13　动物数量记录表

序号	动物名称	每滴稀释液中的动物数	每毫升混合液中的动物数

八、思考题

1. 绘制所观察原生动物和微型后生动物的形态图。
2. 根据实训观察情况，试对污水厂活性污泥质量及运行情况作初步评价。

实训三　活性污泥脱氢酶活性的测定

一、实训目标

1. 掌握活性污泥脱氮酶活性的测定方法。

2. 通过测定活性污泥在不同工业废水中脱氢酶活性情况，来评价工业废水成分的毒性及其可生物降解性。

笔记

二、基础知识

活性污泥中微生物所产生的各种酶，能够催化污水中的各类有机物进行氧化还原反应，其中脱氢酶是一类氧化还原酶，能使氧化有机物的氢原子活化并传递给特定的氢受体，实现有机物的氧化和转化。如果脱氢酶活化的氢原子被人为氢受体接受，就可以通过直接测定人为氢受体浓度的变化来间接测定脱氢酶的活性，表征生物降解过程中微生物的活性。一般单位时间内脱氢酶活化氢的能力表现为其活性。

脱氢酶活性的定量测定，常通过指示剂的还原变色速度，来确定脱氢过程的强度。常用的指示剂有2,3,5-氯化三苯基四氮唑（TTC）或亚甲基蓝，从氧化状态接受脱氢酶活化的氢而被还原为三苯基甲月替（TTF）时具有稳定的颜色，可通过比色的方法，来推测脱氢酶的活性。

脱氢酶活性测定方法目前用得较多的为TTC比色法。利用TTC作为人为氢受体，其还原反应方程式如下：

$$C_6H_5-C\begin{cases}N-N(H)-C_6H_5\\N=N(Cl)-C_6H_5\end{cases}\xrightarrow[+2H^+]{+2e}C_6H_5-C\begin{cases}=N-N(H)-C_6H_5\\-N=N-C_6H_5\end{cases}+HCl$$

无色的TTC受氢后变成红色的TF，根据红色的深浅，测出相应的光密度（OD值），从而计算TF的生成量，求出脱氢酶的活性。

三、实训器材

1. 试剂

Tris-HCl缓冲液、2,3,5-氯化三苯基四氮唑（TTC）、亚硫酸钠、丙酮（或正丁醇及甲醇）、连二亚硫酸钠、浓硫酸、生理盐水。

2. 器材

721型分光光度计、恒温器、离心机（4 000r/min）、离心管、移液管、试管。

四、实训流程

绘制标准曲线→测定活性污泥脱氢酶活性→数据记录分析。

五、操作过程

1. 标准曲线的制备

① 配制 1mg/mL TTC溶液：称取 50.0mg TTC，置于50mL容量瓶中，以蒸

馏水定容至刻度。

② 配制不同浓度TTC溶液：从1mg/mL TTC液中分别吸取1mL、2mL、3mL、4mL、5mL、6mL、7mL放入每个容量为50mL的一组容量瓶中，用蒸馏水定容至50mL，各瓶中TTC浓度分别为20μg/mL、40μg/mL、60μg/mL、80μg/mL、100μg/mL、120μg/mL、140μg/mL。

③ 取8支试管分别加入2mL Tris-HCl缓冲液、2mL蒸馏水、1mL TTC溶液（从低浓度到高浓度依次加入）；对照管不加TTC溶液，所得每支试管内TTC含量分别为20μg、40μg、60μg、80μg、100μg、120μg、140μg。

④ 每管各加入连二亚硫酸钠10g混匀，使TTC全部还原，生成红色的TF。

⑤ 在各管加入5mL丙酮（或正丁醇及甲醇），抽提TTF。

⑥ 在721型分光光度计上，于485nm波长下测光密度（OD值）。

⑦ 以OD值为纵坐标，TTC浓度为横坐标，绘出标准曲线。

2. 活性污泥脱氢酶活性的测定

① 活性污泥悬浮液的制备：取活性污泥混合液50mL，打碎、离心后弃去上清液，再用生理盐水补足，充分搅拌洗涤后，再次离心弃去上清液。如此反复洗涤3次后，再以生理盐水稀释至原来体积备用。

② 在3组（每组3支）带有塞的离心管内分别加入以下材料与试剂，见表4-14。

表4-14　脱氢酶活性测定中各组试剂添加量表

组别	活性污泥悬浮液/mL	Tris-HCl缓冲液/mL	$Na_2S_2O_3$溶液/mL	基质（或污水）/mL	TTC溶液/mL	蒸馏水/mL
加基质	2	1.5	0.5	0.5	0.5	—
不加基质	2	1.5	0.5	—	0.5	0.5
对照	2	1.5	0.5	—	—	1.0

③ 样品试管摇匀后，立即放入37℃恒温水浴锅内，并轻轻摇动，记下时间。反应时间依显色情况而定（一般采用10min）。

④ 对照组试管，在加完试剂后立即加一滴浓硫酸。另两组试管在反应结束后各加一滴浓硫酸中止反应。

⑤ 向各试管中各加入丙酮（或正丁醇及甲醇）5mL，充分摇匀，90℃恒温水浴锅中抽提6～10min。

⑥ 4 000r/min离心10min后取上清液，在485nm波长下比色，读出OD值，读数应在0.8以下，如色度过浓应以丙酮稀释后再比色。

⑦ 在标准曲线上查出相应的TF值。

六、注意事项

① 所有操作应当尽量在避光条件下进行，脱氢酶最适反应条件为：温度30～37℃，pH值7.4～8.5。

笔记

② 脱氢酶活性的计算：脱氢酶活性 = ABC

式中，A为由标准曲线上查出的TTC浓度（$\mu g\cdot mL^{-1}$）；B为培养时间校正值（h，即反应时间除以 60min）；C为比色时稀释倍数，当A值大于0.8 时，要适当稀释，使A值在0. 8以下。

七、实训记录

1. 标准曲线的制备

① 将标准曲线测定时的数值填入到表4-15中。

表 4-15　标准曲线 OD 值记录表

TTC/μg	OD 值			
	1	2	3	4
20				
40				
60				
80				
100				
120				
140				

② 根据实训表中数据，以 TTC为横坐标，OD值为纵坐标绘制标准曲线。

2. 活性污泥脱氢酶活性的测定

① 将样品组的 OD值（平均值）减去对照组OD值后，在标准曲线上查TF产生值。

② 计算样品组（加基质与不加基质）的脱氢酶活性X[以产生μg/（mL活性污泥·h）表示]。

X[TFμg/（mL 活性污泥·h）]=ABC

式中　X——脱氢酶活性；

A——标准曲线上的读数；

B——反应时间校正 =60min/实际反应时间；

C——比色时稀释倍数。

八、思考题

1. 脱氢酶的活性如何反映处理体系内活性微生物量以及其对有机物的降解活性，以评价降解性能？

2. 影响脱氢酶活性的因素主要有哪些？

笔记

实训四　环境中纤维素降解菌的分离、培养及单细胞蛋白的收集

一、实训目标

1. 掌握纤维素降解菌筛选的实训原理和方法。
2. 熟悉配制培养基的原则和方法。
3. 掌握无菌操作实训技术。

二、基础知识

纤维素降解菌分解纤维素（为含有葡聚糖等结构的多聚糖物质），多聚糖与刚果红形成红色复合物，但并不和水解后的纤维二糖与葡萄糖发生这种反应。当在纤维素培养基中加入刚果红时，刚果红与培养基中的纤维素形成红色复合物。当纤维素被纤维素酶分解后，刚果红-纤维素红色复合物就无法形成，培养基中会出现以纤维素降解菌为中心的透明圆圈。这样，就可以通过是否产生透明圆圈来筛选纤维素降解菌。

单细胞蛋白，也叫微生物蛋白，它是用许多工农业废料及石油废料人工培养的微生物菌体，由纤维素产生单细胞的过程主要包含两个步骤：首先纤维素在纤维素降解菌的作用下水解成单糖，在这个过程中纤维素β-1,4-糖苷键被切断，形成大量葡萄糖单体，之后微生物利用葡萄糖单体合成单细胞蛋白。

三、实训器材

1. 试剂

培养基：刚果红-纤维素培养基、CMC-Na培养基、牛肉膏蛋白胨培养基。

样品：含有腐质叶片的土壤。

2. 器材

酒精灯、载玻片、盖玻片、显微镜、滴管、试管、培养品、锥形瓶、枪头、涂布器等。

四、实训流程

培养基的配制→物品准备、灭菌→土壤采集→梯度稀释→初筛→复筛→刚果红染色→富集培养→预处理富含纤维素的原材料→加入纤维素降解菌发酵→单细胞蛋白收集。

笔记

五、操作过程

1. 配制培养基与灭菌物品准备

（1）刚果红-纤维素培养基　刚果红0.2g、磷酸氢钾0.5g、微晶纤维素2.0g、硫酸镁0.25g、硫酸铵2.0g、琼脂14.0g、去离子水1000mL（培养基完成灭菌后加入刚果红染料）。

（2）CMC-Na培养基　羧甲基纤维素钠10.0g、磷酸氢钾0.5g、酵母膏1.0g、七水硫酸镁0.5g、琼脂3.0g、硝酸铵1.0g、1000mL去离子水于121℃灭菌20min。

（3）牛肉膏蛋白胨培养基　蛋白胨10g、氯化钠5g、牛肉膏5g、1000mL去离子水于121℃灭菌20min。

2. 样品采集与稀释

称取10.0g土壤放入带玻璃珠的90mL瓶装无菌水中，机械振荡20min，使土样分散，采用梯度稀释法对土样悬液进行系列稀释。

3. 纤维素降解菌的筛选分离

（1）初筛　将稀释的土样悬液利用无菌接种枪吸取0.2mL样品稀释液于灭过菌的初筛分离平板上，涂布，28～29℃培养7d。

（2）复筛　再将初筛的菌株通过划线接种于CMC-Na平板上，28～29℃培养3d，进行增殖。

（3）刚果红染色　将增殖后的菌株用划线法接种于刚果红-纤维素平板上，28～29℃培养3d后，挑选出周围出现明显透明溶解圈的菌落。

（4）富集　以复筛出的生长快、红色浓郁、透明溶解圈较大的混菌株为对象，将其画线接种于牛肉膏蛋白胨培养基上，28～29℃培养2d，如此反复多次，进行分离，保存。

4. 单细胞蛋白的收集

（1）预处理　对秸秆等富含纤维素的原材料进行碱、酸、有机溶剂等处理以降低结晶度，脱去木质素、半纤维素等其他杂质，以提高纤维素的水解效率。

（2）加入纤维素降解菌　按照质量比加入15%的纤维素降解菌，在55℃、pH值为5.0条件下，酵解24h，同时向体系中加入氯化铵作为氮源。

（3）收集单细胞蛋白　发酵完毕，用离心、沉淀等方法收集菌体，最后经过干燥处理，就制成了单细胞蛋白成品。

六、注意事项

① 一般土壤中，细菌最多，放线菌及霉菌次之，而酵母菌主要见于果园及菜园土壤中，故从土壤中分离细菌时，要取较高的稀释度，否则菌落连成一片不能计数。

② 在土壤稀释分离操作中，每稀释10倍，最好更换一次移液管，使计数准确。

③ 放线菌的培养时间较长，故制平板的培养基用量可适当增多。

笔记

④ 把握好培养时间及培养温度。

七、实训记录

将纤维素降解菌的筛选分离、培养生长，以及单细胞蛋白的收集等记录到表4-16，并注明实训过程中的注意要点。

表 4-16　纤维素降解菌的筛选分离及单细胞蛋白的收集记录表

操作流程		实训记录	注意要点
纤维素降解菌的筛选分离	初筛		
	复筛		
	刚果红染色		
	富集培养		
单细胞蛋白的收集	预处理富含纤维素的原材料		
	加入纤维素降解菌发酵		
	收集单细胞蛋白		

八、思考题

1. 为什么培养基可以富集微生物？
2. 为什么要在富含腐殖叶片的土壤中分离纤维素降解菌？

拓展4-13　扫描二维码可查看“含酚废水降解菌的分离、纯化与筛选”。

拓展4-14　扫描二维码可查看“固定化微生物及其在含酚废水处理中的应用”。

含酚废水降解菌的分离、纯化与筛选

固定化微生物及其在含酚废水处理中的应用

笔记

小　结

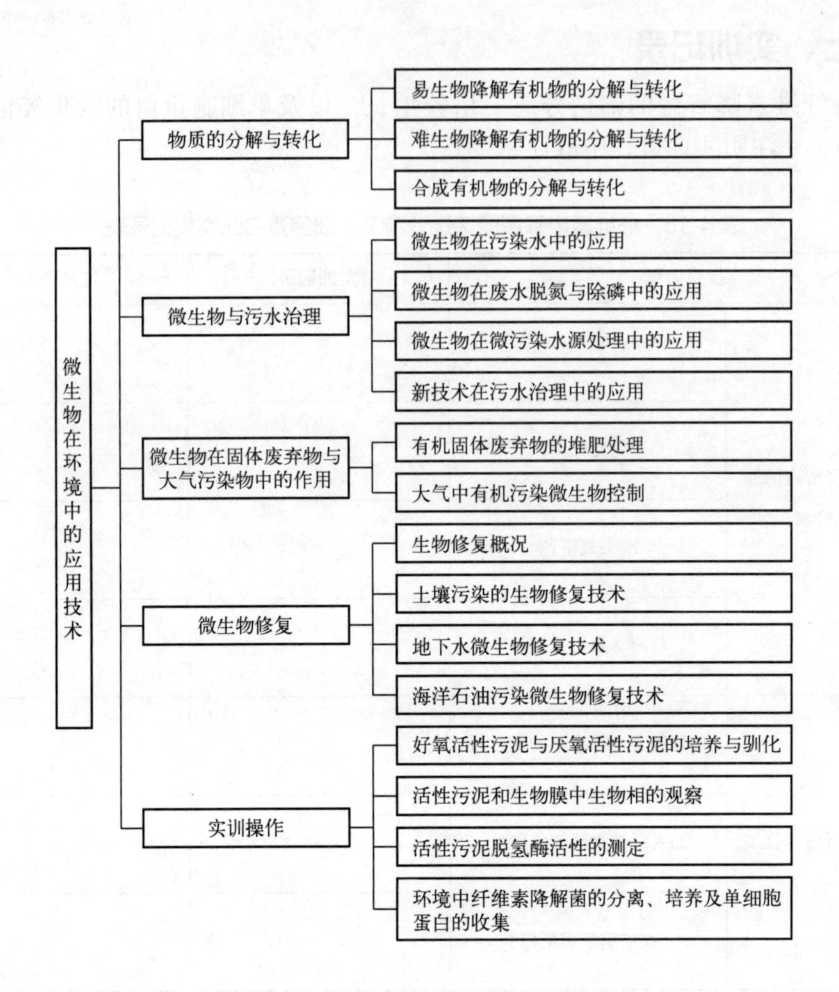

习　题

一、名词解释

相对耗氧速率　活性污泥　BOD_5　好氧生物膜法　生物修复

二、判断题

1.（　　）所有的污染物都可以被微生物降解。

2.（　　）在活性污泥培养中，季节对培养菌没有影响。

3.（　　）BOD_5/COD_{Cr} 值越大，说明废水中可生物降解的有机物质所占的比例越大。

4.（　　）废水厌氧生物处理两阶段学说中，第一阶段是酸性发酵阶段，第

笔记

二阶段为碱性发酵阶段。

5.（　　）沼气发酵的高温发酵温度是50～60℃。

6.（　　）目前国内外垃圾渗滤液的处理工艺以生物处理为主。

7.（　　）填埋场初期垃圾渗滤液的BOD_5/COD值较高，表明其可生化性好。

8.（　　）气态污染物质的生物处理，必须先将这些物质溶于水后才能进行。

9.（　　）分解脂类物质的微生物主要是好氧性微生物。

10.（　　）丝状菌是构成活性污泥絮状体的主要成分。

三、填空题

1. 活性污泥培育成熟，出水水质良好时，出现的原生动物包括______、______、______、______和______等。

2. 污染物可生物降解性的测定方法有______、______、______、______、______、______等。

3. 有机废水厌氧生物处理工艺包括______、______两种。

4. 稳定塘分为______、______、______，好氧塘为保持其好氧状态需满足______、______两个条件。

5. 好氧堆肥的微生物学过程分为______、______、______、______四个阶段。

6. 废水生物处理中，厌氧处理分解产物包括______、______、______等。

四、单项选择题

1. 原生动物可以作为水处理系统运转管理的指标，系统启动初期处理水质欠佳时，会出现下列哪些动物（　　）。

A. 变形虫　　B. 钟虫　　C. 等枝虫　　D. 盖纤虫

2. 污水厌氧生物处理的特点中，错误的表述是（　　）。

A. 能处理高浓度有机废水　　B. 污泥产率低

C. 需要附加营养物质少　　D. 可回收沼气

3. 在测定微生物呼吸线中，（　　）说明有机物可能被氧化分解。

A. 生化呼吸线位于内源呼吸线之上

B. 生化呼吸线位于内源呼吸线之下

C. 生化呼吸线与内源呼吸线重叠

4. 下列（　　）表示化学需氧量。

A. COD　　B. TOC　　C. SS　　D. BOD

5. 下列对产甲烷菌特征描述错误的是（　　）。

A. 专性厌氧菌　　B. 生长特别缓慢

C. 对温度非常敏感　　D. 对pH值不敏感

五、多项选择题

1. 生物修复技术具有下列哪些优点（　　）。

笔记

A. 可现场进行，减少运输费用和人类直接接触污染物的机会
B. 使有机物分解为CO_2和H_2O，很彻底，可永久性消除污染物
C. 降解过程迅速，成本低，只有物理、化学修复的30%～50%
D. 所有的污染物都适用生物修复

2. 下列哪些物质是含硫恶臭气体（　　）？
A. H_2S　　B. 甲硫醇（MM）
C. 二甲基硫醚（DMS）　　D. 二硫化碳（CS_2）
E. SO_2

3. 垃圾堆肥效果的影响因素有（　　）。
A. 有机质的含量　　B. 通风量与通风频率
C. 堆肥场地　　D. C/N 比
E. 水分

4. 下列对稳定塘特点的描述，哪些是正确的（　　）？
A. 投资费用低　　B. 占地面积大
C. 卫生条件好　　D. 污染地下水
E. 处理效果不受环境影响

5. 活性污泥中的微生物包括（　　）。
A. 菌胶团细菌　　B. 丝状细菌
C. 真菌　　D. 原生动物
E. 微型后生动物

六、论述题

1. 简述好氧生物膜法的处理工艺。
2. 举例说明微生物降解淀粉的过程。
3. 废水厌氧微生物处理与好氧生物处理相比有哪些优点？
4. 好氧生物膜的微生物培养方法有几种？并简述其操作过程。结合当地污水处理厂情况，把挂膜理论知识到实践中进行论证。
5. 活性污泥法的基本特征有哪些？
6. 论述好氧塘的特点和工作原理。
7. 考察本地污水处理厂，了解其采用的生物处理工艺流程及微生物作用机理。

附　录

笔记

附录一　教学用培养基的配制

一、营养琼脂培养基（牛肉膏蛋白胨培养基）

牛肉膏3g，蛋白胨10g，NaCl 5g，琼脂15～20g，蒸馏水1000mL，pH值7.0～7.2。

灭菌条件：121℃，20min。

二、察氏培养基

$NaNO_3$ 2g，$MgSO_4$ 0.5g，琼脂15～20g，K_2HPO_4 1g，$FeSO_4$ 0.01g，蒸馏水1000mL，KCl 0.5g，蔗糖30g，pH值自然。

灭菌条件：0.1MPa，121℃，20min。

三、马铃薯培养基

马铃薯200g，蔗糖（或葡萄糖）20g，琼脂15～20g，蒸馏水1000mL，pH自然。

灭菌条件：121℃，20min。

制法：马铃薯去皮，切成块煮沸30min，然后纱布过滤，再加糖及琼脂，融化后补充至1000mL。

四、淀粉琼脂培养基（高氏1号培养基）

可溶性淀粉20g，KNO_3 2g，NaCl 0.5g，K_2HPO_4 1g，$MgSO_4$ 0.5g，$FeSO_4$ 0.01g，琼脂20g，蒸馏水1000mL，pH值7.2～7.4。

灭菌条件：121℃，20min。

制法：先用少量冷水将淀粉调成糊状，加热的同时，边搅拌边加水及其他成分，全部溶解后，补足水至1000mL。

五、麦芽汁培养基

（1）制备干麦芽　取大麦或小麦种子，用水洗净，浸水6～12h，把水倒掉，上盖纱布，置阴暗温暖处发芽，每日早中晚淋水一次，麦根伸长至麦粒的两倍时，停止发芽，摊开晒干或烘干，贮存备用。

（2）糖化　将干麦芽磨碎，一份麦芽加四份水，在65℃水浴锅中糖化3～4h（糖化程度可用碘滴定之）。

（3）过滤　将糖化液用4～6层纱布过滤，滤液如浑浊不清，可用鸡蛋澄清，即将一个鸡蛋的蛋白加水约20mL，调匀至生泡沫时为止，然后倒在糖化液中搅

笔记

拌煮沸后再过滤。

（4）成品　将滤液稀释到5～6° Bé（波美度），pH值约6.4，加入2%琼脂即成。

灭菌条件：121℃，20min。

六、孟加拉红培养基（虎红培养基）

蛋白胨5g，葡萄糖10g，磷酸二氢钾1g，硫酸镁（$MgSO_4 \cdot 7H_2O$）0.5g，琼脂20g，1/3000孟加拉红溶液100mL，蒸馏水1000mL，氯霉素0.1g。

将各成分加入蒸馏水溶解后，再加入孟加拉红溶液，将氯霉素用少量乙醇溶解并加入培养基中，分装，121℃灭菌20min。

七、牛肉膏蛋白胨半固体培养基

牛肉膏蛋白胨液100mL，琼脂0.35～0.4g，pH值7.6。

灭菌条件：121℃，20min。

八、蛋白胨水培养基

蛋白胨10g，NaCl 5g，蒸馏水1000mL，pH值7.6。

灭菌条件：121℃，20min。

九、糖发酵培养基

蛋白胨水培养基1000mL，1.6%溴甲酚紫乙醇溶液1～2mL（pH值7.6），另配20%糖溶液（葡萄糖、乳糖、蔗糖等）各10mL。

制法：

① 将上述含指示剂的蛋白胨水培养基（pH值7.6）分装于试管中，在每管内放一倒置的小玻璃管，使其充满培养液。

② 将一份装好的蛋白胨水培养基和20%的各种糖溶液分别灭菌，前者121℃，20min，后者112℃，30min。

③ 灭菌后，每管以无菌操作分别加入20%的无菌糖溶液0.5mL（按每10mL培养基中加入20%的糖溶液0.5mL，则成1%的浓度）。

十、硝酸盐培养基

将KNO_3 1g加到1000mL牛肉膏蛋白胨培养基中加热溶解，调pH值7.6，过滤，分装试管。121℃灭菌20min。

十一、葡萄糖蛋白胨培养基

将蛋白胨10g，葡萄糖5g，K_2HPO_4 2g，溶于1000mL蒸馏水中，调pH值7.0～7.2，过滤，分装试管，每管10mL。121℃灭菌20min。

十二、淀粉培养基（实训淀粉，水解用）

称量：蛋白胨 10g，NaCl 5g，牛肉膏 5g，可溶性淀粉2g，蒸馏水1000mL，琼脂15～20g。

制法：将可溶性淀粉用少量蒸馏水调成糊状，再加到熔化好的培养基中调匀。

灭菌条件：121℃，20min。

笔记

十三、伊红美蓝培养基（EMB培养基）

称量：蛋白胨琼脂培养基100mL，20%乳糖溶液2mL，2%伊红水溶液2ml，0.5%美蓝水溶液1mL。

制法：将已灭菌的蛋白胨水琼脂培养基（pH值7.6）加热熔化，冷却至60℃左右时，将已灭菌的乳糖溶液、伊红水溶液及美蓝水溶液按上述量以无菌操作依次加入，摇匀倒平板。乳糖在高温条件灭菌易被破坏，所以必须严格控制灭菌温度。

灭菌条件：一般115℃，20min。

十四、乳糖蛋白胨培养液

将蛋白胨10g，牛肉膏3g，乳糖5g，NaCl 5g，加热溶解于1000mL蒸馏水中，调pH值至7.2～7.4。加入1.6%溴甲酚紫乙醇溶液1mL，充分混匀，分装于有导管的试管中。121℃灭菌20min。

十五、油脂培养基

将蛋白胨10g，NaCl 5g，牛肉膏5g，香油或花生油10g，中性红（1.6%水溶液）约0.1mL，琼脂15～20g，加入到1000mL蒸馏水中，调pH值为7.2。

灭菌条件：0.1MPa，20min。

十六、明胶培养基

牛肉膏0.5g，蛋白胨10g，NaCl 0.5g，明胶12～18g，蒸馏水100mL，调pH值为7.2。

灭菌：0.1MPa，20min。

十七、柠檬酸铁铵半固体培养基

蛋白胨20g，NaCl 5g，柠檬酸铁铵0.5g，$Na_2S_2O_3·5H_2O$（硫代硫酸钠）0.5g，琼脂5～8g，蒸馏水1000mL，调pH值为7.2。

灭菌：0.1MPa，20min。

十八、牛肉膏蛋白胨培养液

配方与“牛肉膏蛋白胨培养基”相同，但不加琼脂。

十九、亚硝化细菌培养基

$(NH_4)_2SO_4$ 2g，$MgSO_4·7H_2O$ 0.03g，$NaH_2PO_4$0.25g，$CaCO_3$ 5g，K_2HPO_4 0.75g，$MnSO_4·4H_2O$ 0.01g，蒸馏水1000mL，调pH值为7.2。1.05kg/cm^{2}下灭菌20min。

亚硝化细菌培养两周后，取培养液于白瓷板上，加格里斯试剂甲、乙液各1滴，呈红色证明有亚硝酸存在，进行了亚硝化作用。

二十、硝化细菌培养基

$NaNO_2$ 1g，$MgSO_4·7H_2O$ 0.03g，K_2HPO_4 0.75g，Na_2CO_3 1g，$MnSO_4·4H_2O$ 0.01g，NaH_2PO_4 0.25g，蒸馏水1000mL，调pH值为7.2。1.05kg/cm^{2}下灭菌20min。

亚硝化细菌培养两周后，先用格里斯试剂测定，不呈红色时再用二苯胺试

笔记

剂测试，若呈蓝色表明有硝化作用。

二十一、反硝化细菌培养基

① 蛋白胨10g，KNO_3 1g，蒸馏水1000mL，pH7.6。

② 柠檬酸钠（或葡萄糖）5g，KH_2PO_4 1g，KNO_3 2g，K_2HPO_4 1g，$MgSO_4 \cdot 7H_2O$ 0.2g，蒸馏水1000mL，pH7.2～7.5。1.05kg/cm^{2}下灭菌20min。

用奈氏试剂及格里斯试剂测定有无NH_3和NO_2^-存在。若其中之一或二者均呈正反应，则表示有反硝化反应。若格里斯试剂为负反应，再用二苯胺测试，也为负反应时，则表示有较强的反硝化反应。

二十二、反硫化（硫酸还原）细菌培养基

乳酸钠（或酒石酸钠）5g，$MgSO_4 \cdot 7H_2O$ 0.2g，K_2HPO_4 1g，天冬酰胺2g，$FeSO_4 \cdot 7H_2O$ 0.01g，蒸馏水1000mL。

培养两周后加质量浓度50g/L柠檬酸铁1～2滴，观察是否有黑色沉淀，有沉淀则有反硫化作用。或者在试管中吊一条浸过醋酸铅的滤纸条，若有H_2S生成则与醋酸铅反应生产PbS黑色沉淀，使滤纸变黑。

附录二　染色液及试剂的配制

一、吕氏碱性美蓝染液

A液：美蓝0.6g，95%乙醇30mL。

B液：KOH 0.01g，蒸馏水100mL。

将配制好的A液和B混合即可。

二、齐氏石炭酸品红染液

A液：碱性品红0.3g，95%乙醇10mL。

B液：石炭酸5.0g，蒸馏水95mL。

将碱性品红在研钵中研磨后，逐渐加入95%乙醇，继续研磨使其溶解，配制成A液。将石炭酸溶解于水中配成B液。

混合A液及B液即成。通常混合液稀释5～10倍使用，因稀释液易变质失效，故使用前配制稀释为宜。

三、革兰染色液

1. 草酸铵结晶紫染色液

A液：结晶紫2g，95%乙醇20mL。

B液：草酸铵0.8g，蒸馏水80mL。

将A、B混合液静置48h后使用。

2. 卢戈氏（鲁哥Lugol）碘液

碘片1g，碘化钾2g，蒸馏水 300mL。

先将碘化钾溶解在少量蒸馏水中，再将碘片溶解在碘化钾溶液中，待碘全溶后，加足水分即成。

3. 番红复染液

番红2.5g，95%乙醇100mL。

取上述配好的番红乙醇溶液10mL与80mL蒸馏水混匀即可。

四、乳酸石炭酸棉蓝染色液

石炭酸10g，乳酸（相对密度1.21）10mL，甘油20mL，蒸馏水10mL，棉蓝0.02g。将石炭酸加在蒸馏水中加热溶解，然后加入乳酸和甘油，最后加入棉蓝，使其溶解即成。

五、芽孢染色液

1. 孔雀绿染色液

孔雀绿7.6g，蒸馏水100mL。

2. 番红水溶液

番红0.5g，蒸馏水100mL。

六、荚膜染色液

1. 石炭酸品红

同齐氏石炭酸品红染液。

2. 黑色素水溶液

黑色素5g，蒸馏水100mL，福尔马林（体积分数40%甲醛）0.5mL

将黑色素在蒸馏水中煮沸5min后加入福尔马林作防腐剂。

七、鞭毛染色液

① 溶液A：钾明矾饱和水溶液20mL，体积分数20%的单宁酸10mL，体积分数95%的乙醇15mL，酸性乙醇饱和液3mL，蒸馏水100mL。

将上述各液混合，静置1天后使用，可保存一个星期。

溶液B：美蓝0.1g，硼砂钠1g，蒸馏水100mL。

注意：染色液配制后必须用滤纸过滤。

② 溶液A：单宁酸（鞣酸）5g，甲醛（体积分数15%）2mL，$FeCl_3$ 1.5g，NaOH（质量浓度100g/L）1mL，蒸馏水100mL。

注意：配好后当日使用最佳，次日效果变差，第三日不可使用。

溶液B：$AgNO_3$ 2g，蒸馏水100mL。

待$AgNO_3$溶解后取10mL备用，向余下的90mL$AgNO_3$溶液中滴加浓NH_4OH形成很浓厚的悬浮液，再继续滴加NH_4OH直到新形成的沉淀又刚刚重新溶解为止。再将备用的10mL$AgNO_3$慢慢滴入，则出现薄雾，轻轻摇动后薄雾状沉淀又消失，再滴入$AgNO_3$直到摇动后仍呈现轻微而稳定的薄雾状沉淀为止。注意：如果雾不重，此染剂可用一周，如果雾重则银盐沉淀出，不宜使用。

八、聚*β*-羟基丁酸染色液

质量浓度3g/L苏丹黑：将苏丹黑B 0.3g，体积分数70%乙醇100mL充分混合后用力振荡，放置过夜备用，使用前过滤。

褪色剂：二甲苯。复染液：50g/L蕃红水溶液。

笔记

九、异染颗粒染色液

甲液：体积分数95%乙醇2mL，甲苯胺蓝0.15g，冰醋酸1mL，孔雀绿0.2g，蒸馏水100mL。

先将染料溶于乙醇中，向染料液中加入事先混合的冰醋酸和水，放置24h后过滤备用。

乙液：碘2g，碘化钾3g，蒸馏水300mL。

先将碘化钾加少许蒸馏水（约2mL）充分振摇，待完全溶解，再加入碘，使其完全溶解后，加蒸馏水至300mL。

附录三　显微镜的保养

显微镜的组成由机械装置和光学系统两部分组成。其中光学系统的物镜和目镜是核心部分，显微镜做好妥善保管使用时间才会更长。

① 搬动显微镜时，要一手握镜臂，一手扶镜座，两上臂紧靠胸侧。切勿一手斜提，前后摆动，以防镜头或其他零件跌落。

② 存放显微镜时要注意如下事项。

a.避免直接放到阳光下暴晒，因为透镜与透镜之间，透镜与金属之间都是用树脂或亚麻仁油粘合起来的。金属与透镜膨胀系数不同，受高热因膨胀不均，透镜可能脱落或破裂，树脂受高热融化，透镜也会脱落。

b.避免和挥发性药品或腐蚀性酸类存放在一起，碘片、酒精、醋酸、盐酸和硫酸等对显微镜金属质地的机械装置和光学系统都是有害的。

c.显微镜放在干燥处，镜箱内要放硅胶吸收潮气。目镜、物镜放在盒内并存于干燥器中，以免受潮生霉。

③ 擦拭显微镜光学部件的污垢，要用擦镜纸或绸布擦净，切勿用手指、粗纸或手帕去擦，否则不仅会影响观察效果，沾有有机物的镜面时间长了还会生霉损坏镜面。若仅用擦镜纸擦不干净，可用擦镜纸蘸二甲苯擦拭，但用量不宜过多，擦拭时间也不宜过长，以免黏合透镜的树脂被溶化，而使透镜脱落。

④ 禁止随意拆卸显微镜，尤其是物镜、目镜、聚光器、镜筒等不能随意拆卸，因拆卸后空气中的灰尘落入里面引起生霉。机械装置应经常加润滑油，以减少因摩擦而受损的情况。

⑤ 显微镜使用时要注意如下事项。

a. 观察标本时，显微镜离实训台边缘应保持一定距离（5cm），以免显微镜翻倒落地。镜柱与镜臂间的倾斜角度不得超过45°，用完立即还原。

b.使用时要严格按步骤操作，熟悉显微镜各部件性能，掌握粗、细调节钮的转动方向与镜筒升降关系。

c.观察带有液体的临时标本时要加盖片，不能使用倾斜关节，以免液体污染镜头和显微镜。

d.凡有腐蚀性和挥发性的化学试剂和药品，如碘、乙醇溶液、酸类、碱类等都不可与显微镜接触，如不慎污染时，应立即擦干净。不要任意取下目镜，谨防灰尘落入镜筒。

e.实训完毕，要将玻片取出，用擦镜纸将镜头擦拭干净后移开，不能与通光孔相对。用绸布包好，放回镜箱。

附录四 大肠菌群检验表

附表 4-1 用 5 份 10mL 水样时，各种阳性和阴性结果组合时的最近似数（MPN）

5 个 10mL 管出现阳性管数	最近似数（MPN）
0	<2.2
1	2.2
2	5.1
3	9.2
4	16.0
5	>16

附表 4-2 总大肠菌群（MPN）检索表

（总接种量 55.5mL，其中 5 份 10mL 水样，5 份 1mL 水样，5 份 0.1mL 水样）

接种量/mL			总大肠菌群/（MPN/100mL）	接种量/mL			总大肠菌群/（MPN/100mL）
10	1	0.1		10	1	0.1	
0	0	0	<2	1	1	0	4
0	0	1	2	1	1	1	6
0	0	2	4	1	1	2	8
0	0	3	5	1	1	3	10
0	0	4	7	1	1	4	12
0	0	5	9	1	1	5	14
0	1	0	2	1	2	0	6
0	1	1	4	1	2	1	8
0	1	2	6	1	2	2	10
0	1	3	7	1	2	3	12
0	1	4	9	1	2	4	15
0	1	5	11	1	2	5	17
0	2	0	4	1	3	0	8
0	2	1	6	1	3	1	10
0	2	2	7	1	3	2	12
0	2	3	9	1	3	3	15
0	2	4	11	1	3	4	17
0	2	5	13	1	3	5	19
0	3	0	6	1	4	0	11
0	3	1	7	1	4	1	13
0	3	2	9	1	4	2	15
0	3	3	11	1	4	3	17
0	3	4	13	1	4	4	19
0	3	5	15	1	4	5	22

笔记

续表

接种量/mL			总大肠菌群/(MPN/100mL)	接种量/mL			总大肠菌群/(MPN/100mL)
10	1	0.1		10	1	0.1	
0	4	0	8	1	5	0	13
0	4	1	9	1	5	1	15
0	4	2	11	1	5	2	17
0	4	3	13	1	5	3	19
0	4	4	15	1	5	4	22
0	4	5	17	1	5	5	24
0	5	0	9	2	0	0	5
0	5	1	11	2	0	1	7
0	5	2	13	2	0	2	9
0	5	3	15	2	0	3	12
0	5	4	17	2	0	4	14
0	5	5	19	2	0	5	16
1	0	0	2	2	1	0	7
1	0	1	4	2	1	1	9
1	0	2	6	2	1	2	12
1	0	3	8	2	1	3	14
1	0	4	10	2	1	4	17
1	0	5	12	2	1	5	19
2	2	0	9	3	3	0	17
2	2	1	12	3	3	1	21
2	2	2	14	3	3	2	24
2	2	3	17	3	3	3	28
2	2	4	19	3	3	4	32
2	2	5	22	3	3	5	36
2	3	0	12	3	4	0	21
2	3	1	14	3	4	1	24
2	3	2	17	3	4	2	28
2	3	3	20	3	4	3	32
2	3	4	22	3	4	4	36
2	3	5	25	3	4	5	40
2	4	0	15	3	5	0	25
2	4	1	17	3	5	1	29
2	4	2	20	3	5	2	32
2	4	3	23	3	5	3	37
2	4	4	25	3	5	4	41
2	4	5	28	3	5	5	45
2	5	0	17	4	0	0	13
2	5	1	20	4	0	1	17
2	5	2	23	4	0	2	21
2	5	3	26	4	0	3	25
2	5	4	29	4	0	4	30
2	5	5	32	4	0	5	36

续表

接种量/mL			总大肠菌群/(MPN/100mL)	接种量/mL			总大肠菌群/(MPN/100mL)
10	1	0.1		10	1	0.1	
3	0	0	8	4	1	0	17
3	0	1	11	4	1	1	21
3	0	2	13	4	1	2	26
3	0	3	16	4	1	3	31
3	0	4	20	4	1	4	36
3	0	5	23	4	1	5	42
3	1	0	11	4	2	0	22
3	1	1	14	4	2	1	26
3	1	2	17	4	2	2	32
3	1	3	20	4	2	3	38
3	1	4	23	4	2	4	44
3	1	5	27	4	2	5	50
3	2	0	14	4	3	0	27
3	2	1	17	4	3	1	33
3	2	2	20	4	3	2	39
3	2	3	24	4	3	3	45
3	2	4	27	4	3	4	52
3	2	5	31	4	3	5	59
4	4	0	34	5	2	0	49
4	4	1	40	5	2	1	70
4	4	2	47	5	2	2	94
4	4	3	54	5	2	3	120
4	4	4	62	5	2	4	150
4	4	5	69	5	2	5	180
4	5	0	41	5	3	0	79
4	5	1	48	5	3	1	110
4	5	2	56	5	3	2	140
4	5	3	64	5	3	3	180
4	5	4	72	5	3	4	210
4	5	5	81	5	3	5	250
5	0	0	23	5	4	0	130
5	0	1	31	5	4	1	170
5	0	2	43	5	4	2	220
5	0	3	58	5	4	3	280
5	0	4	76	5	4	4	350
5	0	5	95	5	4	5	430
5	1	0	33	5	5	0	240
5	1	1	46	5	5	1	350
5	1	2	63	5	5	2	540
5	1	3	84	5	5	3	920
5	1	4	110	5	5	4	1600
5	1	5	130	5	5	5	>1600

笔记

附录五　几种常用染色方法

一、简单染色法（见项目一）

二、革兰染色法（见项目一）

三、芽孢染色法

1. 方法一

① 将有芽孢的杆菌（如枯草芽孢杆菌）作涂片、干燥、固定。

② 滴加3～5滴孔雀绿染液于已固定的涂片上。

③ 用木夹夹住载玻片在火焰上加热，使染液冒蒸汽但勿沸腾，切忌使染液蒸干，必要时可添加少许染液。加热时间从染液冒蒸汽时开始计算约4～5min。这一步也可不加热，改用饱和的孔雀绿水溶液（约7.6%）染10min。

④ 倒去染液，待玻片冷却后水洗至孔雀绿不再褪色为止。

⑤ 用番红水溶液复染1min，水洗。

⑥ 待干燥后，置油镜观察，芽孢呈绿色，菌体呈红色。

2. 方法二

① 取二支洁净的小试管，分别加入0.2mL无菌水，再往一管中加入1～2接种环的蜡状芽孢杆菌的菌苔，另一管中加入1～2接种环的生孢梭菌的菌苔，两管各自充分混合成浓厚的菌悬液。

② 在菌悬液中分别加入0.2mL苯酚品红溶液，充分混合后于沸水浴中加热3～5min。

③ 用接种环分别取上述混合液2～3环于两片载玻片上，涂薄，风干后，将载玻片稍倾斜于烧杯上，用95%乙醇冲洗至无红色液流出。

④ 用自来水冲洗，滤纸吸干。

⑤ 取1～2接种环黑色素溶液于涂片处，立即展开涂薄，自然干燥后，用油镜观察，在淡紫灰色背景的衬托下，菌体为白色，菌体内的芽孢为红色。

四、荚膜染色法（墨汁背景染色法）

荚膜对染料的亲和力低，常用背景染色（衬托）法。用有色的背景来衬托出无色的荚膜。注意染色时不能用加热固定，不能用水冲洗。

（1）涂片　取少量有荚膜的细菌与一滴石炭酸品红在玻片上混合，制成涂片。

（2）固定　在空气中干燥（勿用火烤）。

（3）墨染　滴一滴墨汁于载玻片的一端，取另一块边缘光滑的载玻片将墨汁从一端刮到另一端，使整个涂片涂上一薄层墨汁，在室内自然晾干。

（4）镜检　菌体呈红色，背景呈黑色，荚膜无色。

五、鞭毛染色法

目前，细菌鞭毛染色方法根据染色剂的不同，可分为碱性品红法、副品红法、结晶紫法、维多利亚蓝B法、镀银染色法和荧光蛋白染色法6类，前5类方

笔记

法的媒染剂成分中均含有单宁酸，染色原理通常是采用不稳定的胶体溶液做媒染剂，其沉淀于鞭毛上而使“鞭毛肿胀”，鞭毛直径加粗，进一步染色后即可在油镜下观察。

其中镀银染色法的主要步骤如下：

（1）菌种培育　培养12-24h的变形杆菌和金黄色葡萄球菌。

（2）试剂　溶液A：单宁酸（鞣酸）5g，甲醛（体积分数15%）2mL，$FeCl_3$ 1.5g，NaOH（质量浓度100g/L）1mL，蒸馏水100mL。

溶液B：$AgNO_3$ 2g，蒸馏水100mL。

（3）染色　滴加A液，染4～6min，用蒸馏水冲洗，将残水沥干或用B液冲去残水，再加B液于玻片上，在酒精灯火焰上加热至冒气，维持0.5～1min（加热时随时补充蒸发掉的染液，以保证染液不干。用蒸馏水洗，自然干燥。

（4）镜检　先低倍，后高倍，再油镜。注意多找几个视野，因会出现部分涂片上染出鞭毛的现象。

（5）结果　菌体为深褐色，鞭毛为褐色。

六、异染颗粒染色

① 按常规方法制涂片，用异染颗粒染液[附录二（9）]的甲液染5min。

② 倒去甲液，用乙液冲去甲液，并染1min。

③ 水洗、吸干、镜检。

异染颗粒呈黑色，其他部分呈暗绿或浅绿色。

附录六　单细胞微生物群体的指数生长

附表6-1　单细胞微生物群体的指数生长（时代时间30min）

时间/h	细胞数	细胞数log2	细胞数log10
0	1	0	0
0.5	2	1	0.301
1.0	4	2	0.602
1.5	8	3	0.903
2.0	16	4	1.204
2.5	32	5	1.505
3.0	64	6	1.806
3.5	128	7	2.107
4.0	256	8	2.408
4.5	512	9	2.709
5.0	1024	10	3.010
…			
10	1 048 576	20	6.021

参考文献

[1] 周凤霞，白京生. 环境微生物学[M].4版. 北京：化学工业出版社，2020.

[2] 乐毅全，王士芬. 环境微生物学[M].3版. 北京：化学工业出版社，2018.

[3] 赵晓祥，张小凡. 环境微生物技术[M]. 北京：化学工业出版社，2015.

[4] 赵开弘. 环境微生物学[M]. 武汉：华中科技大学出版社，2009.

[5] 钟飞. 环境工程微生物技术[M]. 北京：中国劳动社会保障出版社，2010.

[6] 周群英，王士芬. 环境工程微生物学[M]. 北京：高等教育出版社，2015.

[7] 赵远，张崇淼. 水处理微生物学[M].2版. 北京：化学工业出版社，2023.

[8] 陈剑虹. 环境微生物学[M]. 武汉：武汉理工大学出版社，2015.

[9] 张小凡. 环境微生物学[M]. 上海：上海交通大学出版社，2013.

[10] 袁林江. 环境工程微生物学[M]. 北京：化学工业出版社，2019.

[11] 梁嘉玲，陈敏，唐蓝，等. 微生物治理海洋石油污染研究进展[J]. 现代农业科技，2020（3）：175-183.

[12] 李贵珍，赖其良，闫培生，等. 海洋石油污染及其微生物修复研究进展[J]. 生物技术进展，2015，5（3）：164-169.

[13] 李照，许玉玉，张世凯，等. 海洋溢油污染及修复技术研究进展[J]. 山东建筑大学学报，2020，35（6）：69-75.

[14] 陈玉成. 土壤污染的生物修复[J]. 环境科学动态，1999（2）：7-11.

[15] 魏书斋，刘丽丽，孙静. 污染环境的生物修复[J]. 山东水利，2007，12：34-35.

[16] 夏明，万何平，曹新华，等. 利用微生物技术修复污染土壤的方法[J]. 安徽农业科学，2020，48（14）：13-15，19.

[17] 苑宝玲，李云琴. 环境工程微生物学实验[M]. 北京：化学工业出版社，2006.

[18] 庄滢潭，刘芮存，陈雨露，等. 极端微生物及其应用研究进展[J]. 中国科学：生命科学，2022，52（2）：19.

[19] 王思懿，杨璐吉，禄芳，等. 微生物在污水处理中的应用现状分析[J]. 辽宁化工，2022，51（10）：1431-1433.

[20] 刘海春，臧玉红. 环境微生物[M]. 北京：高等教育出版社，2008.

[21] 杨玉红，吕玉珍. 食品微生物与实验实训[M]. 大连：大连理工大学出版社，2013.

[22] 周德庆. 微生物学教程[M]. 北京：高等教育出版社，2020.

[23] 陈坚. 环境微生物实验技术[M]. 北京：化学工业出版社，2008.

[24] 陈其国，李莉. 微生物基础技术项目学习册[M]. 武汉：武汉理工大学出版社，2010.

[25] 于淑萍. 应用微生物技术[M].3版. 北京：化学工业出版社，2015.

[26] 辛明秀，黄秀梨. 微生物学[M]. 北京：高等教育出版社，2012.

[27] 王英健，杨永红. 环境监测[M].3版. 北京：化学工业出版社，2015.

[28] 周长林. 微生物学[M]. 北京：中国医药科技出版社，2015.

[29] 孔繁翔. 环境生物学[M]. 北京：高等教育出版社，2010.

[30] MAIER R M. 环境微生物学——基础篇[M]. 北京：科学出版社，2010.

[31] MAIER R M. 环境微生物学——拓展篇[M]. 北京：科学出版社，2010.

[32] 郝涤非. 微生物实验实训[M]. 武汉：华中科技大学出版社，2012.

[33] 肖敏，沈萍. 微生物学学习指导与习题解析[M]. 北京：高等教育出版社，2011.

[34] 杨汝德. 现代工业微生物学教程[M]. 北京：高等教育出版社，2006.